Thinking and Computation in Physical Organic Chemistry

物理有机化学
思维与计算

袁　焜　李志锋　编著

化学工业出版社
·北京·

内容简介

《物理有机化学思维与计算》分为三部分，第一部分主要围绕基础有机化学理论中一些重要问题进行了较为深入的物理思维辨析；第二部分是作者团队从事物理有机化学相关研究的成果，特别是通过理论计算方法研究物理化学问题，试图将其应用于专业课教学内容的拓展；第三部分是物理有机化学领域一些典型的、重要的而又非常基础的代表性前沿成果。书中总结了若干可定量分析和讨论的有机知识与理论，并通过一些典型的、利用量子化学理论计算来解决的有机化学、材料化学相关基本科学或应用中面临的问题，启发和引导学生能主动尝试用包括物理化学、结构化学和理论计算化学等相关学科的知识来定量分析讨论一些有机化学问题，引导学生注重化学各次级学科知识之间的联系和相互支撑关系。

本书可作为化学专业本科生或研究生高等有机或物理有机等相关课程的教材或课外参考读物，也可以作为教师备课的参考书。

图书在版编目（CIP）数据

物理有机化学思维与计算 / 袁焜，李志锋编著. 北京 : 化学工业出版社，2025. 12. -- ISBN 978-7-122-49469-6

Ⅰ. O621.16

中国国家版本馆 CIP 数据核字第 2025DZ7582 号

责任编辑：李晓红　　文字编辑：王丽娜

责任校对：李　爽　　装帧设计：刘丽华

出版发行：化学工业出版社

（北京市东城区青年湖南街 13 号　邮政编码 100011）

印　　装：北京天宇星印刷厂

787mm×1092mm　1/16　印张 16　字数 372 千字

2025 年 12 月北京第 1 版第 1 次印刷

购书咨询：010-64518888　　售后服务：010-64518899

网　　址：http://www.cip.com.cn

凡购买本书，如有缺损质量问题，本社销售中心负责调换。

定　　价：98.00 元

前言

由于有机化学知识体系的固有特点，对繁多的相关知识和原理的梳理记忆固然很重要，但在人工智能（AI）时代的今天，如果对有机化学知识的学习缺乏思辨理解的过程性探讨，则学习者的核心思维方法和创新能力很难得到培养和提升。本书将对有机化学中的若干典型知识点与学术问题进行归纳总结，并试图结合作者在物理有机化学领域的一些基础研究工作，通过理论计算研究和处理物理有机化学问题的示例，从物理思维方法及“量”的角度，建立学习和理解有机化学的逻辑推理习惯。在撰写过程中，尽力体现对基本理论的“辨析与再思考”，而不是机械地接受。另外，如果学习有机化学缺乏主动性思辨，不注重参考相关资料，相关的知识拓展不充分，必然会导致应用知识的能力不足，底层逻辑思维得不到训练。本书针对这些问题进行了探讨并对一些有机化学知识与理论进行了拓展分析，如“醛酮羰基中氧的杂化态辨析”“非苯系环状化合物芳香性的判定”“1,3-丁二烯加成取向本质的定量计算”等，以激发有机化学学习者善于通过物理思维方法掌握有机知识与理论，让物理思维形成习惯，而不是缺乏思辨地直接接受。

此外，在化学学科中，对于无机化学、分析化学、物理化学等二级学科，多数的知识、规律与原理都可定量计算，而对于有机化学，定性讨论相对多一些，定量计算分析很少。这使得有机化学被习惯性地认为是一门经验科学，不便于定量分析。其实在有机化学中，也有很多知识与理论可通过定量计算来分析讨论，甚至理论计算可以有力地驱动包括有机合成在内的实验化学研究。只有将定量和精确的理论计算手段广泛而深入地引入实验研究中，才能更深入地掌握它们、理解它们，才能更好地应用它们，从而引导学生在有机化学知识与理论学习中能做到举一反三、融会贯通。为此，我们总结出可基于物理思维、半定量乃至定量分析和讨论的若干有机知识与基础理论，并列举一些典型的，也是我们多年来关注的通过量子化学理论计算来解决有机化学、材料化学相关基本科学或应用中面临的问题，如：“芳香性相关理论的准定量讨论与计算”“芳环上亲电取代活性位点定性与定量的讨论”等，启发和引导学生能主动尝试用包括物理化学、结构化学和理论计算化学等相关学科的知识来定量分析讨论一些有机化学问题，引导学生注重化学各次级学科知识之间的联系和相互支撑关系。此外，本书最后部分还选择性地介绍了近年来与有机化学经典知识与内容密切相关的最新研究成果或颠覆性、革命性新动态，以期为今后基础有机化学新教科书的编写和教学内容的补充更新提供参考。基于以上考虑，本书分为 3 章，第 1 章为“有机化学基础理论物理思维与辨析”，第 2 章为“计算化学方法在物理有机化学中的应用示例”，第 3 章则选编了近年来一些典型的足以改写教科书的“物理有机化学前沿与思维方法新动态”，以充分体现“从基础到前沿”的内容架构与特色。

由于具有创造新分子、新结构和新物质的突出科学功能，有机化学及分子合成已经成为整个化学学科的中心。面对浩瀚的实验发现和新的研究策略，有机化学需要深刻而精准的定量思维，需要把原来对有机化学问题的定性阐述上升到定量描述和精准计算从而进入更高层次，无限逼近科学问题的本质。物理有机化学家和理论化学家 Hoffmann R.曾说：“化学理论最重要的作用是提供一种思维体制，以总结和更新知识”。本书写作所汇聚的内容就是期望为大学化学及化工类专业有机化学的学习、理解和应用尽可能提供一种定量与逻辑推理的思考方法和物理思维习惯，尤其是在 AI 技术迅猛发展的背景下，思维方法远比获取知识更重要，理解知识的思维过程比知识本身更重要。本书可以作为化学及应用化学类专业本科生或研究生高等有机或物理有机等相关课程教材或参考读物，也特别希望能为从事物理有机化学等相关课程教学人员的备课和教学设计提供可参考资料。

本书的编写完成得益于诸多的参考资料，主要参考文献已列于各章之末，限于篇幅恕不能尽数列出，在此编者对所有参考资料的作者深表感谢。本书的写作整理和最终完稿得到了天水师范大学和甘肃省普通高等学校“十四五”规划教材项目的大力支持和帮助。全书最后校稿得到刘艳芝、姚青青、张文博、李玥、赵培、王荣和牛馨悦的帮助，他们参与了对全书稿文字、符号和图表的检查和修正。本书出版过程中还得到化学工业出版社编辑的帮助和支持，并提出了非常宝贵的修改意见。作者在此向他们表示衷心感谢。

本书的部分内容源于教学实践中的积累和部分基础科学研究工作在教学中的应用，由于种种原因，书中不足和疏漏之处在所难免，真诚地希望各专家学者和读者批评指正。

编者

2025 年 11 月

目录

第1章 有机化学基础理论物理思维与辨析

由于有机化学知识与理论主要基于实验事实、经验积累和定性讨论，故需要记忆的知识点繁杂且数量众多，这就更需要能够充分利用物理化学的思维与方法，乃至定量计算方法对这些知识点进行辨析，学会如何更深入地思考和理解知识背后的本质与规律，而不是机械地接受。这对培养严谨的科学态度、应用知识的能力和探究未知的思维方法是极为重要的。本章针对基础有机化学中的一些理论知识，从物理有机化学的角度出发，应用定量思维与分析的方法深入精准地剖析知识背后的规律，尽力挖掘知识背后的物理思维与处理方法，从而在有机化学知识与理论学习中能做到思辨理解、举一反三、融会贯通。

1.1 Markovnikov 规则和 Saytzeff-Wagner 规则

在有机化学基础理论中，Markovnikov 规则与反 Markovnikov 规则是两个非常重要的规则。但是如果对其理解得不够深刻，在应用这些规则时经常会出现差错。本节从诱导效应、碳正离子稳定性、过渡态电子结构特点等几个方面来探讨 Markovnikov 规则的本质，并列举反 Markovnikov 规则的几种类型，从中找出两者之间的内在联系，进一步对 Markovnikov 规则的应用作出扩展，并探讨与 Markovnikov 规则相关的新规则，即 Saytzeff-Wagner 规则。

1.1.1 Markovnikov 规则的提出

俄国人 Markovnikov 虽于 1904 年逝世，但在 1905 年正式发表的 Markovnikov 规则指出“卤化氢（HX）与不对称烯烃加成时，卤素原子 X 加在含氢较少的双键碳原子上，H 原子则加在含 H 较多的碳原子上”[1]，该规则可以表示为：

1.1.2　Markovnikov 规则的理论解释

（1）从诱导效应来解释

以丙烯酸为例对诱导效应的作用进行阐释。由于甲基的推电子诱导效应（$+I$），双键含氢较少的碳原子带部分正电荷，从而在与酸加成时酸的 H^+加到含氢较多的碳原子上即带负电荷的双键碳原子上，然后，X^-加到含氢较少的碳原子上即带正电荷的双键碳原子上[2]。

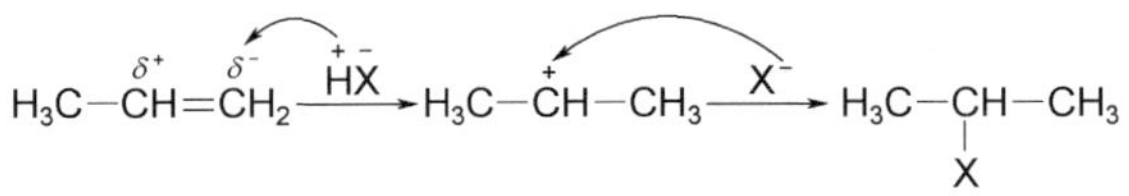

（2）从活泼中间体碳正离子的稳定性来解释

以丙烯与氯化氢加成为例，生成碳正离子的过程是反应的决速步骤。丙烯与氯化氢加成时，H^+有两种加成可能：若 H^+先加到 C1 上，则产生异丙基碳正离子；若 H^+先加到 C2 上，则产生丙基碳正离子。

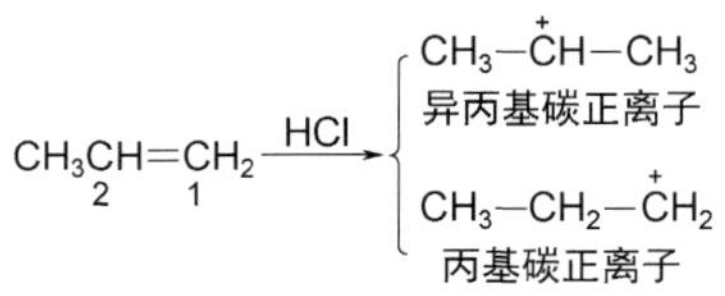

根据物理学规律，一个带电体系的稳定性取决于所带电荷的分布情况，电荷越分散，体系越稳定[3]。异丙基碳正离子由于连有两个推电子基团（甲基），其正电性相比丙基碳正离子得以分散，且仲碳正离子的稳定性大于伯碳正离子，所以 H^+加到丙烯的 C1 上，形成较稳定的异丙基碳正离子，然后 Cl^-加到 C2 上，形成主要产物 2-氯丙烷。由此可见，丙烯与氯化氢加成符合 Markovnikov 规则。

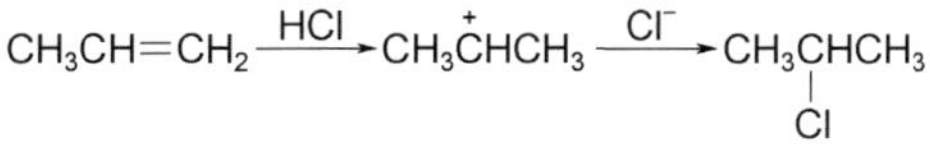

（3）从过渡态来解释

从下面的反应式可以看出，反应物中正电荷集中在 H^+上；在中间体中正电荷在碳原子上；在过渡态中，C—H 键是部分地形成，而 π 键是部分地断裂，结果使得正电荷分散于氢和碳之间。

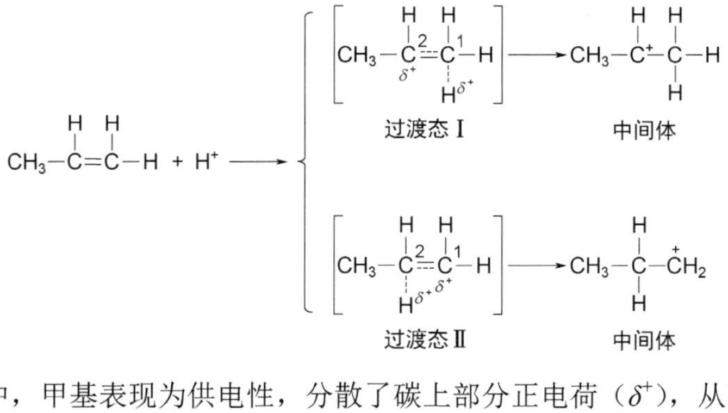

在过渡态 Ⅰ 中，甲基表现为供电性，分散了碳上部分正电荷（δ^+），从而稳定了过渡态。而在过渡态 Ⅱ 中，碳上的部分正电荷得不到分散，因此过渡态 Ⅰ 稳定。因为过渡态 Ⅰ 比较稳定，反应所需活化能比较低，形成速率快，所以丙烯和卤化氢加成产物以 2-卤丙烷为主。

1.1.3 Markovnikov 规则的扩展

如果与不对称烯烃发生亲电加成反应的不是以酸作为亲电试剂，或者是与炔烃、环烷烃发生亲电加成反应，那么此时怎样预测加成方向及产物呢？下面就粗浅地对 Markovnikov 规则作进一步的扩展[4]。

（1）非质子酸类亲电试剂

当亲电试剂是次卤酸时，可能存在如下的两种反应产物。

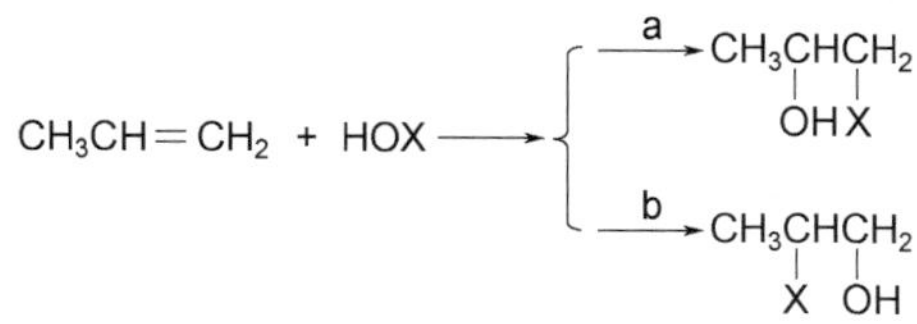

在两种可能的产物中，哪一种为主要产物呢？其实，当次卤酸作为亲电试剂时，其本身的极化为 $HO^{\delta-}\leftarrow X^{\delta+}$，故 X^+是亲电中心，它首先进攻双键碳原子而形成碳正离子中间体，过程如下：

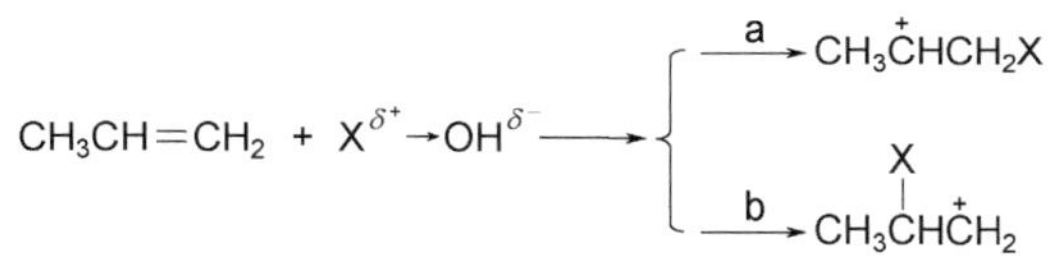

在形成的两种碳正离子中，由于 a 路径生成的碳正离子的稳定性大于 b 路径生成的碳正离子，所以反应主要按 a 路径发生。

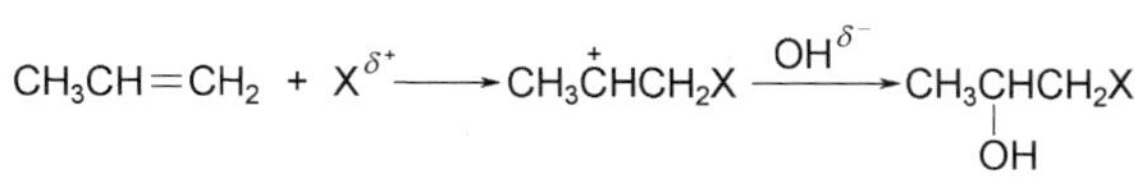

当亲电试剂为 ICl 时，与不对称烯烃（丙烯）发生亲电加成反应，实验证明主要产物为 1-碘-2-氯丙烷。

亲电试剂 ICl 极化为 $I^{\delta+}\leftarrow Cl^{\delta-}$，$I^{\delta+}$作为亲电中心，它首先进攻双键碳原子而形成碳正离子中间体。

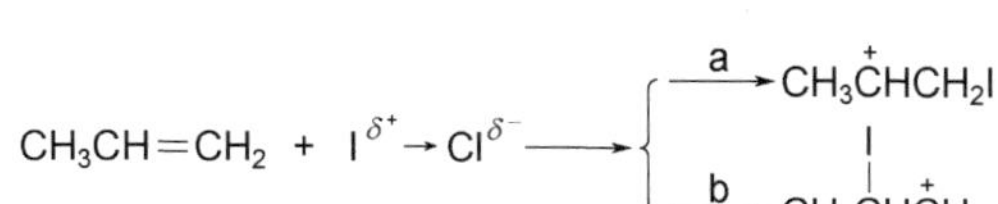

不难看出 a 路径中碳正离子比 b 路径中碳正离子稳定，所以反应主要按 a 路径进行，即

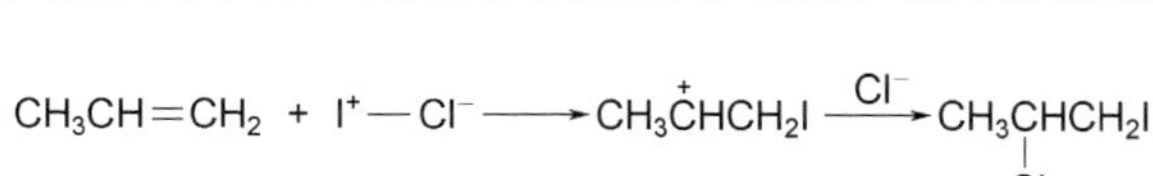

（2）烯基碳正离子的稳定性

经研究发现，炔烃和环烷烃发生亲电加成反应时，都会生成碳正离子中间体，哪个碳正离子稳定反应向哪个方向进行，生成主要产物。事实上和烯烃发生亲电加成反应的本质一样，如丙炔与 HBr 的加成取向如下：

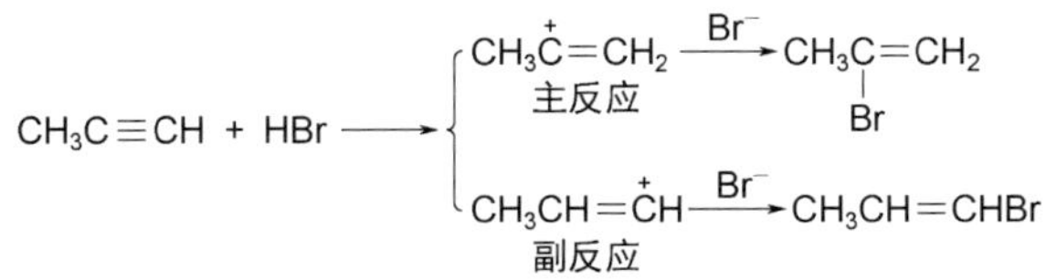

碳正离子稳定性顺序：$CH_3\overset{+}{C}{=}CH_2 > CH_3CH{=}\overset{+}{C}H$。

由于前者比后者稳定，所以这里以二溴丙烯为主要产物。

此外，对于环烷烃，如果当底物为 1,1-二甲基-2-乙基环丙烷，与质子酸 HI 加成时，H^+ 主要加成到环上的 3 位碳原子上，得到Ⅰ结构碳正离子。因为此时形成的正电荷中心上有三个—CH_3 基团共 9 个 C—H σ 键与其发生 σ-p 超共轭作用，且 H^+加成的位阻也是最小的，即同时具有热力学和动力学优势。

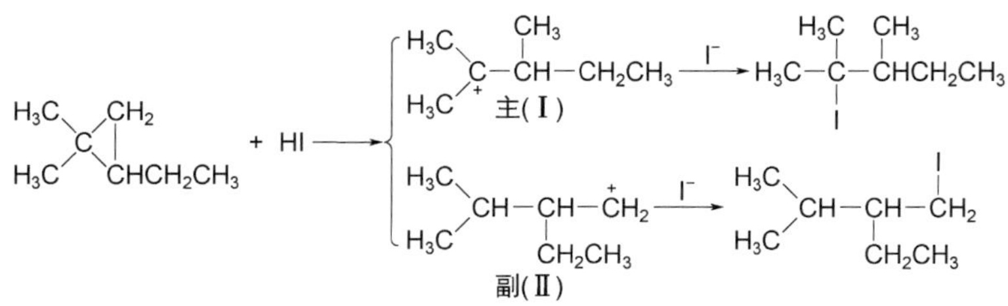

由于Ⅰ比Ⅱ稳定，所以Ⅰ为主要中间体，其对应的产物为主产物。

综上所述，烯烃、炔烃、环烷烃发生亲电加成反应时，Markovnikov 规则的实质是朝着生成更稳定的碳正离子中间体方向发生，加成反应的取向不能总是以碳原子含氢多少来做判断。

因此，可以把 Markovnikov 规则扩展为：不对称烯烃、炔烃、环烷烃与不对称试剂发生的亲电加成反应朝着生成更稳定的碳正离子方向进行[5]（这里不对称试剂是指由两个不同的原子或原子团组成的试剂，如 HCl、HBr 等，它们可异裂为不同的带正电体和带负电体）。

1.1.4 反 Markovnikov 规则的类型

（1）过氧化物效应

不对称烯烃与 HBr 发生加成反应，当有过氧化物存在时，其反应产物的取向将违背 Markovnikov 规则，称为反 Markovnikov 规则[6]。

如丙烯与 HBr 在 ROOR 存在时，加成的主要产物是 1-溴丙烷而不是 2-溴丙烷。

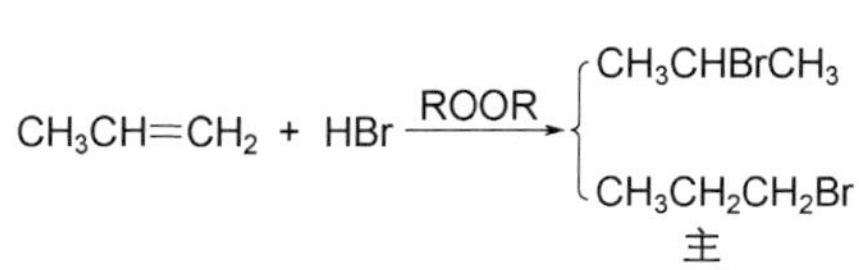

这里需要注意的是，过氧化物效应只适用于烯烃与溴化氢的加成，其他卤化氢无此效应。过氧化物效应的物理化学本质在于，反应的机制属于自由基反应，而非离子型反应。

（2）硼氢化反应

硼烷与不对称烯烃发生加成反应时，硼原子加到含氢原子较多的双键碳原子上，而氢原子加到含氢原子较少的双键碳原子上，也就是按反 Markovnikov 规则方向进行。

如：

$$CH_3CH{=}CH_2 + \frac{1}{2}(H{-}BH_2)_2 \longrightarrow CH_3CH_2CH_2BH_2$$

$$CH_3CH{=}CH_2 + HBHCH_2CH_2CH_3 \longrightarrow (CH_3CH_2CH_2)_2BH$$

$$CH_3CH{=}CH_2 + HB(CH_2CH_2CH_3)_2 \longrightarrow (CH_3CH_2CH_2)_3B$$

即：$(CH_3CH_2CH_2)_3B + 3H_2O \xrightarrow{OH^-} 3CH_3CH_2CH_2OH + B(OH)_3$

$$CH_3CH{=}CH_2 \xrightarrow{\frac{1}{2}B_2H_6,\ H_2O_2,\ OH^-} CH_3CH_2CH_2OH$$

（3）双键上连有强吸电子基烯烃的亲电加成反应

当双键上连有强吸电子基如—NO_2、—CF_3、—COOH 时，H^+将加到含氢较少的双键碳原子上，即为反 Markovnikov 规则产物。

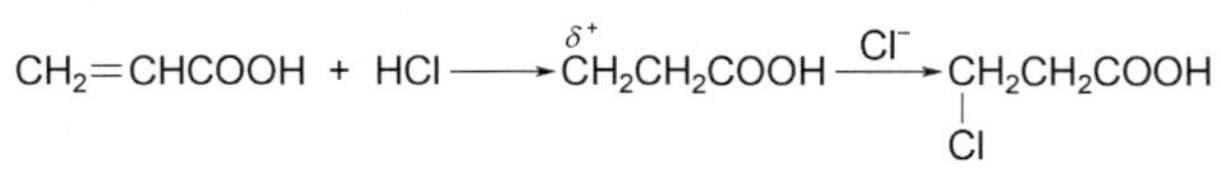

（4）结构重排

如 3,3-二甲基-1-丁烯和氯化氢的亲电加成反应如下：

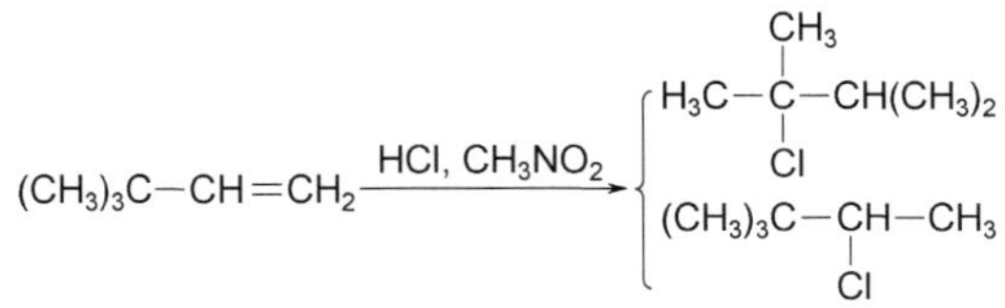

实际上，该反应中 2,3-二甲基-2-氯丁烷为主要产物，反应过程中发生了如下的碳正离子重排，结果为反 Markovnikov 规则的产物[7]。

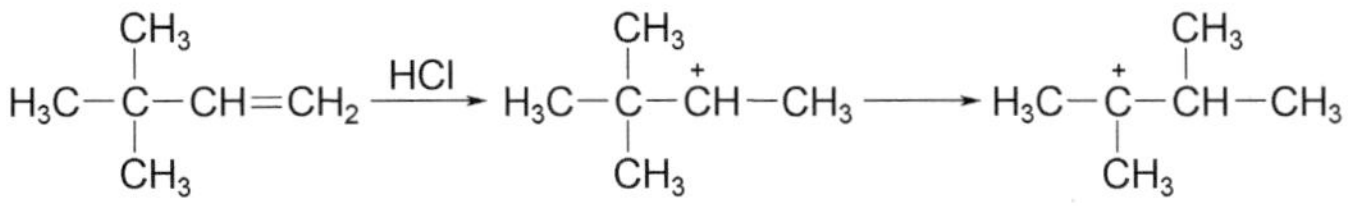

1.1.5　反 Markovnikov 规则的实质

从产物的结构来看，Markovnikov 规则和反 Markovnikov 规则是截然不同的。但从物理的角度考虑，本质上都是以形成更稳定的碳正离子（或自由基）为基本准则的，即都符合物理化学中的能量最低原理。

下面重新来讨论上面几种反 Markovnikov 规则的类型[8]。比如在过氧化物效应中，虽然这个反应不是按照亲电加成反应历程进行的，而是按自由基加成反应历程进行，即反应的决速步生成的是自由基。但是自由基稳定性顺序为：

3°自由基>2°自由基>1°自由基>甲基自由基，$CH_3\dot{C}HCH_2Br$ 的稳定性大于 $CH_3CHBr\dot{C}H_2$ 的稳定性，所以主要产物为 $CH_3CH_2CH_2Br$。

在硼氢化反应中，B_2H_6 的硼原子外层只有 6 个电子，是不稳定的，属于缺电子基团，所以与不对称烯烃发生加成反应时，硼原子自然会加到生成更稳定碳正离子中间体即含氢较多的双键碳原子上。

当双键上连有强吸电子基时，吸电子基的诱导效应使含氢较少的双键碳原子上的电子云密度较高，正电性进一步加强，所以 CH_3C^+HCOOH 没有 $^+CH_2CH_2COOH$ 的稳定性强，主要产物为 $ClCH_2CH_2COOH$。

在结构重排中，由于叔碳正离子比仲碳正离子更稳定[9]，所以主要产物为 2,3-二甲基-2-氯丁烷。

综上所述，Markovnikov 规则与反 Markovnikov 规则存在物理上的内在统一性。因此，从物理思维与方法的角度来理解，反 Markovnikov 规则也是遵守 Markovnikov 规则所遵守的能量最低原理这一普遍规律的。

1.1.6 Saytzeff-Wagner 规则

如果双键碳原子上所连氢原子数目相同，H^+和 X^-怎样与 C 结合？这需要用俄国人查依采夫（A. M. Saytzeff）在德国留学时提出的规则，即所谓的 Saytzeff-Wagner 规则：X^-加在连有 CH_3 的双键碳原子上，或尽可能加在靠近分子一端的碳原子上，如：

$$CH_3-CH_2-CH=CH-CH_3 + HI \longrightarrow CH_3-CH_2-CH_2-\underset{\displaystyle I}{\underset{|}{C}H}-CH_3$$

这里将 $CH_3—CH_2—CH═CH—CH_3$ 用一般式 $R^1—C^1H═C^2H—R^2$ 表示。在前面介绍的丙烯中 R^1 是 H，R^2 是 CH_3，由于 CH_3 的推电子诱导效应比 H 大，所以 CH_3 把 π 键上的电子排斥到 C^1 上。但是在 2-戊烯中，R^1 是 C_2H_5，它的推电子诱导效应比 CH_3 弱，因此 π 键上的电子被更多地排斥到 C^1 上，如下式所示：

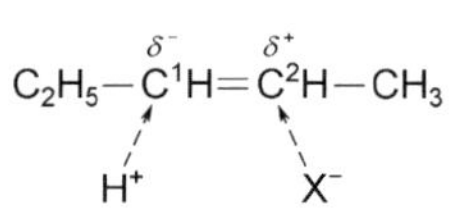

假若烷基 R^1 比 R^2 长时，一般情况下，靠近 R^1 的 C^1 变成 δ^-，靠近 R^2 的 C^2 变成 δ^+，如下式所示：

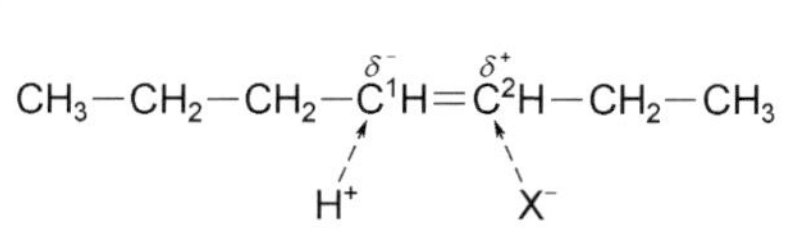

这种加成反应不只限于 HX，其他试剂的加成也可根据这个理论知道所得加成产物的结构。当亲电试剂是次卤酸时，其本身极化为 $X(\delta^+)\rightarrow(\delta^-)OH$，则有如下加成选择性：

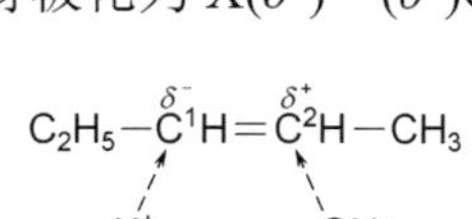

当亲电试剂为 ICl 时，其本身极化为 $I(\delta^+)\rightarrow(\delta^-)Cl$，则加成选择性如下：

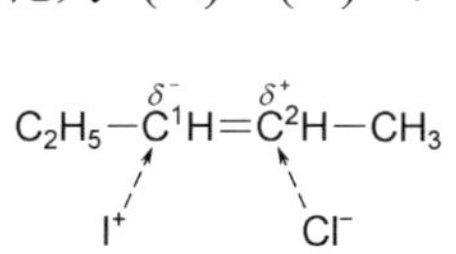

可见，Saytzeff-Wagner 规则体现了底物中双键碳原子上的—CH_3 在加成基团加成位置选择中的主导性作用，其本质是由数量最多的 C—H σ 键与 π 键之间相对理想的超共轭效应决定的。

1.2　链状烷烃化合物的构象分析新视角

链状烷烃的构象是有机化学中最为简单的立体化学问题，似乎没有什么值得探讨的内容。因为链状烷烃分子中没有特殊的官能团，其构象是由 C—C 单键可围绕键轴旋转而引起的，通常相对较小的旋转能垒源于基团间的空间位阻。然而，空间位阻是唯一的解释吗？有没有其他因素需要考虑呢？事实上，有理论和实验研究给出了不一样的观点，让大家需要重新审视这一基本立体化学问题。

1.2.1　烷烃的交叉式构象稳定性

最简单的链状烷烃是乙烷，其次是丙烷。在基础有机化学中，几乎所有的教材中都认为乙烷和丙烷等烷烃的最稳定构象是交叉式构象，这两种结构的构象异构性也显示出很好的内在一致性，给出的解释是空间位阻效应的必然结果[10]。但是乙烷和丙烷等烷烃的交叉式构象之所以稳定，果真是由空间位阻引起的吗？

从图 1-1（a）中可以看出，乙烷交叉式构象的能量（旋转能垒）比其重叠式构象的能量低 3.0 kcal/mol❶，而丙烷稍高，为 3.4 kcal/mol。由实验和理论研究可知，在乙烷等分子中，相邻碳原子上的一对氢原子间在重叠位置时的相对能量增量为 1.0 kcal/mol，而相邻碳原子上的一个氢原子和一个甲基间在重叠位置时的相对能量增量为 1.4 kcal/mol。表 1-1 为相应基团在重叠位置时构象的相对能量增量。

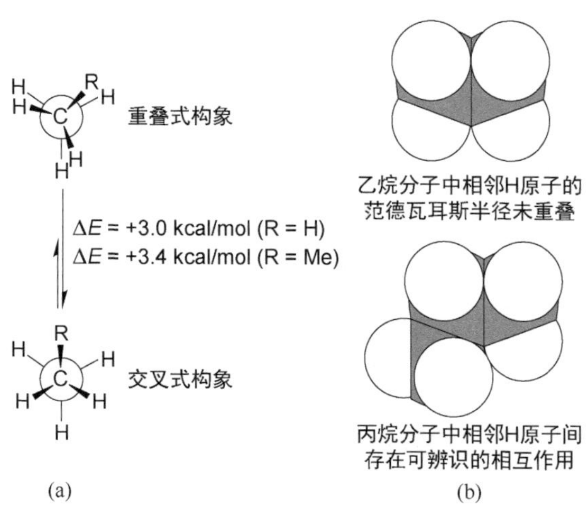

图 1-1　乙烷和丙烷的两种极限构象（a）和重叠式构象的空间填充模型（b）

❶ cal 为非法定计量单位，1 cal = 4.184 J。——编者注

表 1-1　基团在重叠位置时构象的相对能量增量

结构	重叠原子或基团	相对能量增量/(kcal/mol)
乙烷	3（H↔H）	+1.0
丙烷	2（H↔H）	+1.0
	1（H↔Me）	+1.4

1.2.2　旋转能垒的分子轨道解释

从乙烷和丙烷的空间填充模型［图 1-1（b）］可以看出，H 原子的范德瓦耳斯半径并不重叠，即 H↔H 重叠的空间位阻并不存在，因此基础有机化学教材中的解释是不成立的。那么两种极限构象之间转化的旋转能垒及相关基团在重叠位置时的相对能量增量又来自哪里呢？其实，这种能量差不能通过简单的空间位阻予以阐释，这种能量差应该源于电子在分子中的离域效应，故可以从分子轨道的角度予以解释[11-12]。

图 1-2 给出了乙烷等分子中交叉式构象及重叠式构象的旋转能垒的分子轨道解释。可以看出，在交叉式构象中有 3 对反式的 C—H 基团，乙烷的最高占有轨道（HOMO）其实就源于 C—H σ 成键轨道，而其最低空轨道（LUMO）源于 C—H σ*反键轨道，这些键轨道重新组合成新的分子轨道时，由于空间相位匹配，轨道能量降低相对较大，而且 C—H σ 成键轨道的电子可以离域到 C—H σ*反键轨道上，从而降低了体系的能量[13]。在重叠式构象中，有 3 对顺式的 C—H 基团，LUMO 与 HOMO 的匹配显著降低，电子几乎无法离域而降低体系能量。

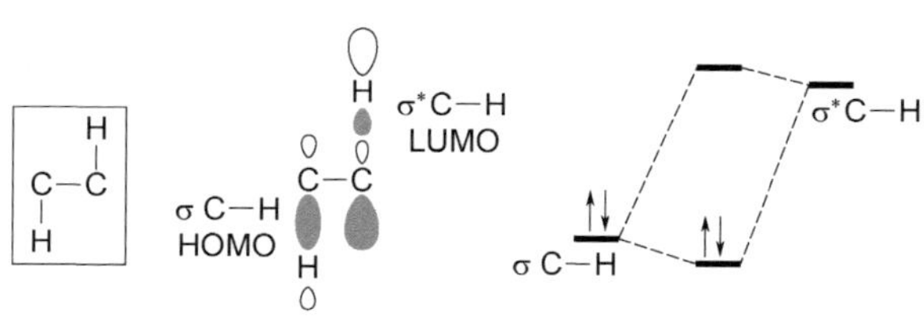

(a)

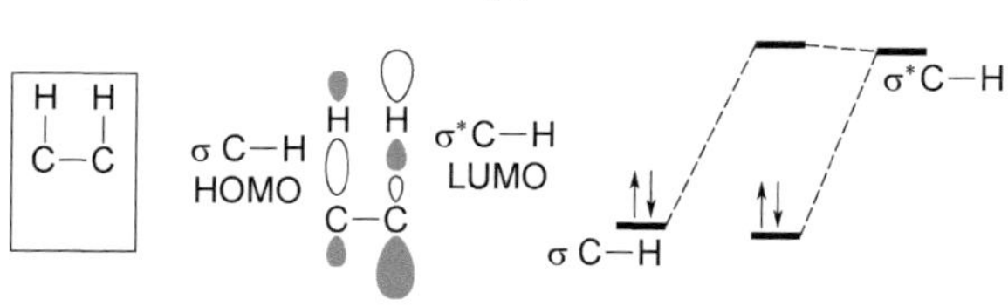

(b)

图 1-2　乙烷等分子中交叉式构象（a）及重叠式构象（b）的旋转能垒的分子轨道解释

总之，乙烷和丙烷等链状烷烃的交叉式构象中，相关成键轨道与反键轨道之间的匹配性要优于其重叠式构象，由此形成的分子轨道的电子离域特征也要明显强于其重叠式构象。可见，乙烷和丙烷等烷烃的最稳定构象是交叉式构象，是一种电子离域效应的结果，而非空间位阻效应的结果。

对于丁烷的构象，一方面，其中的空间位阻效应带来的能量升高已经超过了电子离域效应带来的能量降，因此总体上看，空间位阻效应决定了丁烷的优势构象为甲基对位交叉式构象。另一方面，要注意在处理丁烷的构象时采用的策略是化繁为简，抓住事物的主要矛盾，即将丁烷按照乙烷的 1,2-二甲基衍生物来处理，即自由旋转的 σ 键为 C2—C3 键，而忽略了 C1—C2 键和 C3—C4 键旋转带来的能量变化（图 1-3）。这是一种合理的近似，这种物理有机思维方法在处理一些复杂问题时非常重要。

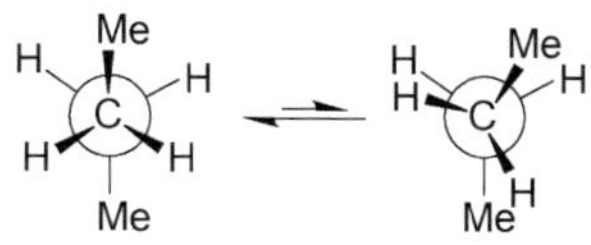

图 1-3　丁烷的对位交叉式构象和邻位重叠式构象转化

1.2.3　构象的能量定量分析

根据表 1-1 给出的 H 和 Me 在重叠位置时的相对能量增量可以推断，丁烷从其对位交叉式构象转变为邻位重叠式构象时，体系能量升高了 3.8 kcal/mol，这与相关研究报道的 3.6 kcal/mol 非常接近。对于丁烷的全重叠式构象，其能量最高，比邻位交叉式构象的能量高 5.1−0.88 = 4.22（kcal/mol）。丁烷 4 种极限构象之间的旋转能垒如图 1-4 所示[14]。

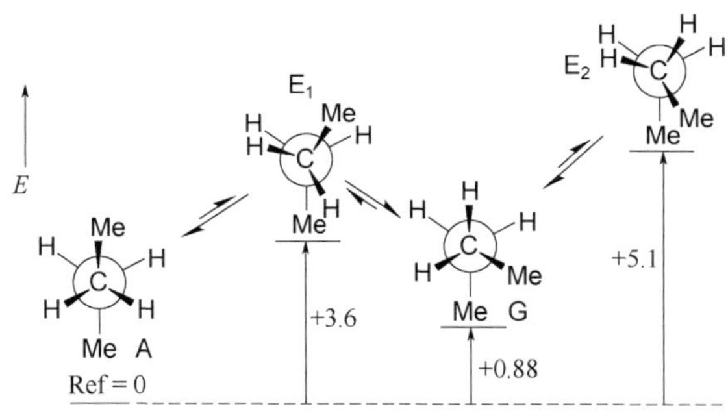

图 1-4　丁烷的 4 种极限构象之间的旋转能垒（单位：kcal/mol）

由于丁烷全重叠式构象的能量比对位交叉式构象的能量高 5.1 kcal/mol，结合前文对乙烷和丙烷构象的讨论，可以从中提取出 Me↔Me 位阻的相对大小（图 1-5）。

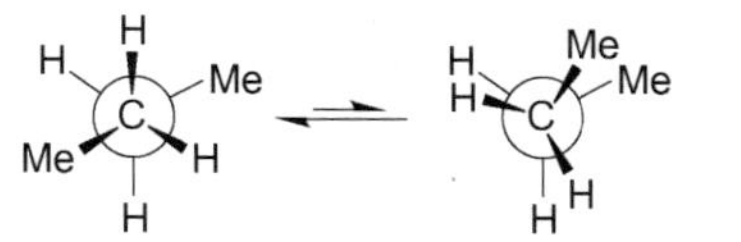

ΔE = +5.1 kcal/mol

2(H↔H) + 1(Me↔Me) = +5.1

1(Me↔Me) = +5.1 − 2(H↔H)

1(Me↔Me) = +3.1

图 1-5　丁烷的对位交叉式构象与全重叠式构象之间的能垒及 Me↔Me 位阻

相关实验研究已经给出了丁烷各交叉式构象在 298 K 下的质量分布（图 1-6），从中可知 3 种交叉式构象占 100%，即室温下丁烷并不以任何重叠式构象存在。尽管邻位交叉式构象的能量仅比对位交叉式构象的能量高 0.88 kcal/mol，但是其占比却具有压倒性优势[15]。此外，基于乙烷衍生物的处理思路，关于烷烃构象分析的通用术语可以用图 1-7 予以描述。

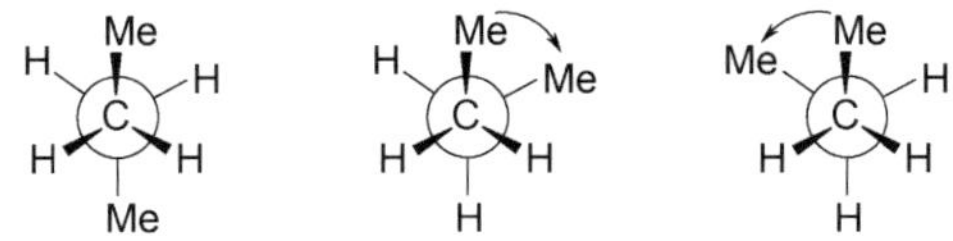

对位交叉 *anti* 70%　　邻位交叉(+) g^+ 15%　　邻位交叉(−) g^- 15%

图 1-6　298 K 下丁烷各交叉式构象及其质量分布

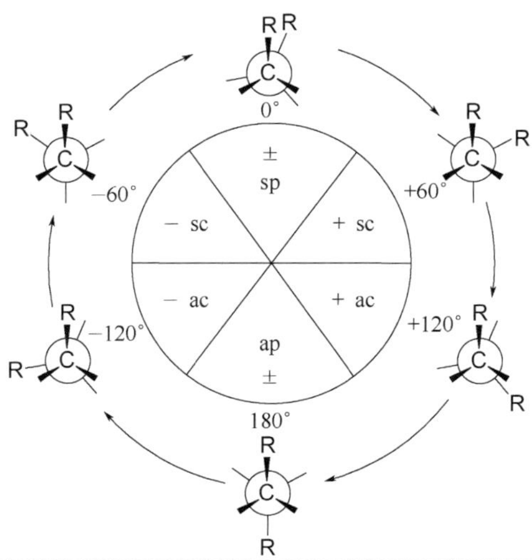

旋转角度	含义	符号	构象名称
0°±30°	E_{max} ⟶ 全重叠	±sp	E_2
+60°±30°	E_{min} --→ 邻位交叉	+sc(g^+)	G
+120°±30°	E_{max} ⟶ 邻位重叠	+ac	E_1
180°±30°	E_{min} --→ 对位交叉	ap(*anti*)	A
−120°±30°	E_{max} ⟶ 邻位重叠	−ac	E_1
−60°±30°	E_{min} --→ 邻位交叉	−sc(g^-)	G

图 1-7　烷烃构象分析的通用化学语言

1.3　烯烃及含羰基化合物的构象分析

立体化学是有机化学中的重要内容之一，一直属于前沿研究领域的热点。通常有机分子的结构是以构造和构型的形式展示出来的，但是要说明一个有机分子的结构，除了要准确地知道它的构造和构型以外，还要更深一步地理解它的构象。所谓构象是指围绕分子中的单键旋转而产生的各种立体形象。由于它是一种围绕单键旋转的异构现象，所以构象异构又称“力旋转异构”，产生的构象异构的各种构象叫作构象异构体。构象异构体可以通过单键旋转而互变，故在一般情况下很难分离出来，只有在围绕单键旋转受到很大障碍时才能分离。构象分析就是考察构象对分子的物理性质和化学性质的影响。相同分子处于不同的构象时，其稳定性和反应性都是不同的。本节就除烷烃之外的两类有机化合物——烯烃及含羰基化合物的构象这一立体化学问题展开分析。

1.3.1　烯烃的构象分析

（1）1-丁烯的构象分析

以 1-丁烯为例对围绕末端烯烃 C2—C3 单键的旋转异构现象进行分析。1-丁烯四种构象的楔形式和纽曼投影式[16]如下：

① 楔形式

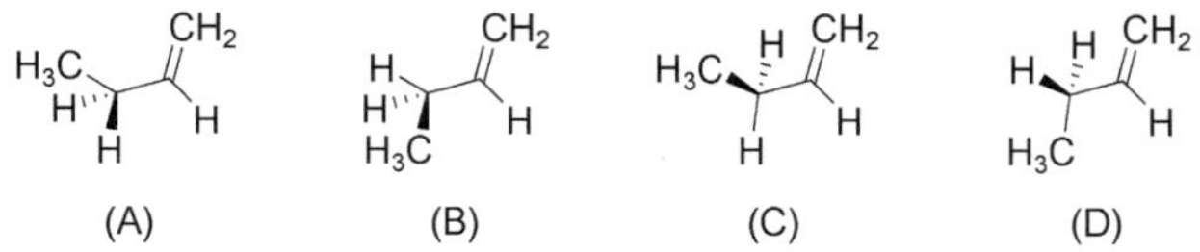

② 纽曼投影式

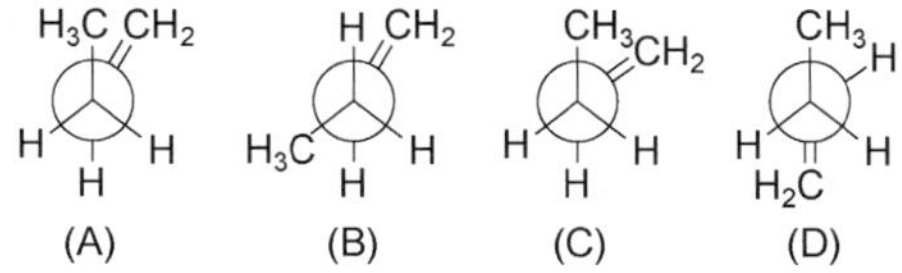

构象（A）和构象（B）可以称为重叠式，重叠式构象相当于势能极大值，能量最高。构象（C）和构象（D）可以称为交叉式，交叉式构象相当于势能极小值，能量最低。并且，交叉式构象中对位交叉式比邻位交叉式稳定。正如微波波谱法所测定的，稳定的旋转异构体是重叠式构象（A）和（B）。而且构象（B）（氢重叠式）比构象（A）（甲基重叠式）更稳定[17]，但是焓差仅仅约为 0.6 kJ/mol。

（2）$RCH=CH_2$的构象分析

除 1-丁烯之外的其他末端烯烃 $RCH=CH_2$，只要 R 不产生巨大的空间障碍，围绕烯烃 $(sp^2)C—C(sp^3)$单键的重叠式构象占优势是一个普遍的现象，原因可以从电子的离域程度予以分析理解。

从超共轭效应的角度来看，分子中双键的 π 轨道和相邻的 C—H 键的 σ 轨道相互交盖，从而引起电子离域效应。例如在丙烯分子中，π 轨道和甲基 C—H σ 轨道交盖，使原来基本上定域在两原子间的 π 电子和 σ 电子发生离域，扩展到更多的原子上，从而降低了体系的能量，增加了分子的稳定性。与共轭二烯的 π-π 共轭相比，这种作用涉及的是 σ 轨道之间的相互影响，它比 π 轨道间的作用要弱得多。这种离域效应称为超共轭效应，也叫 σ-π 共轭效应[18]，如图 1-8 所示。

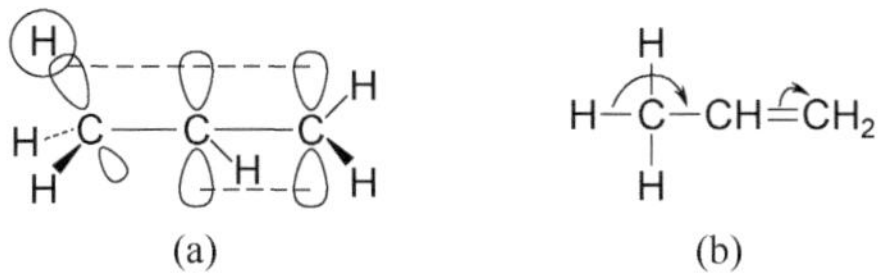

图 1-8　丙烯的 π 键和 α-C—H σ 键的超共轭效应（a）及其电子离域方向表示（b）

双键碳原子上连接的烷基越多，烷基上 α-C—H 键越多，电子离域的范围就越广，体系的能量越低，分子就越稳定。

丙烯构象的楔形式和纽曼投影式如下：

① 楔形式

重叠式　交叉式

② 纽曼投影式

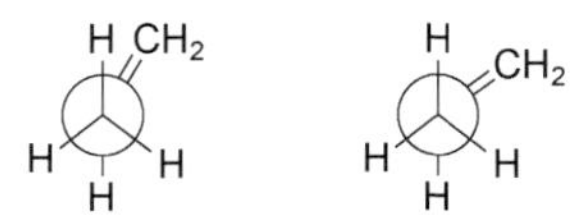

重叠式　交叉式

再比如 2-甲基丙烯构象的楔形式和纽曼投影式如下：

① 楔形式

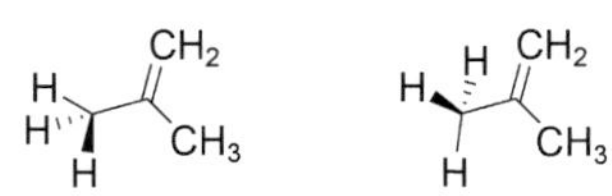

重叠式　交叉式

② 纽曼投影式

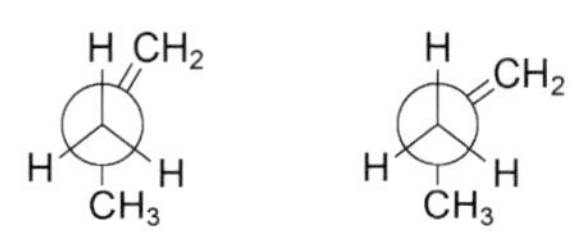

重叠式　交叉式

1-丁烯、丙烯等(sp^2)C—C(sp^3)单键的旋转能垒是比较低的，丙烯的旋转能垒是 8.4 kJ/mol。

从超共轭效应的角度来看，参与共轭的 C—H 键越多，产生的超共轭效应越强。对于 1-丁烯和 2-丁烯来说，2-丁烯的氢化热较小，能量较低，较稳定。主要原因是 2-丁烯中有较多的 C—H 键（6 个）与双键形成 σ-π 共轭，离域能较大，体系较稳定，氢化热值较小，所以 2-丁烯比 1-丁烯相对稳定。

对于 C2 上有简单取代基的末端烯烃的构象来说，它们的重叠式构象的稳定性接近相等。例如，在 2-甲基-1-丁烯中，C2 上甲基取代基尽管会带来与双键间的空间位阻，但是其甲基上的 C—H σ 键与双键存在弱超共轭效应，弥补了位置带来的能量升高，结果使得在 2-甲基-1-丁烯中两个重叠式构象的能量接近相等。2-甲基-1-丁烯构象的楔形式和纽曼投影式如下：

① 楔形式

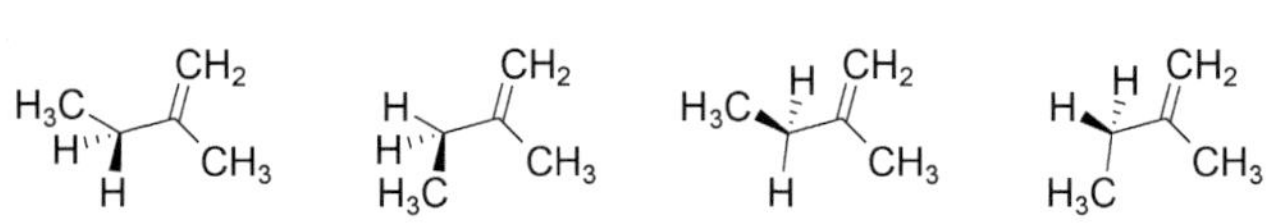

甲基重叠式　氢重叠式　邻位交叉式　对位交叉式

② 纽曼投影式

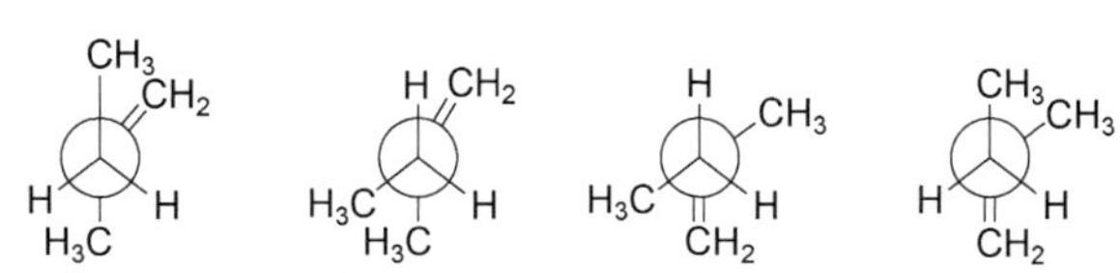

甲基重叠式　氢重叠式　对位交叉式　邻位交叉式

如果 C2 上取代基的空间要求增加（取代基较大），此时它与类似的氢重叠式构象的优势增大，同时烷基重叠式构象就减少。例如 4,4-二甲基-1-戊烯主要以氢重叠式构象存在。4,4-二甲基-1-戊烯构象的楔形式和纽曼投影式如下：

① 楔形式

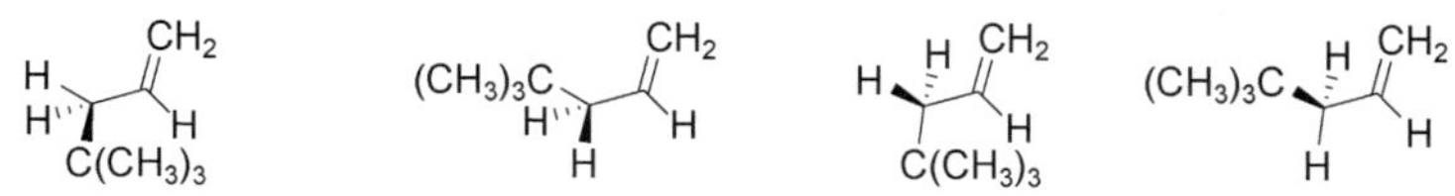

氢重叠式 (相对稳定)　烷基重叠式 (较不稳定)　对位交叉式　邻位交叉式

② 纽曼投影式

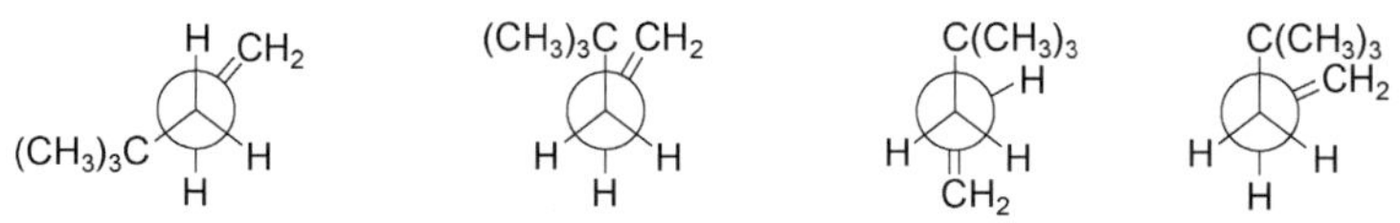

氢重叠式 (相对稳定)　烷基重叠式 (较不稳定)　对位交叉式　邻位交叉式

（3）1,3-丁二烯的构象分析

对 1,3-丁二烯分子而言，围绕(sp^2)C—C(sp^2)单键旋转与围绕(sp^2)C—C(sp^3)单键旋转的优势构象是不同的。在围绕(sp^2)C—C(sp^2)单键的构象中，两个双键是共平面的，以便使电子离域时发生有效的轨道重叠。这种构象有两种典型的构象：两个双键在单键的顺位（*s*-顺）和反位（*s*-反）[19]。1,3-丁二烯构象的楔形式和纽曼投影式如下：

① 楔形式

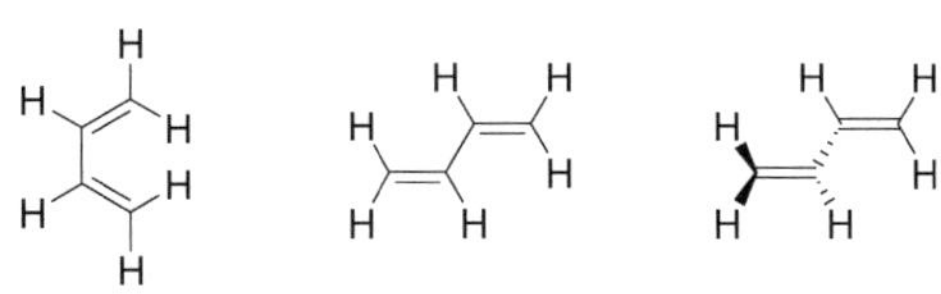

s-顺式　*s*-反式　邻位交叉式 (歪斜式)

② 纽曼投影式

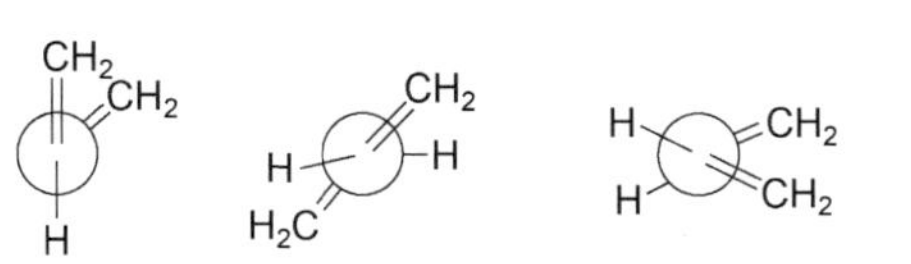

s-顺式　*s*-反式　邻位交叉式 (歪斜式)

1,3-丁二烯的两种共平面构象分别称为 *s*-顺式和 *s*-反式，正如量热法所测得的，*s*-顺式末端两个氢原子的非键张力较大，能量较高，而 *s*-反式的能量较低，即 *s*-反式构象是 1,3-丁二烯的最稳定构象。*s*-反式构象与次稳定构象（认为是 *s*-顺式）之间的能量差为 9.6 kJ/mol。但是，*s*-顺式构象并不是必然的“另一稳定构象”，它可能不及非平面的“邻位交叉式”构象稳定。在 *s*-顺式构象中，C2 上的氢与 C3 上的氢之间有热力学不利的空间位阻排斥相互作用，而且 C1 和 C4 上的氢之间还有范德瓦耳斯排斥作用。对 1,3-丁二烯中构象平衡的核磁共振（NMR）研究发现，最稳定的构象也是 *s*-反式构象，且测得 *s*-反式构象比次稳定构象的能量低 8.8 kJ/mol。根据 H2—H3 耦合常数来判断，该次稳定构象应该是邻位交叉式构象，而不是 *s*-顺式构象。采用分子轨道理论（MO）分析围绕 C2—C3 键的扭转角和丁二烯能量的关系，

结果显示其 *s*-反式的极小值在 180°，邻位交叉式的极小值在 40°[20] 。所以 1,3-丁二烯上述 3 种构象的稳定性次序为：*s*-反式>邻位交叉式>*s*-顺式。实验测得围绕 1,3-丁二烯 C2—C3 键旋转的能垒为 20.5 kJ/mol。此外，MO 理论计算显示势能极大值发生在扭转角为 100°处，这与由于离域能的损失带来的能垒增加相一致。

1.3.2　醛类化合物的构象分析

（1）丙醛的构象分析

和末端烯烃一样，羰基化合物的优势构象也是重叠式而不是交叉式，所以这里重点分析重叠式构象。在较稳定的重叠式构象中与羰基重叠的是烷基而不是氢，即烷基重叠式比氢重叠式更稳定。微波波谱法也证实了丙醛的甲基重叠式构象比氢重叠式构象的能量低 3.8 kJ/mol[21]。化学家曾用 NMR 研究了许多醛，发现它们具有类似的旋转异构体组成。丙醛构象的楔形式和纽曼投影式如下：

① 楔形式

甲基重叠式 (相对稳定)　氢重叠式 (相对不稳定)

② 纽曼投影式

甲基重叠式 (相对稳定)　氢重叠式 (相对不稳定)

（2）丁醛的构象分析

在丁醛的两种重叠式构象中，乙基与羰基重叠的构象比氢与羰基重叠的构象相对稳定。丁醛构象的楔形式和纽曼投影式如下：

① 楔形式

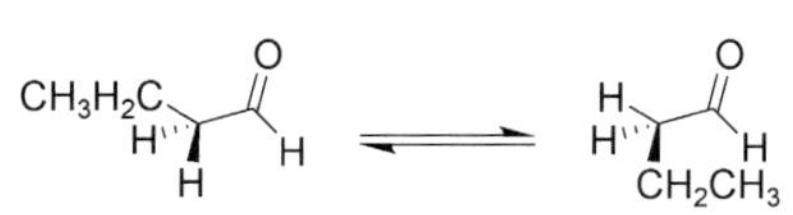

乙基重叠式 (相对稳定)　氢重叠式 (相对不稳定)

② 纽曼投影式

乙基重叠式 (相对稳定)　氢重叠式 (相对不稳定)

（3）$(CH_3)_3CCH_2CHO$ 的构象分析

当醛类化合物 C3 上的取代基具有较大的空间结构时，它和末端烯烃一样，也是氢重叠式构象比较稳定。如$(CH_3)_3CCH_2CHO$ 的重叠式中，氢重叠式构象比烷基重叠式构象稳定。$(CH_3)_3CCH_2CHO$ 构象的楔形式和纽曼投影式如下：

① 楔形式

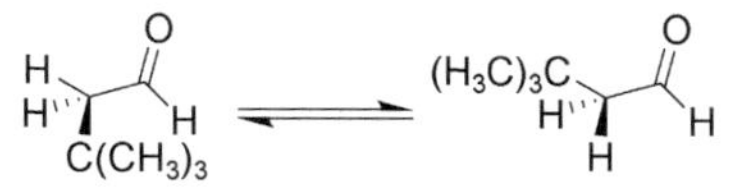

氢重叠式 (相对稳定)　　烷基重叠式 (相对不稳定)

② 纽曼投影式

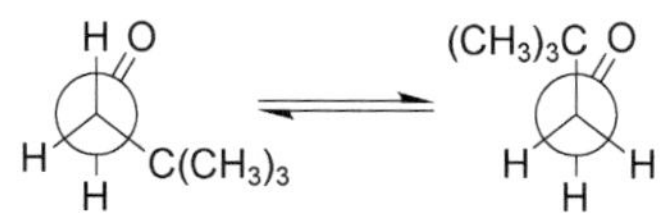

氢重叠式 (相对稳定)　　烷基重叠式 (相对不稳定)

此外，醛的旋转能垒比类似的末端烯烃要低一些。如乙醛的旋转能垒为 4.6 kJ/mol，而丙烯的是 8.4 kJ/mol。

1.3.3　酮类化合物的构象分析

酮和醛类似，也是重叠式构象更具热力学优势，即在占优势的旋转异构体中，不是氢与羰基重叠而是取代基与羰基重叠，且此类情况在酮中比在醛中更明显。这种构象允许两个取代基处于对位交叉，而在另一种旋转异构体中，取代基将处于邻位交叉。

(1) 丙酮和丁酮的构象分析

丙酮构象的楔形式和纽曼投影式如下：

① 楔形式

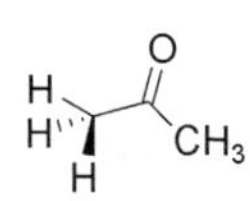

② 纽曼投影式

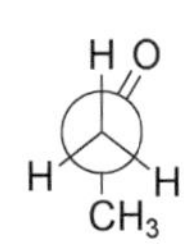

丁酮构象的楔形式和纽曼投影式如下：

① 楔形式

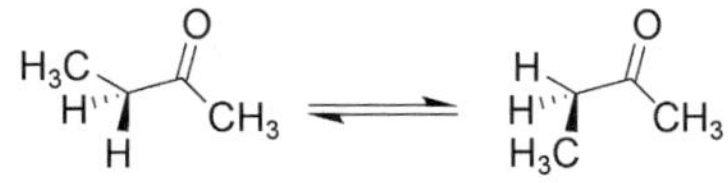

甲基重叠式 (相对稳定)　　氢重叠式 (相对不稳定)

② 纽曼投影式

甲基重叠式 (相对稳定)　　氢重叠式 (相对不稳定)

（2）2-戊酮的构象分析

2-戊酮构象的楔形式和纽曼投影式如下：

① 楔形式

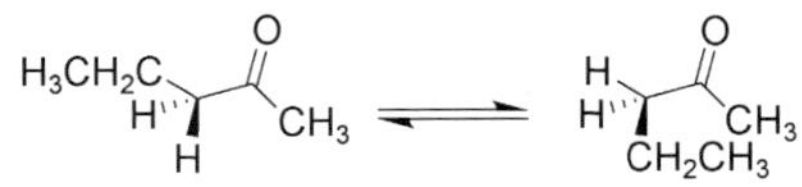

乙基重叠式 (相对稳定)　　氢重叠式 (相对不稳定)

② 纽曼投影式

乙基重叠式 (相对稳定)　　氢重叠式 (相对不稳定)

（3）3-戊酮的构象分析

3-戊酮的稳定构象仍遵循丁酮和2-戊酮的构象规律[22]，即两个甲基均与羰基重叠的构象最稳定，其次是一个甲基与羰基重叠的构象，两个氢与羰基重叠的构象最不稳定。3-戊酮构象的楔形式和纽曼投影式[23]如下：

① 楔形式

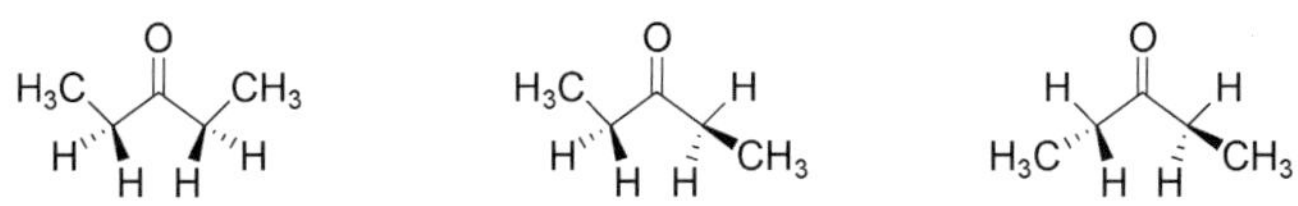

2个甲基重叠式(最稳定)　　1个甲基重叠式(次稳定)　　2个氢重叠式(最不稳定)

② 纽曼投影式

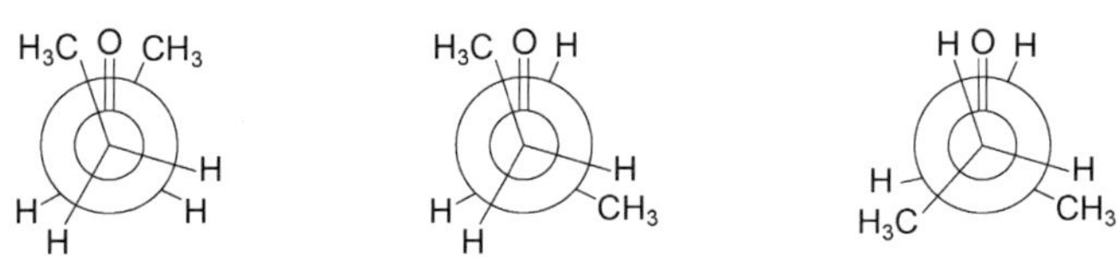

2个甲基重叠式(最稳定)　　1个甲基重叠式(次稳定)　　2个氢重叠式(最不稳定)

从超共轭效应的角度来分析，由于羰基与烷基在同一平面内，产生了超共轭效应，导致烷基重叠式比氢重叠式稳定。所以，在3-戊酮的构象中，两个甲基与羰基在同一平面内时产生了两个超共轭效应，使得它的重叠式构象最稳定；一个甲基和氢与羰基在同一平面内则产生了一个超共轭效应，使得它的热力学稳定性不及两个甲基与羰基重叠的构象；而两个氢与羰基在同一平面内时没有产生超共轭效应，使得它的稳定性最差。所以，两个甲基均与羰基重叠的构象最稳定，其次是一个甲基与羰基重叠的构象，两个氢与羰基重叠的构象最不稳定。

1.3.4 α,β-不饱和羰基化合物的构象分析

α,β-不饱和羰基化合物的情况与1,3-丁二烯类似，从电子角度来考虑是有利于体系C═C—C═O中各原子的共平面性的。这种构象中重要的旋转异构体是*s*-反式构象和*s*-顺式构象。与1,3-丁二烯的情况不同，α,β-不饱和羰基化合物的邻位交叉式并不代表势能极小值。所以，使1,3-丁二烯的*s*-顺式构象变得不稳定的扭转相互作用和范德瓦耳斯力相互作用在α,β-不饱和羰基化合物中似乎不那么重要了。微波数据表明，在丙烯醛的构象中*s*-反式构象是唯

一能够以可检出量存在的构象，因此 *s*-反式异构体是稳定的。丙烯醛构象的楔形式和纽曼投影式如下：

① 楔形式

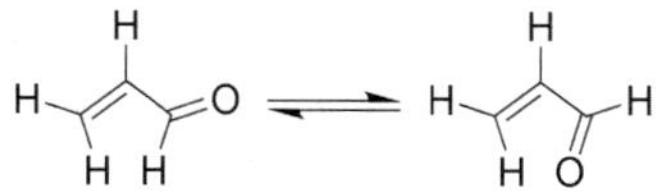

s-反式　　*s*-顺式

② 纽曼投影式

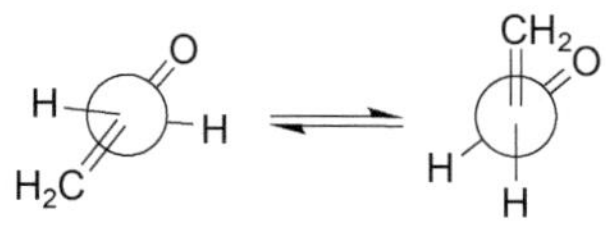

s-反式　　*s*-顺式

α,*β*-不饱和酮的 *s*-反式构象和 *s*-顺式构象的平衡分配比取决于取代基之间的范德瓦耳斯力相互作用的大小。例如，甲基乙烯基酮分子中没有取代基之间不利的范德瓦耳斯排斥作用，所以主要以 *s*-反式构象异构体存在。甲基乙烯基酮构象的楔形式和纽曼投影式如下：

① 楔形式

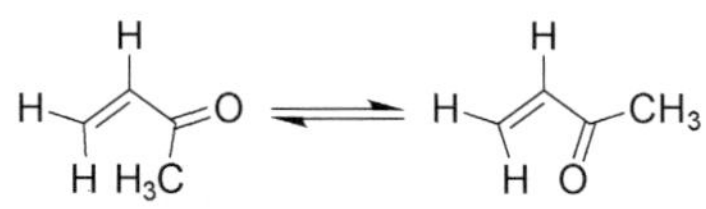

s-反式 (73%)　　*s*-顺式 (27%)

② 纽曼投影式

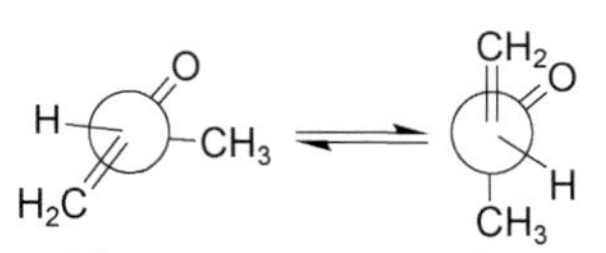

s-反式 (73%)　　*s*-顺式 (27%)

在甲基乙烯基酮的构象中，CH_3 和 H 之间的范德瓦耳斯斥力很小，所以它主要以 *s*-反式构象存在。

4-甲基戊-3-烯-2-酮中由于甲基-甲基之间的范德瓦耳斯斥力作用，两个甲基相互排斥，因此其 *s*-反式构象不够稳定，而 *s*-顺式构象相对更稳定。所以它主要以 *s*-顺式构象存在，即平衡时 *s*-顺式为优势构象。4-甲基戊-3-烯-2-酮构象的楔形式和纽曼投影式如下：

① 楔形式

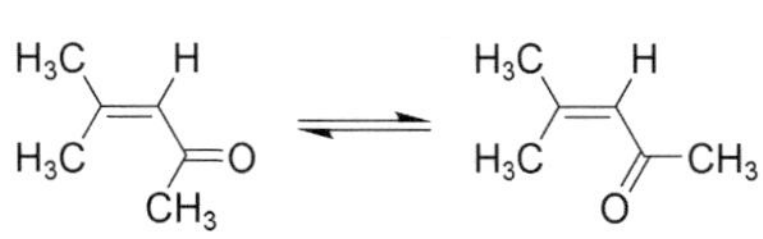

s-反式 (28%)　　*s*-顺式 (72%)

② 纽曼投影式

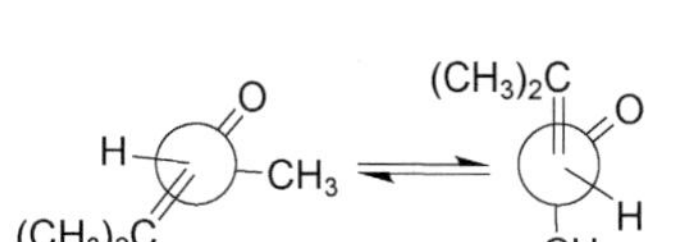

s-反式 (28%)　　*s*-顺式 (72%)

总之，在烯烃的构象分析中，主要围绕末端烯烃来进行分析。在重叠式构象和交叉式构象中，相对稳定的构象异构体是重叠式构象，并且氢重叠式构象比烷基重叠式构象稳定。在交叉式构象中，对位交叉式构象比邻位交叉式构象稳定。醛类化合物的优势构象也是重叠式而不是交叉式，但是与羰基重叠的是烷基而不是氢，即烷基重叠式比氢重叠式更为稳定。只有当取代基具有显著的空间要求时，氢重叠式构象才变得比较稳定。但是需要注意的是，醛的能垒比类似的末端烯烃要低一些。酮和醛类似，也是重叠式构象稳定，特别是取代基与羰基重叠的构象更为稳定，这种情况在酮中比在醛中更明显。

1.4 卡宾结构与反应再辨析

卡宾又称碳烯，是一类包含只有六个价电子的二价碳原子化合物的总称。与碳自由基一样，卡宾属于不带电荷的中性活泼中间体，它非常活泼，生存期很短，实际上卡宾的生存期都在一秒以下。目前只有低温（77 K 或更低）矩阵捕获法可以分离出卡宾，对卡宾的结构进行分析理解可以很好地体现和培养物理有机化学思维[21,24-27]。

1.4.1 卡宾的结构

卡宾的中心碳原子上只有六个价电子，含有一个电中性的中性碳原子，它与两个基团或原子相连形成 δ 键，在这个碳原子上就余下两个未成键的电子，这两个未成键的电子有两种填充方式：一种是自旋相反占据一个轨道，另一种是自旋平行占据两个轨道，在光谱学上分别称为单重态卡宾和三重态卡宾。

（1）单重态卡宾的结构

单重态卡宾中两个未成键的电子采取自旋相反的填充方式（图 1-9），中心碳原子采取 sp^2 杂化。在 3 个 sp^2 杂化轨道中，其中两个 sp^2 杂化轨道形成 δ 键，第三个 sp^2 杂化轨道容纳一对自旋相反的非键电子，而未杂化的 p 轨道是空的没有填充电子。计算和测定结果表明，单重态卡宾的几何构型是弯曲分子，键角为 103°[28]。

（2）三重态卡宾的结构

三重态卡宾中两个未成键的电子采取自旋平行的填充方式（图 1-10），中心碳原子采取 sp 杂化，两个 sp 杂化轨道形成 δ 键，而未杂化的两个 p 轨道中分别填充一个电子，因此三重态卡宾也可以看作是一个双自由基。计算和测定结果表明，三重态卡宾的几何构型也是弯曲分子，键角为 136°[28]。

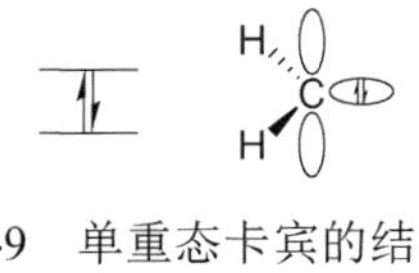

图 1-9 单重态卡宾的结构

图 1-10 三重态卡宾的结构

1.4.2 单重态卡宾和三重态卡宾的性质差异

众所周知，物质的结构决定其性质，单重态卡宾和三重态卡宾的结构不同，那么它们的性质就一定会表现出差异。

（1）单重态卡宾和三重态卡宾的稳定性差异

三重态卡宾中两个未成键的电子自旋平行，而单重态卡宾中两个未成键的电子自旋相反，因此，三重态卡宾中电子的排斥作用小。另外，测定结果表明，三重态卡宾的能量比单重态卡宾的能量低 4.19 kJ/mol，说明三重态卡宾比单重态卡宾稳定，这一点可以用洪德定则（Hund's rules）证明。由于三重态卡宾比单重态卡宾稳定，故三重态被称为基态。

取代基对卡宾的稳定性有很大影响，当烷基（包括 H）作为取代基时，三重态仍是卡宾的相对稳定态；但当碳上有带孤对电子的取代基时，由于 p-π 共轭作用，电子向空的 p 轨道转移，使得单重态卡宾比三重态卡宾更稳定。

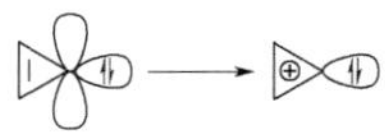

另外，具有环状共轭体系的二价碳的单重态卡宾比三重态卡宾稳定，其单重态卡宾一般不会表现出强的亲电性。

（2）单重态卡宾和三重态卡宾的磁性差异

在单重态卡宾中，两个未成键的电子采取自旋相反的方式填充到一个轨道，分子中无不成对电子，因此单重态卡宾表现为反磁性。而在三重态卡宾中，两个未成键电子采取自旋平行的方式填充到两个轨道，有两个单电子，即 C 原子与两个氢原子成键，同时两个未参与杂化的 p 轨道各容纳一个自旋方向平行的电子，因此三重态卡宾表现为顺磁性。这种结构使得三重态卡宾在磁场中的行为与单重态卡宾必然有所不同。

（3）单重态卡宾和三重态卡宾在发生插入反应时的机理差异

卡宾的一个特别重要的性质是发生插入反应，即可将其自身插入有机分子的 C—H 键之中，结果使碳链增长，如：

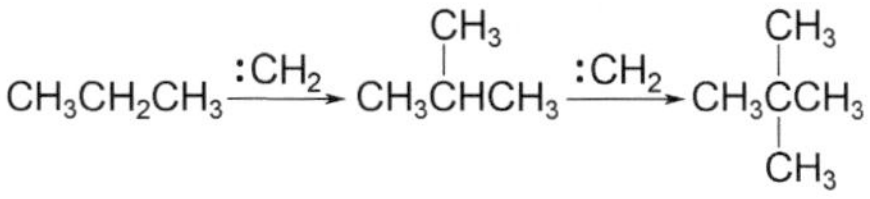

卡宾插入 C—H 键之间的活性是 3°＞2°＞1°。但是单重态卡宾的插入反应是一步协同反应，而三重态卡宾的插入反应是两步反应[29]。

如单重态卡宾的插入反应：

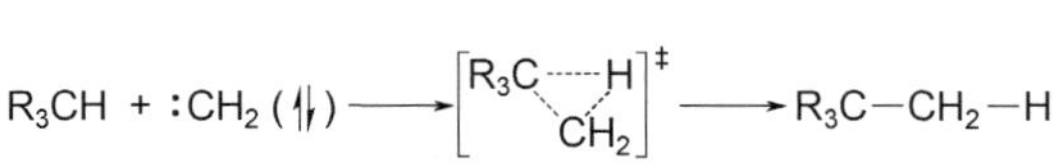

三重态卡宾的插入反应：

$$R_3C-H + :CH_2(\uparrow\uparrow) \longrightarrow R_3C\cdot\uparrow + \uparrow\cdot CH_2-H$$

$$R_3C\cdot\uparrow + \uparrow\cdot CH_2-H \longrightarrow R_3C-CH_2-H$$

三重态卡宾发生两步反应时，卡宾先夺取 C—H 键上的氢原子形成自由基，然后再发生自由基偶合反应。

由于单重态卡宾比三重态卡宾活泼，所以它的选择性比三重态卡宾低，比如和异戊烷的 C—H 插入反应中只有很小的选择性，选择性依次为 3°＞2°＞1°，比例为 1.5∶1.2∶1.0[30]。在和烯烃的环加成反应中，随着取代基的不同，单重态卡宾在反应速率即动力学上只有很小的改变。三重态卡宾的反应与之相反，选择性为 3°＞2°＞1°，比例为 7∶2∶1[30]，对烯烃的活泼性表现的范围也比较大。例如，在气相中，三重态卡宾与 1,3-丁二烯的反应比与乙炔的反应快 19 倍[31]。

（4）单重态卡宾和三重态卡宾在发生加成反应时的机理差异

卡宾与烯烃及其他不饱和的碳碳重键发生亲电加成反应时，其产物一般为环丙烷衍生物。然而，由于电子结构的差异，单重态卡宾和三重态卡宾的加成却表现出不同的立体化学特征，单重态卡宾的加成反应是一步协同反应，而三重态卡宾的加成反应则是双自由基进行的分步反应。

单重态卡宾加成反应如下：

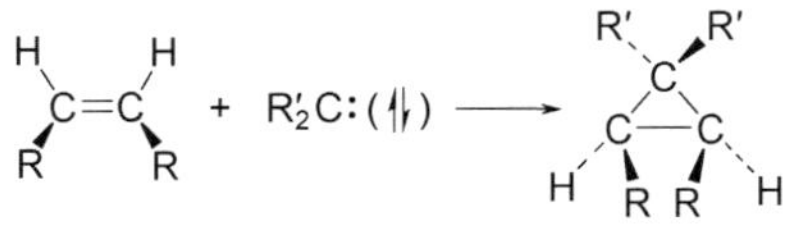

该反应属于一步协同反应，且烯烃与单重态卡宾发生环加成反应后，其立体化学特征为产物的顺反构型与烯烃保持一致。

三重态卡宾加成反应如下：

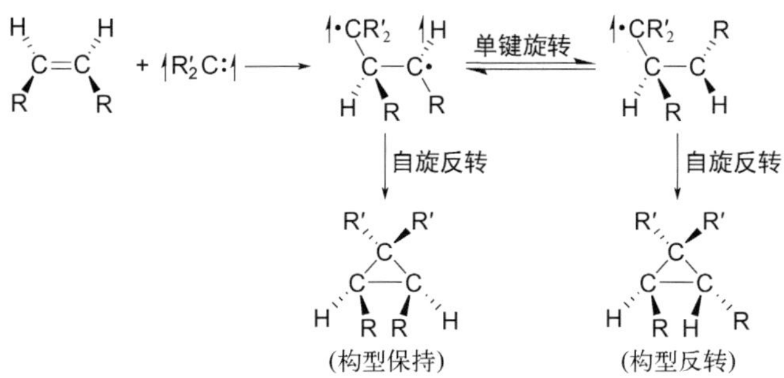

该反应过程为两步反应，存在 C—C 单键可以旋转的中间体，因此产物外消旋化。

1.4.3　卡宾的生成

生成卡宾的方法可分为两大类：一类是反应物自身的热解或光解，另一类是反应物在试剂作用下发生消除反应。

（1）重氮化合物的分解

$$R_2C=\overset{+}{N}=\overset{-}{N} \xrightarrow{\triangle\text{或}h\nu} R_2C: + N_2\uparrow$$

这里所需的重氮化合物有时不易合成，使这个方法受到一定限制，且分子量小的重氮烷有毒，不稳定，常需临时制备，不必分离后使用。使重氮化合物分解生成卡宾的动力是能生成很稳定的 N_2 分子。在气相中重氮烷分解的活化能均为 125.6 kJ/mol，可控制光化过程使生成的卡宾主要是单重态或三重态，而直接光解将导致生成单重态卡宾。

（2）芳基磺酰腙的光解和热解

该路线是重氮烷分解方法的改进，起始物质是酮，反应过程中不需要分离有危险性的重氮烷，而使重氮烷一旦形成就立即分解掉。

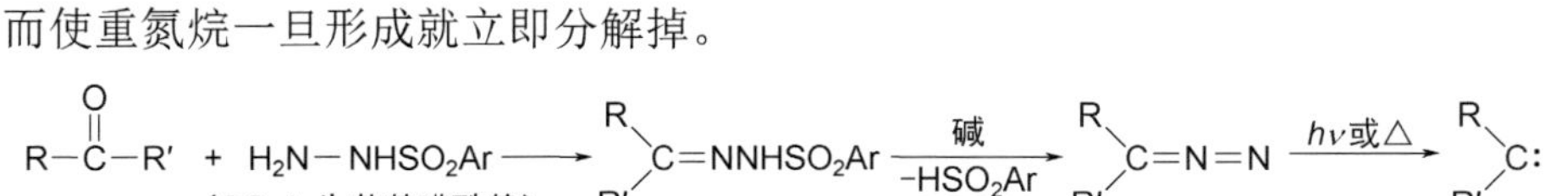

（3）二氮杂环丙烯的光解

二氮杂环丙烯是重氮化合物的环状异构体，由于存在较大的环张力，且氮气易于形成，故这种化合物在激发下非常活泼。但是，二氮杂环丙烯难以合成，因此该方法在有机合成上意义不大。

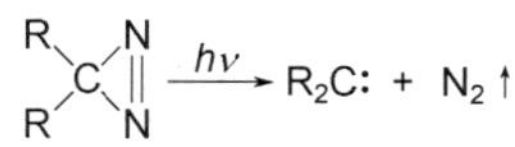

（4）无β-H卤代烷的消去

在同一碳原子上进行消去是制备卡宾的一个重要反应，原料主要采用多卤代烷[32]。

$$Cl_3CH \xrightarrow{RO^-} Cl_2C: + Cl^-$$

1.4.4　卡宾的反应

卡宾是很活泼的反应中间体，能发生很多反应，主要有插入反应、加成反应和重排反应。

（1）插入反应

卡宾的一个重要性质就是能发生插入反应，使碳链增长，但如前文所述，单重态卡宾和三重态卡宾在发生插入反应时的机理是不同的。

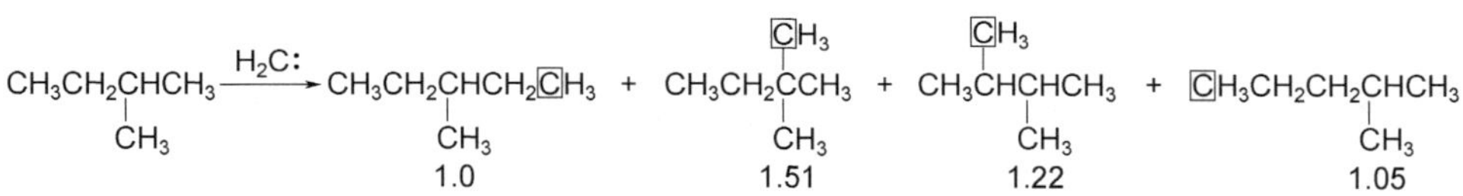

这种分子间插入反应的选择性差，该反应的产物是混合物，且各组分的含量相差不大，四种产物具体定量结果为1：1.51：1.22：1.05。

（2）加成反应

卡宾可与不饱和化合物（如烯烃、炔烃）进行亲电加成反应，不饱和键的电子密度越高，反应活性越高。同样，单重态卡宾与三重态卡宾的反应机理不同。

卡宾与共轭二烯烃反应时发生1,2-加成。

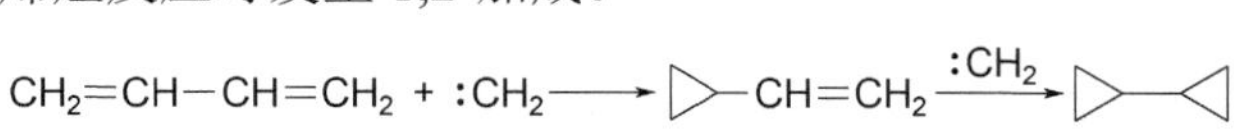

卡宾与双键可发生分子间加成，也可发生分子内加成。

① 分子间加成反应

当发生分子间加成时，反应通过一步协同机理完成。如：

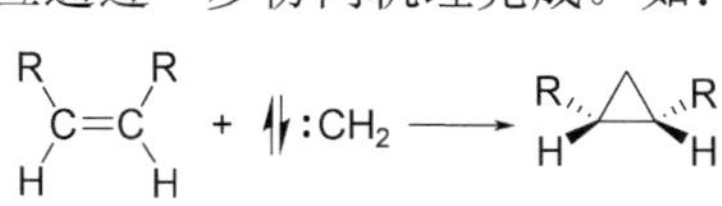

② 分子内加成反应

当发生分子内加成时，反应通过两步完成。如：

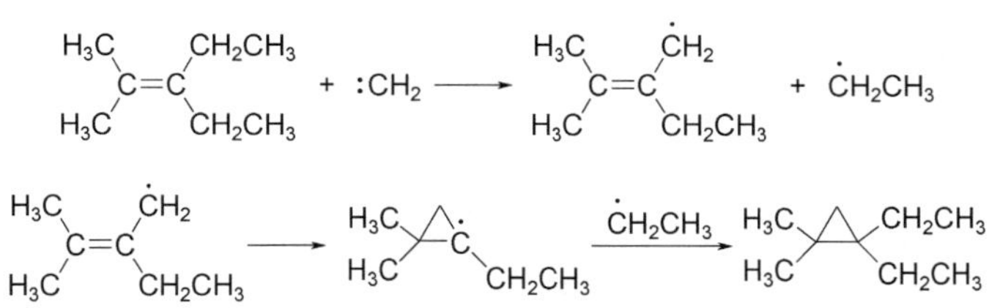

乙烯酮分子中的 C═C 键也能与卡宾发生加成反应，生成环丙烷衍生物。

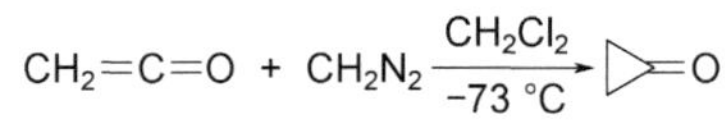

(3) 重排反应

卡宾能发生分子内重排反应，最常见的卡宾重排反应是氢迁移生成烯，此外还有烷基、芳基迁移的重排。其迁移的难易顺序是：H＞芳基＞烷基。

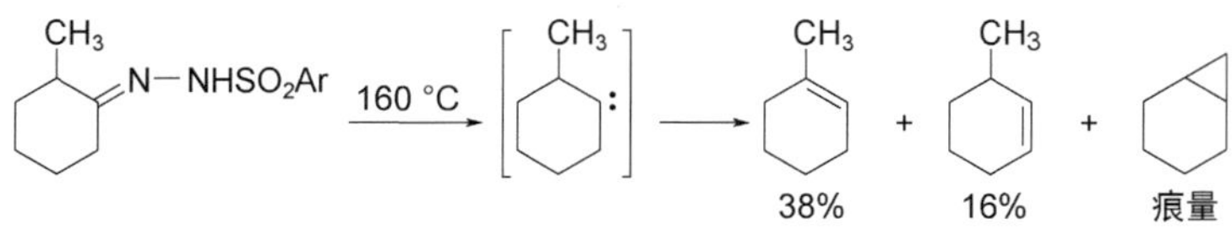

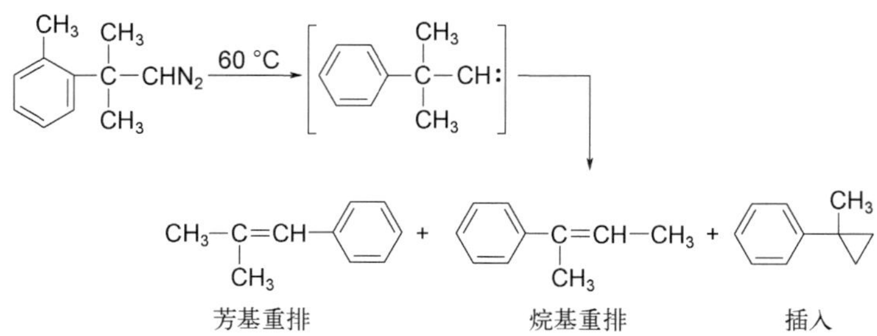

这与碳正离子的重排不同，碳正离子迁移能力的大小顺序通常为：芳基＞烷基＞H[33]。

1.5　有机化学中的“假酸”

有机化学中所谓的酸通常是指羧酸（RCOOH），其中羧基上的 H 能以质子的形式离开。在水溶液中，羧基部分解离出的质子与水结合成水合质子，因此羧酸的水溶液呈明显的酸性。

$$RCOOH + H_2O \rightleftharpoons RCOO^- + H_3O^+$$

通常，羧酸的 pK_a 在 4～5 区间，属于弱酸，但比碳酸的酸性（pK_a = 6.4）要强，所以它可与 Na_2CO_3 作用放出 CO_2。羧酸的酸性强弱与它的结构有关，羧酸在水中解离产生的羧酸根负离子较稳定，这是因为羧酸根负离子的负电荷并非集中在一个氧原子上，而是平均分散在它的两个氧原子上，两个 C—O 键是等同的。这种结构特征可用如下的共振结构式来表示：

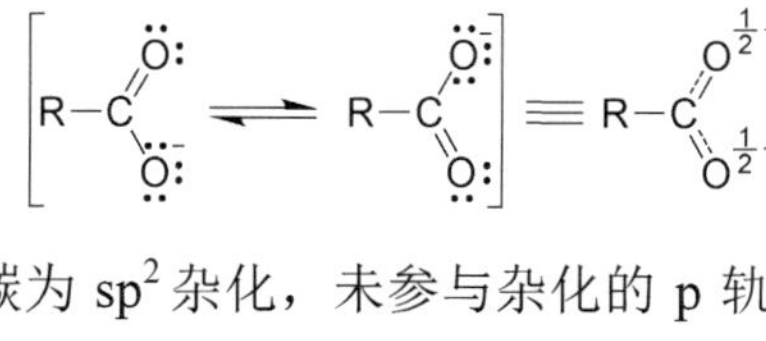

羧酸根负离子中的羰基碳为 sp^2 杂化，未参与杂化的 p 轨道可分别与两个氧原子的 p 轨道并肩交盖形成 π 键，负电荷分散在两个电负性较强的氧原子上，使能量降低。可见，羧酸根负离子中已没有一般的碳氧双键和碳氧单键，由于电子的离域，发生了键长的平均化[34]。然而，在有机化学中，除了羧酸之外，还有一些有机化合物不具有羧基结构，但仍然能在一定条件下通过 C—H 键或 O—H 键的异裂解离出质子，表现出一定酸性，甚至是显著酸性，本节将对此类有机化合物及其酸性进行归纳总结。

1.5.1　硝基甲烷

硝基甲烷（CH_3NO_2）可以由甲烷在气相高温下同硝酸反应制得。在制备 2-硝基-1-苯乙醇时，需用 CH_3NO_2 和苯甲醛作原料。

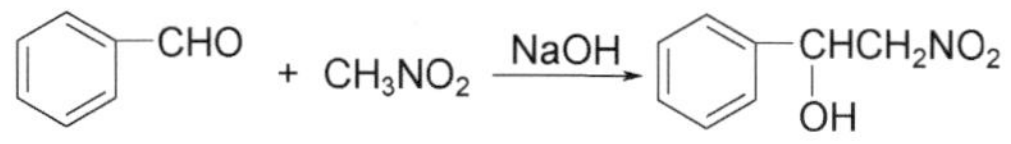

这个反应正是利用了硝基甲烷的酸性，在碱性环境中，CH_3NO_2 甲基上的 C—H 键异裂，随之产生的 H^+ 与 OH^- 结合生成水分子，同时生成碳负离子，碳负离子进攻—CHO 中带部分正电荷的羰基 C 原子而发生亲核取代反应。CH_3NO_2 的结构可用如下结构中的[**a**]式表示[35]：

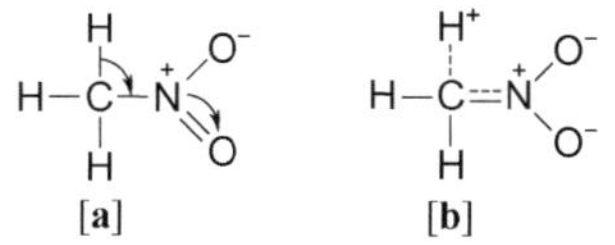

如结构[**a**]所示，由于—NO_2 是强吸电子基团，同时甲基中的 C—H 可以与—NO_2 形成 σ-π 超共轭效应的电子离域，所以除了吸电子诱导效应外，还有 C—H 键 σ 电子的外移。结果如[**b**]式所示，迫使 C 与 N 之间呈部分双键的状态，即 CH_3 中的 C 为正五价，当然这种情况违背了 C 的四价本性，因此甲基上的一个 H 以 H^+ 形式离去，从而表现出酸性。失去 H^+ 以后形成的 $[CH_2NO_2]^-$ 具有如下所示的三种不同的共振极限式（[**c**]、[**d**]、[**e**]），故能量较低，结构稳定。

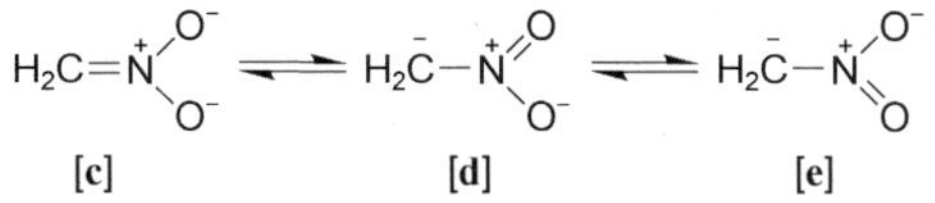

如前所述，在碱性环境中，CH_3NO_2 分子中甲基上发生 C—H 键异裂，产生 H^+ 和 $[CH_2NO_2]^-$，呈明显的酸性（$pK_a = 10.20$，25℃）。同时由于—NO_2 的强吸引电子性质，$[CH_2NO_2]^-$ 的负电荷得到有效的分散而能稳定存在，如结构[**d**]及[**e**]所示，但它可以夺取 H^+ 转变成[**f**]。不难看出，硝基甲烷的结构([**f**])与羧基的结构非常相似。

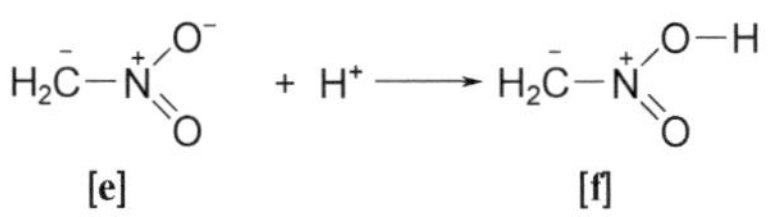

由以上分析可见，硝基甲烷具有 CH_3NO_2 和 CH_2NOOH 两种结构形式，其中后者被称为酸式结构[35]。

1.5.2　具有 α-H 的醛酮类化合物

醛酮类化合物的一个重要特征是与羰基 C 相连的 C 原子（*α*-C）上的氢原子（通常称为 *α*-H）具有酸性。由于羰基的吸电子诱导效应及 σ-π 超共轭效应，*α*-C—H 键的键长较大，即 *α*-H 较为活泼，一般称为活泼 *α*-H。在碱性试剂作用下，*α*-H 容易以质子形式离去，因此显示出明显的酸性。

α-H 的解离度还与醛酮分子本身的结构有关，若 α-C 上连有吸电子基团 Y，这对分散碳负离子的电荷有利，将大大增加碳负离子的稳定性，即醛酮的 α-H 活泼性（酸性）增加，且 Y 基团的吸电子能力越强，醛酮的 α-H 活泼性增加越显著。常见的这类基团有硝基、磺酸基、羰基、酯基、氰基、苯基和乙烯基等。除电子效应外，空间位阻对 α-H 的活泼性也有一定的影响，若有较大的基团阻碍了醛酮分子 α-H 与碱的接近，也会使醛酮分子中 α-H 的酸性减弱[36]。

在稀碱溶液中，醛的 α-H 被夺取后所形成的碳负离子是较强的亲核试剂，可与另一分子醛的羰基发生亲核加成反应形成氧负离子，最后氧负离子与水作用夺取一个质子，得到 β-羟基醛，β-羟基醛进一步发生分子内脱水反应，最终生成 α,β-不饱和醛。因此该类反应叫羟醛缩合反应，例如乙醛的羟醛缩合反应如下：

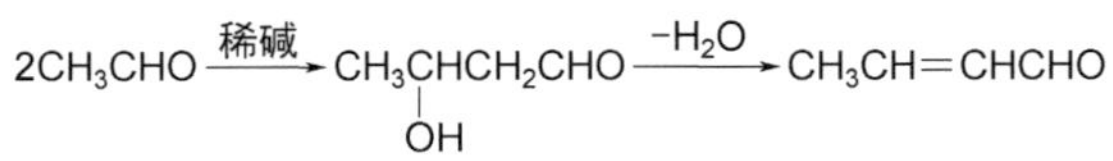

在该反应中，两分子乙醛所起的作用不同，其中一分子乙醛提供 α-H（乙醛的 $pK_a = 13.57$，25℃），在碱性条件下生成碳负离子作为亲核试剂，另一分子乙醛的作用是在亲核加成反应中提供羰基。醛、酮要发生羟醛缩合反应必须要有 α-H，否则无法产生亲核性的碳负离子，其中提供 α-H 的醛就显示酸性。

1.5.3　羧酸衍生物

（1）乙酰乙酸乙酯

在乙酰乙酸乙酯分子中，由于两端的酰基与酯基的强吸电子作用，分子链中间的亚甲基碳原子上电子云密度较低，C—H 键容易解离释放出 H^+，显示出酸性（$pK_a = 11.0$）[37]。同时亚甲基与相邻的两个碳原子之间的键也容易断裂，在不同的反应条件下，能发生两种不同类型的分解反应。

在稀酸（或先用稀碱处理，然后再酸化）作用下，乙酰乙酸乙酯首先水解为乙酰乙酸（或其盐）及乙醇，乙酰乙酸再失羧（释放出二氧化碳）而转变为酮，这叫作成酮分解或酮式分解，可用如下的反应式予以表示。

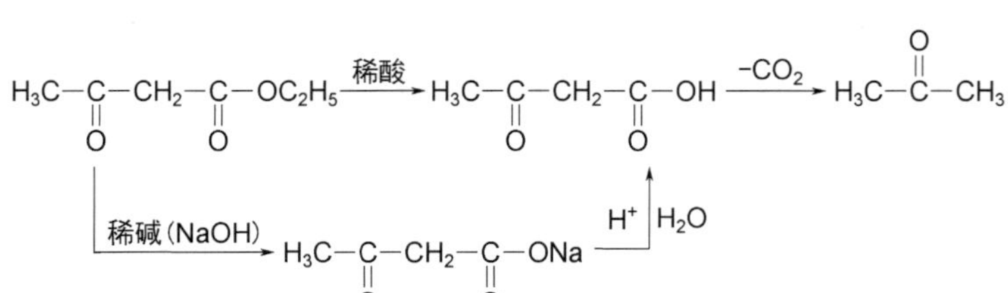

在浓碱作用下，α-C 与 β-C 之间发生 C—C 键的断裂，生成两分子乙酸盐，经酸化可得到相应的酸，叫作成酸分解或酸式分解，表示为：

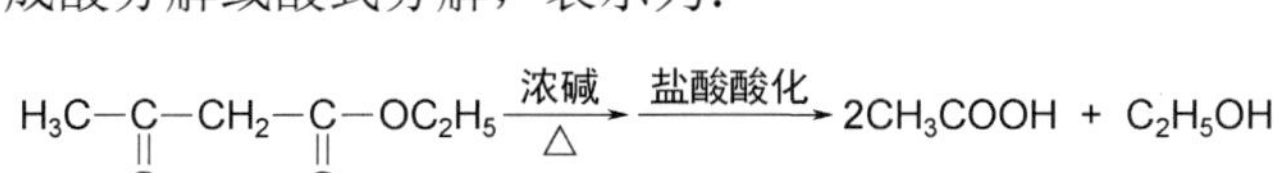

此外，乙酰乙酸乙酯可以与金属钠反应放出氢气，生成钠盐，表明其结构中含有活泼氢；

可使溴的四氯化碳溶液褪色，说明分子中含有不饱和键。无论是物理方法还是化学方法，都可以证明乙酰乙酸乙酯是一个由酮式和烯醇式的混合物所形成的平衡体，室温时烯醇式结构占 7%，该烯醇式结构可形成较为稳定的六元环状结构。乙酰乙酸乙酯酮式和烯醇式的平衡混合体如下所示：

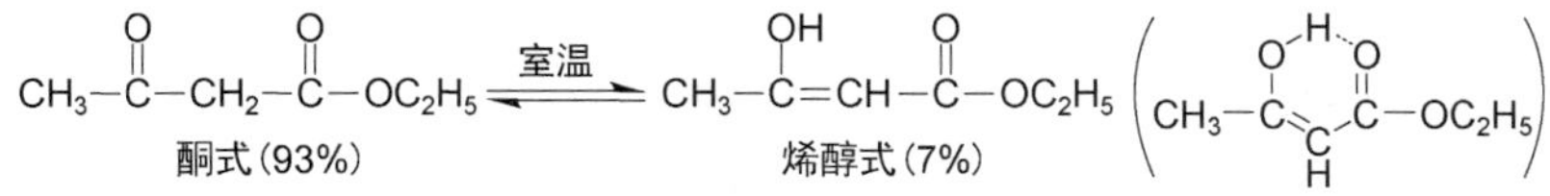

（2）乙酰丙酮

乙酰丙酮与乙酰乙酸乙酯类似，是一种重要的有机合成中间体[38]。在碱的作用下，乙酰丙酮分子中两个羰基之间的亚甲基上的 H 原子同样可以解离出 H^+，显示出更为显著的酸性（pK_a = 9.0）；且乙酰丙酮能形成稳定的烯醇式结构，一方面是由于两个羰基使得亚甲基上的氢特别活泼，另一方面是由于其烯醇式也可通过分子内氢键形成一个热力学稳定的六元环状结构，使体系能量更低，在平衡混合物中，室温时烯醇式结构占 80%，可表示如下：

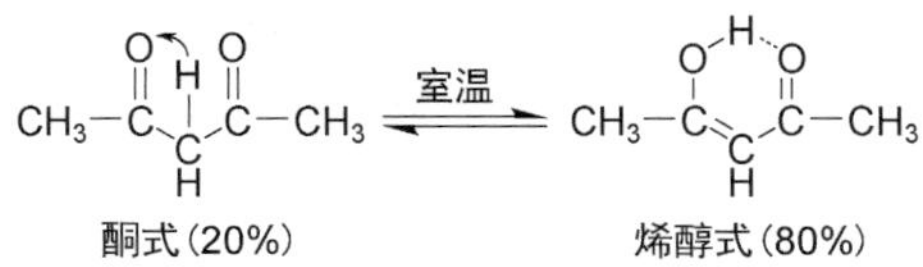

（3）丙二酸二乙酯

与乙酰乙酸乙酯和乙酰丙酮的结构类似，丙二酸二乙酯分子中的亚甲基由于受到左右两个酯基吸电子作用的影响，亚甲基上的氢原子变得比较活泼，有解离出 H^+的倾向，呈弱酸性（pK_a = 13.0）。丙二酸二乙酯的酸性电离过程可表示为：

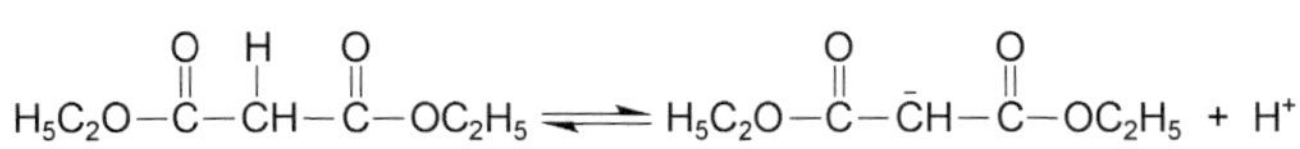

丙二酸二乙酯用强碱醇钠（$R\overset{-}{O}\overset{+}{Na}$）处理时，转变为碳负离子，生成丙二酸二乙酯钠。

$$CH_2(COOC_2H_5) + C_2H_5ONa \xrightarrow{-C_2H_5OH} \underset{\text{丙二酸二乙酯钠}}{[CH(COOC_2H_5)_2]^- Na^+}$$

显然，丙二酸二乙酯负离子也是共轭稳定的体系，且可以表示为如下三种共振极限式[39]：

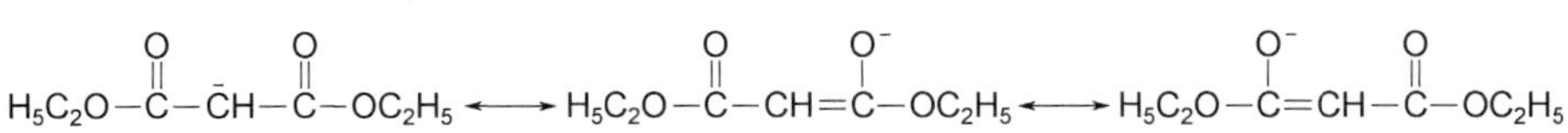

1.5.4　末端炔烃类化合物

炔烃三键碳原子间是以 sp 杂化方式成键的，其轨道的 s 成分比烷烃的 sp^3 杂化轨道和烯烃的 sp^2 杂化轨道的 s 成分都多，说明原子核对核外电子的吸引能力较强。以电负性概念衡量，以上三类杂化轨道的电负性大小顺序为 $sp>sp^2>sp^3$（s 轨道成分愈多，电负性愈强）。因此，相比于烷基 H 和烯基 H，炔基 H 更容易以质子的形式解离下来。当然，物质的酸碱性是一个相对概念，只有在较强的碱性试剂进攻下，乙炔等分子中的炔基 H 才表现出酸性（pK_a = 26.0）[40-41]。

炔烃可以和某些金属反应，炔基 H 被金属原子取代，这正体现了炔基 H 的酸性。例如，在氨溶液中炔基 H 可被银离子、亚铜离子取代，生成金属炔化物[42]。反应方程式如下：

$$HC\equiv CH + 2[Ag(NH_3)_2]^+ \longrightarrow AgC\equiv CAg\downarrow \quad \text{乙炔化银}$$

$$RC\equiv CH + [Cu(NH_3)_2]^+ \longrightarrow RC\equiv CCu\downarrow \quad \text{炔化亚铜}$$

乙炔化银为灰白色沉淀，炔化亚铜为红棕色沉淀，可通过这两个反应发生与否，鉴别炔烃分子中的炔基是在碳链的一端还是在碳链的中间，因为只有炔基在末端的结构才可能连有酸性氢，而分子中其他碳原子上的氢则没有这种性质。

1.5.5 醇类化合物

醇在某些情况下可以看作是一类弱酸，当然醇的酸性通常比水弱（甲醇的酸性与水相当），但也能与碱金属或碱土金属反应生成 H_2。

表 1-2 几种常见醇的 pK_a 值[5]

醇	CH_3OH	CH_3CH_2OH	$(CH_3)_2CHOH$	$(CH_3)_3COH$
pK_a	15.5	17.0	18.0	19.2

醇的酸性强弱可以从它们的 pK_a 值加以比较。表 1-2 中列出了几种常见醇的 pK_a 值，可以看出不同级别的醇酸性差异较为明显，液相中各类醇的酸性大小顺序为：甲醇>伯醇>仲醇>叔醇。且在液相中，醇的 pK_a 值较大，羟基的解离度很小，其 pK_a 数值并不能由水溶液中测得，而是根据醇与碱之间发生如下所示的电离平衡计算的结果。

$$ROH + OH^- \rightleftharpoons RO^- + H_2O$$

影响这一平衡的主要因素是烷氧负离子的稳定性。从电子效应的观点来看，烷基是供电子基团，烷基越多，供电子能力越强，氧原子上负电荷越多，则烷氧基负离子越不稳定，醇就越难电离出氢离子，酸性就越弱。此外，醇分子的羟基氧原子上的烷基越多，OH^-进攻并夺取羟基氢的空间位阻越大，即 ROH 的酸性就越弱。总之，电子效应和位阻效应对醇酸性大小的影响一致。各类烷氧基负离子的稳定性顺序如下所示：

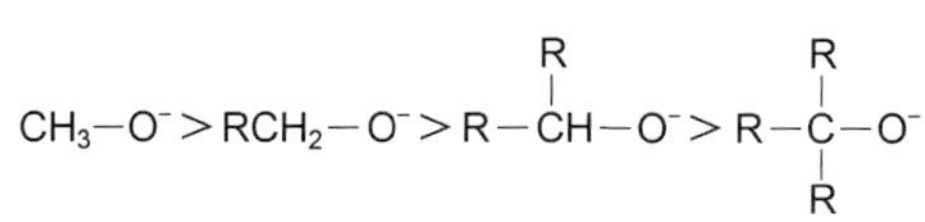

当然，溶剂对烷氧基负离子的稳定性也有很大的影响。一方面，与其他烷氧基相比，叔烷氧基负离子中氧原子上的负电荷更为集中，特别是在质子溶剂中，也就更容易与质子溶剂形成氢键，使其强烈地溶剂化，进而增强叔烷氧基负离子的稳定性。但是另一方面，必须考虑叔烷氧基负离子中叔烷基巨大的空间位阻，这种位阻效应会破坏氢键对烷氧基负离子的稳定化作用，导致 pK_a 值增大[43]。此外，与非极性溶剂相比，极性溶剂更有利于烷氧基负离子，特别是甲氧基负离子（体积最小）电荷的分散，从而更为显著地增强其热力学稳定性。

1.5.6 酚及其衍生物

酚具有酸性，有明显的电离出 H^+的倾向。例如苯酚的 pK_a = 10.0，其酸性比水和醇都强，所以苯酚可溶于氢氧化钠溶液生成苯酚钠。醇很难与氢氧化钠溶液反应，而且醇钠（RONa）在水中完全水解生成醇，酚钠只是部分水解。产生这种差异的原因是在烷氧基负离子（RO^-）中，其负电荷得不到离域分散，能量较高，与H^+有很强的结合能力；而酚氧负离子是共轭体系，其负电荷因离域而被分散，具有较高的热力学稳定性。

当芳环上有其他取代基时，会影响酚的酸性，且取代基不同，对酚的影响程度有很大不同[44]。一般来说，吸电子基特别是强吸电子基使酚的酸性增强；供电子基使酚的酸性减弱。同一种取代基处于不同位置时对酚酸性的影响不同，处于邻位、对位的影响大于处于间位的情况。一些常见取代苯酚衍生物的 pK_a 值如表 1-3 所列。

表 1-3 常见取代苯酚衍生物的 pK_a 值

取代基	邻位	间位	对位
OCH_3	9.98	9.65	10.21
CH_3	10.29	10.09	10.26
H	10.00	10.00	10.00
Cl	8.48	9.02	9.38
NO_2	7.22	8.39	7.15

由表 1-3 可知，对甲苯酚、苯酚、对硝基苯酚的 pK_a 值分别为 10.26、10.00 和 7.15，酸性依次增强，这一情况可以用如下所示的对甲基苯酚氧负离子和对硝基苯酚氧负离子共振杂化结构解释[45]。

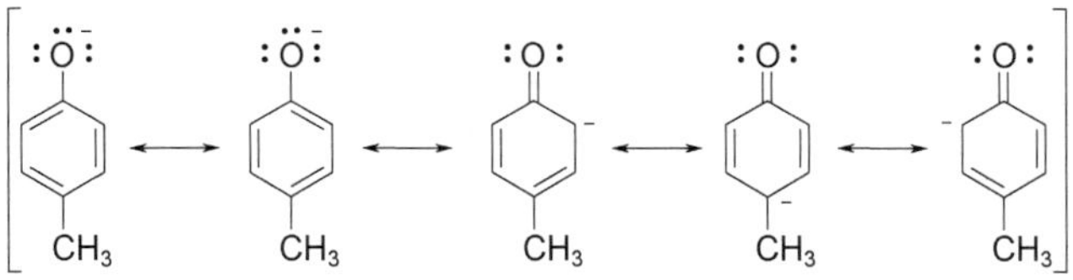

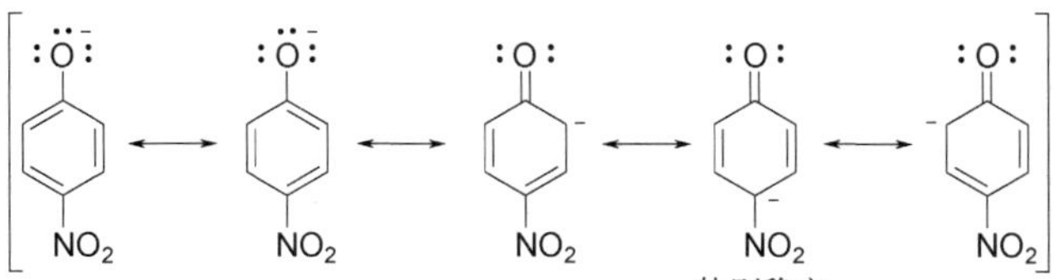

在对甲基苯酚氧负离子的共振结构中，存在供电子的—CH_3 直接与带负电荷的碳原子相连的极限式，对负电荷分散非常不利；在对硝基苯酚氧负离子的共振结构中，吸电子能力强的—NO_2 扩大了负电荷离域的范围，对负电荷的分散非常有利，特别是存在—NO_2 与带负电荷的碳原子相连的最稳定极限式。所以，对硝基苯酚的酸性强于对甲基苯酚。此外，如果在酚环上有多个吸电子基团，则酸性更强。例如 2,4,6-三硝基苯酚的 pK_a 为 0.24，其酸性相当于强无机酸的酸性，在生物化学技术中它可用于沉淀法分离蛋白质，也可用作爆炸物的模型化合物以研究荧光检测极限[46]。

总之，在具体参数支撑和定量精准思维方法的指导下，本节总结了几类典型的非羧酸类有机化合物及其酸性，包括硝基甲烷、具有 α-H 的醛酮类化合物、乙酰乙酸乙酯、乙酰丙酮、丙二酸二乙酯、末端炔烃、醇、酚及其衍生物的酸性，尽可能地做到有据可循，并从电子结构特征出发，简要分析了其酸性的本质和影响因素，对全面系统学习和理解该类有机化合物的结构与性质有所帮助。

1.6 苯及吡啶碱性的本质

作为芳香族化合物的代表，苯环上的 6 个碳原子处在同一几何平面上，每个碳原子上都有一个垂直于这个平面的 2p 轨道，而且这些 2p 轨道相互平行，这样就形成了面圈形状的 π 电子云，分布在正六边形环平面的上下。由于电子云带负电荷，因此，就整体而言虽然苯分子是电中性的，但其内部带正电荷的平面却隐藏在面圈形电子云所带负电荷的夹层里，当外界负离子或者带负电荷的亲核试剂接近时，将会受到排斥；反之，当正离子或者带正电荷的亲电试剂接近时将受到吸引[35]。然而，由于苯分子 π 电子云的易极化性，苯分子与阴离子和阳离子均可以发生明显的弱相互作用，表现出有机碱的性质，本节将用物理有机的思维方法对苯及其杂环化合物的碱性作进一步的探讨。

1.6.1 苯的碱性

苯的碱性体现在很多方面，尤其在亲电取代反应方面。由于苯环上离域的 π 电子分布在分子平面的上下两侧，电子云相对暴露，受原子核约束力较 σ 电子小，比较容易受到亲电试剂的进攻，易发生亲电取代反应。苯环上发生亲电取代反应时，将会生成 π-络合物。π-络合物是反应试剂与 π 电子给体相结合形成的一种电荷转移络合物，当具有较低电离势的电子给予体和具有能量较低空轨道、较高电子亲和势的电子接受体相接近时可生成这种络合物。二者的结合是靠电荷的转移，结合强度在弱相互作用范畴，并没有生成新的共价键。例如，苯与盐酸作用可以形成 π-络合物的稳定溶液，这是由于 HCl 分子极化(δ^+)H—Cl(δ^-)，使带部分带正电荷的 H 受到苯环的吸引。苯分子与盐酸作用形成的 π-络合物可简单表示如下：

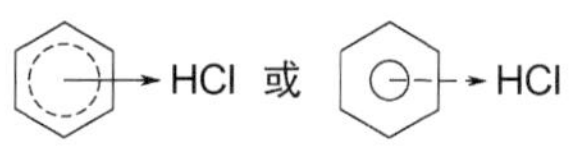

苯环上能够发生亲电取代反应，这类反应也是芳香族化合物的特征反应之一，其本质也可以理解为苯环的碱性，下面将举两类反应来说明。

（1）硝化反应

利用不同的硝化试剂可使许多芳香族化合物发生硝化反应，该类反应可以被理解为酸碱之间的反应。浓硫酸和浓硝酸的混合物是最常用的硝化试剂，它的硝化作用较强，可以使简单烷基苯等活性小的芳香族化合物硝化。

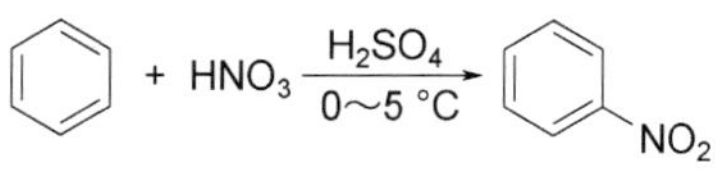

当苯与热的浓硝酸作用时，生成硝基苯的速率很慢。若采用热的浓硝酸与浓硫酸的混合物作用，则反应进行得很快。因为浓硫酸的存在增加了硝酰阳离子的浓度，从而使反应速率加快。

浓硝酸与浓硫酸混合后，硝酸作为一个碱从更强的酸——硫酸中接受一个质子而形成质子化的硝酸，后者分解并生成硝酰阳离子：

$$H-\ddot{O}-NO_2 + H-O-SO_2OH \rightleftharpoons H-\overset{+}{\underset{H}{\ddot{O}}}-NO_2 + HSO_4^-$$

$$H-\overset{+}{\underset{H}{\ddot{O}}}-NO_2 + H-O-SO_2OH \rightleftharpoons \overset{+}{N}O_2 + H_3O^+ + HSO_4^-$$

其总结果可表示为：

$$HONO_2 + 2HOSO_2OH \longrightarrow \overset{+}{N}O_2 + 2HSO_4^- + H_3O^+$$

过去已有实验（如凝固点降低和光谱分析）证明，在混酸中存在着上述平衡，且有实验证明苯的硝化反应是由硝酰阳离子的进攻而引起的，硝酰阳离子进攻苯环的 π 电子云同时生成 σ-络合物，然后 σ-络合物失去一个质子形成硝基苯，反应历程如下：

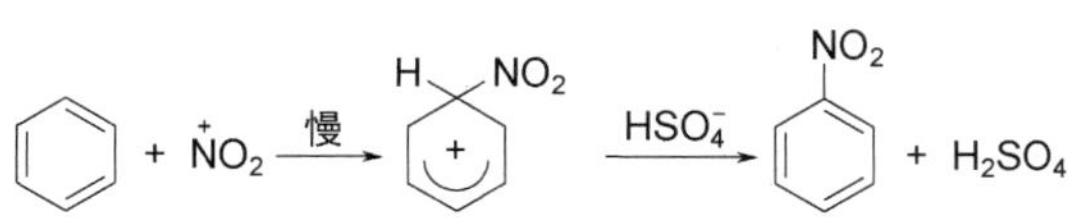

由路易斯酸碱的定义（凡是能够接受外来电子对的都叫作酸，凡是能够给出电子对的都叫作碱）可知，在上述反应中，$\overset{+}{N}O_2$ 是强吸电子基团，而在简单的烷基苯中—$COCH_3$ 是给电子基，由于苯环的平面上下分布着负电荷的环状电子云，当带正电荷的 $\overset{+}{N}O_2$ 接近时将会受到吸引，使得其呈现碱性。

（2）卤化反应

芳香族化合物也可以与卤素发生卤化反应，在这个反应中卤素分子的反应活性顺序为：$Cl_2>Br_2>I_2$。由于碘单质发生卤化反应的速率慢，所以通常使用的亲电试剂是氯和溴。

无催化剂存在时，苯与溴或氯并不发生反应，因此苯不能使溴的四氯化碳溶液褪色。然而，在催化剂（FeX_3、$AlCl_3$ 等）存在下苯与溴或氯容易发生反应，且生成产率较高的溴苯或氯苯。催化剂如 $FeBr_3$ 的作用：首先是与 Br_2 生成络合物；然后此络合物作为亲电试剂并分裂出一个 Br^+去进攻苯环，与苯形成 σ-络合物，并同时生成 $FeBr_4^-$；最后 σ-络合物分裂出一个质子生成溴苯，与此同时，从 σ-络合物中分离出来的质子与 $FeBr_4^-$作用，生成 HBr 并使催化剂 $FeBr_3$ 再生。其反应历程可简单表示如下：

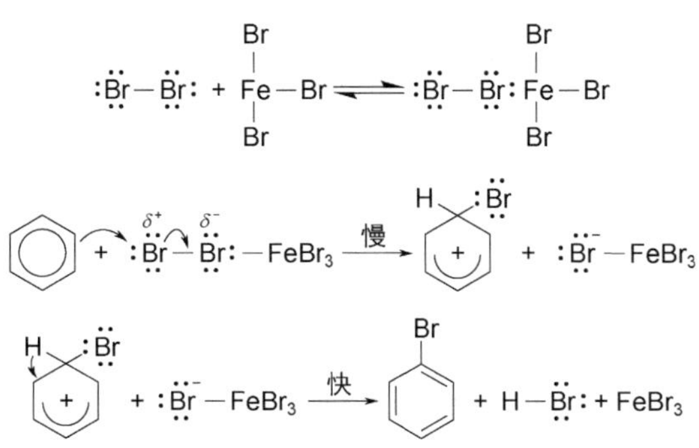

在三苯甲烷的溴化反应中，由于苯环上含有三个甲基，而甲基是给电子基团，当遇到强吸电子基团 Br^+的进攻时易发生反应。因此，根据路易斯酸碱的定义可以知道三苯甲烷显示出其碱性。

1.6.2　吡啶及其碱性

在部分杂环化合物参与的有机化学反应中，杂环化合物表现出了弱碱性，例如吡啶[47]。吡啶是有特殊臭味的无色液体，可与水、乙醇、乙醚等任意混合。它是一种六元杂环化合物，存在于煤焦油、页岩油和骨焦油中，它的衍生物也广泛存在于自然界中。植物所含的生物碱很多都具有吡啶环结构，例如维生素 B_3、维生素 B_6、辅酶Ⅰ及辅酶Ⅱ都含有吡啶环。此外，吡啶还是重要的有机合成原料、良好的有机溶剂和有机合成催化剂。吡啶分子中的键合情况和苯相似，它们的碳原子与氮原子都是 sp^2 杂化的。吡啶环中 5 个碳原子和 1 个氮原子各提供一个 p 电子，它们的 p 轨道与环平面垂直，互相重叠而形成闭合共轭体系。吡啶分子中的 π 电子轨道如图 1-11 所示。

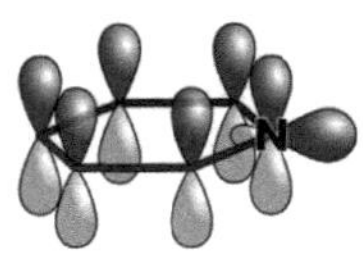

图 1-11　吡啶的 π 电子轨道

弱碱性的吡啶环上氮原子为吸电子基团，故使得吡啶环属于缺电子的芳杂环。吡啶环上的电子云密度比苯环上的低，因此其亲电取代反应的活性也比苯低，与硝基相当。由于环上氮原子的钝化作用，吡啶的亲电取代反应条件比较苛刻，且产率较低，取代基主要进入 β 位。吡啶的结构式及取代位如下：

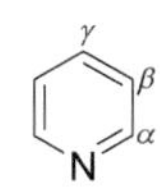

吡啶环上的亲电取代反应比苯难，其原因可以通过中间体的相对稳定性来予以解释。由于电负性较大的氮原子的存在，吡啶取代的中间体正离子不如苯取代的相应中间体稳定，所以吡啶的亲电取代反应比苯难。当亲电试剂进攻 2（α）位或 4（γ）位时，形成的中间体中有一个共振极限式，其正电荷正好在电负性较大的氮原子上，从而造成电荷集中效应，故这种极限式极不稳定；而 3（β）位取代的中间体没有这种不稳定的极限式存在，其中间体要比进攻 2 位或 4 位的中间体稳定，所以 3 位即 β 位的取代产物最容易生成[20]。

吡啶的碱性较弱，从 pK_a 值看，其碱性比一般的脂肪胺及氨都弱，但比苯胺强。这几种物质的碱性强度顺序如下：

	苯胺	< 吡啶	< 氨	< 三乙胺
pK_a	4.7	5.2	9.3	10.6

一般而言，吡啶不能与弱酸形成稳定的盐，但可与强酸结合形成盐。例如：

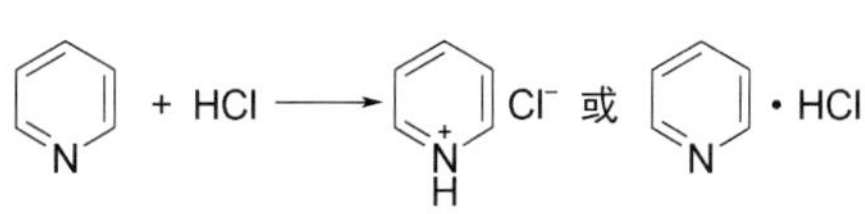

在上述反应中，由于吡啶环中存在氮原子，氮原子上有未共用电子对，且环上的电子云也偏向于氮原子，所以当进行反应时，氮原子提供电子对，与氢原子结合，根据路易斯酸碱电子理论可知吡啶显碱性，为路易斯碱。

从以上列举的有关苯和吡啶的例子中可以看出，苯及除吡啶之外的其他杂环化合物的碱性主要体现在亲电取代反应中。在此类反应中，当苯与亲电试剂作用时，亲电试剂进攻苯的

π 体系，形成一个非定域的碳正离子，称为 σ-络合物。σ-络合物生成的物理化学本质是亲电试剂从苯环的 π 体系中获得两个电子，从而与苯环上的一个碳原子形成 σ 键。在 σ 键的形成过程中，被亲电试剂进攻的碳原子由原来的 sp^2 杂化变成 sp^3 杂化，它不再有 p 轨道，因此六个碳原子形成的闭合共轭体系被破坏，环上剩余的 4 个 π 电子只在 5 个 sp^2 杂化轨道上发生离域。因此，σ-络合物的能量比苯高，相对不稳定，它很容易从 sp^3 杂化碳原子上失去一个质子，而使氢与碳原子结合的两个电子转变成环上 π 体系的一部分，同时该碳原子又恢复 sp^2 杂化状态，结果又形成了含有 6 个 π 电子的闭合共轭离域体系——苯环，这样体系的能量较低而较稳定。反应的最终结果是生成了取代苯，其反应历程可简单表示如下：

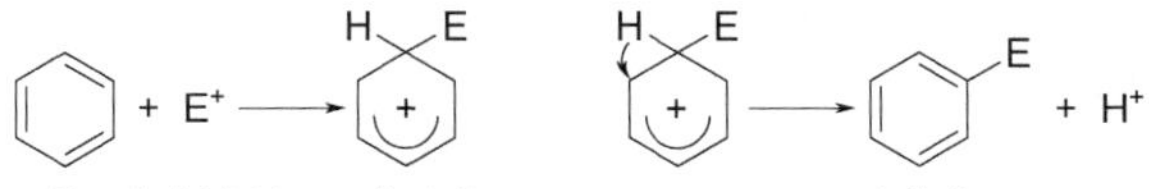

苯　亲电试剂　σ-络合物　　取代苯

因此，根据路易斯酸碱的定义可知，在反应中凡是能接受电子对的苯及其杂环衍生化合物都具有碱性。可见，与前一节中所阐述的有机化合物的酸性一样，有机化合物的碱性也是一个相对性质和概念，从电荷转移与电子供给这一物理思维方法出发，就可以较为准确地理解苯乃至其杂环衍生物的碱性行为。

1.7　醛酮羰基中氧的杂化态辨析

醛酮类化合物是有机化学中最重要的一类有机物，其分子结构中的主要官能团是羰基（—C═O）。有机化学教科书及有关专著对羰基中氧原子的杂化状态存在着不一致的观点，许承安曾对这个问题进行过讨论[48]，其实这一问题完全可以采用量子化学计算的方法进行较为准确的计算来说明。

一般认为，—C═O 中的 C═O 双键，其中一个是 σ 键，另一个是 π 键，羰基中的碳原子为 sp^2 杂化状态[49-50]。然而对于羰基中的氧原子，一些有机化学教科书[42,51-52]及专著[53]认为它未经杂化，氧原子用一个 $2p_z$ 轨道与碳原子的一个 sp^2 杂化轨道轴向重叠形成一个 σ 键，另一个 $2p_y$ 轨道与碳原子的 $2p_y$ 轨道“并肩”重叠形成一个 π 键，氧原子上剩下的两对孤对电子分别占据 2s 和 $2p_x$ 轨道，其成键情况可用图 1-12 表示。

还有一些观点认为[54-55]羰基中的氧原子是 sp^2 杂化状态的，氧原子用一个 sp^2 杂化轨道与碳原子的一个 sp^2 杂化轨道轴向（“头对头”）重叠形成一个 σ 键，氧原子未杂化的 $2p_y$ 轨道与碳原子的 $2p_y$ 轨道“并肩”重叠形成一个 π 键，氧原子上的两对孤对电子占据两个 sp^2 杂化轨道，如图 1-13 所示。

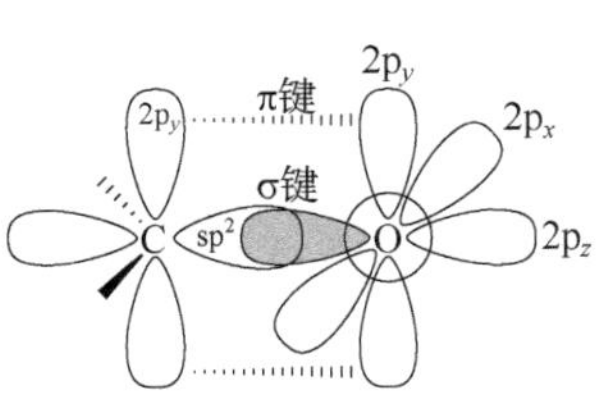

图 1-12　羰基中的氧原子未经杂化的成键方式

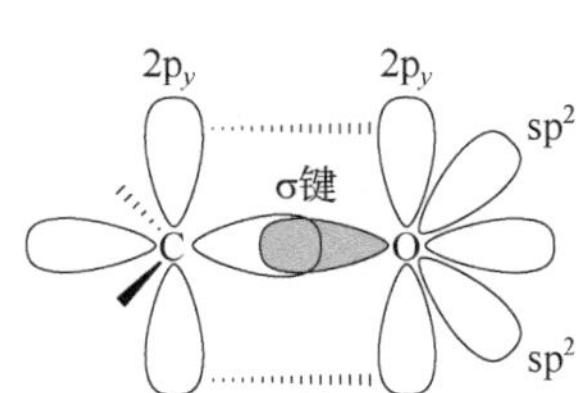

图 1-13　羰基中的氧原子以 sp^2 杂化的成键方式

以上两种有关—C═O 中碳氧双键电子结构的观点有一个共同点，即羰基中 C 构型的平面性，而且这两种观点也不影响对羰基极性和化学反应活性的合理解释，所以并未引起人们的重视和争议，但对此学术问题仍然需要有一个统一的认识，因此本节希望结合量子化学计算的方法给出合理的阐释。

1.7.1 羰基中氧原子杂化状态的定性分析

首先对羰基中氧原子的杂化状态进行定性探讨，根据价层电子对互斥理论（VSEPR），分子的几何构型总是采取电子对相互排斥最小的那种结构，电子对之间的夹角越大，排斥力越小，显然羰基中氧原子的两对孤对电子只有在与 π 键垂直的平面上，且相互间与碳氧 σ 键呈 120°的夹角时排斥力最小，也就是说这时氧原子的杂化状态应为 sp^2。许承安[48]分析认为，羰基中氧原子取 sp^2 杂化状态与不杂化相比，前者的键能要高些，放出的能量也要多些，因而从能量角度考虑，杂化时能量升高并不多，且可以从成键放出的能量得到弥补。另外，羰基的键能（736.9～749.4 kJ/mol）比 C—O 单键键能（358 kJ/mol）的两倍还要大一些，这说明羰基中的氧原子是采取 sp^2 杂化状态与 C 成键的。

从羰基的键长参数来看，—C═O 双键的键长为 1.23 Å，这比相应的 $C_{sp^2}—O_{sp^2}$ σ 单键（1.36 Å）缩短了 0.13 Å，如果氧原子以其 p 轨道直接与 C_{sp^2} 成键，则 C═O 的键长应该比 1.36 Å 长而不是短，可见，羰基中氧原子的杂化状态应为 sp^2。还可以从羰基氧原子上孤对电子的碱性来讨论氧原子可能的杂化状态，杂化轨道的电负性顺序是 $s>sp>sp^2>sp^3>p$，而孤对电子的碱性（即供电子能力）应随电负性的减小而增大，即碱性大小顺序为 $p>sp^3>sp^2>sp>s$。若氧原子的孤对电子占据不杂化的 p 轨道，则它的碱性应大于醇、醚、水等分子中的氧（sp^2），而实验事实表明，羰基氧原子的碱性远小于水、醇、脂肪醚等分子中的氧原子，而是与 sp^2 杂化的酚、芳香醚的氧原子碱性相当，可见羰基中氧原子的杂化状态应更接近 sp^2 杂化状态。以上是基于文献资料、实验数据和笔者的理解对羰基中氧原子的杂化状态给予的一些定性分析，认为羰基氧原子更倾向于 sp^2 杂化状态。

1.7.2 基于理论计算的羰基中氧原子的杂化状态

事实上，羰基中氧原子的杂化状态这一问题没有如此绝对，只有定量的数据才最具说服力，才最接近真实情况。量子化学理论计算可以提供可靠的定量数据，帮助解决这个科学问题。为此，采用密度泛函理论（DFT）[54] B3LYP/6-31G* 从理论水平上对 HCHO、CH_3CHO、C_6H_5CHO、CH_3COCH_3 和 $C_6H_5COCH_3$ 等五种典型的醛酮类羰基有机小分子进行了几何构型优化后的自然键轨道（NBO）分析[55]，相关的计算数据列于表 1-4。

表 1-4 羰基上各原子成键时杂化状态的 B3LYP/6-31G*理论水平上计算结果

项目	占据电子数	C 的杂化状态	O 的杂化状态	C 系数百分比	O 系数百分比
HCHO					
C—O π 键	2.00000	p	p	36.83%	63.17%
C—O σ 键	1.99978	$sp^{2.16}$	$sp^{1.71}$	34.43%	65.57%
LP_1O	1.98816	—	$sp^{0.58}$	—	—
LP_2O	1.90158	—	p	—	—

续表

项目	占据电子数	C 的杂化状态	O 的杂化状态	C 系数百分比	O 系数百分比
CH_3CHO					
C—O π 键	1.99126	p	p	35.58%	64.42%
C—O σ 键	1.99978	$sp^{2.24}$	$sp^{1.62}$	34.04%	65.60%
LP_1O	1.98816	—	$sp^{0.61}$	—	—
LP_2O	1.90158	—	p	—	—
C_6H_5CHO					
C—O π 键	1.97635	p	p	35.07%	64.93%
C—O σ 键	1.99670	$sp^{2.27}$	$sp^{1.65}$	34.79%	65.21%
LP_1O	1.98400	—	$sp^{0.60}$	—	—
LP_2O	1.97635	p	$s^{0.01}p^{99.99}$	—	—
CH_3COCH_3					
C—O π 键	1.98203	p	p	34.88%	65.12%
C—O σ 键	1.99685	$sp^{2.34}$	$sp^{1.54}$	34.27%	65.73%
LP_1O	1.97711	—	$sp^{0.65}$	—	—
LP_2O	1.90482	—	p	—	—
$C_6H_5COCH_3$					
C—O π 键	1.98237	p	p	34.75%	65.25%
C—O σ 键	1.99689	$sp^{2.36}$	$sp^{1.58}$	34.19%	65.81%
LP_1O	1.97756	—	$sp^{0.63}$	—	—
LP_2O	1.90122	—	$sp^{99.99}$	—	—

注：LP_1O 和 LP_2O 分别表示羰基氧原子上的第一对孤对电子和第二对孤对电子。

从表 1-4 中可以看出，HCHO 分子中羰基 O 与 C 成键时，O 原子采用了 $sp^{1.71}$ 的杂化方式，即较接近 sp^2，但并非 sp^2 杂化方式；O 原子上的两对孤对电子分别占据了 $sp^{0.58}$ 杂化轨道和 p 轨道。CH_3CHO 分子中羰基 O 与 C 成键时的杂化状态为 $sp^{1.62}$，O 原子上的两对孤对电子分别占据 $sp^{0.61}$ 杂化轨道和 p 轨道。C_6H_5CHO 分子中羰基 O 与 C 成键时的杂化状态为 $sp^{1.65}$，O 原子上的两对孤对电子分别占据 $sp^{0.60}$ 杂化轨道和 $s^{0.01}p^{99.99}$ 杂化轨道（可以认为是纯 p 轨道）。CH_3COCH_3 分子中羰基 O 与 C 成键时的杂化状态为 $sp^{1.54}$，而 O 原子上两对孤对电子分别占据 $sp^{0.65}$ 杂化轨道和 p 轨道。$C_6H_5COCH_3$ 分子中羰基 O 与 C 成键时的杂化状态为 $sp^{1.58}$，O 原子上的两对孤对电子分别占据 $sp^{0.63}$ 杂化轨道和 $sp^{99.99}$ 杂化轨道（可以近似认为是 p 轨道）。可见，对于以上五种典型的醛酮类羰基中氧原子的杂化状态的计算表明，氧原子与羰基碳原子成键时，均非彻底的 sp^2 杂化状态，而是基本介于 $sp^{1.6}$～$sp^{1.7}$。

1.8 芳香性相关理论的准定量讨论与计算

对芳香性的研究由来已久，早在 1825 年化学家从鲸鱼油裂解产生的气体冷凝液中分离出苯，并对苯的一些反应性能进行了研究，由于苯具有挥发性且有特殊的芳香味，人们就称它为“芳香的物质”。在有机化学的发展过程中，最初化学家主要把有机化合物分为脂肪族和芳香族两大类。而芳香族最初是指从各种树脂中提取出来的具有芳香气味的物质，这些化合物经研究发现都含有苯环，因此早期把含有苯环的有机物称为芳香化合物。后来化学家发现许多无苯环结构的化合物也带有芳香味，而不少含有苯环结构的化合物并无所谓的芳香味，即芳香这一名称的含义与原有意义已不再相符了。1866 年，Erlenmeyer 提出芳香性的化学判据，即芳香性在化学反应中表现为取代反应比加成反应更容易进行。1931 年，Hückel 又从理论上提出了著名的"$4n+2$"规则，即在 sp^2 杂化碳原子组成的平面单环体系中，含有 $4n+2$ 个 π 电子的化合物会显示出芳香性。随着对芳香性化合物研究的深入，它所包含的物质及种类越来越多。从最初的苯及其同系物到轮烯及其相关化合物，从非苯芳香化合物到无机芳香化合物，从分子到离子，从平面分子到非平面分子，从富勒烯、纳米管到 d 轨道芳香性等芳香性化合物，这经历了由低级到高级、由定性到定量的发展过程。随着量子化学的进一步发展，物理化学家进一步从结构上揭开了芳香性的秘密。

1.8.1 芳香性的定义

芳香性是一个理论概念，其含义随理论的发展而不断深化。芳香性是有机化学中最难准确表述的概念之一。芳香性分子具有以下几个特点[56]：

（1）C/H 比例高

芳香性分子大多具有较高的 C/H 比。从 C/H 原子比来看，芳香性分子属于高度不饱和分子。例如：苯（C_6H_6）的 C/H 比为 1∶1，萘（$C_{10}H_8$）的 C/H 比为 1.25∶1；富勒烯分子的 C/H 比甚至为无穷大。而脂肪族分子，除乙炔（C_2H_2）、丁二炔（C_4H_2）等少数几个以外，绝大多数 C/H 比较低。

（2）键长趋于平均化

芳香性分子中单键与双键的键长有趋于一致的倾向，极端情况为苯分子。X 射线衍射测定表明苯的 6 个 C—C 键长相等，均为 0.139 nm，介于普通的 C—C 单键键长（0.154 nm）和 C═C 双键键长（0.134 nm）之间。

（3）分子平面化

芳香性分子的一个显著特征就是芳环上的组成原子都处在一个平面或接近一个平面内。虽然平面分子不一定就是芳香性分子，但芳香性分子总是要求分子具有一定程度的平面性。

（4）化学性质反常化

不饱和分子的典型化学性质就是容易发生加成反应，而芳香性分子虽然属于高度不饱和分子，却表现出反常的化学性质，即难以进行加成反应，更易发生取代反应，尤其是亲电取代反应，而易发生取代反应正是饱和分子的典型化学性质。

（5）π 电子离域化

通过氢化热或燃烧热的测定可知，芳香性分子的能量比非芳香性分子要低得多，即芳香性分子具有稳定性。化学家引入离域能（DE）或共振能（RE）的概念来定量地表示芳香性的强弱：$DE = E_{定域} - E_{离域}$，式中 $E_{定域}$代表假想的定域环状共轭多烯分子的能量，$E_{离域}$代表离域的芳香性分子的能量。凡是 DE>0 的环状共轭多烯分子就有芳香性，DE = 0 的环状共轭多烯分子则没有芳香性，DE<0 的环状共轭多烯分子具有反芳香性。DE 值越大，芳香性越强。

（6）具有特征光谱

芳香性化合物的光谱，特别是反映电子跃迁性质的紫外（UV）光谱与简单共轭体系有着明显不同。例如苯和烷基苯的 UV 光谱在 200 nm 及 255 nm 附近有吸收，即烷基苯的紫外吸收有红移。

1.8.2　芳香性的判据

随着量子化学的应用及对各种芳香性化合物波谱性质的进一步研究，可以从分子结构上揭开芳香性的本质。芳环上每个碳原子的 p 轨道相互平行发生交盖重叠构成所谓的芳香大 π 键，所有的 π 电子完全失去了它们的定域性，成为环绕整个环面上下运动的电子流，这种芳香性大 π 键又称为非定域键或离域键。由于芳香性大 π 键中的 π 电子离域，体系能量降低，键长趋于平均化且环的热稳定性增加，即产生芳香性。

现在大多数情况下，判别一个物质是否具有芳香性的判据主要通过与 π 电子离域有关的物理化学性质及量子化学的方法来讨论。量子化学方法关于芳香性判据的理论主要有以下几个方面[56]。

（1）REPE 理论

20 世纪 70 年代，Hess 和 Schand 运用休克尔分子轨道计算了环状多烯烃的单个 π 电子共轭能（REPE）[57]，得出结论：REPE 可以作为判断环状多烯烃是否具有芳香性的指标。REPE 的计算式如下：

$$\text{REPE} = 1/N\left(E_{\text{非定域}} - E_{\text{定域}}\right)$$

式中，N 为化合物的 π 电子数。

REPE > 0 的化合物是具有芳香性的，REPE = 0 的化合物是非芳香性的，REPE<0 的化合物是反芳香性的。同时，REPE 的正值愈大，则相应的芳香性愈强，反之则愈弱。REPE 指标不仅适用于单环烃，而且适用于多环烃，该法拓宽了休克尔规则的应用范围，但因计算值同选用的定域键参考标准有关，许多文献认为杜瓦的定域能已隐含部分离域能。

（2）二倍规则

环状共轭多烯烃中，π 电子数恰好等于其成键轨道数二倍的物质是具有芳香性的，π 电子数大于或小于其成键轨道数二倍的物质不可能具有芳香性。二倍规则的理论基础是休克尔的简单分子轨道法[58]。

（3）共振论

芳香性的共振论概念早于休克尔规则，它是基于价键理论的共振稳定作用而言的[37]。为了克服对环丁二烯等 $4n$ 环体系的判别失效，共振论对芳香性的判别认为只有那些包含奇数个 π 电子对的环状共轭体系才具有芳香性。对于多环共轭体系，共振论判别是无能为力的。但是 W. C. Herdon 等运用共振论方法来计算环状体系的共振能，其计算结果与杜瓦的自洽场分子轨道法的计算结果相近，成为共轭体系包括多环体系的芳香性判据。

（4）休克尔规则

休克尔（Hückel）运用分子轨道法研究了单环多烯的 π 电子能级，提出了判别化合物芳香性的休克尔规则[59]。即对于平面单环共轭多烯，其 π 电子数符合 $4n+2$（$n=0, 1, 2, \cdots$）

通式的化合物具有芳香性。但是，该规则一般只适用于单环共轭体系，对于多环共轭体系不一定适用，且只能判断芳香性的有无，不能判断芳香性的强弱。

1）休克尔分子轨道理论

1931 年，休克尔提出了一种计算 π 分子轨道及其能值的简单方法，称为休克尔分子轨道法（HMO 法）[60]。休克尔分子轨道法是量子化学近似计算的方法之一，适宜于计算平面共轭分子中的 π 电子结构。HMO 法是一个经验性的近似法，定量结果的精确度不高，但在预测同系物的性质、分子的稳定性和化学反应性能、解释电子光谱等一系列问题上，显示出高度概括能力，至今仍在广泛应用。休克尔分子轨道法的基本论点如下[61]：

① δ-π 电子分离近似　在双原子分子中，线性分子的 δ 轨道具有绕分子轴的圆柱形对称性；π 轨道在包含分子轴的平面反映下呈反对称。对于平面非线性分子，由于分子结构不再是直线型，故需要对 δ 分子轨道（MO）和 π 分子轨道（MO）重新定义：δ MO 在分子平面反映下是对称的；π MO 在分子平面反映下是反对称的，该分子平面为 π MO 的一个节面。在对平面共轨有机分子进行半经验处理时，通常把 δ 电子和 π 电子分开考虑的近似方法，这种近似有一定的合理性。由于 δ 轨道和 π 轨道具有不同的对称性，因此可分别进行处理；π 电子通常具有较大的极化率，在化学反应中比 δ 电子更易受到外界扰动。

② π 电子近似　由于可以近似地把 δ 电子和 π 电子分开处理，而且 π 电子在化学反应中的活性大，因此在共轭分子的量子化学方法处理中，只讨论 π 电子，把原子核和 δ 电子冻结为“分子实”，π 电子在原子核和 δ 电子形成的平均势场中运动。

③ 单电子近似　对 π 电子之间的排斥作用进行平均处理，可以写出单个 π 电子的哈密顿算符，分子中每个 π 电子的运动状态用一个单电子波函数 Ψ_i 描述，单电子波函数的空间部分即为 π MO。

④ LCAO-MO 近似　将 π MO 表示成原子轨道（AO）的线性组合：

$$\Psi_i = \sum_{j=1}^{n} c_{ij}\varphi_j \qquad i=1,2,\cdots,n \tag{1-1}$$

式中，n 是参与共轭的碳原子数目。设碳原子的 $2p_z$ 轨道垂直于分子平面，根据对称性匹配原则，只有 $2p_z$ 轨道才能进行线性组合。每个 C 原子提供一个 $2p_z$ 轨道，组合系数由变分法确定。

按照线性变分法的处理步骤，可以写出久期方程为：

$$\begin{vmatrix} H_{11}-ES_{11} & H_{12}-ES_{12} & \cdots & H_{1n}-ES_{1n} \\ H_{21}-ES_{21} & H_{22}-ES_{22} & \cdots & H_{2n}-ES_{2n} \\ \vdots & \vdots & \vdots & \vdots \\ H_{n1}-ES_{n1} & H_{n2}-ES_{n2} & \cdots & H_{nn}-ES_{nn} \end{vmatrix} = 0 \tag{1-2}$$

$$\delta(H_{ij} - ES_{ij}) = 0 \tag{1-3}$$

相应的线性方程组为：

$$\sum_{j=1}^{n}(H_{ij}-ES_{ij})c_j=0 \quad i=1,2,\cdots,n \tag{1-4}$$

⑤ 休克尔近似[62]　久期方程中含有形式较复杂的各种积分，休克尔理论针对这些积分进行了简化。首先库仑积分 α 为：

$$H_{ii}=\int \Phi_i \hat{H} \Phi_i \mathrm{d}\tau=\alpha \tag{1-5}$$

以丁二烯为例，中间的 C 原子和两端的 C 原子是有区别的，库仑积分应该略有不同。休克尔近似忽略了 C 原子的位置差别，假设每个 C 原子的库仑积分都等于固定参数 α，α 近似等于 $2p_z$ 电子的平均能量，其数值可根据实验结果确定。

交换积分 β 为：

$$H_{ij}=\int \Phi_j \hat{H} \Phi_j \mathrm{d}\tau=\begin{cases}0\ (\text{非键连})\\ \beta\ (\text{键连})\end{cases} \tag{1-6}$$

对于非键连的 C 原子，空间上分离得比较远，重叠少，因而这种假设是合理的。β 决定相邻原子间 π 键的性质，称为成键参量。β 为负值，其数值根据实验确定。

重叠积分 S_{ij} 为：

$$S_{ij}=\int \Phi_i \Phi_j \mathrm{d}\tau=\begin{cases}1\ (i=j)\ (\text{由归一性得到})\\ 0\ (i\neq j)\end{cases} \tag{1-7}$$

需要注意的是，这里假设不同 C 原子的重叠积分为 0 不是一个理想的近似，因为相邻 C 原子的原子轨道仍有重叠，更好的处理需要将重叠积分包括进去。

2）休克尔行列式

非定域的 π 轨道是由具有相同对称性的所有相邻碳原子的 $2p_z$ 轨道线性组合而成的，按照线性变分法，试探变分函数可写为 $\Psi=\sum_{i}^{n}c_i\varphi_i$，其中 n 为共轭的碳原子数。将 $\Psi=\sum_{i}^{n}c_i\varphi_i$ 代入 $\Psi=c_1\varphi_1+c_2\varphi_2+\cdots+c_n\varphi_n$ 中，按照一系列公式[63]，可以得到：

$$\begin{vmatrix} H_{11}-ES_{11} & H_{12}-ES_{12} & \cdots & H_{1n}-ES_{1n} \\ H_{21}-ES_{21} & H_{22}-ES_{22} & \cdots & H_{2n}-ES_{2n} \\ \vdots & \vdots & \vdots & \vdots \\ H_{n1}-ES_{n1} & H_{n2}-ES_{n2} & \cdots & H_{nn}-ES_{nn} \end{vmatrix}=0 \tag{1-8}$$

在休克尔近似处理下，对含有 n 个碳原子的单环共轭烯烃，其休克尔行列式可以写为：

$$\begin{vmatrix} \alpha-E & \beta & 0 & 0 & \cdots & \beta \\ \beta & \alpha-E & \beta & 0 & \cdots & 0 \\ 0 & \beta & \alpha-E & \beta & \cdots & 0 \\ \vdots & \vdots & \vdots & \vdots & & \vdots \\ \beta & 0 & \cdots & \cdots & \beta & \alpha-E \end{vmatrix}=0 \tag{1-9}$$

引入 $x=\dfrac{\alpha-E}{\beta}$，故有 $D_n(x)$为：

$$D_n(x)=\begin{vmatrix} x & 1 & 0 & 0 & \cdots & 1 \\ 1 & x & 1 & 0 & \cdots & 0 \\ 0 & 1 & x & 1 & \cdots & 0 \\ \vdots & \vdots & \vdots & \vdots & & \vdots \\ 1 & 0 & 0 & \cdots & 1 & x \end{vmatrix}=0 \quad (1\text{-}10)$$

3）利用休克尔行列式进行计算

以苯分子为例，其行列式为：

$$D_n(x)=\begin{vmatrix} x & 1 & 0 & 0 & 0 & 1 \\ 1 & x & 1 & 0 & 0 & 0 \\ 0 & 1 & x & 1 & 0 & 0 \\ 0 & 0 & 1 & x & 1 & 0 \\ 0 & 0 & 0 & 1 & x & 1 \\ 1 & 0 & 0 & 0 & 1 & x \end{vmatrix}=0 \quad (1\text{-}11)$$

展开该行列式可得到 $D_n(x) = x^6 - 6x^4 + 9x^2 - 4 = 0$

进一步化简得到 $D_n(x) = (x-1)^2(x + 1)^2(x-2)(x + 2) = 0$

解得 x 的六个根：

令 $E = \alpha - x\beta$，则

$x_1 = -2$	$E_1 = \alpha + 2\beta$
$x_2 = x_3 = -1$	$E_2 = E_3 = \alpha + \beta$
$x_4 = x_5 = 1$	$E_4 = E_5 = \alpha - \beta$
$x_6 = 2$	$E_6 = \alpha - 2\beta$

① 求系数的方法——代入系数法

$$D_n(x)=\begin{vmatrix} c_1 \\ c_2 \\ c_3 \\ c_4 \\ c_5 \\ c_6 \end{vmatrix} \cdot \begin{vmatrix} x & 1 & 0 & 0 & 0 & 1 \\ 1 & x & 1 & 0 & 0 & 0 \\ 0 & 1 & x & 1 & 0 & 0 \\ 0 & 0 & 1 & x & 1 & 0 \\ 0 & 0 & 0 & 1 & x & 1 \\ 1 & 0 & 0 & 0 & 1 & x \end{vmatrix}=0 \quad (1\text{-}12)$$

可推导得到：

$$\begin{vmatrix} c_1x+c_2+c_6=0 \\ c_1+c_2x+c_3=0 \\ c_2+c_3x+c_4=0 \\ c_3+c_4x+c_5=0 \\ c_4+c_5x+c_6=0 \\ c_1+c_5+c_6x=0 \end{vmatrix} \quad (1\text{-}13)$$

把 x 的六个值分别代入上式方程组，并且利用公式 $\int \Psi_i \Psi_i \mathrm{d}\tau = \Sigma c_i^2 = c_1^2 + c_2^2 + c_3^2 + c_4^2 + c_5^2 + c_6^2 = 1$，可得到六组系数 c_1、c_2、c_3、c_4、c_5、c_6 的值，则可得到六个 π MO 为：

$$\Psi_1 = \frac{1}{\sqrt{6}}(\varphi_1 + \varphi_2 + \varphi_3 + \varphi_4 + \varphi_5 + \varphi_6) \tag{1-14}$$

$$\Psi_2 = \frac{1}{\sqrt{12}}(2\varphi_1 + \varphi_2 - \varphi_3 - 2\varphi_4 - \varphi_5 + \varphi_6) \tag{1-15}$$

$$\Psi_3 = \frac{1}{2}(\varphi_2 + \varphi_3 - \varphi_5 - \varphi_6) \tag{1-16}$$

$$\Psi_4 = \frac{1}{2}(\varphi_2 - \varphi_3 + \varphi_5 - \varphi_6) \tag{1-17}$$

$$\Psi_5 = \frac{1}{\sqrt{12}}(2\varphi_1 - \varphi_2 - \varphi_3 + 2\varphi_4 - \varphi_5 - \varphi_6) \tag{1-18}$$

$$\Psi_6 = \frac{1}{\sqrt{6}}(\varphi_1 - \varphi_2 + \varphi_3 - \varphi_4 + \varphi_5 - \varphi_6) \tag{1-19}$$

② π 轨道能级图　由计算得到的 E 可以得到相应物质的 π 轨道能级图[64]，例如苯的 π 轨道能级图如图 1-14 所示。

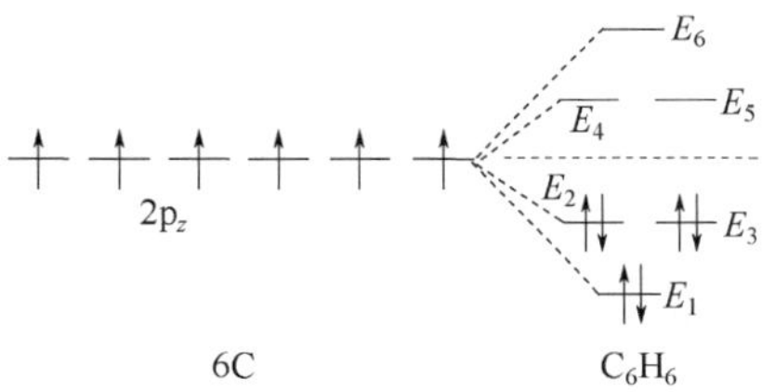

图 1-14　苯的 π 轨道能级图

其中 6 个 π 电子占据三个低能量的成键轨道 Ψ_1、Ψ_2、Ψ_3 形成离域 π 键。

苯分子 6 个 π 电子的能量为：

$$E_{D\pi} = 2E_1 + 4E_2 = 6\alpha + 8\beta \tag{1-20}$$

若把离域 π 键视为三个定域 π 键，则 6 个 π 电子的能量为：

$$E_{L\pi} = 6\alpha + 6\beta \tag{1-21}$$

则苯分子 π 电子的离域能为：

$$DE_{\pi} = 2\beta \tag{1-22}$$

DE_{π} 的绝对值越大，则该物质的热力学稳定性越高。

4）佛洛斯特圆周表示图

为了确定具有 n 个碳原子的单环共轭体系的休克尔分子轨道能级，Frost 和 Musulin 作图表示休克尔方程，即佛洛斯特圆周表示图[65]。佛洛斯特圆周表示图的作图步骤如下：

① 以 2β 为半径画一个圆；

② 内接一个具有 n 个顶点的正 n 边形，且使一个顶点位于圆圈的最低点，则内接各点的位置表示各轨道的能级（各能级的能量由计算可以得到）。

例如，$n=3$、4、5、6 的佛洛斯特圆周表示图如图 1-15 所示[66]。

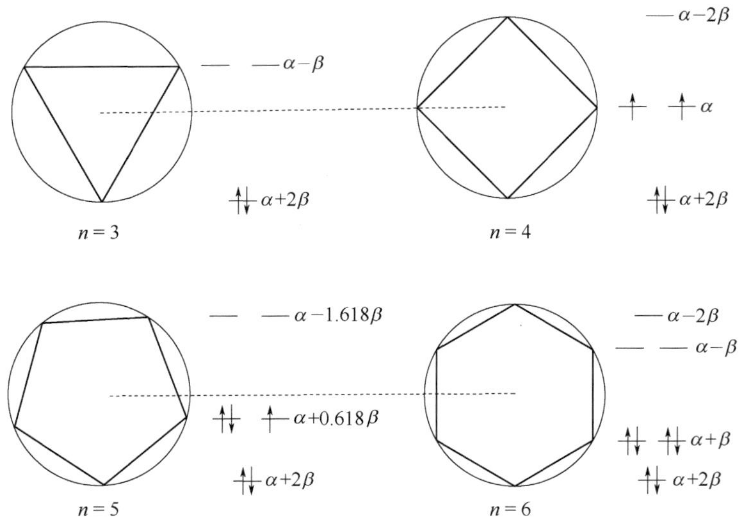

图 1-15 佛洛斯特圆周表示图

佛洛斯特圆周表示图的特点可概括如下：

① 若以 α 表示水平中线代表的原子轨道能级，则水平中线以下能级的能量为 $\alpha+x\beta$；水平中线以上能级的能量为 $\alpha-x\beta$；又因 β 为负值，则 $\alpha+x\beta$ 为成键轨道，$\alpha-x\beta$ 为反键轨道。

② 在水平中线下边位置最低的分子轨道总是单一的，可以容纳 2 个电子，而其他水平线以下的分子轨道是成对的，且每个分子轨道都可以容纳 2 个电子，因此这些能级需要 4 个电子来填满。

③ 若参加 π 体系的 p 轨道数是偶数，则有单一的最高能级（如 $n=4$、6）；若参加 π 体系的 p 轨道数是奇数，则有一对简并的最高能级（如 $n=3$、5）。

5）休克尔 $4n+2$ 规则的讨论[67]

① 当电子数 N 为 $4n+2$（$n=0, 1, 2, \cdots$）时，成键分子轨道和反键分子轨道各占一半，N 个 π 电子恰好填满成键轨道能级，呈稳定的闭壳层结构，比同样碳原子数目的直链共轭烯烃更为稳定，表现出芳香性。

② 当电子数 N 为 $4n$（$n=0, 1, 2, \cdots$）时，除有相等数目的成键轨道与反键轨道外，还有一对简并的非键分子轨道（$x=0$），$N-2$ 个电子填满一个成键分子轨道后，剩下 2 个电子填入 $x=0$ 的简并能级，由 Hund 规则确定基态是三重态（双自由基）。一般情况下，小分子三重态很活泼，使 $4n$ 的共轭环不能以规整的平面构型存在，而是趋向于变形以降低几何对称性，由此导致简并态消失而产生闭壳层的单重态稳定结构。

③ 当电子数 N 为 $4n+3$（$n=0, 1, 2, \cdots$）时，成键分子轨道比反键分子轨道少一个，要产生闭壳层单重态则 π 电子数应为 $N-1=4n+2$，这预示着这类共轭环以 $C_3H_3^+$、$C_7H_7^+$等正离子形式存在。

④ 当电子数 N 为 $4n+1$（$n=0, 1, 2, \cdots$）时，成键分子轨道比反键分子轨道多一个，闭壳层

单重态的形成需要 $N+1=4n+2$ 个 π 电子，故此类共轭环则以 $C_5H_5^-$、$C_9H_9^-$负离子形式存在。

6）从 $4n+2$ 规则看物质的芳香性、反芳香性、非芳香性、同芳香性、反同芳香性

① 芳香性：是指 π 电子数符合 $4n+2$（$0\leqslant n\leqslant 4$）且构成的环处于同一平面中的物质所具有的性质。

例 1：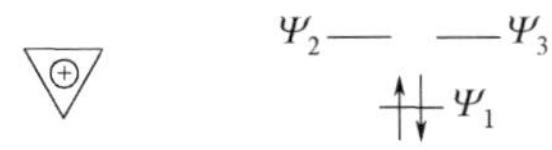

环丙烯正离子　分子轨道能级图

环丙烯正离子的盐通过 3-氯环丙烯与 $SbCl_5^-$作用而得：

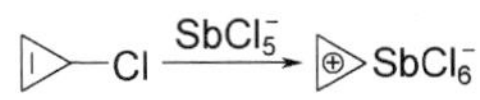

因为有两个电子，符合 $4n+2$（$n=0$）规则，且三个原子处于同一平面，则该离子具有芳香性。

例 2：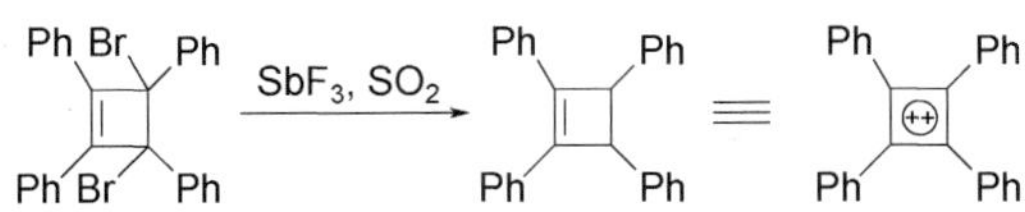

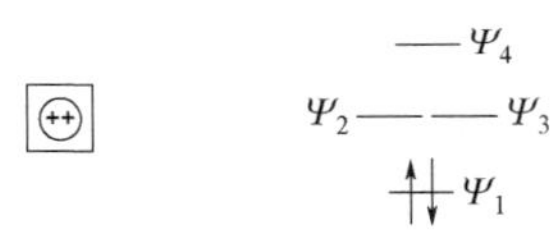

环丁烯双正离子　分子轨道能级图

有两个 π 电子，符合 $4n+2$（$n=0$）规则，且四个原子处于同一平面，则该离子具有芳香性。

例 3：

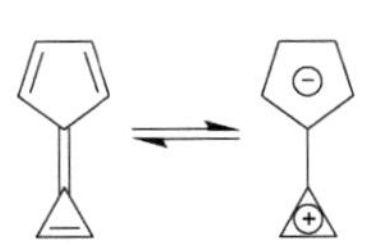

在杯烯中，五元环的 π 电子数为 6，符合 $4n+2$（$n=1$）规则，三元环的 π 电子数为 2，也符合 $4n+2$（$n=0$）规则，则整个杯烯符合休克尔的 $4n+2$ 规则，且所有原子处于同一平面，则该杯烯具有芳香性。

② 反芳香性：是指所有原子共平面，π 电子数为 $4n$（$n=0, 1, 2, \cdots$）且共平面的所有原子均为 sp^2 或 sp 杂化的轮烯所具有的性质。

例如：环丁二烯，因有 4 个 π 电子且各原子共平面，则具有反芳香性。

③ 非芳香性：是指分子不是平面构型的多环烯烃所具有的性质[68]。

例如：环戊二烯，所有原子为 sp^3 杂化，则分子不是平面构型，因此具有非芳香性。

④ 同芳香性：是指各原子共平面，且 π 电子数为 $4n+2$（$n=0, 1, 2, \cdots$），共平面的原子均为 sp^2 或 sp 杂化，但轮烯上带有与轮烯不共面的取代基或桥所具有的性质。

例如：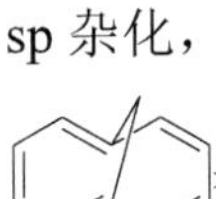具有 10 个 π 电子，但又有不共面的桥，因此具有同芳香性。

⑤ 反同芳香性：是指各原子共面，且 π 电子数为 $4n$（$n=0, 1, 2, \cdots$），共平面的原子均为 sp^2 或 sp 杂化，但轮烯上带有与轮烯不共面的取代基或桥所具有的性质。

例如：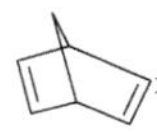具有 4 个 π 电子，但又有不共面的桥，因此具有反同芳香性。

表 1-5 就休克尔的 $4n+2$ 规则总结了几个常见结构的 π 个电子、π 分子轨道能级图和芳香性情况[69]。

表 1-5　常见结构的分子轨道能级图

结构	π 电子数	π 分子轨道能级图	芳香性情况
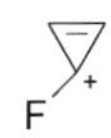	2	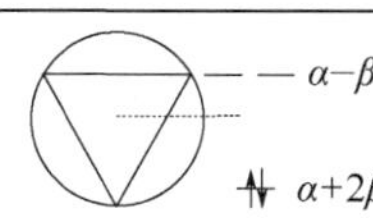	芳香性
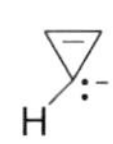	4	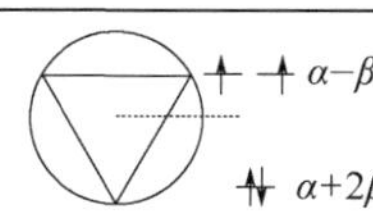	反芳香性
	4	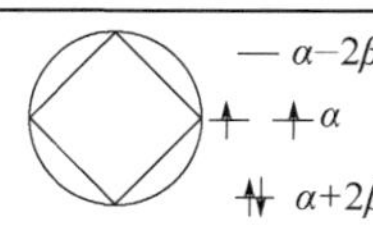	反芳香性
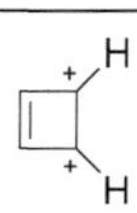	2	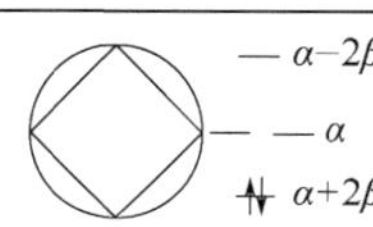	芳香性
	6	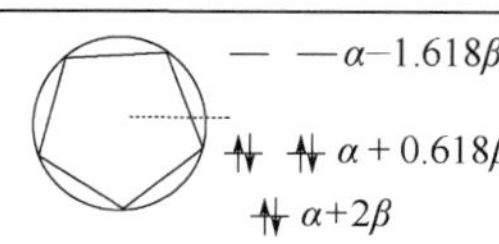	芳香性
	4	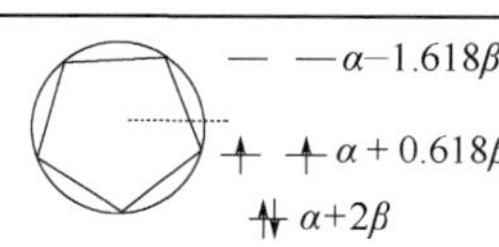	反芳香性
	6	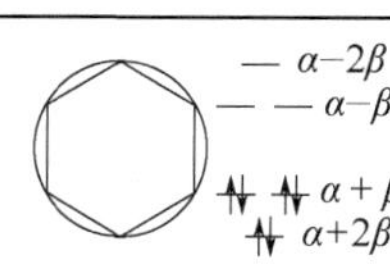	芳香性
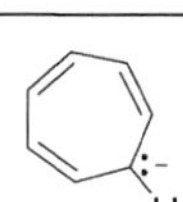	8	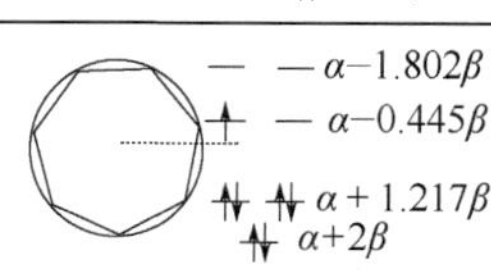	反芳香性
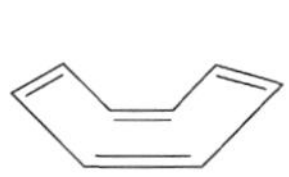	8	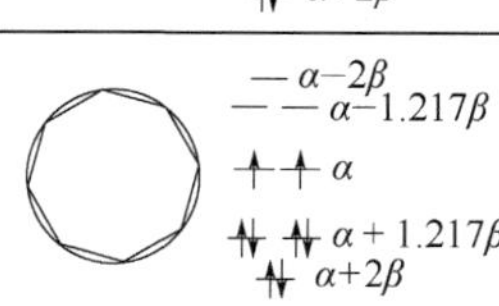	非芳香性
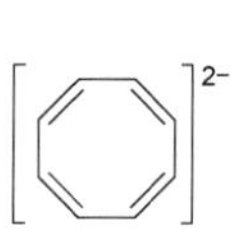	10	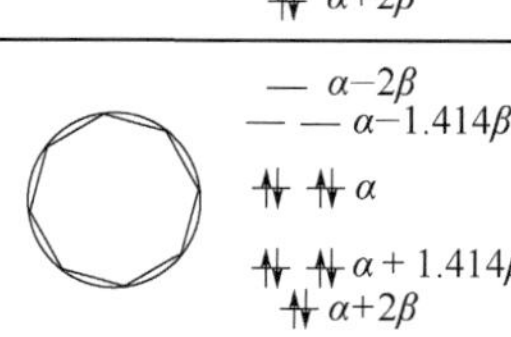	芳香性

从芳香性含义的演进可以看出，一个科学概念的建立往往要经过由个体到普遍、由表及里、由浅入深、从现象到本质的认识过程。目前，芳香性的概念已经不局限在难加成、易取代和环的稳定性范围内，即使用休克尔规则也难以对芳香性下一个准确无误的定义，任何单一指标均难以全面衡量千变万化的分子结构与性能。随着物理有机化学与结构理论的发展，芳香性的概念和物理化学内涵也在不断深化和发展，相关的前沿进展将在本书第 3 章予以介绍。

1.9 非苯系环状化合物芳香性的判定

随着量子理论、合成方法和合成新芳环的迅速发展，芳香性概念的应用范围日益扩大，已由苯系芳烃扩展到非苯系芳烃，由中性分子扩展到芳香性离子，由碳环化合物扩展到含有各种杂原子的杂环化合物和金属螯合物，甚至扩展到不含碳原子的无机芳香环[70]。本节在重点讨论经典的休克尔（Hückel）规则的基础上，相应地介绍推广的休克尔规则、修正的休克尔规则及哈尔滨师范大学班福强等人详细阐释的共轭回路规则，为判别苯系化合物、非苯系单环化合物、多环共轭化合物的芳香性提供一种容易掌握的有效方法。

1.9.1 休克尔 $4n+2$ 规则

E. Hückel 运用分子轨道法研究了单环共轭多烯的 π 电子能级，提出了判别化合物芳香性的 $4n+2$（$n=0, 1, 2, 3$）π 电子规则，即休克尔规则。其内容是：在 sp^2 杂化碳原子组成的平面单环共轭体系中，含（$4n+2$）个 π 电子的体系将具有与惰性气体类似的闭壳层结构，因而显示芳香性。此规则为判断单环共轭多烯化合物是否具有芳香性提供了一种简单有效的定性判据。利用 $4n+2$ 规则判断单环共平面化合物是否具有芳香性的关键是正确求算环状化合物的 π 电子数。

（1）由碳原子组成的平面单环化合物 π 电子的计算

平面碳环化合物中，碳原子一般为 sp^2 杂化，每个碳原子的 3 个 sp^2 杂化轨道参与形成分子平面的 σ 键，p 轨道中占据 1 个电子，而环 π 键是由多个垂直于环平面的 p 轨道侧面重叠形成的，即形成 π 键的电子数等于 p 轨道数，等于 sp^2 杂化的碳原子数。如环丁二烯（C_4H_4）有 4 个 sp^2 杂化碳原子，所以 π 电子数为 4；苯（C_6H_6）有 6 个 sp^2 杂化碳原子，所以 π 电子数为 6。

当环状化合物带电荷时，则其 π 电子数等于环中 sp^2 杂化碳原子数减去环所带正电荷数或加上环所带负电荷数。如环丙烯基正离子，π 电子数 $=3-1=2$（3 个 sp^2 杂化碳原子），环戊二烯负离子 π 电子数 $=5+1=6$。

（2）杂环化合物 π 电子的计算

常见的单杂环化合物有呋喃、噻吩、吡咯、吡啶等。若要化合物中的几个原子共平面，则每个原子均必须采用 sp^2 杂化，其中每个杂化碳原子可提供 1 个 π 电子形成大 π 键。呋喃、吡咯、吡啶中的氧、氮原子 sp^2 杂化轨道表示如下：

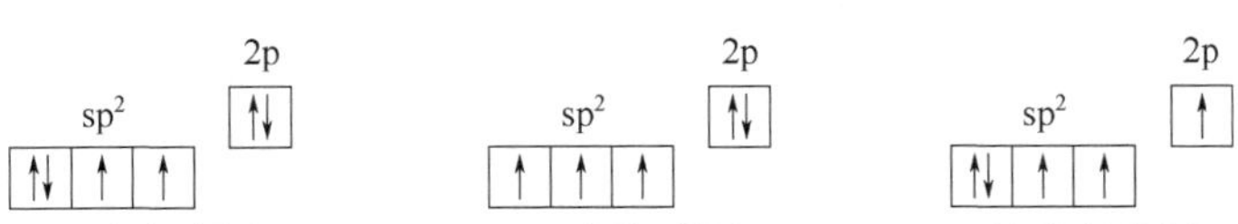

(a) 呋喃O原子 (b) 吡咯N原子 (c) 吡啶N原子

呋喃分子中，氧原子的 2p 轨道上有 2 个 π 电子，加上 4 个 sp^2 杂化碳原子的 4 个 π 电子，共 6 个 π 电子，符合休克尔规则，有芳香性。噻吩与呋喃结构类似。吡咯分子中，氮原子的 3 个 sp^2 杂化轨道分别与 2 个碳原子和 1 个氢原子形成单键，2p 轨道有一对 π 电子，与 4 个碳原子的 4 个 π 电子共计 6 个 π 电子，符合 $4n+2$ 规则，有芳香性。而吡啶环中，氮原子只提供一个 2p 电子参与形成大 π 键，环上的 π 电子数也是 6，符合 $4n+2$ 规则，有芳香性。吡啶的一个 sp^2 杂化轨道上有一孤电子对，未参与形成大 π 键，因而吡啶有弱碱性。

$4n+2$ 规则在一定范围内可以判断单环共轭多烯烃的芳香性，而且可以推广到多环烃、稠环烃和某些杂环化合物芳香性的判断。然而 $4n+2$ 规则也有其局限性[71]。首先，$4n+2$ 规则仅适用于 $n<5$ 的平面单环共轭烯烃。研究表明含有 22 个 π 电子的单环烯烃芳香性极微弱，含有 26 个以上 π 电子的单环烯烃则完全无芳香性。因为决定芳香大 π 键能否形成的因素，除了 π 电子数目外，环上碳原子是否共平面也很重要。超过 18 个 π 电子的单环多烯烃，由于环内氢原子数增加，环上碳原子不能全部处于同一平面，因而破坏了大 π 键形成的几何条件。其次，对于一些稠环体系，$4n+2$ 规则有的适用，有的不适用。如芘、芤、蔻的 π 电子数分别为 12、16、24，不符合 $4n+2$ 规则，但它们都有芳香性。而丁搭烯、二环[6.2.0]癸五烯和辛搭烯的 π 电子数分别为 6、10、14，在不考虑分子的非平面几何构型时，它们都符合休克尔规则，似乎应该有芳香性，但实际上它们都不具有芳香性。因此，需要对休克尔规则做出修正。

1.9.2 休克尔规则的推广

推广的休克尔规则[72]是基于结构给出芳香性的判据。多元环共轭体系以各组分环为判别芳香性的基本单元，$4n+2$ 元环为芳环（p 个），$4n$ 元环为反芳环（q 个）。对于奇元环应尽可能按 $4n+1$ 和 $4n-1$ 成对划分出共轭双奇元环，这种共轭双奇元环是芳环单位。其余不能按 $4n+1$ 和 $4n-1$ 成对划分的奇元环为非芳环（r 个），两个非芳环作为一个反芳环单位。$4n+1$ 元环的非芳环，其正离子为反芳环，负离子为芳环；$4n-1$ 元环的非芳环，其正离子为芳环，负离子为反芳环。同时，整个分子的芳香性由芳环、反芳环及非芳环的相对数目来决定。即：

若 $p>q$ 且 $p-q>r$，为芳香性。

若 $q>p$ 且 $q-p>r$，为反芳香性。

若 $|p-q|\leqslant r$，则由分子总的 π 电子数按 $4n+2$ 为芳香性，$4n$ 为反芳香性，奇环为非芳香性来决定，举例见表 1-6。

表 1-6 芳香性的判别

结构	判别单元	π 电子数	芳香性判别
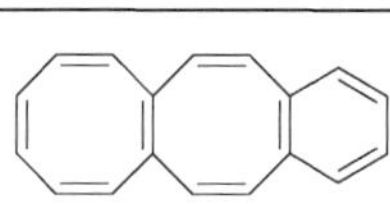	8 元环	8	反芳香性
	6 元环	6	芳香性
	分子	18	反芳香性
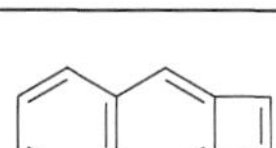	6 元环	6	芳香性
	4 元环	4	反芳香性
	分子	12	芳香性

1.9.3　休克尔规则的修正

图 1-16 给出了 14 种稠环类及相关多烯闭环分子结构。1954 年 Platt 提出了周边修正法[73]，认为可以忽略稠环中间的桥键而直接计算在外围可以形成离域的 π 电子数，如果满足 $4n+2$ 规则，那么就可以初步说明此化合物具有芳香性。用这种方法检验 **X** 的结构可以发现，它不满足 $4n+2$ 规则，无芳香性，此即为 Hückel-Platt 规则。

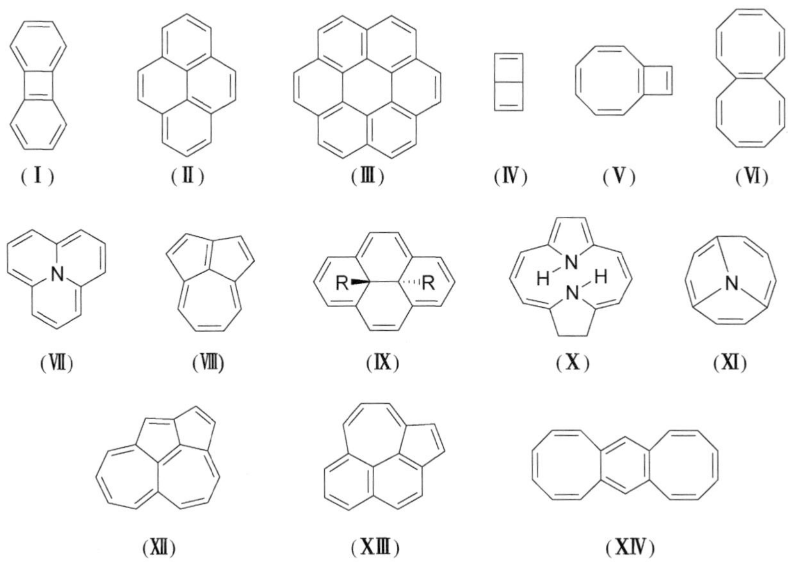

图 1-16　稠环类及相关多烯闭环分子及其衍生物结构

如果用这个方法判断结构如Ⅺ的化合物，其方法会有一定的偏差，因为它们周边的 π 电子数不符合 $4n+2$ 规则，似乎无芳香性，但实验事实证明其有芳香性。因此使用此规则时，也可以将一些稠环烃看成轮烯，画经典结构式时应使尽量多的双键处在轮烯上，处在轮烯内外的双键写成其共振的正负电荷形式，将出现在轮烯内外的单键忽略后，再用 Hückel-Platt 规则判断。

① 双键与轮烯直接相连，计算电子数时将双键写成其共振的电荷结构，负电荷按 2 个电子计，正电荷按 0 计。如下列结构均有芳香性：

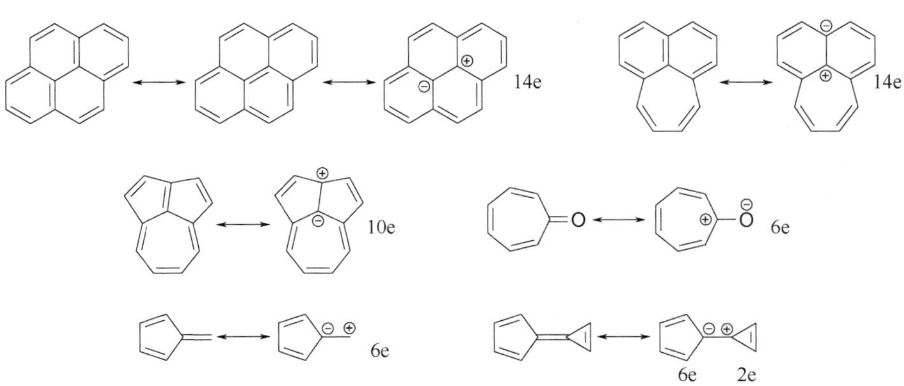

② 轮烯内部通过单键相连，且单键碳与轮烯共用，忽略单键后下列物质均有芳香性：

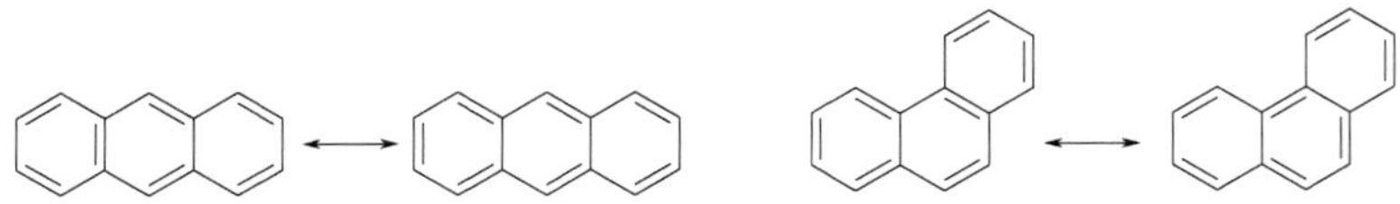

12e　　14e　　12e　　14e

③ 轮烯外部通过单键相连，且单键碳与轮烯共用，忽略单键后分别计算单键所连轮烯的芳香性，如下列 3 种结构也均有芳香性：

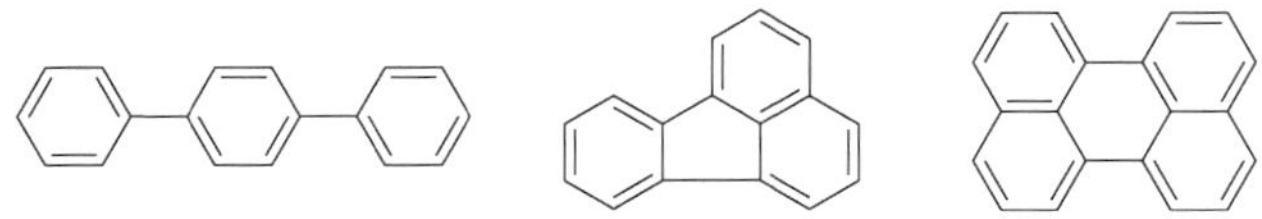

1.9.4 共轭回路法

共轭回路是 Randic 用图论分析 Kekule 价键结构时得到的图形概念[74]。在多环共轭有机分子的 Kekule 结构中，从任何一个碳原子出发通过任何一系列由化学键组成的路径回到起始原子，如果整个回路由单双键交替构成，它就可以称为一个有机共轭回路。单个 Kekule 结构的共轭回路可以分解成 $4n+2$（用 R_n 标记）和 $4n$（用 Q_n 标记）两种类型。例如：

$4n+2$型共轭回路：

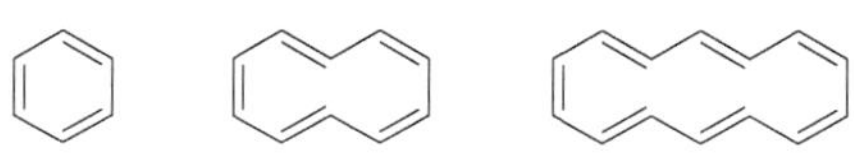

$4n$型共轭回路：

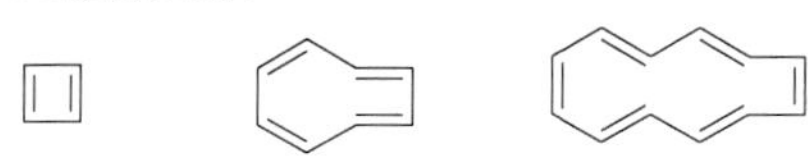

（1）Kekule 结构的共轭回路分解

下面用苯并环丁二烯为例说明 Kekule 结构的回路分解。

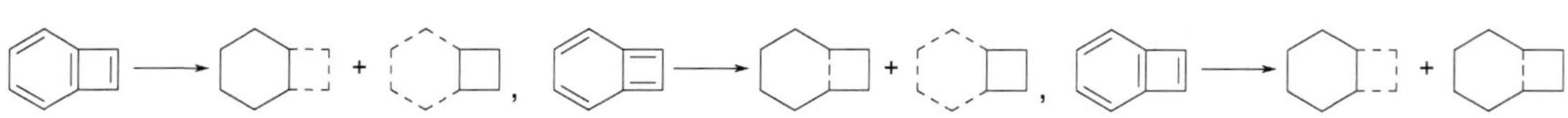

R_1　Q_1　Q_2　Q_1　R_1　Q_2

这样就将苯并环丁二烯的总回路分解为 $2R_1+2Q_1+2Q_2$。

（2）共轭回路芳香性假设

根据共轭回路理论，Randic 提出了芳香性假设：①只含有 $4n+2$ 型共轭回路的共轭体系是全芳香性；②只含有 $4n$ 型共轭回路的共轭体系是全反芳香性；③同时含有 $4n+2$ 型和 $4n$ 型共轭回路的共轭体系是中间类分子，所表现的芳香性是两种类型共轭回路相反贡献抵消的最后结果。如果 $4n+2$ 型共轭回路的贡献大于 $4n$ 型共轭回路，则为部分芳香性；反之，则为部分反芳香性。故上例苯并环丁二烯为部分反芳香性。利用上述分类思想可以很好地解决多环共轭分子的芳香性问题。例如图 1-16 中的（Ⅻ）和（ⅩⅢ）是等电子异构体，似乎属于一类，但它们的共轭回路分解分别为：（Ⅻ）（$6R_2+2R_3+2Q_2+2Q_3$）和（ⅩⅢ）（$4R_1+4R_2+4R_3$），所以（Ⅻ）属于中间芳香类，而（ⅩⅢ）属于全芳香类。

共轭回路描述的广义休克尔规则对单环和多环分子都适用，与用 π 电子数作标准的推广的休克尔规则有本质的区别，对有些分子的预言甚至是不一致的。例如，图 1-16 中的（XIV）按$(4n+2)$ π 电子规则判别是芳香性的，但其共轭回路分解为（$2R_1+2R_2+4Q_2+4Q_3$），是部分反芳香性的，且实验已证明该分子具有非平面的几何结构，这与共轭回路方法的判断结果一致。可见，共轭回路法用于讨论分子的芳香性与实验事实更相符，而 π 电子数仅包含了部分结构特征，因此不宜作为判别多环共轭分子芳香性的决定性判据。

以上介绍的 4 种芳香性判据从不同角度判别了非苯系环状化合物的芳香性，它们往往互相补充，可联合使用。休克尔［$4n+2$］规则是普遍采用的一种简单有效的方法，对于常见的一些简单单环共轭烯烃是首选方法。推广的休克尔规则及修正的 Hückel 规则是 $4n+2$ 规则的有效补充，这些规则几乎可以判断所有常见多环烯烃及稠环烯烃的芳香性。而以 $4n+2$ 型共轭回路标准作为广义的休克尔规则对芳香性认识的深刻性和简单性不仅对单环和多环共轭分子普遍适用，而且对系统研究多环共轭体系，特别是对大体系芳香性的理解和认识较为有益。参量化的共轭回路法对许多体系，如非苯型烃、杂环体系、共轭多聚体、碳笼等共振能的对比和芳香性的预测都是相当成功的[75]，可作为前述 3 种判定方法的补充。可见，各种判据层层递进，形成一个相对完备的判断体系。当然，有关芳香性的判据很多，如能量判据、磁学判据、反应判据等，已有文献从不同角度对这些判据进行了探讨[58,76]，但是本节所阐述的方法更为简单而且易理解。

1.10　1,3-丁二烯加成取向本质的定量计算

1,3-丁二烯作为共轭二烯烃的代表，C1—C2 键和 C3—C4 键的键长与单烯烃中的差不多，而 C2—C3 键的键长显然比烷烃中的 C—C 键短，并且 C—H 键的键长比丁烷中要短。这是由于 $C(sp^2)$—$C(sp^2)$键轨道的 s 成分大于烷烃中的碳原子。由于两个双键的共轭，C2—C3 键具有部分双键的性质，这正是 1,3-丁二烯分子中发生了键平均化的结果，这种共轭体系中表现出来的原子间的相互影响叫作共轭效应。由于 C 与 C 之间存在 σ 键和 π 键，并且起到共轭效应的是 π 键，因此也称 1,3-丁二烯的共轭效应为 π-π 共轭。由于共轭效应，π 电子成为一种离域电子，在整个分子轨道上运动，而不再局限于两个碳原子之间。

由共轭效应引起的键长平均化是分子中 π 电子离域的内在属性和表现。1,3-丁二烯分子不受外界影响时，其电子云的分布是完全对称的。但当它与溴水等试剂发生加成反应时，由于受到溴离子的影响而引起了分子的极化，结果使溴原子的电子云密度增大，略带部分负电荷，而 C2 的电子云密度相应地降低，略带部分正电荷；又由于 C2 略带部分正电荷，要吸引电子，从而影响到 C3 和 C4 的 π 电子云，使 C3 略带部分负电荷，C4 略带部分正电荷，进而影响到 1,3-丁二烯的加成产物。例如，它在发生亲电加成反应时有两种加成产物，即 1,4-加成产物和 1,2-加成产物。但是在什么情况下发生哪种加成，需要从物理思维角度出发，全面考虑分析。本节运用碳正离子理论和量子化学理论对其进行分析，并对 1,3-丁二烯的几个特征参量进行计算。

1.10.1　碳正离子理论分析

1,3-丁二烯的亲电加成产物有 1,4-加成和 1,2-加成两种反应取向。化学反应的进行受很多

因素影响，而归结起来主要受反应的热力学因素和动力学因素的影响。

烯烃的亲电加成反应是分两步进行的，第一步先生成一个较稳定的碳正离子，第二步负离子亲核进攻碳正离子得到产物。对共轭二烯烃的加成反应历程进行分析，以 1,3-丁二烯与溴的加成反应为例，第一步是溴正离子加到双键上生成碳正离子，即

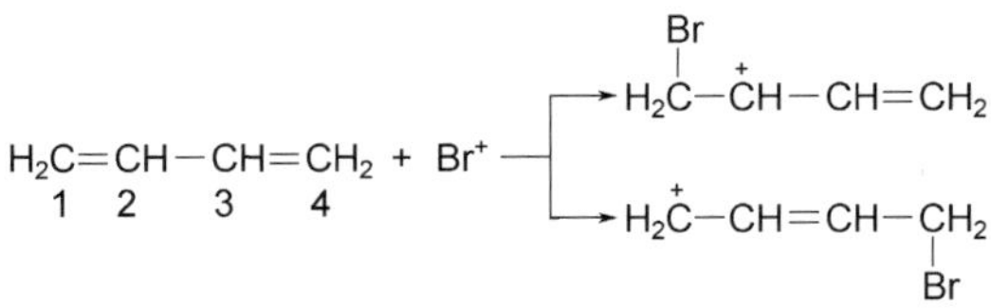

上面的碳正离子，第一个是仲碳正离子，第二个是伯碳正离子，第一步生成的碳正离子是仲碳正离子，而不是伯碳正离子。前者中的碳正离子和双键相连，双键上的 π 电子云和缺电子碳的空 p 轨道可以重叠，π 电子离域，不再局限于两个双键碳原子之间。用共振结构理论来分析，正电荷并不局限于 C2 上，通过与 π 电子云的重叠而可以分散到 C4 上。因此，在反应的第二步，溴负离子就既可以加到 C2 上形成 1,2-加成产物，也可以加到 C4 上形成 1,4-加成产物。1,4-加成产物是双取代烯烃，而 1,2-加成产物中的双键在末端，是单取代烯烃，所以 1,4-加成产物在热力学上较稳定，易于生成。但是 1,2-加成和 1,4-加成产物的比例除了与它们的热力学稳定性大小有关外，还与反应的动力学因素密切相关。一般低温反应时得到的产物以 1,2-加成为主，反应温度较高时以 1,4-加成产物为主。因为 1,2-加成产物所需的活化能较低，反应速率较快，在低温下，反应产物的组成由反应速率决定，因此以 1,2-加成产物为主。图 1-17 为 1,3-丁二烯与氯化氢加成的势能面特征[77]。

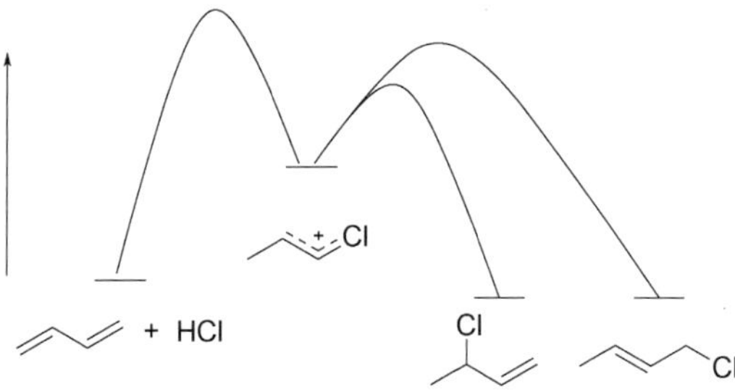

图 1-17　1,3-丁二烯与氯化氢加成的势能面特征

图 1-17 中第一个过渡态的能量高低决定加成反应的速率，第二个过渡态的能量高低则决定产物的组成。1,2-加成和 1,4-加成产物在较高温度下，特别是在路易斯酸存在的情况下，会电离成碳正离子和卤素负离子，它们重新结合生成平衡混合物。

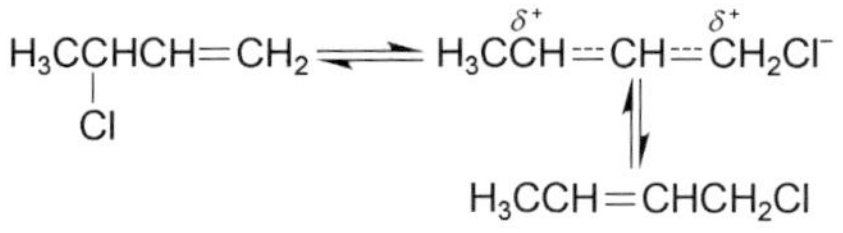

1,2-加成产物电离所需的活化能低，速率快；1,4-加成产物电离所需的活化能高，速率慢。因此，1,4-加成产物生成后只有较少部分重新变成 1,2-加成产物，1,4-加成产物在平衡混合物中占有较大份额。

1.10.2 量子化学理论分析

1,3-丁二烯是典型的共轭分子，其经典结构式如下：

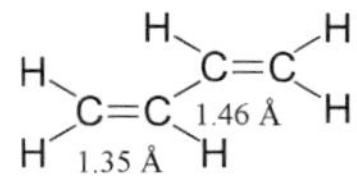

实验测得，1,3-丁二烯两端碳碳键的键长（1.35 Å）比正常碳碳双键的键长（1.33 Å）要长；中间的碳碳单键的键长（1.46 Å）比正常的碳碳单键的键长（1.54 Å）要短。这说明在1,3-丁二烯分子中单双键之分不明显，键趋向平均化，定域键的加和性已不适用。又如，1,3-丁二烯的加成反应中，首先发生的是 1,4-加成而不是 1,2-加成，这说明分子中旧键的破裂或新键的形成并不局限在两个原子之间，而和分子整体密切有关。总之，实验事实表明，在共轭分子中存在普及整个分子的化学键，称为离域键。由于成键电子是由构成分子的各原子提供的 2p 电子，故称为离域 π 键[64]。

由于离域 π 电子具有较大的极化率，它在化学反应中比 σ 电子更易受到扰动，这是共轭分子许多重要性质的来源。所以在共轭体系的量子化学处理中，可以只针对 π 电子，这就是 π 电子近似。最简单的半经验 π 电子理论有自由电子分子轨道法（FEMO）[78]与休克尔分子轨道法（HMO）[79]。下面以 1,3-丁二烯为例应用 HMO 法讨论共轭链烯烃。

（1）休克尔分子轨道法与 HMO 行列式[60]

1,3-丁二烯（C═C—C═C）的 π 分子轨道为：

$$\Psi_\pi = c_1\varphi_1 + c_2\varphi_2 + c_3\varphi_3 + c_4\varphi_4 \tag{1-23}$$

式中，φ_1～φ_4 为 4 个 C 原子的 p_z 原子轨道，这样 Ψ_π 的 HMO 行列式方程为：

$$D_4(x)=\begin{vmatrix} x & 1 & 0 & 0 \\ 1 & x & 1 & 0 \\ 0 & 1 & x & 1 \\ 0 & 0 & 1 & x \end{vmatrix}=0 \tag{1-24}$$

将此 4×4 阶行列式方程进行求解，即：

$$\begin{aligned} D_4(x) &= x\begin{vmatrix} x & 1 & 0 \\ 1 & x & 1 \\ 0 & 1 & x \end{vmatrix} + 1\times(-1)^{1+2}\begin{vmatrix} 1 & 1 & 0 \\ 0 & x & 1 \\ 0 & 1 & x \end{vmatrix} \\ &= x\left(x\begin{vmatrix} x & 1 \\ 1 & x \end{vmatrix} - \begin{vmatrix} 1 & 1 \\ 0 & x \end{vmatrix}\right) - \left(\begin{vmatrix} x & 1 \\ 1 & x \end{vmatrix} - \begin{vmatrix} 0 & 1 \\ 0 & x \end{vmatrix}\right) \\ &= x[x(x^2-1)-x]-(x^2-1-0) \\ &= x^4-3x^2+1 \\ &= 0 \end{aligned} \tag{1-25}$$

设 $x^2=y$，上式变为：$y^2-3y+1=0$

可解得：

$$y_1 = 2.618 \Rightarrow \begin{cases} x_1 = -1.618 \\ x_4 = 1.618 \end{cases} \tag{1-26}$$

$$y_2 = 0.382 \Rightarrow \begin{cases} x_2 = -0.618 \\ x_3 = 0.618 \end{cases} \tag{1-27}$$

将 x_i 依次代入 $x = (\alpha - E)/\beta$ 得到能量 E_i

$$\begin{array}{lll} x_1 = -1.618 & E_1 = \alpha + 1.618\beta & \uparrow \\ x_2 = -0.618 & E_2 = \alpha + 0.618\beta & \text{能} \\ x_3 = 0.618 & E_3 = \alpha - 0.618\beta & \text{量} \\ x_4 = 1.618 & E_4 = \alpha - 1.618\beta & \end{array} \tag{1-28}$$

将所求得的 E_i（实质上代 x_i 即可）分别代入 HMO 行列式方程，可得到关于系数 c_i 的 n 元一次方程组。

如将 $E_1(x_1)$代入轨道 $\Psi_{1\pi}$ 的系数行列式方程，则有

$$\begin{vmatrix} -1.618 & 1 & 0 & 0 \\ 1 & -1.618 & 1 & 0 \\ 0 & 1 & -1.618 & 1 \\ 0 & 0 & 1 & -1.618 \end{vmatrix} \cdot \begin{vmatrix} c_1 \\ c_2 \\ c_3 \\ c_4 \end{vmatrix} = 0 \tag{1-29}$$

对应的四元一次方程组为：

$$\begin{cases} -1.618c_1 + c_2 + 0c_3 + 0c_4 = 0 \\ c_1 - 1.618c_2 + c_3 + 0c_4 = 0 \\ 0c_1 + c_2 - 1.618c_3 + c_4 = 0 \\ 0c_1 + 0c_2 + c_3 - 1.618c_4 = 0 \end{cases} \tag{1-30}$$

再利用归一化条件：$c_1^2 + c_2^2 + c_3^2 + c_4^2 = 1$，解之得：$c_1 = c_4 = 0.3717$；$c_2 = c_3 = 0.6015$

故有，

$$\begin{aligned} \Psi_4 &= 0.3717\varphi_1 - 0.6015\varphi_2 + 0.6015\varphi_3 - 0.3717\varphi_4 \\ \Psi_3 &= 0.6015\varphi_1 - 0.3717\varphi_2 - 0.3717\varphi_3 + 0.6015\varphi_4 \\ \Psi_2 &= 0.6015\varphi_1 + 0.3717\varphi_2 - 0.3717\varphi_3 - 0.6015\varphi_4 \\ \Psi_1 &= 0.3717\varphi_1 + 0.6015\varphi_2 + 0.6015\varphi_3 + 0.3717\varphi_4 \end{aligned} \tag{1-31}$$

式（1-28）和式（1-31）所给出的结果即是 1,3-丁二烯分子的非离域 π 分子轨道及其能量。

（2）能级及轨道分析

1）能级

由式（1-28）的能量数据可以画出 1,3-丁二烯分子的 π 轨道能级图（图 1-18）。

1,3-丁二烯 4 个 π 电子占据离域 π 分子轨道（MO）时，总能量为：

$$E_{D\pi} = 2E_1 + 2E_2 = 4\alpha + 4.472\beta \tag{1-32}$$

如果把1,3-丁二烯的π键看为只定位于1、2和3、4碳原子之间，而在2、3碳碳之间不存在π键（$\beta_{23}=0$），这时HMO行列式方程变为：

$$\begin{vmatrix} x & 1 & 0 & 0 \\ 1 & x & 1 & 0 \\ 0 & 0 & x & 1 \\ 0 & 0 & 1 & x \end{vmatrix} = 0 \tag{1-33}$$

展开求解得 $x=\pm1$，±1。可见，四个轨道的能量为 $E_1=E_2=\alpha+\beta$，$E_3=E_4=\alpha-\beta$。1,3-丁二烯定域π轨道能级图如图1-19所示。

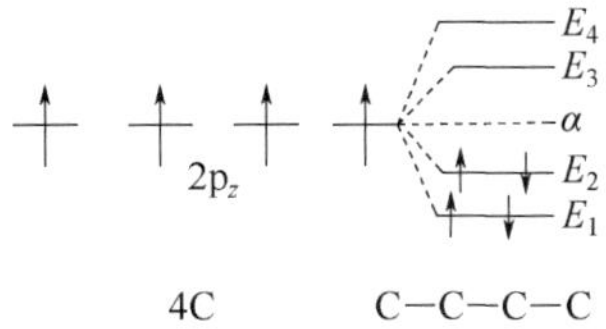

图1-18 1,3-丁二烯分子的π轨道能级图

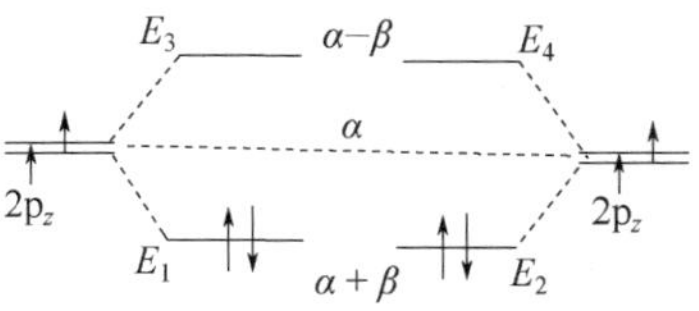

图1-19 1,3-丁二烯定域π轨道能级图

电子占据两个低能级的简并轨道，形成两个定域π键。π电子总能量为：

$$E_{L\pi}=2E_1+2E_2=4\alpha+4\beta \tag{1-34}$$

由式（1-32）减去式（1-34）得1,3-丁二烯分子π电子的离域能DE_π，即

$$DE_\pi=E_{D\pi}-E_{L\pi}=0.472\beta \tag{1-35}$$

由于离域能DE_π为负值，故此能量对分子体系起稳定化作用。实验测得1,3-丁二烯π轨道的能量为$E_1=-12.2$ eV和$E_2=-9.08$ eV，而乙烯π轨道的能量为$E=-10.05$ eV；1,3-丁二烯一方面表现出较好的热稳定性，这可用离域能的稳定化作用来解释，另一方面却具有较高的加成及络合活性，可用其最高被占据轨道能级来解释。这些结果有力地证明了1,3-丁二烯π键的离域模型是正确的。

2）π分子轨道

由1,3-丁二烯Ψ_1、Ψ_2、Ψ_3、Ψ_4的线性组合表示式，可以给出四个π分子轨道的图形和节面特征（图1-20）。

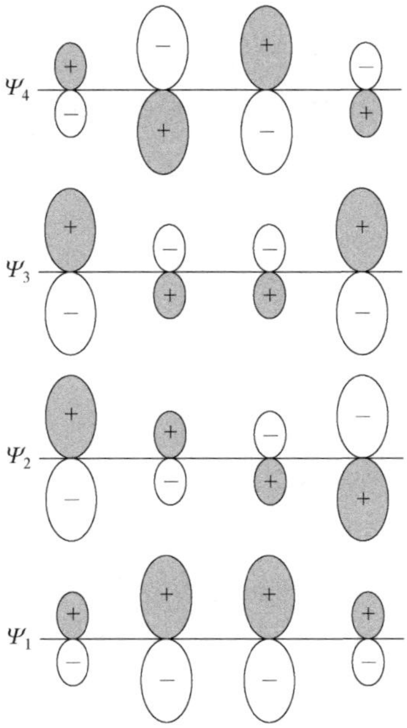

图1-20 1,3-丁二烯π分子轨道图形

图1-20采用了分子轨道的组合基函（$2p_z$）图示法，即以基函数图形的大小和位相表示出分子轨道的绝对值大小和正负符号，键轴上标出轨道界面位置。由图1-20可知Ψ_1、Ψ_2、Ψ_3、Ψ_4在垂直于键轴方向上的界面数分别为0、1、2、3，节面愈多，则轨道能量愈高。根据节面的位置和图形的大小能够推知，Ψ_1的电子密度集中于各碳原子之间，故对所有碳原子起成键作用；Ψ_2的电子密度集中于C1—C2和C3—C4之间，故它对这两对碳

原子起成键作用。Ψ_1 和 Ψ_2 是两个成键的被占据轨道。若 Ψ_3 中有电子，则电子密度在 C2—C3 之间和两端的碳原子附近较大，故它对中间的一对碳原子起成键作用，而对两端的两对碳原子起反键作用；Ψ_4 中的电子对各对碳原子均起反键作用。Ψ_3 和 Ψ_4 是反键的空轨道。在分子轨道中，最高占据轨道（Ψ_2）和最低空轨道（Ψ_3）均被称为前线分子轨道，处于反应环境时分子轨道理论认为，参与化学反应的主要是前线分子轨道[60]。由图 1-20 能够看出，两个前线分子轨道在两端碳原子附近的电子密度都比中间大，按照轨道最大重叠原则及反应的空间效应，不难理解协同加成反应容易在 1,3-丁二烯分子的 1,4 位碳原子上发生。

1.10.3 1,3-丁二烯的特征参量

HMO 法在共轭体系中的应用取得成功，表明离域 π 键是决定该类分子性质的主要因素。这里由 HMO 法引出 1,3-丁二烯分子的 π 电荷密 q_r、π 键级 P_{rs} 和自由价指数 F_r 等几个特征参量，以建立它们与共轭分子物理化学性质间的联系。

（1）π 电荷密度

对于多中心的大 π 键（离域），每个填 n 个（1 个或 2 个）电子，则在第 j 个 π MO 中的第 r 个原子处，π 电荷密度为：

$$q_{jr} = n_j c_{jr}^2 \tag{1-36}$$

但是，在一个共轭分子中，并不是仅第 j 个 π MO 一个轨道填有电子，而是有好几个 π MO 都可能填有电子，故第 r 个原子处总的 π 电荷密度应是各个 π MO 中 r 原子处电荷密度的加和。设 n_j 为分子轨道 Ψ_j 上排布的 π 电子数，原子 r 处总 π 电荷密度 q_{jr} 为：

$$q_{jr} = \sum_j n_j c_{jr}^2 \tag{1-37}$$

$$\Psi_j = \sum_r c_{jr} \varphi_r \tag{1-38}$$

基态 1,3-丁二烯中被占轨道为 Ψ_1 和 Ψ_2，两个轨道各填充 2 个电子，即 $n_1 = n_2 = 2$，所以其四个碳原子上的 π 电荷密度为：

$$q_1 = 2\times(0.3717)^2 + 2\times(0.6015)^2 = 1.000$$

$$q_2 = 2\times(0.6015)^2 + 2\times(0.3717)^2 = 1.000$$

$$q_3 = 2\times(0.6015)^2 + 2\times(-0.3717)^2 = 1.000$$

$$q_4 = 2\times(0.3717)^2 + 2\times(-0.6015)^2 = 1.000$$

即 1,3-丁二烯分子中每个碳原子上的 π 电子电荷密度均为 1。

（2）键级

在分子轨道 Ψ_j 中的一个电子对相邻原子 r、s 之间的 π 键所提供的键级，为在 Ψ_j 中两个原子轨道 Ψ_r、Ψ_s 前面系数的乘积 $c_{jr}c_{js}$。则相邻原子 r、s 间共轭 π 键的总键级为：

$$P_{rs} = \sum_j n_j P_{rs}(j) = \sum_j n_j c_{jr} c_{js} \tag{1-39}$$

式中，n_j 为相应原子轨道中排布的 π 电子数。则 1,3-丁二烯中各碳碳键的 π 键级为：

$$P_{12} = 2(0.3717\times0.6015 + 0.6015\times0.3717) = 2(2\times0.2235) = 0.894$$

$$P_{23} = 2[0.6015\times0.6015 + 0.3717\times(-0.3717)] = 2[0.3618-0.1381] = 0.447$$

$$P_{34} = 2[0.6015\times0.3717 + (-0.3717)\times(-0.6015)] = 2[2\times0.2235] = 0.894$$

又规定相邻两原子间的一个 σ 键键级为 1，非相邻的为 0，故相邻两原子间的总键级为 σ 键级与 π 键级之和，即

$$P_{(总)i(i+1)} = \sigma_{i(i+1)} + \pi_{i(i+1)} = 1 + P_{i(i+1)} \tag{1-40}$$

所以 1,3-丁二烯基态原子间总键级为：

$$P_{12} = P_{34} = 1.894$$

$$P_{23} = 1.447$$

相邻原子间的键级越大，其键强度越大，则键长就越短。

（3）自由价

① 成键度：分子中第 r 个原子与周围所有相邻原子 s 的键级总和称为成键度（N_r）。

$$N_r = \sum_s P_{rs} \quad (s与r相邻的原子) \tag{1-41}$$

② 最大成键度：同一个原子 r 在不同的化合物中，或在同一化合物的不同位置，有不同的成键度，其中最大者称为最大成键度 N_{max}。例如 C 的最大成键度，以三次甲基甲烷［$C(CH_2)_3$］分子中中心 C 的总键级为标准，则 $N_{max}(C) = 4.732$。

③ 自由价：定义式为 $F_r = N_{max} - N_r$，它是原子的可能剩余成键度，或者说原子的自由价是处于某化合物中特定位置的该原子用以键合其他基团的剩余成键能力的量度。1,3-丁二烯分子中第一个 C 原子 C1 的 F_r 计算如下：

$$\begin{aligned} N_1 &= P_{1H} + P_{1H} + P_{12} \\ &= 1 + 1 + (1 + 0.894) = 3.894 \end{aligned}$$

因为 $N_4 = N_1$

故 $F_1 = F_4 = 4.732 - 3.894 = 0.838$。

第二个 C 原子 C2 的 F_r 计算如下：

$$\begin{aligned} N_2 &= P_{2H} + P_{12} + P_{23} \\ &= 1 + (1 + 0.894) + (1 + 0.447) \\ &= 4.341 \end{aligned}$$

因为 $N_3 = N_2$

故 $F_2 = F_3 = 4.732 - 4.341 = 0.391$。

（4）分子图及其应用

1）分子图的画法

在分子的共轭骨架上，把电荷密度标在原子附近、键级标在成键原子间的连线上、自由

价标在起点在原子上的箭头方向上构成的图形称为分子图。对于共轭分子，分子图比通常的结构式更为本质地表达了分子的性质。

例如，1,3-丁二烯的分子图如图 1-21 所示。

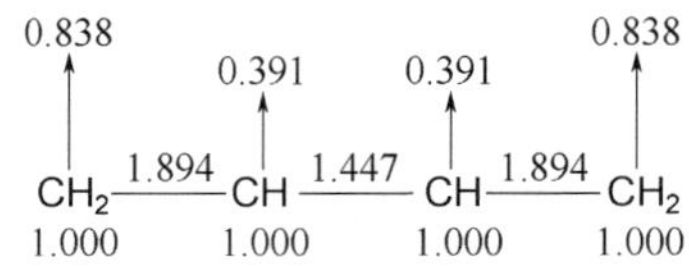

图 1-21　1,3-丁二烯分子图

2）分子图和分子的性质

首先，由分子图可推断键的性质及分子的稳定性：分子图中键级可以直接反映出各键的相对强弱和键长的相对大小及 π 键成分的多少。例如，从 1,3-丁二烯分子图中各碳碳键级的大小，可以了解到两端的碳碳键比中间的碳碳键强度大、键长短、含 π 键成分多。苯分子的各碳碳键键级相等说明，苯是一个各边（键）强度相等的正六边形分子；苯的 π 电子离域能比 1,3-丁二烯还负，说明苯较 1,3-丁二烯稳定。

其次，由 q_i 及分子的对称性可以判断键极性的偶极矩大小。如苯分子中，6 个 C 的 $q_i = 1$，分子结构对称，故整个苯分子无极性，电偶极矩为 0。

最后，由分子图可以判断分子的化学活性。例如，有机化合物的取代反应有自由基取代、亲电取代及亲核取代。由分子图判断反应发生的位置和分子静态性质存在如下关系：

① 自由基在自由价最大处发生反应；

② 亲电、亲核基团分别在电荷密度最大、最小处发生反应；

③ 如果电荷密度相等，各种基团均在自由价最大处发生反应。

本节通过碳正离子理论和量子力学理论计算的方法对 1,3-丁二烯发生加成的反应机理进行了讨论，运用休克尔分子轨道法证明了 1,3-丁二烯 π 键的离域模型，并且对 1,3-丁二烯的几个特征参量进行了理论计算，定量分析了 1,3-丁二烯发生加成的主要产物是 1,4-加成产物。

1.11　电环化和环加成反应相关理论分析

在有机化学理论和实验方面，电环化反应和环加成反应，即“周环反应”的相关问题具有很重要的意义。周环反应不同于一般的化学反应，这类反应不受溶剂的影响，也不受酸碱催化剂或引发剂的影响，反应是借助于热或光将能量传递给反应物而发生的[80]。本节就周环反应的定义和分类进行归纳总结，利用分子轨道示意图对电环化反应和环加成反应的选律和历程进行分析，并且对一些规律进行了总结，希望可以对周环反应相关内容的学习和理解有所帮助。

周环反应既不是离子型反应，也不属于游离基反应，在周环反应的反应历程中，不形成活性中间体，而是通过多中心环状过渡态协同进行的。因此，周环反应具有以下特点：

① 是协同过程，不生成活性中间体；

② 具有立体选择性；

③ 反应条件只需要加热或光照。

电环化反应、环加成反应是周环反应中最为基础和重要的两类，下面就这两类反应分别进行分析和总结。

1.11.1 电环化反应

电环化反应：共轭多烯与共轭环烯在加热或光照条件下的相互转化，同时单双键互变[81]。其中，链状共轭多烯根据 π 电子数可以分为 $4n$ 和 $4n+2$ 两类，而这两类共轭多烯在加热或光照条件下电环化反应的结果相反。π 轨道数一般与 π 键原子数目相等[82]，如丁二烯有 4 个 π 键碳原子就有 4 个 π 轨道。

（1）4*n* 电子体系电环化反应

下面以(*E, E*)-2,4-己二烯电环化反应为例，并通过分子轨道理论来说明其电环化反应的规律。图 1-22 给出了 2,4-己二烯的前线分子轨道示意图及其电子排布特征与相对能量大小。

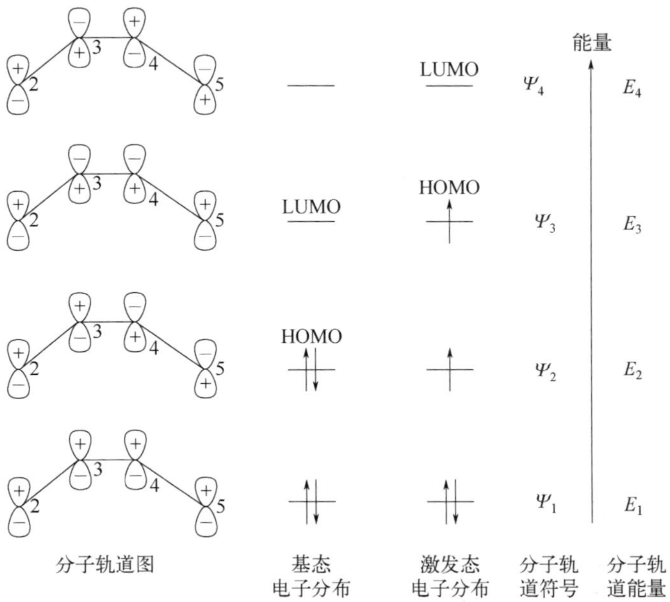

图 1-22 2,4-己二烯的前线分子轨道示意图

在加热条件下，2,4-己二烯不会发生电子激发，四个 π 电子填充在 Ψ_1、Ψ_2 两个分子轨道；能量 $E_2>E_1$，则 Ψ_2 是 HOMO。分子轨道 Ψ_2 是按 C_2 轴对称的，其两端碳原子 C2 和 C5 上的 p 轨道只有顺旋才能保持对称性不变。

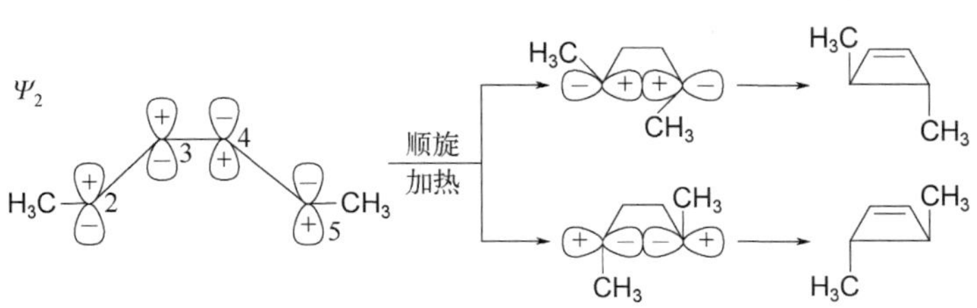

图 1-23 2,4-己二烯加热顺旋反应示意图

由图 1-23 可知，C2 和 C5 轨道顺旋时同相位相互重叠，对称性匹配，电环化反应允许，对旋反应禁阻。

在光照条件下，2,4-己二烯前线轨道上的电子被激发，一个电子从分子轨道 Ψ_2 跃迁到 Ψ_3，这样 Ψ_1、Ψ_2 和 Ψ_3 是占有轨道，E_3 能量最高，Ψ_3 相当于激发体系的 HOMO。

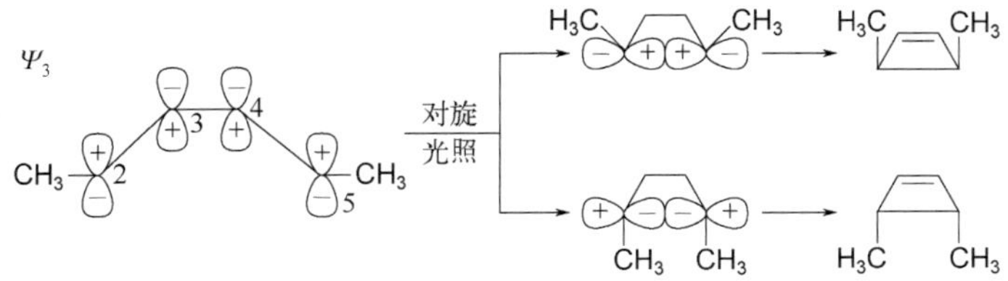

图 1-24　2,4-己二烯光照对旋反应示意图

由图 1-24 可知，光照条件下，对旋时 Ψ_3 两端碳原子的轨道相位对称性一致，因此光照时电环化反应结果是对旋允许，顺旋反应禁阻。

（2）4*n*＋2 电子体系电环化反应

以 2,4,6-辛三烯为例，2,4,6-辛三烯的前线分子轨道示意图如图 1-25 所示。

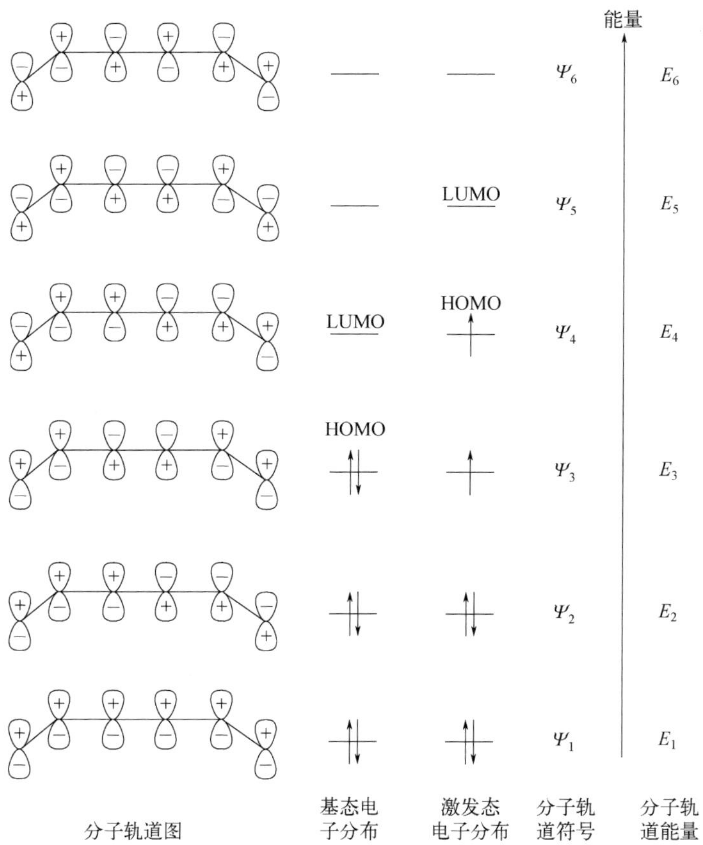

图 1-25　2,4,6-辛三烯前线分子轨道示意图

2,4,6-辛三烯有 6 个 π 分子轨道，6 个 π 电子，属于 4*n*＋2 型共轭多烯。在基态下，6 个 π 电子分布在 Ψ_1、Ψ_2、Ψ_3 三个分子轨道，Ψ_3 是 HOMO。2,4,6-辛三烯加热反应示意图如图 1-26 所示。

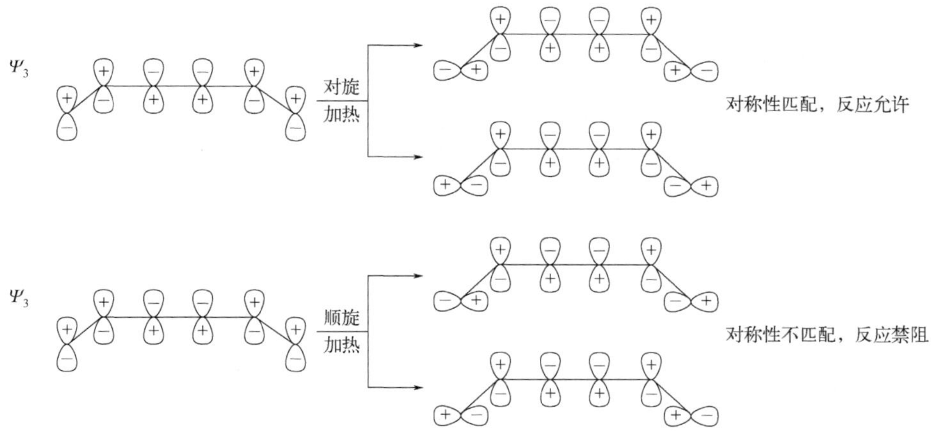

图 1-26　2,4,6-辛三烯加热反应示意图

对比图 1-26 中 2,4,6-辛三烯加热条件下对旋、顺旋反应可知，在加热条件下，$4n+2$ 电子体系共轭多烯电环化反应，两端 C 原子 p 轨道对旋，则对称性匹配，反应允许；相反，如果顺旋，则对称性不匹配，反应禁阻。

在光照条件下，2,4,6-辛三烯发生电子激发，一个 π 电子从 Ψ_3 被激发到 Ψ_4，Ψ_4 是 2,4,6-辛三烯激发态 HOMO，则 Ψ_4 两端 C 原子的 p 轨道对称性决定电环化反应取向。2,4,6-辛三烯光照反应示意图如图 1-27 所示。

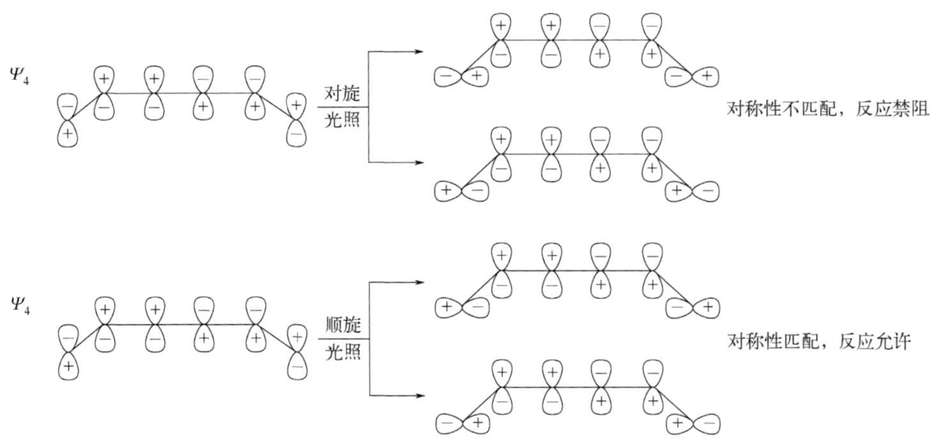

图 1-27　2,4,6-辛三烯光照反应示意图

由图 1-27 可得，$4n+2$ 电子体系共轭多烯，在光照条件下，顺旋反应允许，对旋反应禁阻。为便于记忆和理解，上述结论可用图 1-28 概括总结。

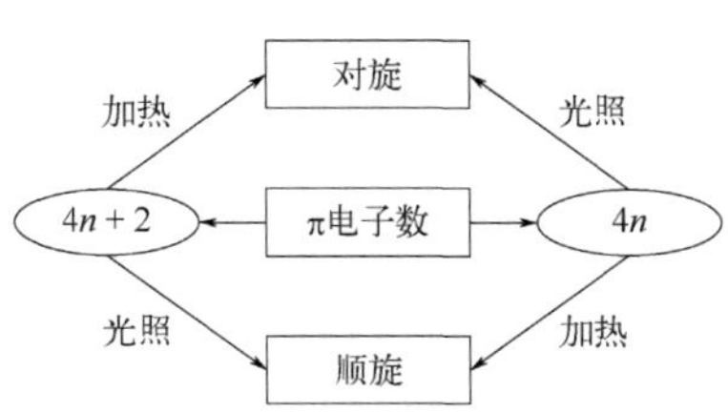

图 1-28　$4n$ 和 $4n+2$ 电子体系共轭多烯的环化反应选律

1.11.2 环加成反应

环加成反应是指两分子烯烃或多烯烃在加热或光照条件下变成环状化合物的反应。前线轨道理论认为，环加成时一个烯（或共轭多烯）HOMO 的 π 电子流向另一个烯（或共轭多烯）的 LUMO，反应时要求参与成环的两个 π 轨道两端位相符号一致[83]。环加成反应可以根据双键与双键之间的反应和双键与共轭多烯之间的反应分为[2 + 2]环加成和[4 + 2]环加成。

（1）[2 + 2]环加成反应

乙烯分子之间的反应是最典型的[2 + 2]环加成反应，反应利用了一个乙烯分子的最高占据轨道和另一个乙烯分子的最低空轨道。

图 1-29 是乙烯的前线分子轨道示意图，在加热条件下，乙烯处于基态，两个乙烯分子的基态前线轨道相互作用。假设有两个乙烯分子 A 和 B，乙烯分子 B 的最高占据轨道与乙烯分子 A 的最低空轨道作用，即 Ψ_1 与 Ψ_2 作用，见图 1-30。

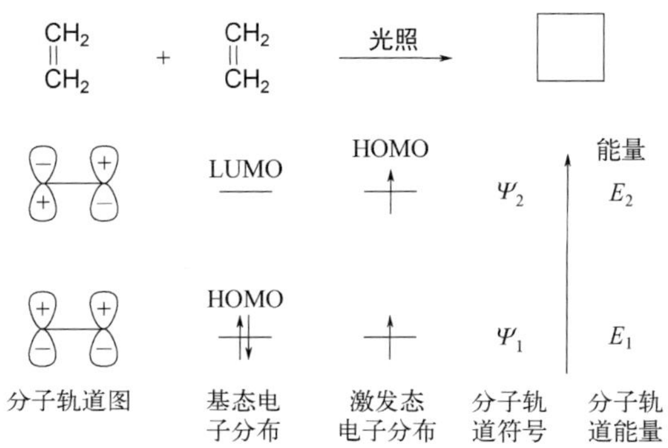

图 1-29 乙烯的前线分子轨道示意图

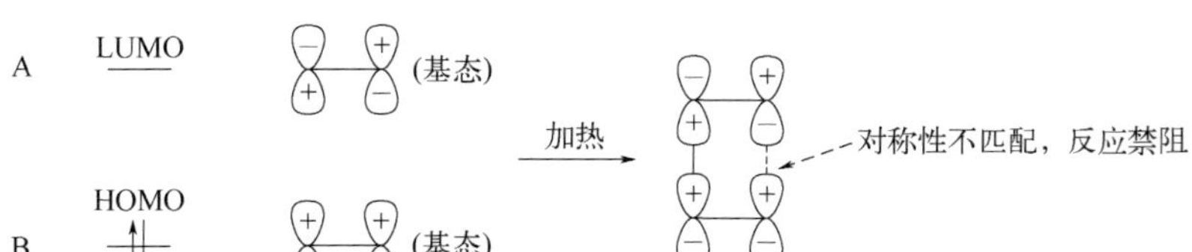

图 1-30 两个乙烯分子的基态前线分子轨道示意图

在光照条件下，乙烯分子 B 的激发态分子前线轨道与乙烯分子 A 的基态分子前线轨道作用，见图 1-31。

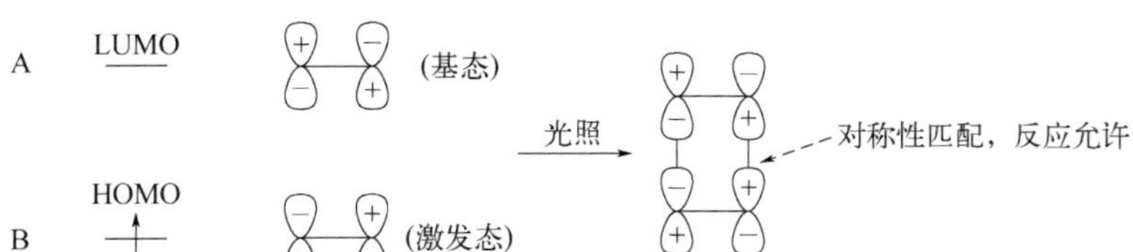

图 1-31 乙烯分子 A 的基态与另一乙烯分子 B 的激发态前线分子轨道示意图

综上所述，乙烯的环加成反应，在光照条件下，对称性匹配，反应允许；在加热条件下，对称性不匹配，反应禁阻。

（2）[4 + 2]环加成反应

下面以1,3-丁二烯和乙烯的环加成为例，Diels-Alder反应是最典型的[4 + 2]环加成反应。图1-32是1,3-丁二烯的前线分子轨道示意图，乙烯的前线分子轨道示意图见图1-29。

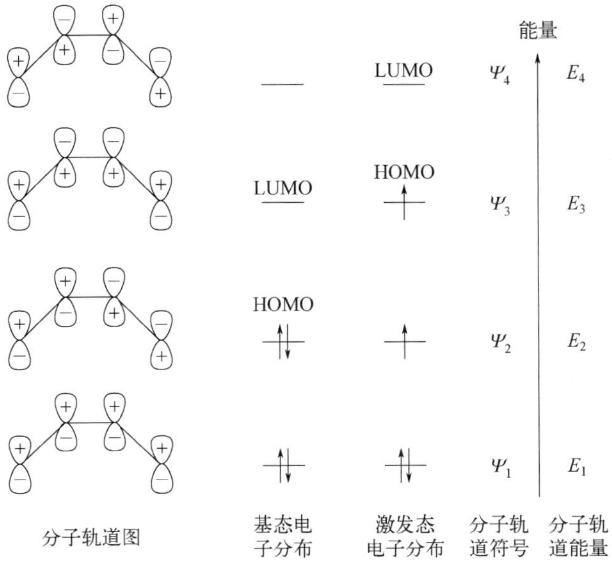

图1-32　1,3-丁二烯的前线分子轨道示意图

1）加热条件

加热条件下1,3-丁二烯和乙烯都处于基态，环加成反应是两个分子的基态前线分子轨道作用（图1-33和图1-34）。

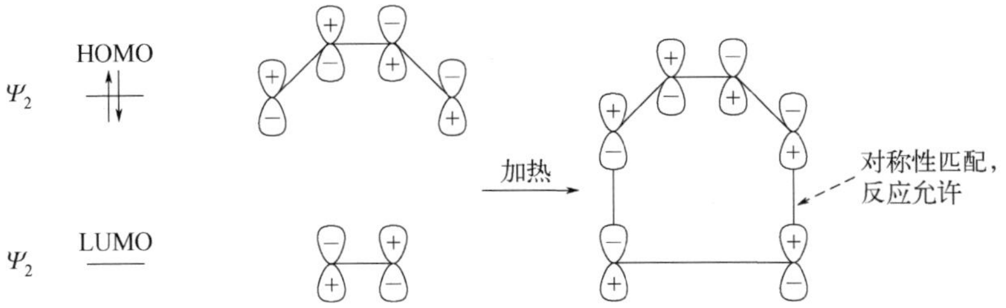

图1-33　1,3-丁二烯（HOMO）与乙烯（LUMO）热环化示意图

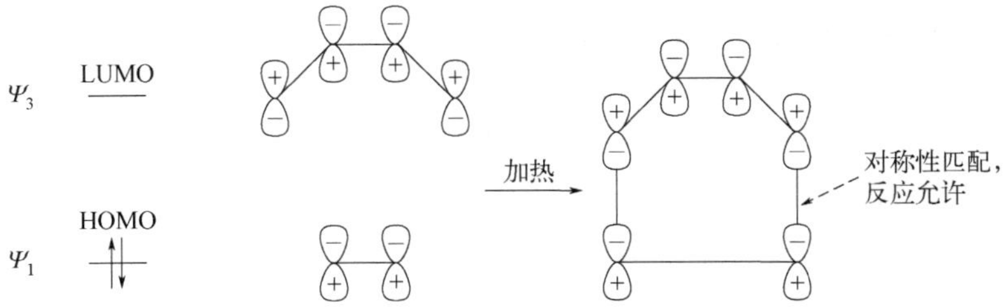

图1-34　1,3-丁二烯（LUMO）与乙烯（HOMO）热环化示意图

因此，加热条件下，1,3-丁二烯与乙烯分子间的[4 + 2]环加成反应，对称性匹配，反应允许。

2）光照条件下

当 1,3-丁二烯激发，乙烯不激发时，乙烯的基态 HOMO 与 1,3-丁二烯的激发态 LUMO 相互作用时，其反应取向如图 1-35 所示。

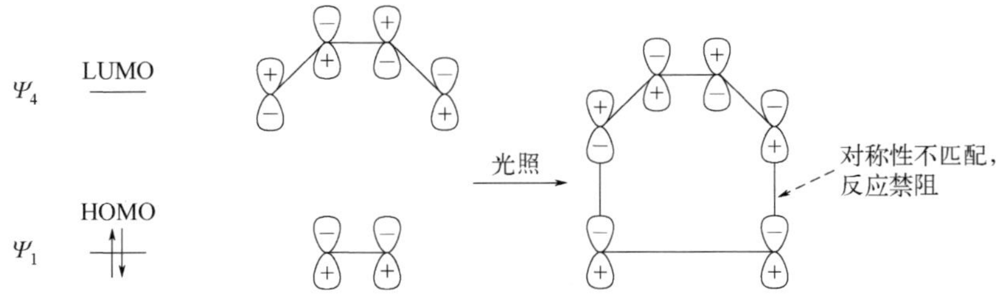

图 1-35　激发态 1,3-丁二烯（LUMO）与乙烯（HOMO）光环化示意图

当乙烯激发，1,3-丁二烯不激发时，乙烯的 HOMO 与 1,3-丁二烯的 LUMO 相互作用（如图 1-36）。

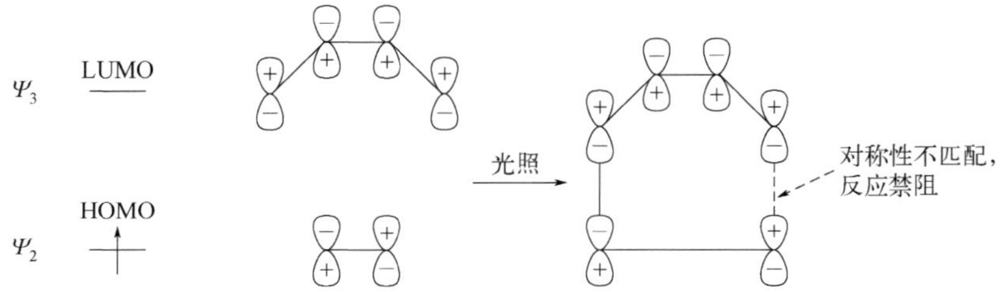

图 1-36　1,3-丁二烯（LUMO）与激发乙烯（HOMO）光环化示意图

因此，光照条件下，乙烯与 1,3-丁二烯环加成反应，对称性不匹配，反应禁阻。上述结论可用图 1-37 表示。

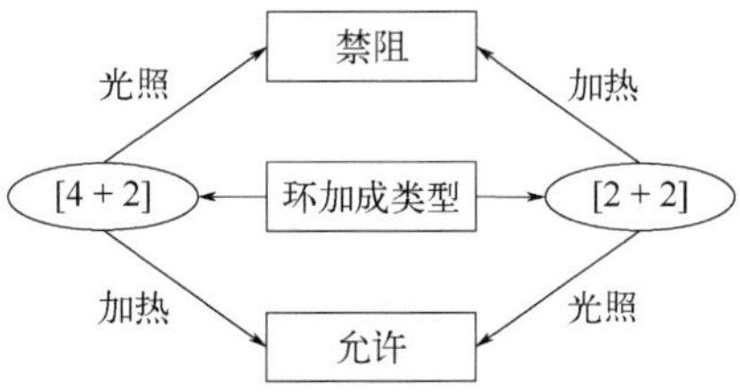

图 1-37　乙烯与 1,3-丁二烯环加成反应的环化选律

1.12　哈密特规则及其应用

哈密特规则是 L. P. Hammett 在 1937 年考查了一系列间位和对位取代的苯衍生物在侧链上的反应关系后建立的。他发现，间位或对位取代苯甲酸的电离常数（K_a）和苯甲酸的电离常数（$K_a^{\ominus}$）之比的对数值是一个常数：

$$\lg K_a/K_a^{\ominus} = \sigma \tag{1-42}$$

式中　$K_a^\ominus$——苯甲酸于25℃在水中的电离常数；

K_a——取代苯甲酸于25℃在水中的电离常数；

σ——取代基常数，它只与取代基的性质有关。

当取代基为吸电子基时，吸电子基的存在有利于酸的解离，此时 $K_a > K_a^\ominus$，σ 为正值；反之，取代基是推电子基时，σ 为负值。σ 绝对值越大，取代基效应越强。

Hammett 还发现，间位或对位取代苯甲酸酯和苯甲酸酯水解常数之比的对数值与 σ 值有很好的线性关系。即以取代苯甲酸酯和苯甲酸酯水解常数之比的对数（$\lg K_h/K_h^\ominus$）为纵坐标，以 σ（即 $\lg K_a/K_a^\ominus$）为横坐标作图，可得到一条直线，如图1-38所示。

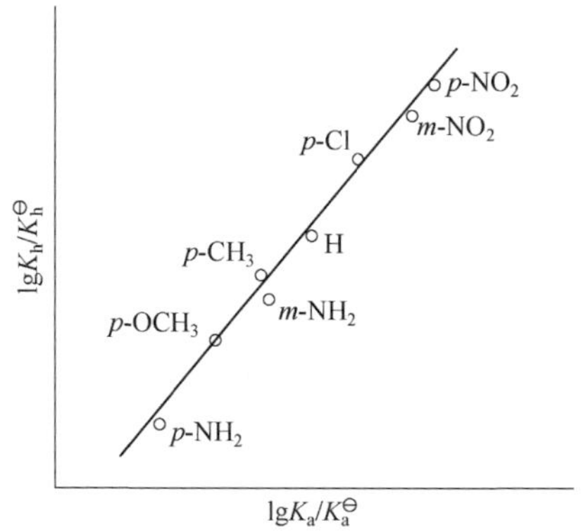

图1-38　取代苯甲酸酯和苯甲酸酯水解常数之比的线性关系

图1-38用方程式可表示为：

$\lg K_h/K_h^\ominus = \rho \lg K_a/K_a^\ominus$，或 $\lg K_h/K_h^\ominus = \rho\sigma$，或 $\lg k/k_0 = \rho\sigma$，或：

$$\lg K/K_0 = \rho\sigma \tag{1-43}$$

这就是著名的哈密特方程[57]。式中，$K_h^\ominus$ 为苯甲酸乙酯的水解常数；K_h 为取代苯甲酸乙酯的水解常数；k 是取代苯衍生物侧链反应的速率常数；k_0 是无取代基的基准物质侧链反应的速率常数；K 为含取代基的反应物的平衡常数；K_0 为不含取代基的反应物的平衡常数；ρ 是哈密特直线的斜率，也称为反应常数，取决于反应类型，它表征着间位或对位取代基的电子效应对化学平衡和反应性能影响的相对敏感性。哈密特规定25℃水溶液中取代苯甲酸电离反应的反应常数 $\rho = 1.00$，并由此规定用 $\sigma_x = pK_{a(苯甲酸)} - pK_{a(取代苯甲酸)}$ 可求得取代常数 σ_x 值。对于取代基的改变，比苯甲酸电离反应更敏感的反应系，其反应常数 $\rho > 1.00$；反之，敏感性比苯甲酸电离反应差的反应系，其反应常数 $\rho < 1.00$。反应常数与特定的取代基性质无关，但取决于反应类型和反应条件。

σ 是一个与取代基特征有关的常数，称为取代基常数，它量度了反应中取代基所表现出的反应特征，尤其是取代基的电子效应（诱导效应或共轭效应），由此影响到反应中心上相对电子云密度的大小。取代基常数 σ 的数值取决于取代基的性质和取代位置。如对苯甲酸的环碳原子来说，若取代基的吸电子能力大于氢原子的吸电子能力（$\sigma_H = 0$），将增大苯甲酸的电离常数，即$(K-K_0)\geqslant 0$，所以其取代基常数为正值；反之，推电子取代基将降低苯甲酸的电离常数，因而其取代基常数为负值。

哈密特方程已成功地应用到许多有机化学反应中，但由于影响有机反应的因素复杂，哈密特图解并不总是呈现为直线。虽然出现了不是直线的情况，但结果相近，可能出现向上或者向下的曲线等不同情况。因此，化学家对哈密特规则进行了改进。

1.12.1　哈密特方程的改进

（1）哈密特方程的推广

哈密特方程只适用于单个对位、间位取代基对苯衍生物侧链反应的影响。对哈密特方程进行适当的修改，可使之应用于多取代苯体系、复环芳香体系和杂环体系[84]。例如对于多取代的苯衍生物，可采用加和法来应用哈密特方程：

$$\lg k = \lg k_0 + \rho\sum\sigma \tag{1-44}$$

式中，$\sum\sigma$ 为各取代基常数的代数和。

（2）塔夫特方程

在苯系列化合物的反应中，取代基在邻位时哈密特方程不适用，这是因为涉及邻位效应，即在反应基团的邻位由于有取代基存在，从而引起对反应的促进、减缓、阻碍等作用。一般最能说明问题的是通常所说的位置阻碍在空间产生的立体效应，而且它也会引起共振禁阻。哈密特方程是根据分子极化来讨论反应性能的大小，但是只限于苯环的对位和间位，对脂肪族化合物不适用。塔夫特（Taft）打破了这种限制，他认为哈密特方程之所以对邻位取代物和脂肪族化合物不适用，主要是由于这些化合物中取代基对反应中心的影响比较复杂，除了电子效应外，还有空间效应。Taft 以酯的水解反应为模型，研究了脂肪族酯类及邻位取代芳香酯类的反应规律，提出了一个表示取代基的极性效应（只反映诱导效应）及立体因素对反应活性影响的公式，即塔夫特方程：

$$\lg k/k_0 = \sigma^*\rho^* + \delta E_S \tag{1-45}$$

式中 σ^*——取代基的极性效应常数（只反映诱导效应）；

ρ^*——反应对极性效应的敏感性；

E_S——取代基的空间效应常数；

δ——反应对空间效应的敏感性。

上式既考虑了极性效应，又考虑了空间效应，因而原则上是一个可普遍使用的方程，又称为线性自由能-极性-空间能关系[85]。如果取代基的空间效应对反应的影响甚微（空间效应项 δE_S 可不予考虑），则有：

$$\lg k = \lg k_0 + \sigma^*\rho^* \tag{1-46}$$

此时，脂肪族化合物的反应或邻位取代苯衍生物的侧链反应，其速率常数的对数与取代基极性效应常数 σ^* 呈线性关系。

对于少数取代基极性效应很小的反应体系，则有：

$$\lg k = \lg k_0 + \delta E_S \tag{1-47}$$

（3）山本-大津方程

$$\lg k/k_0 = \rho\sigma + rE_R + \Delta E_S \tag{1-48}$$

山本-大津方程是建立在反应（包括解离）因子是由极性、共振稳定性和空间作用组成的这些极普通而明确的结论之上的[35]。另外在这个方程式中，r 和 ρ、σ 相似，代表共振因子，即共振项 E_R 的有效度，因此 r 与溶剂和温度有关。同“反应起始状态”相比，在过渡状态下，共振效应所起的作用愈大，r 的正值愈大。相反，在过渡状态下的共振稳定化变小时，r 变为负值。利用式（1-48）呈直线时的 r 值，可以知道过渡状态的共振效应。一般的哈密特方程能适用的情况是：$r = 0$，即在起始状态与过渡状态的共振稳定性没有多大区别。另外，E_R 值可以根据很多实验确定。山本-大津方程式中的 E_R 值如表 1-7 所列。

表 1-7　山本-大津方程式中的 E_R 值

取代基	E_R（对）	E_R（间）
$CH(CH_3)_2$	0.03	
CH_3	0.03	0.00
Cl	0.10	0.08
Br	0.10	0.09
OH	0.14	
$N(CH_3)$	（0.24）	
$O(CH_3)$	0.11	0.05
$C(CH_3)$	0.03	
I	0.12	
CN	0.24	0.18
NO_2	0.41	(0.35)

（4）芳香族亲电取代反应的哈密特方程

哈密特方程只适用于在苯衍生物侧链上发生的反应，如果芳香族亲电取代反应直接发生在苯环上，则用哈密特方程中的 σ 值来研究取代基对反应性能的影响得不到直线关系。为了适用于这一类芳香族亲电取代反应，Brown 对哈密特方程进行了修正，提出了以 σ^+或 σ^-代替 σ，得到如下的 Hammett-Brown 方程：

$$\lg k = \lg k_0 + \rho\sigma^+ \text{或} \lg k = \lg k_0 + \rho\sigma^- \tag{1-49}$$

式中，ρ 为反应常数；σ^+、σ^-分别为修正的 Hammett 常数，分别对应生成碳正离子、碳负离子的反应场景。显然，$\lg k$ 与 σ^+或 σ^-呈线性关系，直线斜率为 ρ。

（5）汤川–都野方程

以速率常数 k 表示的哈密特方程表示如下：

$$\lg k = \lg k_0 + \rho\sigma \tag{1-50}$$

式中，k_0 是没有取代基的速率常数；k 是有取代基的速率常数；σ 是取代基常数。如用于化合物的解离常数，可表示为：

$$pK = pK_0 + \rho\sigma \tag{1-51}$$

根据取代基的位置，可分为间位取代基常数 σ_m，和对位取代基常数 σ_p。已经发现有些很强的吸电子取代基和推电子取代基在对位取代时，对哈密特方程呈现显著的偏离，因而需要拔高 σ_p 值，规定为 σ^-或 σ^+，这是由对位取代基与反应中心的贯穿共轭效应而引起的。当反应中心不同时，取代基的作用也不相同，应用 σ^-、σ^+时不同体系仍会出现较大的偏差。因此，汤川-都野（Yukawa-Tsuno）提出可用（$\sigma_p^- - \sigma$）或（$\sigma_p^+ - \sigma$）作为增强效应的度量，以得到如下改进的哈密特方程：

$$\begin{aligned} pK &= pK_0 + \rho[\sigma + \gamma(\sigma_p^- - \sigma)] \\ &= pK_0 + \rho\sigma + \zeta\Delta\sigma \text{（其中 } \zeta = \rho\gamma\text{）} \end{aligned} \tag{1-52}$$

$$\begin{aligned} pK &= pK_0 + \rho[\sigma + \gamma(\sigma_p^+ - \sigma)] \\ &= pK_0 + \rho\sigma + \zeta\Delta\sigma \end{aligned} \tag{1-53}$$

Yoshioka[86]、Socha[87-88]等应用改进的哈密特方程研究分析了一系列化合物，都取得了较好的结果。

1.12.2 哈密特规则的应用

（1）求算反应速率常数及平衡常数

【例 1-1】 已知苯磺酰氯的水解反应 $\lg k_0 = -4.31$，$\rho = -1.80$，取代基的 $\sigma_{p\text{-NO}_2} = 0.778$，求对硝基苯磺酰氯的水解反应速率常数。

解 $\lg k = \lg k_0 + \rho\sigma$

$= -4.31 + (-1.80)\times 0.778$

$= -5.71$

所以 $k = 1.95\times 10^{-6}$。

【例 1-2】 已知在 25℃的水溶液中，肉桂酸电离反应的反应常数 $\rho = 0.47$，电离常数 $K_\text{H} = 3.65\times 10^{-5}$，取代基的 $\sigma_{p\text{-NO}_2} = 0.78$，$\sigma_{m\text{-Me}} = -0.069$，由哈密特方程求其对位硝化和间位甲基衍生物的电离常数。

解 $\lg K_{p\text{-NO}_2} / K_\text{H} = \rho\sigma_{p\text{-NO}_2} = 0.47\times 0.78 = 0.37$

则 $K_{p\text{-NO}_2} = 8.49\times 10^{-5}$

且 $\lg K_{m\text{-Me}} / K_\text{H} = \rho\sigma_{m\text{-Me}}$

$= 0.47\times(-0.069)$

$= -0.032$

即 $K_{m\text{-Me}} = 3.39\times 10^{-5}$。

与未取代的肉桂酸相比，间位甲基衍生物的电离常数略有减小，而对位硝化衍生物的电离常数增大了。

【例 1-3】 已知对氯苯甲酸的 $\text{p}K_\text{a} = 3.98$，苯酸钾的 $\text{p}K_\text{a} = 4.19$，计算 p-Cl 的 σ 值。

解 $\lg\dfrac{K_{p\text{-Cl}}}{K_\text{H}} = \sigma\rho$，$\rho = 1$（Hammett 规定 25℃水溶液中取代苯甲酸电离反应的 $\rho = 1.00$）

则 $\sigma = -\lg K_\text{H} - (-\lg K_{p\text{-Cl}}) = \text{p}K_{\text{a}_\text{H}} - \text{p}K_{\text{a}_{p\text{-Cl}}} = 4.19 - 3.98 = 0.21$

【例 1-4】 已知苯甲酸甲酯的碱性水解反应常数 $\rho = 2.38$，在该条件下苯甲酸甲酯的反应速率常数 k_H 为 $2\times 10^{-4}\ \text{mol}\cdot\text{s}$，$\sigma_{m\text{-NO}_2} = 0.70$，求间硝基苯甲酸甲酯的反应速率常数 $k_{m\text{-NO}_2}$。

解 $\lg\dfrac{k_{m\text{-NO}_2}}{k_\text{H}} = \sigma_{m\text{-NO}_2}\quad \rho = 0.70\times 2.38 = 1.67$

$\dfrac{k_{m\text{-NO}_2}}{k_\text{H}} = 46.8$

则 $k_{m\text{-NO}_2} = 9.4\times 10^{-3}(\text{mol}\cdot\text{s})$。

苯甲酸甲酯的碱性水解反应常数 $\rho > 0$，反应历程属于亲核反应。

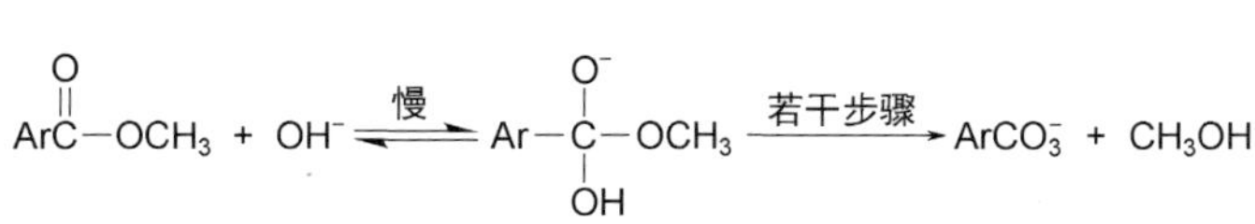

慢反应取决于亲核的 OH^- 与羰基形成四面体的碳氧负离子，苯环上有吸电子的硝基使这一步加速，从计算得出间硝基苯甲酸甲酯的皂化速率比无取代的苯甲酸甲酯要快，其比值为 47/1。

【例 1-5】 已知苄基氯 25℃下水解反应的 ρ 值为−1.31，$\sigma_{p\text{-Br}}$ 为 0.23，$\sigma_{p\text{-NO}_2}$ 为 0.78，计算对溴苄基氯与对硝基苄基氯在水中水解的相对速率。

解　$\lg\dfrac{k_{p\text{-Br}}}{k_\text{H}}=-1.31\times0.23$　　　$\lg\dfrac{k_{p\text{-NO}_2}}{k_\text{H}}=-1.31\times0.78$

$\lg k_{p\text{-Br}}-\lg k_\text{H}=-0.30$　　　$\lg k_{p\text{-NO}_2}-\lg k_\text{H}=-1.02$

$\lg k_{p\text{-Br}}+0.30=\lg k_\text{H}$　　　$\lg k_{p\text{-NO}_2}+1.02=\lg k_\text{H}$

$\lg k_{p\text{-Br}}+0.30=\lg k_{p\text{-NO}_2}+1.02=\lg k_\text{H}$

$\lg k_{p\text{-Br}}-\lg k_{p\text{-NO}_2}=0.72$　　　$k_{p\text{-Br}}/k_{p\text{-NO}_2}=5.25$

即对溴苄基氯的水解速率为对硝基苄基氯水解速率的 5.25 倍。

【例 1-6】 已知间硝基苯甲酸乙酯的碱性水解速率是未取代苯甲酸乙酯在相同条件下的水解速率的 63.5 倍，试计算在相同条件下对甲氧苯甲酸乙酯的相对水解速率（已知：$\sigma_{m\text{-NO}_2}=0.71$，$\sigma_{p\text{-OCH}_3}=-0.27$）。

解　由 $\lg\dfrac{k_{m\text{-NO}_2}}{k_\text{H}}=\rho\sigma_{m\text{-NO}_2}$ 得 $\lg\dfrac{63.5}{1}=0.71\rho$

故 $\rho=2.54$

然后代入　$\lg\dfrac{k_{p\text{-OCH}_3}}{K_\text{H}}=2.54\times(-0.27)$

得　$\dfrac{k_{p\text{-OCH}_3}}{K_\text{H}}=0.21$

（2）推断反应机理

利用哈密特方程的线性关系可以推断有机化学反应机理。

例如：4-X-2,6-二甲基苯甲酰氯水解反应的 $\lg k$ 对 σ^+（例如 p-CH_3 和 p-Br 等）呈很好的线性关系，即符合亲电取代的哈密特方程，所以可以认为其水解反应可能是发生在芳香核上的亲电取代反应。

而在 95%丙酮水溶液中，4-X-2,6-二甲基苯甲酰氯水解反应的 $\lg k$ 却与 σ 呈线性关系，即符合哈密特方程，所以可以认为其水解反应可能是发生在侧链上的取代反应。

（3）在光谱研究中的应用

哈密特方程中的取代基常数可以用来解释有机物的物理性质。在各类光谱研究中，随着光谱数据的迅速积累，哈密特方程在光谱学上的应用也越来越普遍，很多学者把光谱吸收带的频率或强度与取代基常数联系起来，并获得了成功。下面以卤代苯基重氮盐-18-冠醚-6 络合物远红外光谱的哈密特方程为例来加以说明。

用傅里叶变换红外光谱仪测定了包括母体在内的五种芳基四氟硼酸重氮盐与 18-冠醚-6 络合物的远红外光谱，所有络合物均在 250 cm^{-1} 附近出现一个弱的吸收谱带。表 1-8 列出了这些络合谱带的频率以及各卤素的诱导取代基常数 σ_I 和共振取代基常数 σ_R[85]。

表 1-8 络合谱带的频率和取代基常数

参数	H	*p*-F	*p*-Cl	*p*-Br	*p*-I
$\overline{\nu}$	248.5	256.2	253.6	253.0	252.2
σ_I	—	0.52	0.47	0.45	0.40
σ_R	—	−0.35	−0.20	−0.19	−0.12

由表 1-8 中可以看出，络合谱带的频率随卤原子的原子量增加而降低，这是由于电负性弱的卤素取代基的 p 电子通过共轭效应容易向重氮基转移，导致重氮基正电荷减少从而使络合谱带向低频位移。但是与未取代的母体络合物相比，所有卤代苯基重氮盐络合物的络合谱带均向高频位移，这是由于卤素取代基的吸电子诱导效应使重氮基的正电荷增加从而使络合物键增强。

把哈密特方程应用到红外吸收频率，其关系式为：

$$\overline{\nu} = V_0 + \rho\sigma \tag{1-54}$$

式中 $\overline{\nu}$——取代化合物的吸收频率；

V_0——母体化合物的吸收频率共振效应和诱导效应；

ρ——待定常数（由振动方式的性质决定）；

σ——取代基常数。

由于 σ 值是共振效应和诱导效应总和的量度，故将两种电子效应分离考虑，采用二元方程建立卤代苯基重氮盐-18-冠醚-6 络合物远红外光谱的哈密特方程。由二元哈密特方程式[88]：

$$\overline{\nu} = V_0 + \sigma_I\rho_I + \rho_R\sigma_R \tag{1-55}$$

与表 1-8 中的数据进行多元线性拟合，得到关于卤代苯基四氟硼酸重氮盐-18-冠醚-6 络合物远红外光谱的哈密特方程：

$$\overline{\nu}\,(cm^{-1}) = 248.5 + 4.005\rho_I\sigma_I - 15.84\sigma_R \tag{1-56}$$

此外，通过比较哈密特方程中的取代基常数 σ_m（代表诱导效应）与 σ_P（包含共轭效应）的数值，可获得取代基电子效应的信息[85]。对于芳香烃的亲电取代反应，利用哈密特方程可定量计算出各取代基进入芳核碳原子不同位置上的取代效应，从而估算出各种异构体的百分含量。对于亲核取代反应，利用反应常数的数值大小可衡量溶剂效应，从而推断有机物的溶剂解离反应是 S_N1 还是 S_N2。

1.13 芳环上亲电取代活性位点定性与定量的讨论

芳香族化合物通常是指分子中含有苯环的化合物，是一类结构特殊的有机化合物。从碳氢之比来看，这类物质具有高度的不饱和性，但是它们的化学性质不像一般的不饱和化合物，比较容易进行亲电取代反应，而不易进行加成反应和氧化反应[19,21,89]。这里主要讨论该类化合物是如何发生亲电取代反应、如何定位发生亲电取代反应时的活性位点及其应用。本节除了对亲电取代反应的机理及定性分析之外，也试图从定量的角度对芳香族化合物的亲电取代反应予以较为详细的分析探讨。

1.13.1 亲电取代反应的机理

芳环上的亲电取代反应不同于亲核取代，在亲电取代中，大多数只以一种机理进行。第一步是作用试剂本身解离，或在催化剂的作用下解离出亲电的正离子。

$$A-B \rightleftharpoons A^+ + B^-$$

第二步是亲电试剂 A^+与芳环上电子密度较高的位置接近，与芳环上的两个 p 电子结合形成一个不稳定的碳正离子中间体，称为 σ-络合物。四个电子共用五个 p 轨道，这一步需要相当高的活化能。

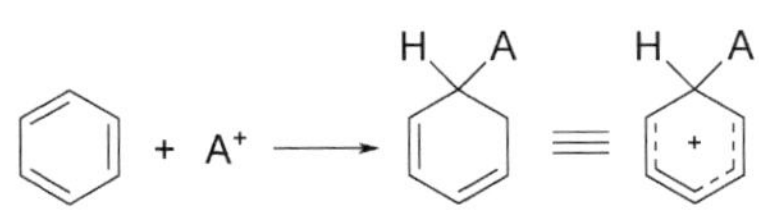

第三步是碳正离子中间体不稳定，很快消去一个 H^+，又恢复稳定的苯环结构，而反应体系中的负离子 B^-则与环上取下来的 H^+结合。

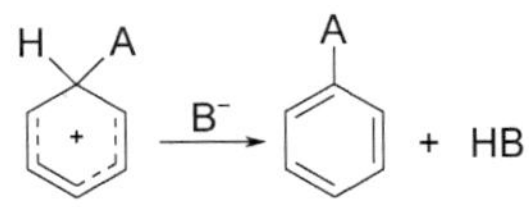

即

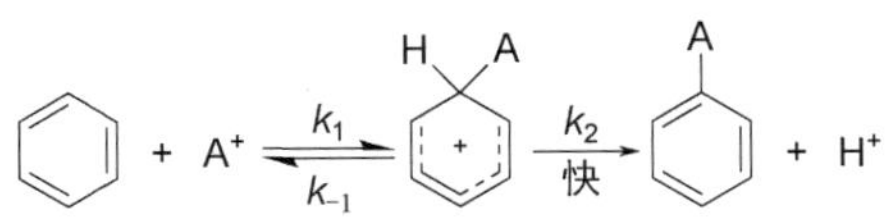

通常第一、第二步即亲电试剂 A^+和 σ-络合物的形成过程比第三步慢，控制着整个过程的反应速率。

例如，苯环的硝化反应（不可逆）。

① 亲电试剂的产生

$$HNO_3 + 2H_2SO_4 \rightleftharpoons NO_2^+ + 2HSO_4^- + H_3^+O$$

（强酸的存在有助于硝酸的解离而生成 NO_2^+）

② σ-络合物的形成

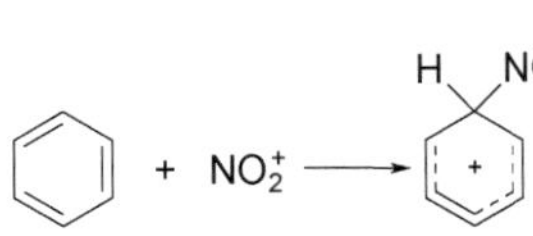

③ 消去质子

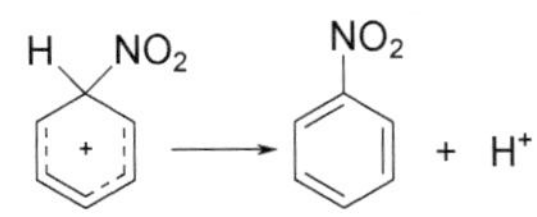

通常①②步是决定反应速率的步骤，而第三步反应比较迅速。

阳离子与 π 体系能形成加成络合物，由于亲电试剂反应最初的一步是阳离子进攻芳环，因此，在生成 σ-络合物之前可能存在一个生成 π-络合物的过程。例如，将 HCl 气体通入苯中会生成苯与 HCl 的 π-络合物。

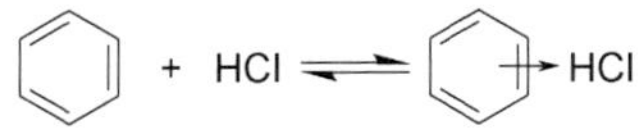

若再加入能接受氯离子的 $AlCl_3$，则可以得到 σ-络合物。

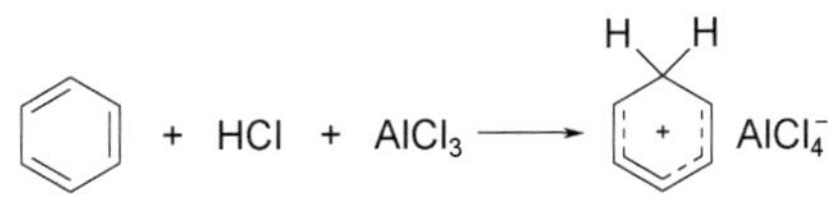

苯和 HCl 所形成的两种络合物溶液的性质大不相同，π-络合物溶液无色且不导电，σ-络合物溶液有色并能导电。如用 DCl 代替 HCl 生成的 π-络合物经逆反应仍得到不含 D 的苯，即不发生同位素交换反应（因为亲电试剂与环间没有共价键）。而 DCl 与苯生成的 σ-络合物如失去质子可得到含 D 的苯，即发生同位素交换反应（有 σ 共价键形成）。

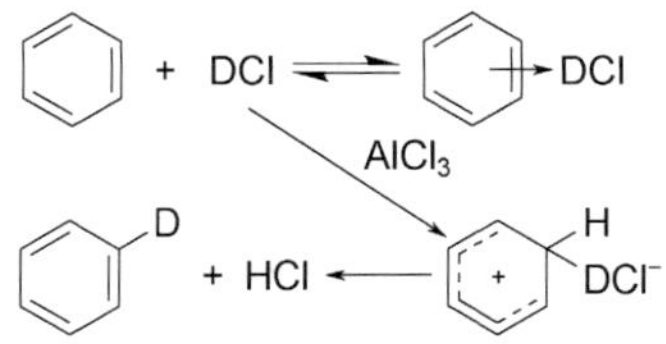

如把生成 π-络合物的过程考虑在内，则亲电取代反应机理可简要表示如下[21]。

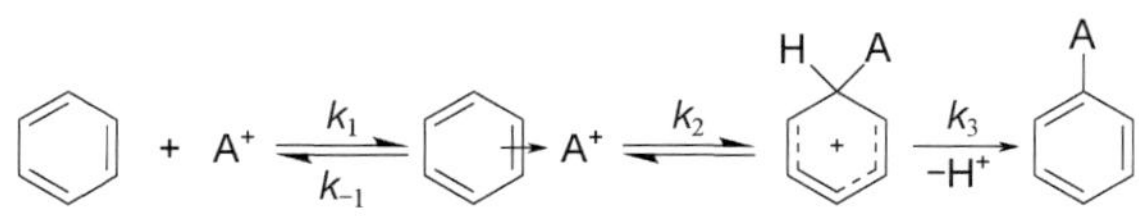

π-络合物　　σ-络合物

又如，溴本身不能与苯发生取代反应，必须在路易斯酸的帮助下溴分子才能异裂。因此，第一步是溴与苯形成 π-络合物，在路易斯酸的帮助下才能进一步生成 σ-络合物。

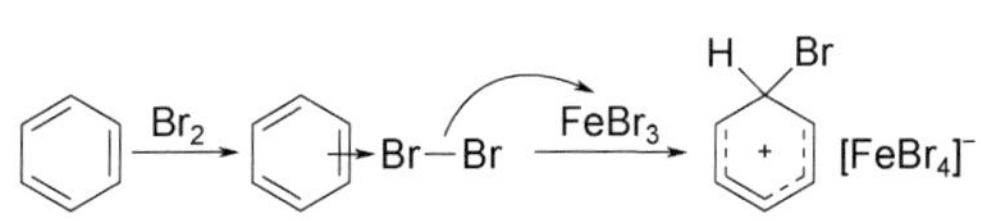

π-络合物　　σ-络合物

这时苯环上有两个 π 电子与 Br^+生成 C—Br 键，使得被进攻的碳原子脱离了共轭体系，剩下的四个 π 电子分布在五个碳原子上，带一个正电荷。在 $FeBr_4^-$的作用下，很快碳原子消去一个质子，恢复了苯环，而$[FeBr_4]^-$接受 H^+又转变为 $FeBr_3$，产物为溴苯。

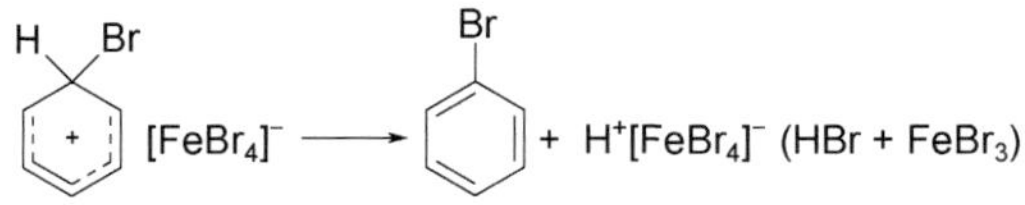

在多数取代反应中，$k_{-1} >> k_2$，$k_2 < k_3$，即生成 σ-络合物的一步是决定反应速率的步骤。生成的 σ-络合物稳定性愈大，其反应速率愈快。但在有些反应中，生成 π-络合物的一步是决定反应速率的步骤，即 $k_1, k_{-1} << k_2$。在某些强烈的放热反应中，可能会出现这种情况。

1.13.2 亲电取代活性位点的讨论

（1）定性分析

当苯环上引入一个或几个取代基之后，由于取代基的影响，苯环上各个位置的电子云密度发生了变化，而且各种定位基对苯环上电子云密度的影响是不一样的，有的使苯环上的电子云密度升高，苯环被活化；有的使苯环上的电子云密度降低，苯环被钝化[90]。芳香环的取代影响可以从电子效应、空间效应、亲电试剂的活性以及反应条件几方面进行分析。

1）电子效应（诱导效应和共轭效应）

① 诱导效应　诱导效应是指取代基（或原子）的影响沿着单键（或重键）传导，使分子中其他部分的电子依取代基（或原子）对氢电负性比较所决定的方向而转移的效应。诱导效应由产生诱导效应的原子或原子团起，沿键由近而远地依次传导，且每经过一个 δ 键其影响迅速减弱，经过三个 δ 键之后影响已极微弱。因此可以预期诱导效应在邻位比在对位影响更强。与苯环直接相连的取代基原子的电负性比苯环中的碳大时，则为吸电子基团（$-I$），使苯环上的电子云密度降低，且邻位和对位降低得更多，使苯环钝化，亲电试剂优先进攻间位。如 $PhNO_2$，因与苯环直接相连的 N 原子具有一定的正电荷，吸引苯环上的电子，使苯环上的电子云密度降低，从而使亲电取代反应较难进行。当与苯环直接相连的取代基原子的电负性比苯环中的碳小时，则为推电子基团（$+I$），使苯环上的电子云密度升高，且邻位和对位升高得更多，使苯环活化，亲电试剂优先进攻邻位和对位。

② 共轭效应　共轭效应（C）是由于电子离域而产生的分子中原子间相互影响的电子效应。$+C$ 效应（给电子）有利于对位取代作用，而$-C$ 效应（拉电子）有利于提高邻位产物的比例。

一般认为取代基在芳香环上的影响是诱导效应和共轭效应共同作用的结果。可将取代基分为以下几种类型：

① 间位定位基

a. 表现为$-I$ 效应的原子团，如—NR_3、—PR_3。在这些原子团中，和苯环相连的原子带正电荷，这些原子团具有强的吸电子能力，使苯环上的活性降低，并表现为间位定位效应。

b. 表现为$-I$ 效应和$-C$ 效应的原子团，如—NO_2、—CN。这些原子团具有强烈的$-I$ 效应，同时这些原子团的电子会和苯环的 π 电子发生共轭效应，引起苯环上电子云向取代基转移，使苯环上的活性降低，并表现为间位定位效应，即亲电试剂优先进攻间位。

② 邻对位定位基

a. 表现为$-I$ 效应及$+C$ 效应的原子团。这类原子团根据$-I$ 效应和$+C$ 效应的相对大小又可分为两类。第一类是$+C$ 效应$>-I$ 效应的原子团，如—OR、—OH、—NR_2，这类原子团和苯环相连的原子上未共享的电子对和苯环的 π 电子共轭，具有$+C$ 效应，同时这类原子团具有$-I$ 效应，但是从它们的电离常数（表 1-9）可以看出$+C$ 效应$>-I$ 效应，使苯环活化，并表现为邻对位定位效应。第二类是$+C$ 效应$<-I$ 效应的原子团，如—F、—Cl、—Br、—I，这些原子团的未共享电子对和苯环共轭具，有$+C$ 效应，但同时卤素具有$-I$ 效应，但是从它们的电离常数（表 1-10）可以看出$+C$ 效应$<-I$ 效应。即卤素取代基使苯环的活性降低，亲电取代反应比较困难，但是邻对位的电子云密度的降低比间位少，所以仍为邻对位定位基。

表 1-9 苯甲酸及其对位取代物的电离常数

化合物	电离常数
苯甲酸	6.27×10^{-5}
对甲氧基苯甲酸	3.38×10^{-5}
对羟基苯甲酸	2.95×10^{-5}
对氨基苯甲酸	1.2×10^{-5}

表 1-10 苯甲酸及其对位卤素取代物的电离常数

化合物	电离常数
苯甲酸	6.27×10^{-5}
对氟苯甲酸	7.00×10^{-5}
对氯苯甲酸	10.55×10^{-5}
对溴苯甲酸	10.7×10^{-5}

b. 表现为+*C* 效应及+*I* 效应的原子团，如苯酚离子。苯酚离子的氧原子带负电荷，它有排斥电子的+*I* 效应，同时其未共享电子对和苯环共轭，具有+*C* 效应，使苯环活化，具有邻对位定位效应。

c. 表现为+*I* 效应的原子团，如甲基。甲基的碳原子是 sp^3 杂化，苯环的碳原子是 sp^2 杂化，从轨道电负性看 $sp^2>sp^3$，甲基表现为推电子，故使苯环活化，亲电试剂优先进攻邻对位[91]。

当苯环上已经有两个取代基时，第三个取代基进入苯环的位置就取决于原有两个取代基的性质和位置。如果原有两个取代基不是同一类的，第三个取代基进入苯环的位置一般受邻对位定位基的支配，如：

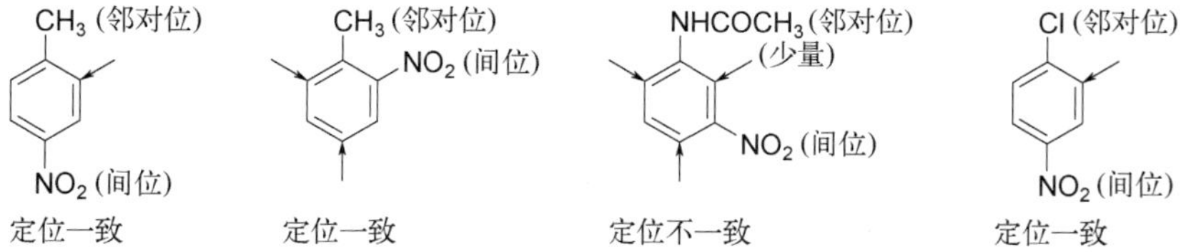

如果原有两个取代基是同一类的，则第三个取代基进入苯环的位置主要受强的定位基的支配，如：

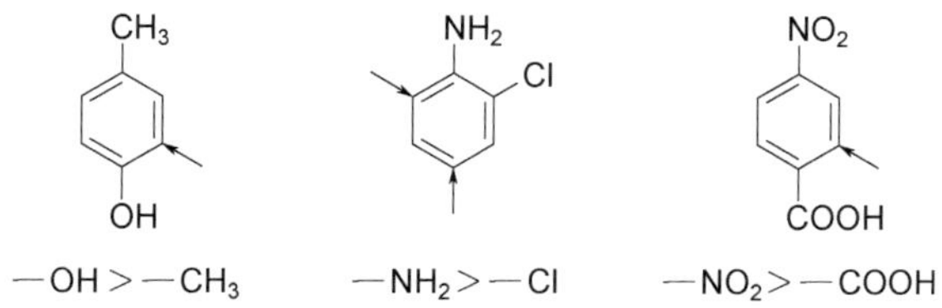

2）空间效应

亲电试剂进攻芳环还受空间位阻的影响。反应所得的邻对位异构体的比例常常取决于底物（反应物）和试剂的空间效应，由于反应位置上的空间位阻，邻对位产物比例下降。一般来说，原有取代基的空间位阻越大，其邻对位取代产物之比相对降低。例如，甲苯进行硝化时得到的邻对位产物分别为 58%和 37%，而丁苯在相同条件下进行硝化得到的邻对位产物分别为 16%和 73%。

在原有取代基不变的情况下，邻对位异构体的比例将随新引入取代基的空间位阻的增大而减小。例如，甲苯的甲基化可得到大约 55.7%的邻二甲苯，而它的叔丁基化反应涉及叔丁基正离子，由于空间位阻的影响而得不到邻对位产物，几乎都生成 100%的对位异构体。如果苯环上原有取代基与新引入取代基的空间位阻都很大时，邻对位异构体将更少。

3）亲电试剂的活性

亲电试剂取代位置的选择直接和亲电试剂的活泼性有关，活泼性较高的试剂则可预期有较低的选择性，而活泼性差的试剂有较好的选择性。例如，氯苯进行卤代反应时，其结果为：

进攻试剂的活性：$Cl^+ > Br^+$

取代产物 Cl^+，邻位∶对位 = 1∶1.4

Br^+，邻位∶对位 = 1∶7.8

4）反应条件

在多数情况下，芳环上的亲电取代反应受电子效应（诱导效应和共轭效应）的影响，但在有些情况下，当反应条件发生变化时，亲电取代的定位效应也会有所改变。例如，甲苯的磺化反应温度不同时，产物亦有所改变。

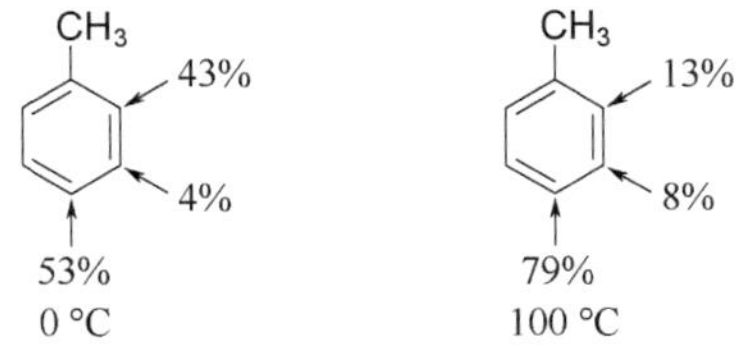

氯原子在通常温度下为邻对位定位基，但在 500～600 ℃的高温下进行氯化时，则主要生成间位取代产物。

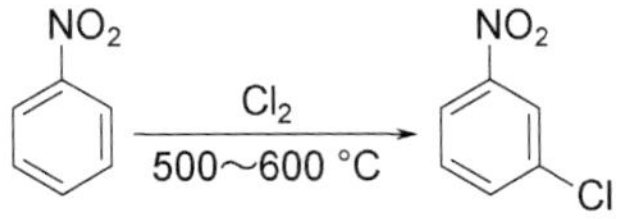

（2）定量分析

1）根据 π 电荷密度定量

用 π 电荷密度预测反应活性是 Wheland 等首先提出的。当苯环上引入一些取代基后，由于取代基的影响电荷密度会沿着苯环的共轭链传递，于是苯环上各个位置的电子云密度发生变化，环上各个位置的反应活性也因此而不同。在亲电取代反应时，环上电子云密度较大的位置反应活性也大。一般认为在反应过程中苯环上 π 电子的极化是主要的影响因素，而对 δ 电子的影响则不加考虑。因此，一般通过计算苯环上各个位置的 π 电荷密度来预测环上优先发生亲电取代反应的位置。通常采用休克尔分子轨道法（HMO 法）来计算 π 电荷密度[92]。若一 π 轨道 $\Psi_j=\sum c_{jr}\varphi_r$，则可以认为 c_{jr}^2 是该轨道对原子 r 所贡献电子电荷的度量。因此可定义电荷密度为：

$$q_{jr} = n_j c_{jr}^2 \tag{1-57}$$

q_{jr} 为轨道 Ψ_j 上电子在原子 r 处的电荷密度；n_j 为在 Ψ_j 上电子的占有数（1 或 2）。于是，

共轭分子中原子 r 处总 π 电子电荷密度 q_r 应为：

$$q_r = \sum n_j c_{jr}^2 \tag{1-58}$$

用式（1-58）可求得 π 电荷密度，进而判断亲电取代反应的活性位点。例如：

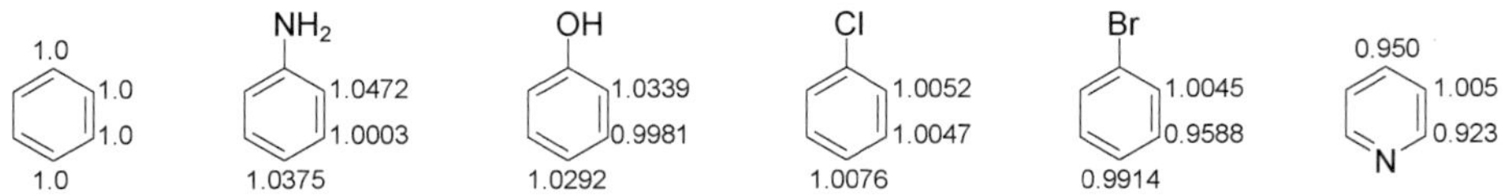

苯　苯胺　苯酚　氯苯　溴苯　吡啶

因此，苯胺、苯酚中邻对位上 π 电荷密度比苯显著增加，亲电试剂（如 NO_2^+）优先进攻邻对位，说明氨基、羟基等是非常活泼的邻对位定位基。

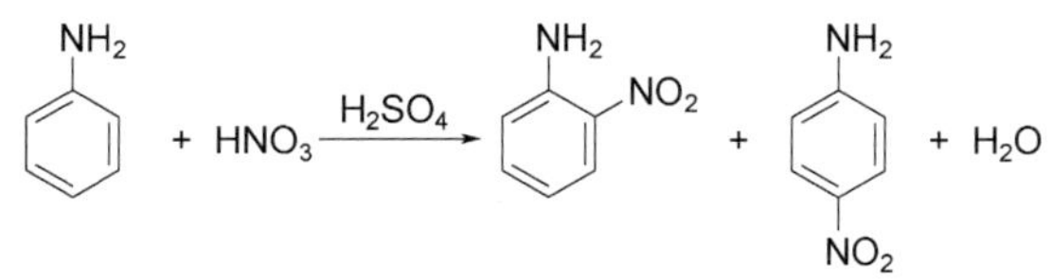

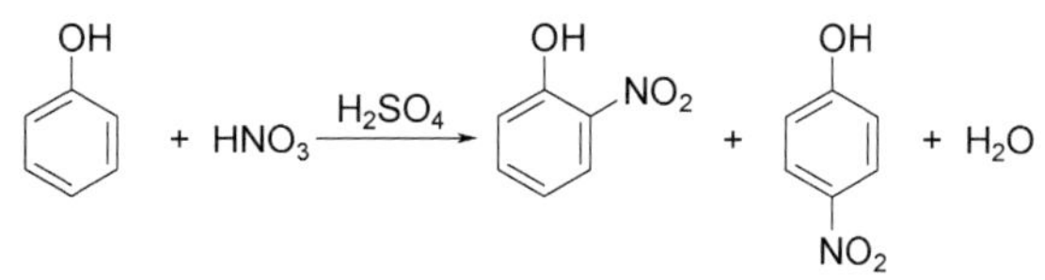

此外，氯、溴等卤素进入苯环后也使得邻对位 π 电荷密度高于间位，但是邻对位 π 电荷密度增加不明显，特别是 Br，它使对位和间位的电子云密度低于苯，使苯环钝化，但仍为邻对位定位基，亲电试剂（如 NO_2^+）优先进攻邻对位。

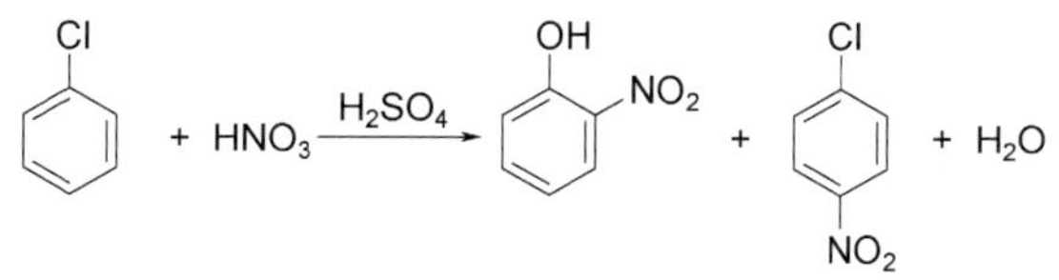

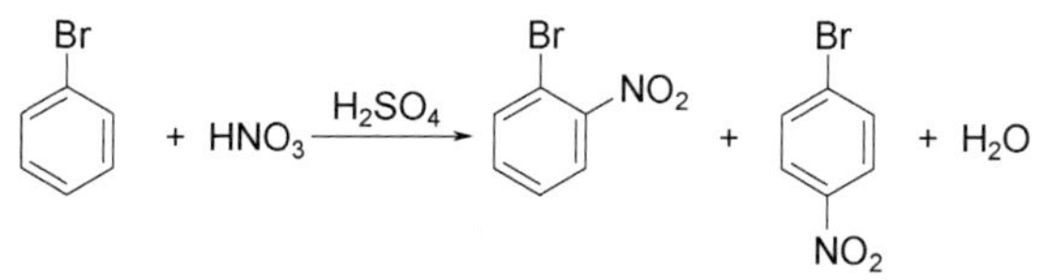

在吡啶中，N 间位的 π 电荷密度高于邻对位，亲电试剂（如 NO_2^+）优先进攻 N 的间位取代氢。

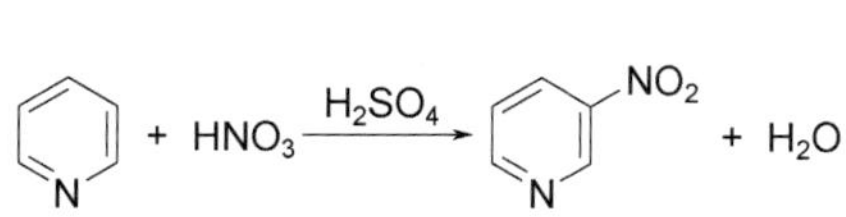

2）根据自然电荷布居数定量

对于亲电取代反应，反应物中负电荷较多的位置是亲电试剂 E^+ 最容易进攻的地方。也就是说，苯环上负电荷较多的碳原子，将会优先发生亲电取代反应[93-94]。

用分子轨道法可以近似计算出取代苯中不同位置的有效电荷分布。如以无取代基的苯环上各个位置的有效电荷为 0，则苯胺、硝基苯及氯苯分子中，在取代基的邻、间和对位的有效电荷分布如下：

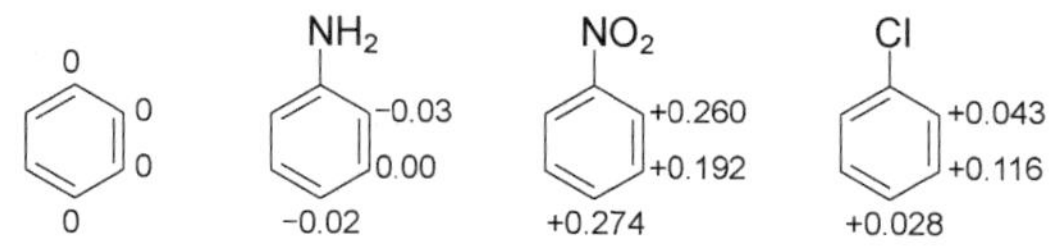

苯　苯胺　硝基苯　氯苯

从以上有效电荷分布数据可以看出，在苯胺和氯苯中，邻对位的负电荷比间位的多，因此亲电试剂 E^+优先进攻邻对位，—NH_2、—Cl 为邻对位定位基；在硝基苯中，间位的负电荷比邻对位多，因此亲电试剂 E^+优先进攻间位，—NO_2 为间位定位基。例如：

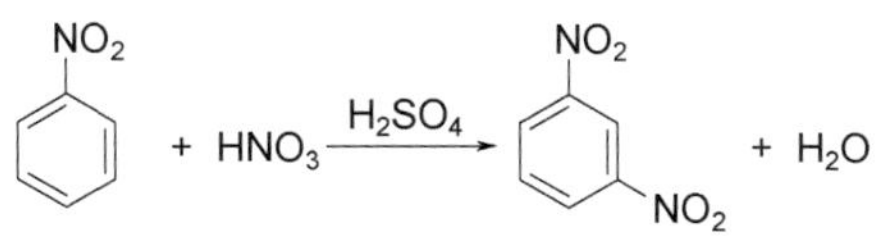

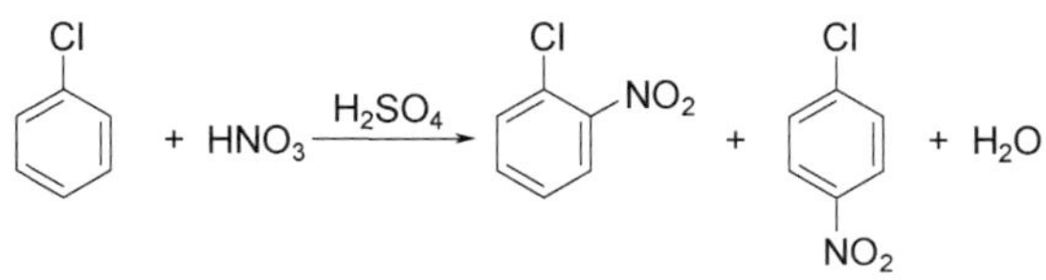

用 Gaussian 量子化学计算程序，采用 Hartree-Fock 方法在劈裂价基组 6-31G(d)水平上对芳环的各个结构进行优化，并计算各个碳原子所带的总电荷量，就可以判断出取代的位置和活化/钝化情况，在不考虑其具体电子效应的情况下，可以方便快捷地得到较为满意的结果[95-96]。例如：

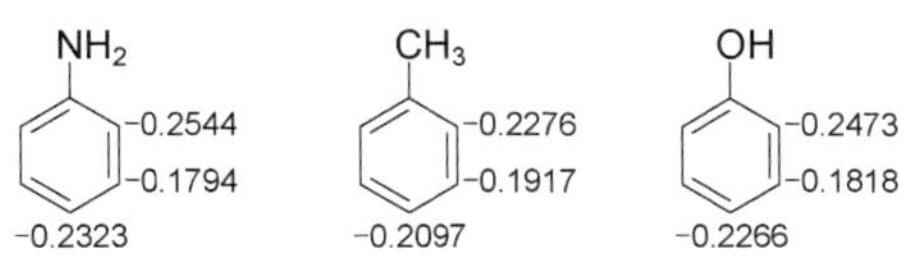

苯胺　甲苯　苯酚

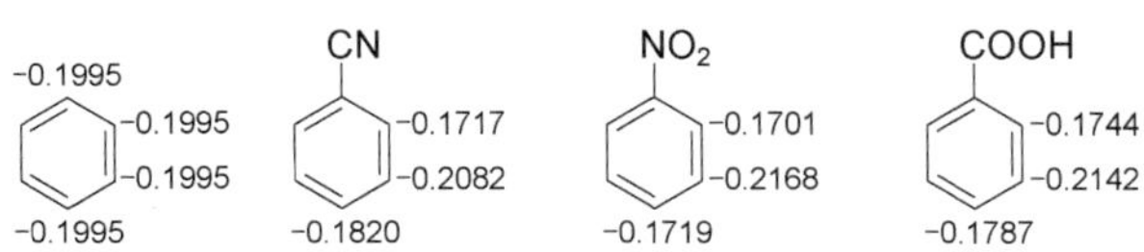

苯　氰基苯　硝基苯　苯甲酸

由计算结果可知，在氰基苯、硝基苯、苯甲酸中，间位的负电荷比邻对位的多，则—CN、—NO_2、—COOH 为间位定位基，并且和苯相比使苯环钝化，亲电试剂优先进攻间位。

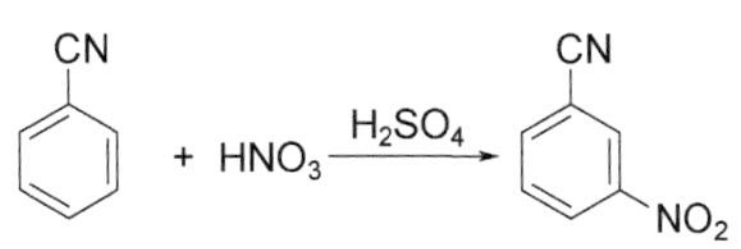

在苯胺、甲苯、苯酚中，邻对位的负电荷比间位的多，并且和苯相比使苯环活化，亲电试剂优先进攻邻对位，—NH_2、—CH_3、—OH 为邻对位定位基。

此外，在 B3LYP/6-311G 密度泛函理论计算水平上几何优化苯和甲苯，并运用自然键轨道（NBO）分析，可以得出环上各个碳原子的电荷数[93]，结果如表 1-11 所列。

表 1-11　运用 NBO 计算出的苯环上碳原子的电荷数

物质	C1	C2	C3	C4	C5	C6	∑C1～6
苯	−0.20018	−0.20019	−0.20016	−0.20018	−0.20019	−0.20016	−1.20106
甲苯	−0.23732	−0.23250	−0.24662	−0.23253	−0.23547	−0.03170	−1.21614

由表 1-11 可知，虽然引入甲基使与之相连的碳原子（C6）上的电荷数降低了 0.168，但从苯环上所有碳原子的总电荷（∑C1～6）来看，甲苯环上的负电荷比苯环增加了 0.015，说明甲基是弱供电子基团，对苯环具有活化作用。对亲电取代反应来讲，反应物中负电荷较多的位置是亲电试剂 E^+最易进攻的位置，因此当甲苯再发生亲电取代反应时，C3（即对位）是最佳的取代位置。用同样的方法可得到下列物质的电荷数。

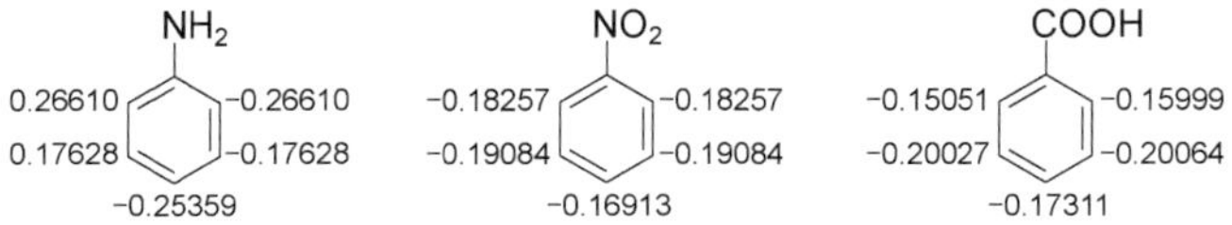

苯胺　　硝基苯　　苯甲酸

3）根据定域化能定量

美国化学家 G. W. Wheland 首先提出了用定域能预测反应活性的方法。该方法与 π 电荷密度法的明显不同之处在于，它不仅考虑了反应物的基态性质，同时也考虑了反应物在过渡态时的性质。定域能是指反应物在过渡态时的 π 电子能量 E_π^{w} 与反应物在基态时成键轨道上的 π 电子能量 E_π 之差，即：

$$\Delta E_\pi = E_\pi^{\mathrm{w}} - E_\pi \tag{1-59}$$

一元取代苯亲电取代反应的定域能与反应速率常数（k）间存在如下形式的线性关系：

$$-RT\lg k = A + \Delta E_\pi \text{（}A\text{ 为反应的自由能）} \tag{1-60}$$

这说明定域能 ΔE_π 越小，反应速率常数 k 越大，越易发生亲电取代反应。求定域能的一般方法步骤为：

a. 首先用 HMO 法求出反应物基态各轨道的能量，进而计算出成键轨道上 π 电子的总能量，即为基态的 π 电子能量 E_π；

b. 同样用 HMO 法求出过渡态时体系 π 电子的能量 E_π^{w}；

c. 再计算定域能 $\Delta E_\pi = E_\pi^{\mathrm{w}} - E_\pi$。

这里以苯胺为例，来具体说明计算过程。用 HMO 法可以求得基态苯胺四个成键分子轨道的能量分别为：$\alpha + 2.2297\beta$，$\alpha + 1.6427\beta$，$\alpha + 1.0011\beta$，$\alpha + 0.7438\beta$，从而求得 $E_\pi = 8\alpha + 11.2346\beta$。

对于 G. W. Wheland 过渡态，可按下列步骤求出其 π 电子能量。

首先写出本征多项式 PG(x)，以邻位取代的中间体为例：

$$\mathrm{PG}(x) = (x - h)g_5(x) - k^2 g_4(x) \tag{1-61}$$

$g_n(x)$是 n 元线性共轭体系的本征多项式（式中 $n = 4$, 5），可以由休克尔久期行列式矩阵的连带数行列式递推转化得到。

本征方程为（取 $h = 1.5$，$k = 0.8$）：$x^6 - 1.5x^5 - 4.64x^4 + 6x^3 + 4.92x^2 - 4.5x - 0.64 = 0$，解

此方程得 6 个根，取出三个最小的 x 值，代入能量表示式中即可求得三个最低的轨道能量：$\alpha + 2.0182\beta$，$\alpha + 1.5919\beta$，$\alpha + 0.8368\beta$。

又因为发生反应的 C 原子不参与共轭，其能量为 α，因此邻位取代中间体的 π 电子能量为：

$$E_\pi^{w} = 2\times(\alpha + \alpha + 2.0182\beta + \alpha + 1.5919\beta + \alpha + 0.8368\beta) = 8\alpha + 8.8938\beta \qquad (1\text{-}62)$$

所以苯胺发生邻位取代反应的定域能 $\Delta E_\pi = -2.3408\beta$。

与此类似，间位、对位取代的定域能也可求出。

以苯的定域能-2.5348β 为基准，单位为$-\beta$（β 本身为负值），常见一元取代苯的定域能如表 1-12 所示，它们的定域能均小于苯的定域能。

表 1-12　常见一元取代苯的定域能

化合物	定域能		
	邻位	间位	对位
苯	0.00	0.00	0.00
苯胺	−0.1941	0.0087	−0.1611
苯酚	−0.1470	0.0042	−0.1216
氯苯	−0.0355	0.0028	−0.0302
溴苯	−0.0282	0.0023	−0.0223

定域能 ΔE_π 越小，反应活性越大，越易发生亲电取代反应[67]。

4）根据前线轨道电子密度

前线轨道理论是由日本化学家福井谦一（Fukui）提出的，他假定在化学反应进行过程中，反应物与进攻试剂将发生电子转移，其中前线轨道［即最高占有轨道（HOMO）及最低空轨道（LUMO）］上的电子最易发生转移，而且是对反应起决定作用的影响因素。

亲电取代反应的过程可以看成是 π 电子体系中最高占有轨道上的电子向亲电试剂的最低空轨道转移的过程。就反应物来说，当它与亲电试剂发生反应时，其基态 HOMO 上电子密度越高的位置越易发生反应，这就是用前线轨道电子密度法判断取代苯环上不同位置反应活性的理论基础。例如，下列有机物中除苯分子外，不同取代位上的电子密度有所不同，具体标记如下：

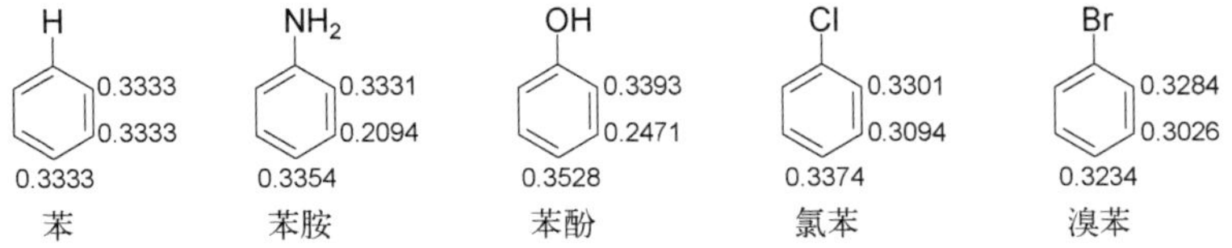

可见，在苯胺、苯酚、氯苯、溴苯中邻位和对位的前线轨道电子密度都大于间位，亲电试剂优先进攻邻位和对位，且—NH_2、—OH 使苯环活化，而—Cl、—Br 等卤素使苯环钝化。因此，完全可以依赖相关的定量参数，准确地给出亲电位点和活性大小。

π 电荷密度、定域能、前线轨道电子密度三种方法相比，定域能法是最为合理的，但是 π 电荷密度和前线轨道电子密度的计算比较简单，相比之下，定域能法比较烦琐，除了要计算基态反应物分子中成键能 E_π 外，还要分别求出三个中间体的 π 电子能量 E_π^w。因此，如果在某些场合只需定性地预测反应相对活性时，采用前线轨道电子密度法最为合理，并且前线轨道电子密度也能更好地反映出邻对位之间的反应活性差别。

5）根据芳环上 C—H 键的键能

化学反应的难易与化学键的强度密切相关，键越强，越稳定，越难断裂；键越弱，越易断裂，亲电试剂越易进攻。苯及其衍生物的 C—H 键的键能如表 1-13 所示。

表 1-13 苯及其衍生物的 C—H 键的键能表 单位：10^2 kJ/mol

分子	邻位	间位	对位	E^+优先进攻	效应
苯	3.4715	3.4715	3.4715		
甲苯	3.4680	3.4728	3.4666	邻位、对位	活化
硝基苯	3.5837	3.5200	3.5376	间位	钝化
氯苯	3.5029	3.5220	3.5084	邻位、对位	钝化

如表 1-13 所列，$—CH_3$ 为邻对位定位基，使苯环活化，亲电试剂优先进攻邻对位；$—NO_2$ 为间位定位基，使苯环钝化，亲电试剂优先进攻间位；—Cl 为邻对位定位基，但它使苯环钝化，亲电试剂优先进攻邻对位。

6）根据分速率因数

分速率因数[89]是指将每一个位置的活性与苯的活性相比较，即将总的分速率乘以邻位、间位或对位的百分比，再除以苯的取代速率，然后乘以 6/*y*，即：

$$分速率因数（f）=\frac{6}{y}\times\frac{k_{取代}Z}{k_{苯}}$$

式中，6 表示苯的当量（即苯分子中有 6 个可被取代的氢）；*y* 表示某反应物的相关当量（如甲苯只有两个可被取代的邻位氢，即 $y=2$）；*Z* 表示有关位置上取代产物的百分比；$k_{取代}$ 表示总的分速率；$k_{苯}$ 表示苯的取代速率。

分速率因数（*f*）越大的位置，活性越大，亲电试剂越易进攻。例如：甲苯的硝化速率为苯的 23 倍，它的产物比例为：邻位 63%，对位 34%，间位 3%，计算每一位置取代的分速率因数如下：

已知 $k_{取代}/k_{苯}=23/1$，甲苯有两个可被取代的邻位氢，故 $y=2$，则：

$$f_{邻位}=6/2\times23/1\times0.63=43.5$$

甲苯的对位只有一个可被取代的氢，故 $y=1$，则：

$$f_{对位}=6/1\times23/1\times0.34=46.9$$

甲苯的间位有两个可被取代的氢，故 $y=2$，则：

$$f_{间位}=6/2\times23/1\times0.03=2.1$$

故 NO_2^+进攻甲苯时，优先进攻甲基的对位和邻位。

分速率因数表明了两种情况：一是不同底物对亲电试剂的选择性（称为底物选择性），上例说明同一硝化反应在对位上进行取代，甲苯比苯要快 46.9 倍；二是表明同一底物芳环上三种不同位置的相对取代速率，这种选择性称为位置选择性，用于判断亲电试剂优先进攻的位置。

7）根据 σ-络合物的稳定性

在芳香族化合物的亲电取代反应过程中，所形成的 σ-络合物是一种带正电荷的络合物。当 σ-络合物所带的正电荷分散较好时，结构才会稳定，并且 σ-络合物的稳定性越好，表明相对应的位置越容易发生亲电取代反应。而 σ-络合物的稳定性由其自身的能量来决定，能量越小，σ-络合物越稳定。由此可见，σ-络合物的能量越小，亲电试剂越易进攻反应物的相应位置。其能量在 B3LYP/6-311G 采用密度泛函理论水平上，运用自然键轨道（NBO）计算而得到（表 1-14）。

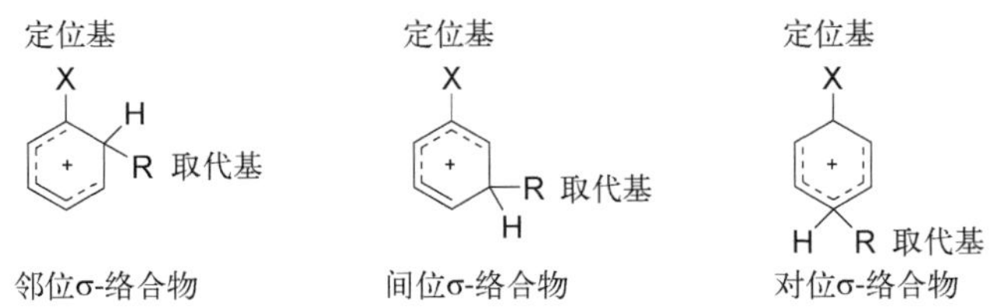

表 1-14　苯与一元取代苯的邻位、间位和对位 σ-络合物的能量（任意单位）

化合物	邻位 σ-络合物	间位 σ-络合物	对位 σ-络合物
苯	−1817381.1	−1817381.1	−1817381.1
苯胺	−1962891.8	−1962788.9	−1962910.2
甲苯	−1920666.1	−1920647.5	−1920674.5
苯酚	−2014989.1	−2014925.5	−2015008.2
硝基苯	−2354353.1	−2354364.6	−2354354.6
苯甲酸	−2312589.0	−2312598.7	−2312593.2

相比之下，在苯胺、甲苯、苯酚中，所对应的邻对位 σ-络合物的能量都比间位 σ-络合物的能量小，因此—NH_2、—CH_3、—OH 为邻对位定位基，亲电试剂优先进攻邻对位。在硝基苯、苯甲酸中，所对应的间位 σ-络合物的能量都比邻对位 σ-络合物的能量小，因此—NO_2、—COOH 为间位定位基，亲电试剂优先进攻间位，在下列硝化反应中就是如此。

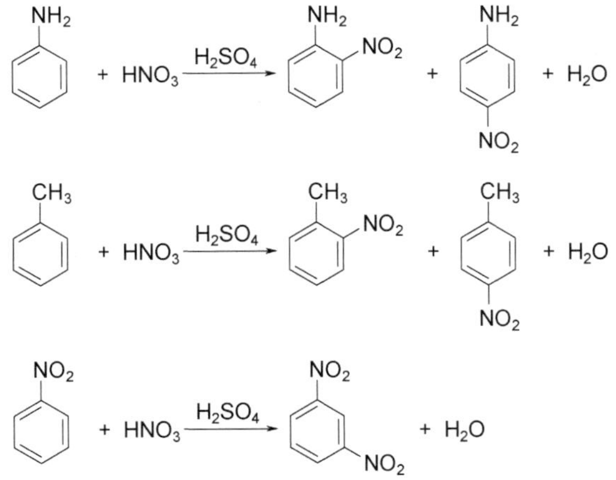

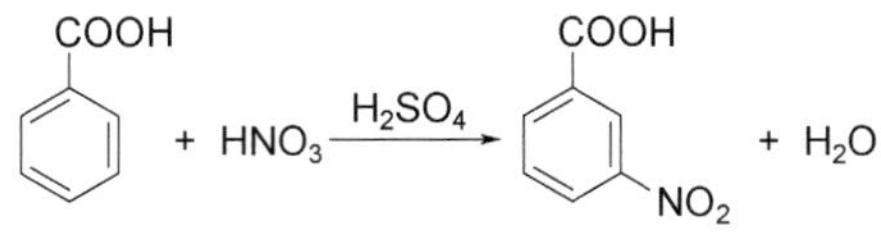

8）根据 Fukui 函数 $f(r)$ 的值

在密度泛函理论的基础上，Parr 和 Yang 定义 N 电子体系的 Fukui 函数为[97-99]：

$$f(r) \equiv \left[\frac{\delta\mu}{\delta v(r)}\right]_N = \left[\frac{\partial\rho(r)}{\partial N}\right]_{v(r)}$$

式中，μ 是化学势；ρ 是电子密度；v 是核对电子的吸引势。显然，函数 f 表征的是一种局域性质，即 f 在体系的不同点有着不同的取值。因此，他们提出，具有较大 f 值的部位对应的是化学反应的活性部位。由于电子数 N 的不连续性，Fukui 函数又可与不同的反应联系起来。

$$f^-(r) = \left[\frac{\partial\rho(r)}{\partial N}\right]_{v(r)}^- \quad \text{（控制亲电进攻）}$$

$$f^+(r) = \left[\frac{\partial\rho(r)}{\partial N}\right]_{v(r)}^+ \quad \text{（控制亲核进攻）}$$

$$f^0(r) = \left[\frac{\partial\rho(r)}{\partial N}\right]_{v(r)}^0 = \frac{1}{2}[f^-(r) + f^+(r)] \quad \text{（控制自由基进攻）}$$

这里 Fukui 函数 f^- 和 f^+ 分别是函数 $\partial\rho(r)/\partial N$ 的左、右极限，而 f^0 是 f^- 和 f^+ 的平均值。

由于 $f(r)$ 的精确求值十分困难，需要对其做有限差近似，因此需要定义收敛的 Fukui 函数，即将其收敛到分子中的单个原子，如：

$$f_i^- = q_i(N) - q_i(N-1) \quad \text{（控制亲电进攻）}$$

$$f_i^+ = q_i(N+1) - q_i(N) \quad \text{（控制亲核进攻）}$$

$$f_i^0 = \frac{1}{2}[q_i(N+1) - q_i(N-1)] \quad \text{（控制自由基进攻）}$$

式中，$q_i(N)$、$q_i(N-1)$ 和 $q_i(N+1)$ 分别为具有与 N 电子体系相同几何结构的 N、$(N-1)$ 和 $(N+1)$ 电子体系的第 i 个原子的净电荷。正的 f_i^- 表明该碳原子是亲电取代的活性部位，f_i^- 越大，该部位活性越强；相反，负的 f_i^- 表明亲电试剂不会进攻该碳原子，例如：

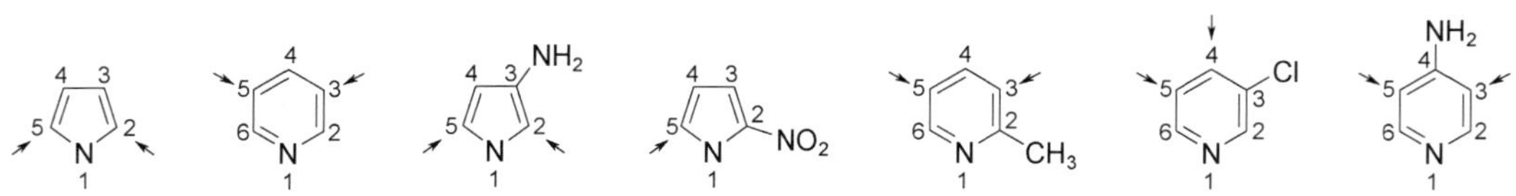

呋喃　吡啶　3-氨基呋喃　2-硝基呋喃　2-甲基吡啶　3-氯吡啶　4-氨基吡啶

在呋喃分子中，$f_2^- = 0.3990$，$f_3^- = 0.2420$，$f_4^- = 0.2427$，$f_5^- = 0.3985$，即 2 位和 5 位优先发生亲电取代反应。

在吡啶分子中，$f_2^- = -0.0493$，$f_3^- = 0.1886$，$f_4^- = 0.1109$，$f_5^- = 0.1886$，$f_6^- = -0.0493$，即 3 位和 5 位优先发生亲电取代反应。

在 3-氨基呋喃分子中，$f_2^- = 0.3871$，$f_4^- = 0.1448$，$f_5^- = 0.1737$，即 2 位和 5 位优先发生亲电取代反应。

在 2-硝基呋喃分子中，$f_3^- = 0.1358$，$f_4^- = 0.2783$，$f_5^- = 0.3385$，即 5 位优先发生亲电取代反应。

在 2-甲基吡啶分子中，$f_3^- = 0.1922$，$f_4^- = 0.1048$，$f_5^- = 0.1912$，$f_6^- = -0.0566$，即 3 位和 5 位优先发生亲电取代反应。

在 3-氯吡啶分子中，$f_2^- = -0.0385$，$f_4^- = 0.1246$，$f_5^- = 0.1733$，$f_6^- = -0.0482$，即 4 位和 5 位优先发生亲电取代反应。

在 4-氨基吡啶分子中，$f_2^- = -0.0885$，$f_3^- = 0.3223$，$f_5^- = 0.3217$，$f_6^- = -0.0884$，即 3 位和 5 位优先发生亲电取代反应。

综上所述，π 电荷密度、电荷数、定域能、前线轨道电子密度、C—H 键的键能、分速率因数、σ-络合物的稳定性、Fukui 函数收敛时 f_i^-的值等，都可以用来定性分析亲电取代反应的活性位点。其中，π 电荷密度越大，负电荷数越多，定域能越小，前线轨道电子密度越大，C—H 键的键能越小，分速率因数越大，σ-络合物越稳定，f_i^-的值为正且越大等的位置，是亲电试剂 E^+优先进攻的位置。最常用 π 电荷密度法、电荷数法和 σ-络合物的稳定性来判断亲电取代反应的活性位点。

通过对芳环上亲电取代反应的定量分析和定性分析，可以将取代基归纳为两大类：

① 邻对位定位基，又称 *o*（ortho）、*p*（para）定位基，它使新的取代基主要进入它的邻对位（$o+p>60\%$）。例如：$—O^-$、$—N(CH_3)_2$、$—NH_2$、—OH、$—OCH_3$、—NHCOR、—OCOR、$—CH_3(R)$、$—C_6H_5$、$—CH=CH_2$、—F、—Cl、—Br、—I 等，一般使苯环活化，亲电取代反应易于进行，但卤素除外。并且从前到后定位能力逐渐减弱。

② 间位定位基，又称 *m*（meta）定位基，它使新取代基主要进入它的间位（$m>40\%$），同时使苯环钝化，亲电取代反应较难进行。例如：$—NR_3$、$—NO_2$、$—CF_3$、$—CCl_3$、—CN、$—SO_3H$、—CHO、—COR、—COOH、—COOR、$—CONH_2$ 等，并且从前到后定位能力逐渐减弱。

1.13.3　亲电取代的应用

（1）预测反应的主要产物

根据定位基的性质，就可以判断新取代基导入的位置，例如：

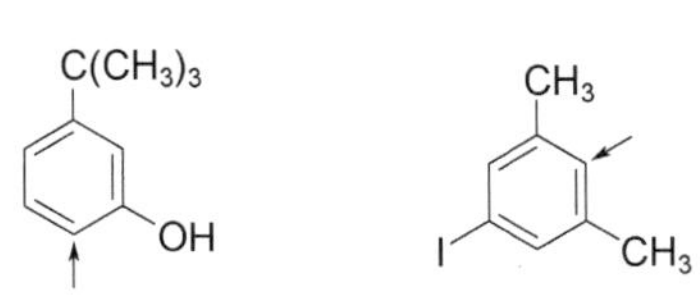

—OH 的定位能力强于$—C(CH_3)_3$，并且$—C(CH_3)_3$ 有很大的空间位阻，因此新取代基主要进入$—C(CH_3)_3$ 的对位，主要产物为对位异构体。

$—CH_3$ 的定位能力强于—I，因此新取代基主要进入两个$—CH_3$ 的邻位。

（2）指导选择合成路线

亲电取代反应的原理可以用于指导选择合成路线。例如，硝基氯苯有三种异构体：邻硝基氯苯、对硝基氯苯和间硝基氯苯。它们都是有机合成的原料，如果以苯为原料，要合成间硝基氯苯，那么根据定位规则必须采取先硝化后氯代的合成路线；若要合成对硝基氯苯或邻硝基氯苯，则要选择先氯代后硝化的合成路线，否则不能达到预期的效果。反应可简单表示如下：

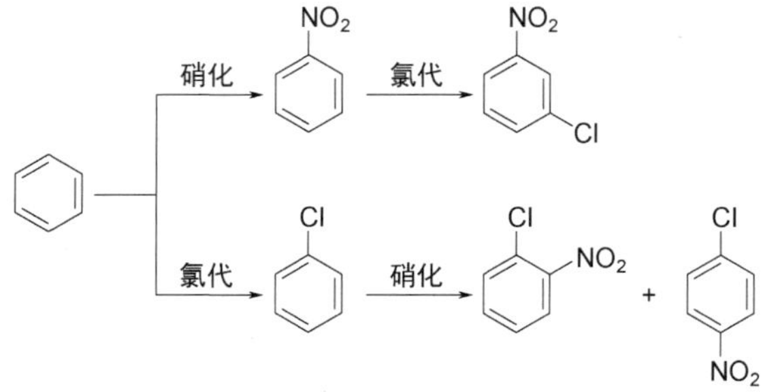

1.14　有机化学的物理思维主线

有机化学所涉及的化合物数目庞大、种类繁多，反应复杂多变，反应机理抽象等，需要形成提纲挈领式的理解与掌握。如何高效地建立起有机化学知识图谱与体系，掌握有机化合物的结构、性质及其反应规律，学会使用所学知识分析有机功能分子与材料、天然产物有机分子、药物分子，甚至有机高分子等化合物的理化性质，需要梳理有机化学的四条物理思维主线，包括有机反应活性中间体线、官能团决定性质的构效关联线、电子效应影响线和结构稳定性原理线。以共价键断裂方式导出有机反应类型和官能团决定化合物的共性作为整个有机化学反应的主线，并附以电子效应影响特性和结构稳定性原理的判断，从物理思维和方法的角度理解知识点及其相互关联，建立起有机化学逻辑框架体系。

1.14.1　有机反应活性中间体线

任何一个有机化学反应过程都包括旧键断裂和新键形成[100]。在一定条件下，共价键的断裂方式有均裂和异裂，均裂是指形成共价键的一对电子在共价键断开时产生的两个片段各携带一个电子，而异裂则是这对电子被其中的一个片段带走。显然均裂产生了两个自由基片段，而异裂产生了一个正电荷片段和一个负电荷片段。对于设计 C—C 键的有机反应而言，通常会产生碳自由基、碳正离子、碳负离子这些中间体，产生这些中间体的相应反应就是自由基反应和各种离子型反应类型（图 1-39）。因此，在认识一个有机反应时，首先需要明确化学键断裂的类型和中间体的性质，建立起一条有机化学反应活性中间体的主线。

1.14.2　官能团决定性质的构效关联线

有机化学课程的学习是以有机化合物结构为理论核心的，要学好有机化学课程就必须掌握化合物结构与性质之间的辩证关系。官能团是有机化合物分子中最活跃的部分，通常也是反应中心。因此，对于每种化合物化学性质的理解，总是先从官能团结构、电子云密度分布

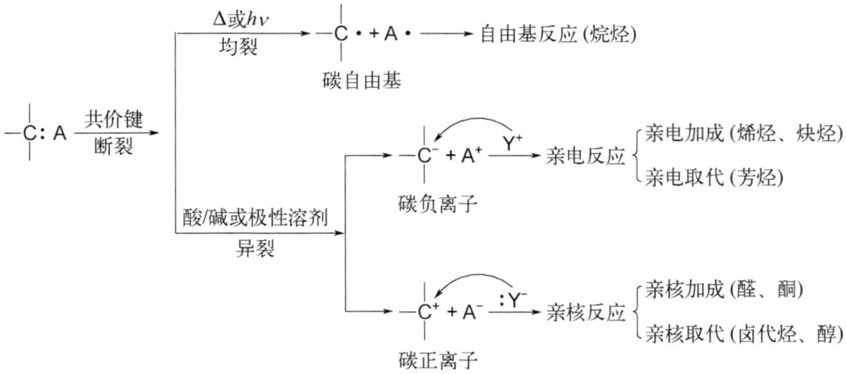

图 1-39　有机反应类型总结图例

以及化学键的强弱等角度进行详细分析，然后推断该官能团的典型性质。如对于“卤代烃的化学性质”，首先分析 C—X 键（X 为卤素原子）的特点，一方面，由于 X 的电负性较 C 大，C—X 键电子云偏向 X，使 C 带部分正电荷，易受带负电荷或孤对电子的亲核试剂（$Nu:^-$）进攻而发生亲核取代反应；另一方面，由于 C—X 键电子云偏移而产生的诱导效应，使 β-H 更易受碱性试剂的进攻而发生消除反应（图 1-40）。

有机化学内容庞杂，有机反应千变万化，紧抓官能团这条主线，通过分析官能团结构而导出反应类型，引导主动分析和归纳，从而强化记忆，提升对知识的应用能力。

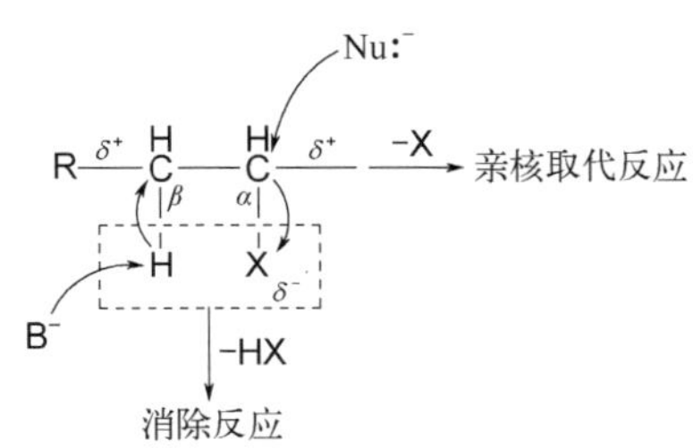

图 1-40　卤代烃典型反应分析图例

1.14.3　电子效应影响线

电子效应（包括诱导效应、共轭效应、场效应和极化效应）贯穿于整个有机化学课程内容，是阐释有机化合物分子中基团间相互影响与作用的重要理论[57]。在实际教学中，电子效应内容学习存在如下困难：一是其理论相对枯燥、难懂；二是不同电子效应分割在不同章节，比较零碎，系统性和互补性不强，往往顾此失彼，不会综合运用。电子效应分析图例如图 1-41 所示。

针对以上问题，在教学实践中，可以学习任务为中心对教学内容进行整合。例如，为方便比较讨论诱导效应和共轭效应，可将二烯烃与普通烯烃的知识点融合，先组织学习其化学共性，将不对称烯烃与卤化氢的加成取向和共轭二烯烃的 1,4-加成作为探讨对象，为解释 Markovnikov 规则而思考应用诱导效应，为解释共轭二烯烃的 1,4-加成而思考应用共轭效应，进而阐释对 Markovnikov 规则的认识仅用诱导效应还不够，同时还必须与 σ-p 超共轭效应联系起来，才能全面揭示和准确理解这一规则的本质。这样，在明确学习目标的驱动下，学生通过积极探索，建立起电子效应在影响物质结构与性质中的关联性，也有助于提升他们对知识的思辨理解和综合分析能力。其次，在教学实践中增设“电子效应”专题课，理顺知识脉络，使学与用融为一体。这方面的内容主要包括电子效应与活性中间体（碳正离子、碳负离子、碳自由基）的稳定性、电子效应对有机物酸碱性的影响、电子效应对有机反应取向（烯烃亲电加成、卤代烃消除）和反应活性（芳烃亲电取代、卤代烃亲核取代、醛酮亲核加成及羧酸衍生物的加成-消除等）的影响等三个方面。最后，以图表或综述性论文形式系统总结有机化学中的电子效应。在总结过程中，逐步学会从电子效应角度分析物质结构、性质及反应历程三者之间的相互联系、作用与变化，既有利于对学科知识的理解掌握，又有利于逻辑思维能力的培养，从而取得理想的效果。

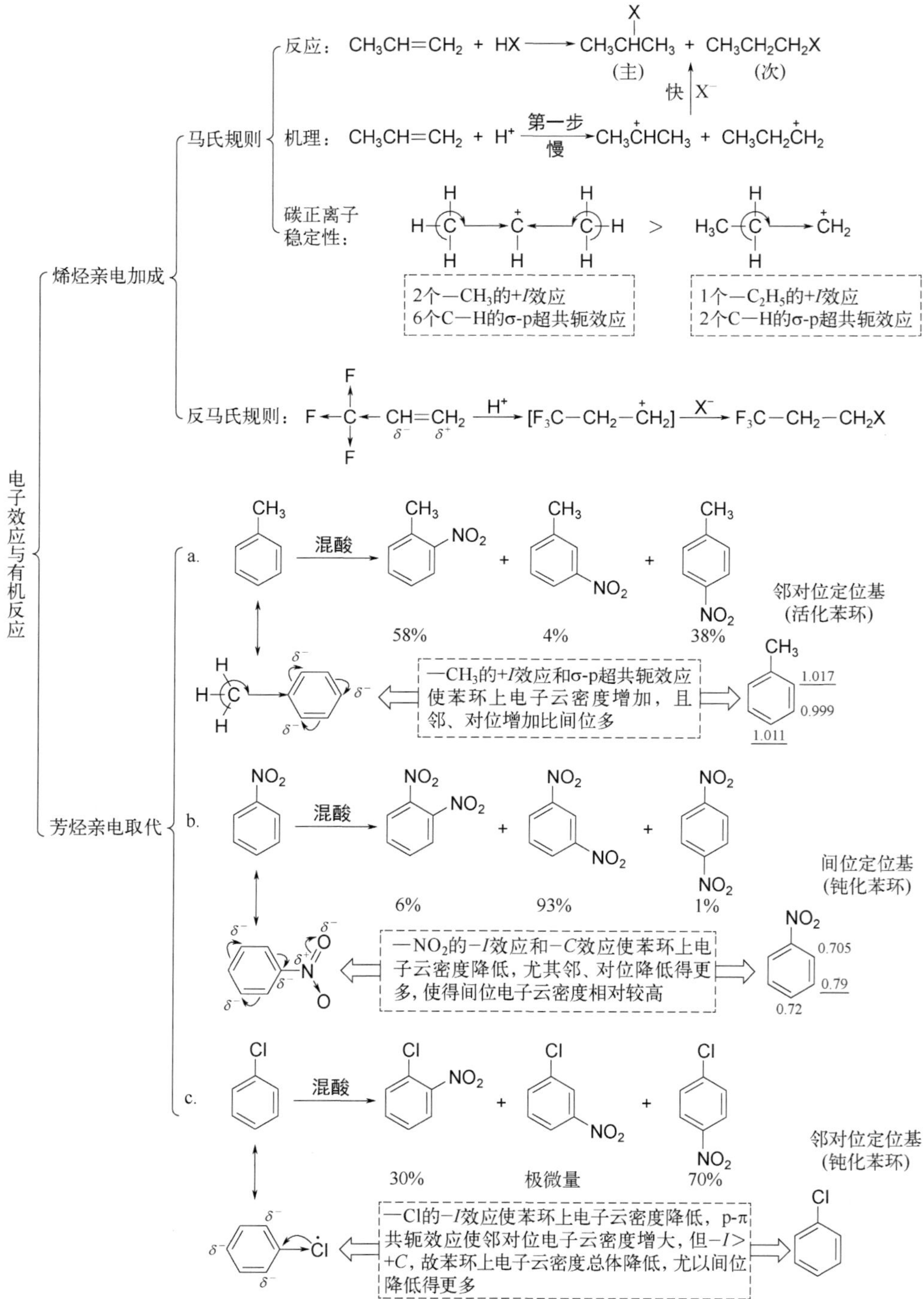

图 1-41　电子效应分析图例

1.14.4 结构稳定性原理线

物质的能量越低物质越稳定是自然界的基本原理，有机化学反应亦是如此。根据这一原理可将有机化合物的结构和其反应性能之间的关系辩证统一，从结构因素，包括电子效应、立体效应等，分析有机化学反应产物、中间体和过渡态的稳定性，把结构稳定性的大小和体系相对能量的高低以及反应活性、反应条件、反应规律等融为一体，理解和掌握知识的内在联系，便于简化记忆。结构稳定性原理线在有机化学中的体现主要包括以下几个层次。

（1）动力学控制的反应与反应中间体或过渡态的稳定性

有机反应中间体主要有碳自由基、碳正离子、碳负离子等三种类型。有机化学课程中涉及自由基历程的反应有烷烃卤代、烯烃在过氧化物存在下的自由基加成和烯烃 α-H 的取代；涉及碳正离子的反应有不饱和烃的亲电加成、卤代烃和醇的单分子亲核取代和消除、芳烃的亲电取代和碳正离子重排等。从电子效应角度对这几类反应机理中的中间体结构进行分析，得出其稳定性顺序为：苄基自由基（正离子）＞烯丙基自由基（正离子）＞叔碳自由基（正离子）＞仲碳自由基（正离子）＞伯碳自由基（正离子）＞甲基自由基（正离子）＞芳基自由基（正离子）＞乙烯基自由基（正离子）[101]。由此稳定性顺序可以说明各种经历碳自由基（正离子）中间体的反应机理。例如，烯烃和芳烃侧链卤代反应易发生在 α 位；卤代烃与 $AgNO_3$ 醇溶液作用生成卤化银的活性顺序为 $ArCH_2X > RCH{=}CHCH_2X > 3°RX > 2°RX > 1°RX$；芳烃亲电取代时，当苯环上连接推电子取代基时，σ-络合物的正电荷被分散而稳定，反应活性比苯大，相反当连接吸电子取代基时，σ-络合物的正电荷更集中而稳定性降低，反应活性比苯小。

（2）热力学控制的反应与反应产物的稳定性

根据结构稳定性原理，对于由热力学控制的反应，可以通过分析产物的结构来预测反应的主产物。如共轭二烯烃与溴（Br_2）的加成反应：

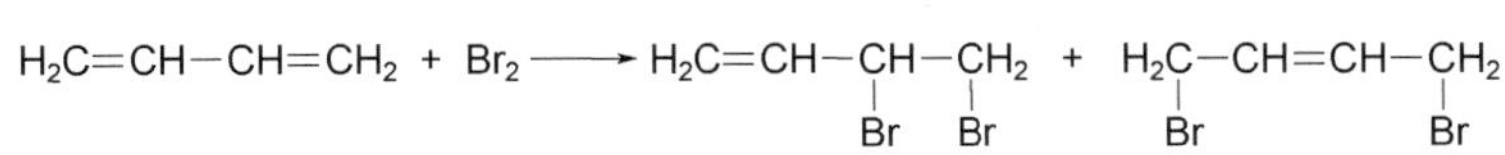

−15 °C	55%	45%
60 °C	10%	90%

该反应在高温条件下，主要生成的是 1,4-加成产物。从结构稳定性原理角度分析，1,4-加成产物的双键位于中间，分子结构对称性好，热力学上较为稳定，所以，生成 1,4-加成产物比生成 1,2-加成产物更为有利。此外，在萘的磺化反应中，产物 α-萘磺酸的 8 位氢与磺酸基间的空间排斥显著，其稳定性要小于 β-萘磺酸，故在 160 ℃时得到的主产物是热力学比较稳定的 β-萘磺酸。

结构稳定性原理还可以阐明卤代烃或醇发生消除反应的 Saytzeff 规则。例如，对于 2-溴戊烷在强碱性条件下的消除反应：

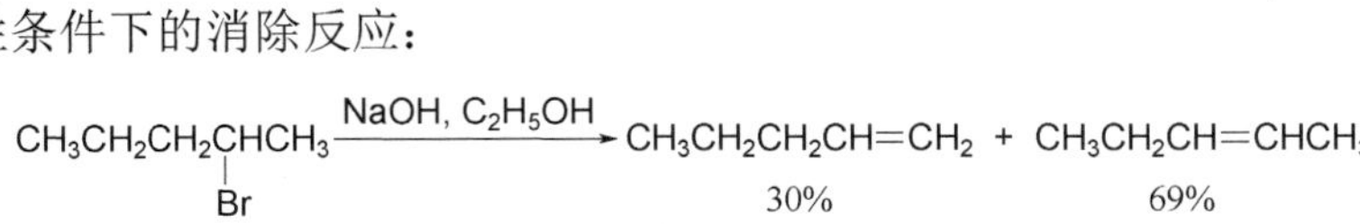

根据氢化热数据[100]，双键碳原子上烷基取代基数目多的烯烃较为稳定[101]；或从电子效应角度分析，产物 1-戊烯中只有 2 个 α-H 与 C═C 之间存在 σ-π 超共轭效应，而产物 2-戊烯

中则有 5 个 α-H 与 C═C 之间有 σ-π 超共轭效应，故产物 2-戊烯比 1-戊烯稳定，即 2-戊烯为主产物。

结构稳定性原理也可以说明违反 Saytzeff 规则的一些特殊情况，例如在以下两个反应中，产物的结构就由 π-π 共轭效应而使体系能量更低的因素所决定。

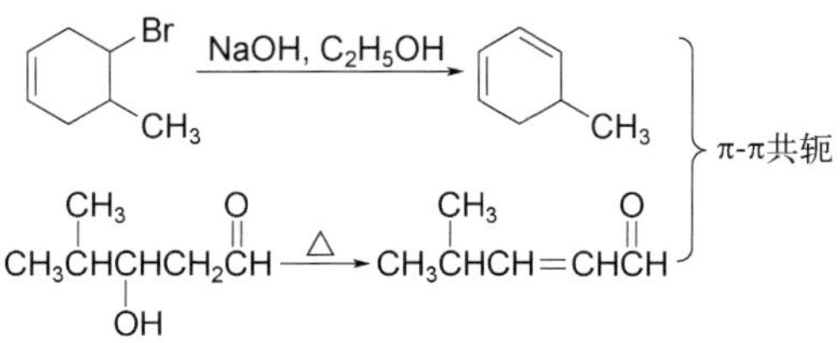

（3）化合物构型、构象及立体化学的稳定性

有机化合物构型、构象的稳定性不仅决定其存在的几何状态，也深刻影响其化学反应的活性和产物的类型[102-103]。此处从环状结构稳定性、构象稳定性和反应中间体（过渡态）立体空间稳定性等三个方面，对有机化学课程中涉及的部分化合物及其反应进行总结列举（图 1-42），以此说明立体有机化学问题在结构稳定性原理线中的重要位置。立体有机化学也是当代金属有机催化、药物化学、材料与合成化学和生命科学等与物理有机化学密切相关学科发展及其重要的分支领域[104-106]，学生在课程学习中对这一主线下的具体内容必须予以足够重视和全面而深入的理解。此外，教学实践中教师可以利用有机分子立体形象逼真、妙趣横生、幽默及具有艺术魅力的特点[107]，有效调动学生学习的积极性和主动性，激发学习兴趣和热情，进而提高课堂趣味性，提高教与学的效率和水平。

- 环结构稳定性
  - 三、四元环：环张力大，环不稳定，易开环，发生加成反应
  - 五、六元环（环张力小或无张力，环稳定）
    - 性质：不易开环，易取代
    - 其他分子内成环反应
      - 分子内半缩醛/半缩酮或醛/酮与二元醇形成缩醛/缩酮
      - γ,δ-羟基酸分子内脱水形成内酯
      - 分子内的酯缩合反应
      - 亲核取代
        - 丁二酸、戊二酸脱水生成五元环酸酐、六元环酸酐
        - 己二酸、庚二酸脱水、脱酸生成五环酮、六环酮

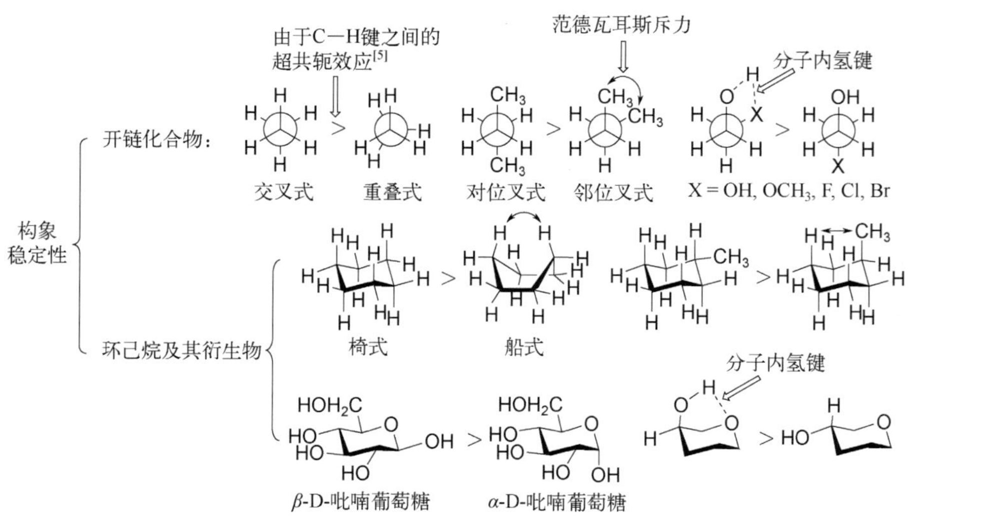

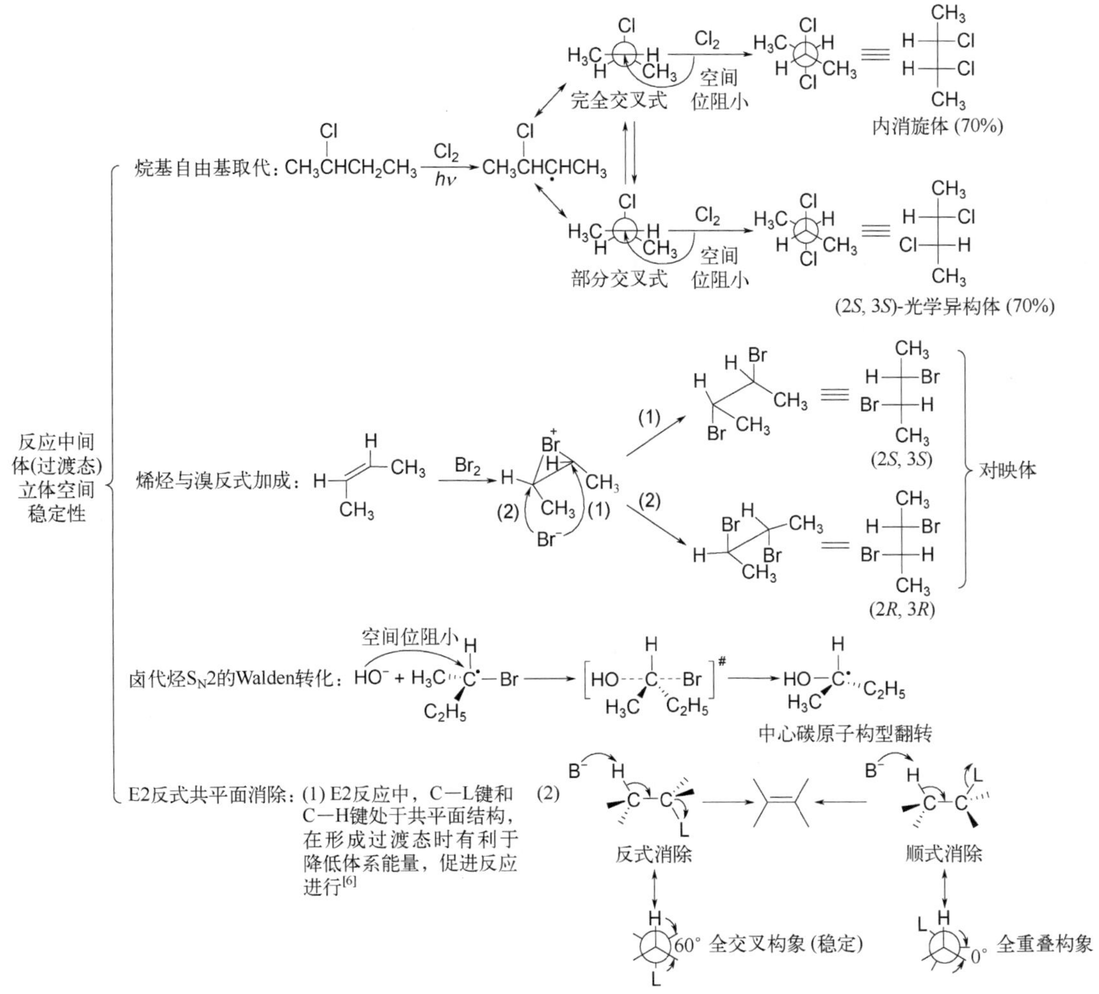

图 1-42　化合物结构稳定性分析图例

从有机反应活性中间体线、官能团决定性质的构效关联线、电子效应影响线和结构稳定性原理线总结及其应用举例中可知，这四条主线相互关联、相互渗透，通过物理思维方法从不同角度对有机化学内容进行了系统化的理解和归纳，灵活处理这几条主线之间的主辅层次关系，适时对主线进行归纳总结，以形成完整的知识链，把零散的知识点串联起来，便于深刻理解和简化记忆。同时，根据不同的主线，在总结归纳物质结构与性质共性的基础上，培养通过物理思维方法去发现、分析、总结和解决问题的能力。

参考文献

[1] 李景宁. 有机化学[M]. 6版. 北京：高等教育出版社, 2018.

[2] 刑其毅, 徐瑞秋, 周政. 基础有机化学[M]. 北京：人民教育社, 1993.

[3] 刘清福. 扩展 Markovnikov 规则使用范围[J]. 邢台学院学报, 2001, 4: 64-65.

[4] 何树华, 蒋树龙, 李有胜. 马氏规则的理论解释和讨论[J]. 涪陵师范学院学报, 2003, 19: 23-24.

[5] 郭保国, 张永新. 马氏规则广义化概念的探讨[J]. 黄淮学刊, 1990, 6: 52-53.

[6] 徐积功. 有机化学基础[M]. 北京：高等教育出版社，1986.

[7] 谷亨杰, 吴泳, 丁金昌. 有机化学[M]. 北京: 高等教育出版社, 1990.
[8] 徐守昌. 有机化学[M]. 北京: 高等教育出版社, 2002.
[9] 陈子稚. 基础有机化学[M]. 北京: 科学出版社, 1986.
[10] Hoffmann R W. Allylic 1-3-strain as a controlling element in stereoselective transformations[J]. Chem Rev, 1989, 89: 1841-1860.
[11] Hoffmann R W. Conformation design of open-chain compounds[J]. Angew Chem Int Ed, 2000, 39: 2054-2070.
[12] Weinhold F. A new twist on molecular shape[J]. Nature, 2001, 411: 539-541.
[13] Lowe J P. A simple molecular orbital explanation for the barrier to internal rotation in ethane and other molecules[J]. J Am Chem Soc, 1970, 92: 3799-3780.
[14] Allinger N L, Profeta Jr S. The torsional potential function for *n*-butane[J]. J Comp Chem, 1980, 1: 181-184.
[15] Klyne W, Prelog V. Description of steric relationships across single bonds[J]. Experientia, 1960, 16: 521-523.
[16] 彭梦侠, 陈梓云. 构型与构象教学的探究[J]. 嘉应学院学报: 自然科学, 2006, 6(24): 50-51.
[17] Kondo S, Hirota E, Morino Y. Microwave spectrum and rotational isomerism in butene-1[J]. J Mol Spectrosc, 1968, 28: 471-489.
[18] 山东师专有机化学编写组. 有机化学[M]. 北京: 人民教育出版社, 1984.
[19] 杜诗初, 司久敏, 李长轩. 高等有机化学选论[M]. 郑州: 河南大学出版社, 1990.
[20] 凯里 F A, 森德伯格 R J. 高等有机化学: A 卷——结构与机理[M]. 夏炽中, 译. 北京: 人民教育出版社, 1981.
[21] 马奇 J. 高等有机化学——反应、机理和结构[M]. 李艳梅, 黄志平, 译. 北京: 化学工业出版社, 2020.
[22] Servis K L, Shue F F. Conformational analysis of 2-butanone and 3-methyl-2-butanone using lanthanide shift reagents[J]. J Mag Reson, 1980, 40: 293-303.
[23] 高俊斌. 非环有机化合物构象的影响因素[J]. 北京石油化工学院学报, 1999, 7: 34-35.
[24] 孙小宇, 吴劼. N-杂环卡宾：一种多用途有机小分子催化剂[J]. 有机化学, 2006, 26(6): 745-756.
[25] Lagow R J, Kampa J J, Wei H C. Synthesis of linear acetylenic carbon: The “sp” carbon allotrope[J]. Science, 1995, 267: 362-367.
[26] Goresy A E, Donnay G. A new allotropic form of carbon from the ries crater[J]. Science, 1968, 161: 363-364.
[27] Whittacker A G. Carbon: Occurrence of carbyne forms of carbon in natural graphite[J]. Carbon, 1979, 17: 21- 24.
[28] 高等有机化学导论编写组. 高等有机化学导论[M]. 武汉: 华中师范大学出版, 1996.
[29] 李安详, 刘成德. 高等有机化学选论[M]. 西安: 陕西师范大学出版社, 1992.
[30] 高振衡. 物理有机化学[M]. 北京: 高等教育出版社, 1984.
[31] 李吉海, 冯圣玉. 类卡宾 CHFClLi 的结构和稳定性[J]. 高等学校化学学报, 1998, 19: 613-616.
[32] 王秉泽, 许临晓, 邓从豪. 卡宾与类卡宾的理论研究[J]. 中国科学：B 辑, 1989, 19(8): 785-790.
[33] 穆光照. 有机活性中间体[M]. 北京: 科学出版社, 1988.
[34] 王彦广. 有机化学[M]. 北京: 化学工业出版社，2009.
[35] 井本稔. 有机化学电子论解说[M]. 朱绪恩, 谢拉荣, 译. 西安: 陕西人民教育出版社, 1987.
[36] 徐伟亮. 有机化学[M]. 北京: 科学出版社, 2002.
[37] 荣国斌, 袁履冰, 杨毅. 高等有机化学[M]. 上海: 华东理工大学出版社, 2007.
[38] 章建东, 姜文清. 一种室温下制备乙酰丙酮铜络合物的方法[J]. 化学教育, 2014, 35(22): 24-25.
[39] 卢奎. 有机化学[M]. 北京: 化学工业出版社, 2008.
[40] 钱旭红. 有机化学[M]. 北京: 化学工业出版社, 2002.
[41] 陈道文. 有机化学[M]. 北京: 化学工业出版社, 2001.
[42] 汪小兰. 有机化学[M]. 4 版. 北京: 高等教育出版社, 2009.
[43] 彼得 K, 福尔哈特 C, 肖尔 E. 有机化学结构与功能[M]. 戴立信, 席振峰, 王梅祥, 译. 北京: 化学工业出版社, 2006.
[44] 刘良红, 张鹏飞, 黄莺. 用密度泛函活性理论和 Hammett 常数预测单双取代苯酚的酸性[J]. 物理化学学报, 2013, 29(3): 508-515.
[45] 王文平. 有机化学[M]. 北京: 科学出版社, 2010.
[46] 何田, 顾峥烨, 尹守春. 四苯乙烯的合成、表征及在爆炸物检测中的应用：介绍一个大学化学综合实验[J]. 大学化学, 2019, 34(1): 48-53.

[47] 姚子鹏, 蔡智鸣. 关于吡啶的碱性[J]. 化学通报, 1996, 6: 53-54.
[48] 许承安. 羰基中氧原子的杂化状态[J]. 江汉石油学院学报, 1982, 1: 92-98.
[49] 南京大学化学系有机化学教研室. 有机化学[M]. 广州: 暨南大学出版社，2012.
[50] 天津大学、华东石油学院. 有机化学[M]. 北京: 人民教育出版社, 1978.
[51] 吉林师范大学等. 有机化学[M]. 北京: 高等教育出版社, 1979.
[52] 沈阳药学院. 有机化学[M]. 北京: 人民卫生出版社, 1978.
[53] Lambert J B, Shurvell H F, Verbit L, et al. Organic structural analysis[M]. New York: Macmillan, 1976.
[54] Hokenberg P, Kohn W. Inhomogeneous electron gas[J]. Phys Rev, 1964, 136: B864-B871.
[55] Reed A E, Curtiss L A, Weinhold F. Intermolecular interactions from a natural bond orbital, donor-acceptor viewpoint[J]. Chem Rev, 1988, 88: 899-926.
[56] 傅相锴, 刘群, 周立人. 高等有机化学[M]. 北京: 高等教育出版社, 2004.
[57] 恽魁宏, 高鸿宾, 任贵忠. 高等有机化学[M]. 北京: 高等教育出版社, 1988.
[58] 曾凡芝. 芳香性判据的研究进展[J]. 柳州师专学报, 2003, 18(4): 92-95.
[59] 厦门大学化学系物构组. 结构化学[M]. 北京: 科学出版社, 2004.
[60] 周公度, 段连运. 结构化学基础[M]. 北京: 北京大学出社, 2004.
[61] 郭洪，孙成科，林雪飞，余士问. 休克尔分子轨道法的应用[J]. 曲靖师范学院学报，2008, 27(6): 1-5.
[62] 刘靖疆. 基础量子化学与应用[M]. 北京: 高等教育出版社, 2004.
[63] 潘道皑, 赵成大，郑载兴. 结构化学[M]. 2 版. 北京: 高等教育出版社, 1989.
[64] 潘道皑. 物质结构[M]. 北京: 高等教育出版社，2009.
[65] 江秋安. 高等有机化学[M]. 北京: 化学工业出版社, 2005.
[66] 林梦海. 林银钟. 结构化学[M]. 北京: 科学出版社, 2005.
[67] 江元生. 结构化学[M]. 北京: 高等教育出版社, 2001.
[68] 魏荣宝, 阮伟祥. 高等有机化学习题精解[M]. 北京: 国防工业出版社，2008.
[69] 蒙慧琴. 论"芳香性"[J]. 赤峰学院学报, 2006, 22 (3): 9-10.
[70] 封继康. 什么是"芳香性"? 芳香性的定义、判据和无机芳香性化合物[J]. 分子科学学报, 2005, 21(4): 1-11.
[71] 魏荣宝, 陈苏战, 刘秀明, 李洪波. 多环化合物的芳香性[J]. 化学教育, 2006, 9: 3-4.
[72] 李西安, 李继忠. 芳香性及芳香性的判据[J]. 延安大学学报, 1995, 14(2): 71-78.
[73] 袁履冰, 郝明. 复杂多环化合物芳香性的简单判定方法[J]. 大学化学, 2004, 19(4): 50-52.
[74] 班福强, 戴柏青. 共轭回路模型与价键结构理论[J]. 化学通报, 1998, 1: 51-54.
[75] 班福强, 戴柏青. 芳香性与共轭回路理论方法[J]. 化学通报, 1996, 2: 20-22.
[76] 李兆楼. 不同角度与层面上的物质芳香性[J]. 济宁师范专科学校学报, 2005, 26(6): 10-11.
[77] 胡宏纹. 有机化学: 上册 [M]. 3 版. 北京: 高等教育出版社, 2006.
[78] Ira N 赖文. 量子化学[M]. 宁世光, 等译. 北京: 人民教育出版社, 1981.
[79] 许旋, 王干全, 莫海洪. "结构化学"课程考试方法研究与实践[J]. 高等理科教育, 2005, 6: 23-29.
[80] 王如定. 周环反应立体选择性规则的简易判断方法[J]. 舟山师专学报: 自然科学版, 1997, 1: 57-60.
[81] 刘在群. 有机化学学习笔记[M]. 2 版. 北京: 科学出版社，2008.
[82] 江帆. 周环反应的立体选律[J]. 曲靖师范学院学报, 1998, Z3: 75-78.
[83] 陈年友, 赵胜芳. 用前线轨道理论判断周环反应规律的简单方法[J]. 佳木斯大学学报:自然科学版, 2003, 21: 57-60.
[84] 袁履冰. 物理有机化学导论[M]. 大连: 大连理工大学出版社，1989.
[85] Shorter J. Correlation analysis in organic chemistry: An introduction to linear free-energy relationships[M]. Oxford: Clarendon Press, 1973.
[86] Yoshioka M, Hamamoto K, Kubota T. Relationship between acid dissociation constants of N_1-aryl-sulfanilamides and the Hammett equation[J]. Bull Chem Soc Jpn, 1969, 35: 1723-1728.
[87] Socha J, Horska J, Vecera M. Hydroxylgruppe substituierter 4-hydroxyazobenzole and 2-hydroxy-5-methylazobenzole[J]. Collect Czech Chem Commun, 1969, 34: 2982-2990.
[88] Socha J, Vecera M. Reactivity of organic azo-compounds. Ⅺ. Sustituent effects in the series of disubstituted 2-hydroxyazobenzenes[J]. Collect Czech Chem Commun, 1970, 35: 3072-3078.

[89] 王积涛. 高等有机化学[M]. 北京: 人民教育出版社, 1980.

[90] 刘路永. 苯环取代基定位效应的教学初探[J]. 龙岩师专学报, 2003, 21: 132-134.

[91] 钟爱国, 闫华, 戴国梁, 等. MS 软件在苯的多亲电取代反应位预报中的应用[J]. 绍兴文理学院学报, 2010, 30(8): 46-47.

[92] 海尔布伦纳 E, 博克 H. 休克而分子轨道模型及其应用: 第二卷[M]. 王宗睦, 陈萌遗, 赵英英, 译. 北京: 科学出版社, 1983.

[93] 陈海群, 赵银芝, 赵国栋, 孙小强. 甲基定位效应的密度泛函理论研究[J]. 计算机与应用化学, 2008, 25(6): 693-696.

[94] 盛旭玲, 吴吉梅, 周丹丹, 等. 二取代苯环上亲电取代定位的计算化学模拟[J]. 大学化学, 2011, 26(3): 44-46.

[95] 乔成立, 张存华. 苯取代定位效应的量子化学研究[J]. 分子科学学报, 2006, 22(3): 213-215.

[96] 固旭, 郭海超, 马正飞, 等. 多氯代苯胺亲电取代定位效应的密度泛函理论计算[J].南京工业大学学报, 2010, 32(2): 16-21.

[97] 杜鹃, 黄一枝, 李海昆. Fukui 函数在传统杂环及单取代杂环亲电取代反应中的活性部位预测[J]. 云南化工, 2004, 31(6): 42-45.

[98] Parr R G, Yang W. Density functional approach to the frontier-electron theory of chemical reactivity[J]. J Am Chem Soc, 1984, 106: 4049-4050.

[99] 曹静思, 任庆, 陈飞武, 卢天. 预测亲核反应位点方法的比较[J]. 中国科学：化学, 2015, 45(12): 1281-1290.

[100] 陆阳. 有机化学[M]. 北京: 人民卫生出版社, 2013.

[101] Smith M B. 高等有机化学：反应机理与结构[M]. 李艳梅, 译. 北京: 化学工业出版社，2010.

[102] 周公度. 导致乙烷的交叉型构象是超共轭作用而不是空间阻碍[J]. 大学化学, 2001, 16(5): 51-52.

[103] 廖德仲, 何节玉. E2 反应中的反式共平面构象[J]. 化学教育, 2006, 37(9): 5-7.

[104] 柴卓. 有机反应立体选择性描述术语刍议[J]. 大学化学, 2017, 32(3): 60-62.

[105] 王辉, 曾卓, 陶敬奇. 立体化学中的反式共平面[J]. 大学化学, 2017, 32(2): 56-62.

[106] 王辉, 曾卓. 立体化学教学中空间感观能力的培养[J]. 大学化学, 2016, 31(11): 22-27.

[107] 苟高章, 周波, 陈雪冰, 等. 象形分子在有机化学及有机合成化学教学中的应用[J]. 化学教育, 2017, 38(4): 12-17.

第2章 计算化学方法在物理有机化学中的应用示例

21 世纪以来，有机化学相关的知识边界被不断扩展，相关的科学问题也不断地被提出和解决，这在很大程度上得益于物理有机化学的发展，得益于理论计算方法与技术，特别是电子结构理论、密度泛函理论计算方法和人工智能的深入发展，以及计算硬件资源与技术的快速进步。在此背景下，化学专业强基础、高素质、有能力的创新型本科人才培养需要与时俱进，需要在课程教学中注重学生理论计算与人工智能应用能力的培养、定量思维和精准预测意识的渗透。为此，本章通过过渡金属离子与功能有机分子间的抓氢键以及反向氢键结构与性质的理论计算、阴离子受体设计与识别性能的理论计算、功能有机分子结构与光谱性质的定量预测、手性联烯的光催化去外消旋化机理的计算分析等，探讨理论计算方法在物理有机化学乃至材料化学研究中的应用。在化学专业人才培养中，需要适时、适当聚焦教学内容改革和教师教学思想对学生创新能力的引导与引领作用，以启发学生主动尝试用包括物理化学、结构化学和理论计算化学等相关学科的知识来定量分析讨论一些有机化学问题，引导学生注重化学各二级学科知识之间的交叉、联系和相互支撑关系。

2.1 化学计算理论基础概述

随着量子力学及分子力学的建立和飞速发展，理论与计算化学已成为物理化学中的一个重要分支学科，也为人们提供了一种全新而强有力的认识物质粒子微观结构、相互作用、性质和其聚集体行为的手段与方法。特别是 20 世纪量子力学的建立，使得从原子与分子层面上理论研究物质的结构与性质得以实现。量子化学是运用量子力学的基本原理研究原子、分子及超分子的电子结构、分子间相互作用、化学性质与反应、波谱及电子能谱等的一类电子结构理论，也是用于研究复杂体系有机化学反应、生物大分子和各种功能分子结构与性质及其超分子聚集体构效关系等化学物理和物理化学问题的有力工具。任何实验手段都不可能揭示一个化学问题的全部信息，且受制于客观因素，实验研究往往困难重重。而理论计算研究不仅仅是实验研究的补充，更可以超前于实验研究，指导、驱动实验研究。故本节将简要介绍电子结构理论方法与理论计算的基本原理。

2.1.1 量子化学计算原理

（1）薛定谔方程

1926 年奥地利物理学家薛定谔提出了描述微观粒子运动行为的二阶偏微分方程，即薛定谔方程，成为波动力学的基本方程[1]，它蕴含了微观体系的可能状态和相应能量等基本物理量，是认识微观世界性质和规律的美妙工具。要确定一个微观体系在稳定状态下（设定该状态与时间无关）的电子结构与性质，需确定和求解其定态薛定谔方程，这也是量子化学计算需要解决的核心问题，即：

$$\hat{H}\Psi(R_1,R_2\cdots R_N,r_1,r_2,\cdots r_n)=E\Psi(R_1,R_2\cdots R_N,r_1,r_2,\cdots r_n) \tag{2-1}$$

式中，$\hat{H}$ 表示体系的 Hamilton（哈密顿）算符；Ψ 表示体系的波函数；E 表示体系的能量；R_i 表示体系 N 个原子中第 i 个原子核的坐标；r_i 表示体系 n 个电子中第 i 个电子的坐标。

在原子、分子等微观体系中，Hamilton 算符包括原子核的动能算符、电子的动能算符及电子-电子相互作用、电子-原子核相互作用、原子核-原子核相互作用的势能算符，具体可以表达为：

$$\hat{H}=\sum\frac{P_l^2}{2M_l}+\sum\frac{P_i^2}{2m_i}+\frac{1}{2}\sum_{ij}\frac{z_iz_je^2}{\left|\overline{R_i}-\overline{R_j}\right|}-\frac{1}{2}\sum_{ij}\frac{e^2}{\left|\overline{r_i}-\overline{r_j}\right|}-\sum_{ij}\frac{z_ie^2}{\left|\overline{r_i}-\overline{R_l}\right|} \tag{2-2}$$

式中，m_i 为电子的质量；M_l 为原子核的质量；z 为原子的核电荷；e 为电子电荷；P 为粒子的动量。

理论上通过精确求解薛定谔方程即可以得到体系的波函数，从而掌控打开微观体系之门的“钥匙”。它只与体系的原子核和电子的坐标有关，即 $\Psi=\Psi(r,R)$。对于单电子体系，如 H 原子或类 H 原子这样的微观体系，其薛定谔可以精确求解，得到相应的波函数。但是对于多电子的分子体系等这样的多体微观系统，Hamilton 算符将非常复杂，直接求解其薛定谔方程中的 Ψ 将非常困难，甚至不可能得到数学上的解析解。因而，需要对复杂体系的薛定谔方程做一些合理的、物理的近似处理，才有可能数学求解以获得多电子体系的波函数。

（2）对薛定谔方程的近似处理：Hartree-Fock 方法

1）非相对论力学

当粒子以接近光速的速度运动时，相对论效应显著。原子核周围的电子就以这样高速运动的方式存在，此时电子的质量要大于其静止状态下的质量。要精确描述体系的电子密度，就必须考虑相对论量子力学处理。但是，在多电子体系的薛定谔方程中，为了使 Hamilton 算符不那么复杂，将电子的质量用其静止质量代替，以方便薛定谔方程的求解，即式（2-2）中的电子质量 m_i 恒为电子的静止质量 m，这个近似被称为非相对论力学处理，即非相对论近似。特别是典型的有机分子体系[2]，通常仅由第一周期和第二周期的元素组成，对其做非相对论近似处理而描述其对应的 Hamilton 算符，求解结果完全合理可靠。

2）Born-Oppenheimer 近似

分子总的波函数 $\Psi(R, r)$依赖于分子中所有原子核的位置和所有电子的位置。由于电子的质量远小于原子核的质量，故其相对运动速度要远超过原子核的速度，即电子的动能要远大于原子核的动能，在原子核与电子相互作用的势能项中，原子核的坐标可以视为常数，此乃著名的 Born-Oppenheimer 近似[3]。在此近似处理下，就可以将电子的运动与核的运动分开而独立考察，这样体系的波函数可以写成核的波函数与电子的波函数的乘积，见式（2-3）。这种近似处理方式，特别是对绝大多数有机分子体系是合理的。

$$\Psi(R_1,R_2\cdots R_N,r_1,r_2,\cdots r_n)=\phi(R_1,R_2\cdots R_N)\varphi(r_1,r_2,\cdots r_n) \tag{2-3}$$

Born-Oppenheimer 近似及忽略相对论效应后，体系的 Hamilton 算符（原子单位）可以表达为式（2-4）：

$$\hat{H}=-\frac{1}{2}\sum_{i}^{n}\nabla_i^2-\sum_{i}^{n}\sum_{I}^{N}\frac{z_I}{r_{Ii}}+\sum_{i<j}^{n}\frac{1}{r_{ij}}+V^{\text{nuc}} \tag{2-4}$$

式中，第一项为电子的动能项；第二项为电子和原子核的势能项；第三项为电子之间的相互作用势能项；V^{nuc}为核-核排斥势能项，可视为常数。这样，研究一个多原子分子体系的问题就被简化为研究电子在原子核的固定势场中运动的问题，大大简化了研究多粒子体系的复杂度。

3）单电子波函数及 Hartree-Fock 方法

在非相对论近似和 Born-Oppenheimer 近似下，电子波函数仅依赖于其中所有电子的坐标，但由于电子之间相互排斥势能项的存在，式（2-4）给出的 Hamilton 算符仍然难以确定。为此，Hartree 提出在多电子体系中，其中的每一个电子都处于其他电子形成的球形平均有效势场中运动，即所谓的中心势场模型[4]。整个电子体系轨道运动的波函数可表达为每个电子波函数的乘积：

$$\Psi(r_1,r_2,\cdots r_n)=\varphi_1(r_1)\varphi_2(r_2)\cdots\varphi_n(r_n) \tag{2-5}$$

体系中电子总的 Hamilton 算符可以分解为 N 个单电子的 Hamilton 算符之和：

$$\hat{H}=\hat{H}_1+\hat{H}_2+\cdots+\hat{H}_N \tag{2-6}$$

其中每一个单电子波函数 $\Psi(r_i)$都满足薛定谔方程式（2-7）：

$$\hat{H}_i\Psi(r_i)=E_i\Psi(r_i) \tag{2-7}$$

式中，E_i为单电子 i 的轨道能量。因 $\Psi(r_i)$也被称为分子轨道，相应地 E_i 也可以称为分子轨道能量。

电子作为费米子，除了轨道运动外，还有其固有的自旋运动。如果考虑电子的自旋运动性质和反对称波函数的要求，则多电子体系的波函数可以表达为 Slater 行列式［式（2-8）］：

$$\Psi(r_1,r_2,\cdots r_n)=\frac{1}{\sqrt{n!}}\begin{vmatrix}\varphi_1(e_1) & \varphi_2(r_1) & \cdots & \varphi_n(r_1)\\ \varphi_1(e_2) & \varphi_2(r_2) & \cdots & \varphi_n(r_2)\\ & & & \\ \varphi_1(e_n) & \varphi_2(r_n) & \cdots & \varphi_n(r_n)\end{vmatrix}=\left|\varphi_1,\varphi_2,\cdots,\varphi_n\right| \tag{2-8}$$

为了能逐步定量地描述单电子 i 在其他电子形成的平均有效势场中的势能函数，Hartree 基于其中心力场近似，于 1928 年提出了用自洽迭代的方法求解薛定谔方程的设想。1930 年，Fock 改进了这一设想，考虑了电子的自旋相关后，形成了较为成熟的 Hartree-Fock 理论方法[4]。在 Hartree-Fock 理论方法中，体系中电子的总能量表达为式（2-9）：

$$E_{\mathrm{HF}}=\left\langle \psi_{\mathrm{HF}}^{*}\hat{H}\Psi_{\mathrm{HF}}\right\rangle=\sum_{i}^{N}H_{i}+\frac{1}{2}\sum_{ij}^{N}(J_{ij}-K_{ij}) \tag{2-9}$$

式中，H_i 为第 i 个电子的单电子能量期望值；J_{ij} 为库仑积分；K_{ij} 为交换积分。根据能量变分原理，可以将式（2-9）转变为微分方程式（2-10），即 Hartree-Fock 方程。

$$\hat{F}\Psi_{i}(x)=\sum_{j=1}^{N}\varepsilon_{ij}X_{j}(x) \tag{2-10}$$

式中，Fock 算符 $\hat{F}=\frac{1}{2}\nabla^{2}+v+\hat{j}-\hat{k}$ ；ε_{ij} 为 Fock 矩阵的矩阵元，即单电子波函数用基函数展开时的能量相关矩阵元；$X_j(x)$为电子基函数，用于展开单电子波函数的“基矢”。

4）原子轨道线性组合为分子轨道近似（LCAO-MO）与 H-F-R 方程

用自洽场方法求解单电子 Hartree-Fock 方程，就可以得到精确的分子轨道波函数。确定初始分子轨道波函数时，最常用的方法为 LCAO-MO 法，它是在对 H_2^+的变分处理成功基础上提出来的。一般而言，给定分子的任何分子轨道都可以认为是由有关的原子轨道线性组合而成的，即式（2-11）。

$$\Psi_{j}=\sum_{i=1}^{m}c_{ij}\varphi_{i} \tag{2-11}$$

这一方面反映了分子轨道 Ψ_j 与原子轨道 φ_i 的密切关系，另一方面也体现了由于电子运动的波动性而必然产生的有关原子轨道间因相互重叠而导致的干涉效应。一般地，m 个原子轨道可以有 m 种相互干涉或组合方式，分别用 m 套组合系数 c_{ij} 加以表述，并可由能量变分原理确定。

Roothaan 于 1951 年将 LCAO-MO 近似引入 Hartree-Fock 方法，得到了另一种可以自洽求解的方程——Hartree-Fock-Roothaan 方程[5]，即 H-F-R 方程，见式（2-12）：

$$Fc=Sc\varepsilon \tag{2-12}$$

式中，F 为 Fock 矩阵；S 为重叠积分；c 为 $k\times k$ 矩阵系数；ε 为 $k\times k$ 矩阵的分子轨道能级，即 Fock 算符的本征值。

Fock 矩阵取决于元素 μv：

$$F\mu v=\left\langle v\middle|\hat{h}\middle|\mu\right\rangle+\sum_{j}^{n/2}[2(jj|\mu v)-(jv|j\mu)] \tag{2-13}$$

式中，$\hat{h}$ 为电子的动能及电子-核吸引能量算符；最后两项分别描述了库仑能和交换能。可以看出在 Hartree-Fock-Roothaan 方程中，Fock 项尽管包含了自旋平行电子间的库仑作用和交换作用，但是并没有考虑自旋反平行电子间的关联作用。

2.1.2　密度泛函理论

密度泛函理论（density functional theory，DFT）将体系状态的各种性质用电子密度来描述，从而便于研究体系的各种性质。该理论形成于 20 世纪初期，1927 年 Thomas 和 Fermi 各自基于均匀电子气模型，提出了用电子密度描述体系状态的方法。1964 年 Hohenberg 和 Kohn 从数学上证明了密度泛函理论的正确性，指出体系的能量是电子密度的函数。时至今日密度泛函理论方法已经成为电子结构理论中解决许多难题的有力工具，它也具有波函数理论方法无法比拟的“性价比”，广泛用于物理、化学及材料学研究领域。

（1）Thomas-Fermi 模型

Thomas-Fermi 模型的建立标志着密度泛函理论方法的开始[6]。Thomas 和 Fermi 发现用统计力学方法可以近似地描述原子中的电荷分布，含有 N 个电子的体系能量可以表达为：

$$E[\rho]=T[\rho]+\int\rho(r)v(r)\,\mathrm{d}r+V_{\mathrm{ee}}[\rho] \tag{2-14}$$

式中，$T[\rho]$ 为动能项；积分项为核与电子的相互作用势能；第三项是电子间的相互作用势，该模型中指库仑作用能。基于统计力学方法和均匀电子气假设，可以得到动能项为：

$$T[\rho]=2.871\int\rho^{5/3}(r)\mathrm{d}r \tag{2-15}$$

综合式（2-14）和式（2-15）可以得到体系的总能量为：

$$E_{\mathrm{TF}}[\rho]=2.871\int\rho^{5/3}(r)\,\mathrm{d}r-z\int\frac{\rho(r)}{r}\mathrm{d}r+\frac{1}{2}\iint\frac{\rho(r_1)\rho(r_2)}{|r_1-r_2|}\mathrm{d}r_1\,\mathrm{d}r_2 \tag{2-16}$$

从式（2-16）可以看出，体系的能量完全取决于电子密度 $\rho(r)$。1928 年，Dirac 修正了该模型，提出了 Thomas-Fermi-Dirac 模型，新模型中增加了电子间的交换相互作用能 $K[\rho]$，并将其表达为：

$$K[\rho]=0.7386\int\rho^{4/3}(r)\mathrm{d}r \tag{2-17}$$

（2）Hohenberg-Kohn 定理

在 Thomas-Fermi-Dirac 模型的基础上，Hohenberg 和 Kohn 从数学上严密地证明了奠定密度泛函理论基础的两个重要定理[7]。

① Hohenberg-Kohn 定理一：对于一个含有 N 个粒子的体系，其外势由粒子密度决定。而粒子密度几乎可以决定多粒子体系的一切性质，包括体系的波函数及相应的能量本征值。对于电子体系，体系的基态电子密度分布与其所处的外势场一一对应，因而体系的性质可以通过基态电子密度确定。

② Hohenberg-Kohn 定理二：对于指定的外势，体系基态的能量对应于能量泛函的极小值。如果以基态密度为变量，运用变分原理将多粒子体系的能量最小化之后，即可以得到体系的基态能量。

（3）Kohn-Sham 方法

Hohenberg-Kohn 定理虽然奠定了 DFT 理论的基础，但只是证明了能量作为密度的泛函之存在，并没有给出这一泛函的构造方法。1965 年 Kohn 和 Sham 提出了构造密度泛函的方法，即所谓的 Kohn-Sham DFT[8]，为密度泛函的发展和应用开辟了切实可行的途径。该方法中提出先分离能量泛函的主要部分，然后将剩余部分进行单独的近似处理。纯 Kohn-Sham DFT 中，能量为单粒子电子密度的一般泛函，并引入一个非相互作用的多电子体系，其电子密度与相互作用的多电子体系的电子密度相同，其动能项与相互作用的多电子体系的动能项一致。该体系的 Hamilton 算符和基态波函数可以分别表示为：

$$\hat{H}_s = \sum_{i=1}^{N}\left[-\frac{1}{2}\nabla_i^2 + V_{si}(r_i)\right] \tag{2-18}$$

$$\Psi_s = \frac{1}{\sqrt{N!}}|\varphi_1\varphi_2\varphi_3\cdots\varphi_N| \tag{2-19}$$

动能项可以表达为：

$$T_s[\rho] = \left\langle \varphi_s \middle| \sum_{i}^{N}\left(-\frac{1}{2}\nabla_i^2\right) \middle| \varphi_s \right\rangle \tag{2-20}$$

基态能量密度 $F[\rho]$ 可以表达为：

$$F[\rho] = T_s[\rho] + J[\rho] + E_{XC}[\rho] \tag{2-21}$$

式中，$T_s[\rho]$ 表示精确动能项；$E_{XC}[\rho]$ 表示交换相关能；$J[\rho]$ 表示库仑能。

故电子的总能量可以表达为：

$$E[\rho]=T_s + \int \rho(r)V(r)\,\mathrm{d}r + \frac{1}{2}\int \frac{\rho(r_1)\rho(r_2)}{|r_1 - r_2|}\mathrm{d}r_1\mathrm{d}r_2 + E_{XC}[\rho] \tag{2-22}$$

对式（2-22）运用变分原理可以得到：

$$\left[-\frac{1}{2}\nabla^2 + V(r) + \int \frac{\rho(r')}{|r-r'|}\mathrm{d}r' + V_{XC}(r)\right]\varphi_i(r) = \varepsilon_i\varphi_i(r) \tag{2-23}$$

式中，$V_{XC}(r)$ 为交换相关能，可以表达为：

$$V_{XC}(r) = \frac{\delta E_{XC}[\rho]}{\delta\rho(r)} \tag{2-24}$$

式（2-23）即为 Kohn-Sham 方程。该方程中需要求解的是电子密度的函数，而不是波函数的函数。其中的交换相关泛函可以表达为：

$$E_{XC}[\rho] = \int f[\rho_\alpha(r), \rho_\beta(r), \nabla\rho_\alpha(r), \nabla\rho_\beta(r)]\rho(r)\mathrm{d}r = E_X + E_C \tag{2-25}$$

式中，ρ_α 表示 α 电子的自旋密度；ρ_β 表示 β 电子的自旋密度；ρ 表示总的电子自旋密度。

实际上，交换相关泛函可以写成交换泛函 E_X 与关联泛函 E_C 之和的形式。前者是基于泡利不相容理，反映的是自旋相同的电子间的排斥作用；后者对应于混自旋作用，反映的是不同自旋电子间的结合作用。相比之下，前者远大于后者，即交换泛函 E_X 更为重要。然而交换泛函的精确表达难以得出，实际计算中采取了各种近似，主要包括局域密度近似、广义梯度密度近似和杂化密度泛函等处理方法[9-11]。

1）局域密度近似（local density approximation，LDA）

局域密度近似是在 Thomas-Fermi 电子气模型的基础上，对非均匀体系，将交换相关泛函近似地表达为具有相同电子密度的均匀电子气体系的相应值，即交换相关泛函与密度梯度无关，而仅仅与局域电子密度有关。此时交换相关泛函可表达为：

$$E_{\mathrm{XC}}^{\mathrm{LDA}}[\rho]=\int\rho(r)\varepsilon_{\mathrm{XC}}(\rho)\mathrm{d}r \tag{2-26}$$

式中，$\varepsilon_{\mathrm{XC}}(\rho)$ 为交换相关能量密度。如果将电子的自旋运动予以考虑，就可以得到局域自旋密度近似（local spin-density approximation，LSDA），其交换相关泛函可表达为：

$$E_{\mathrm{XC}}^{\mathrm{LSDA}}[\rho_\alpha(r),\rho_\beta(r)]=\int f_{\mathrm{XC}}[\rho_\alpha(r),\rho_\beta(r)]\varepsilon_{\mathrm{XC}}[\rho_\alpha(r),\rho_\beta(r)]\mathrm{d}r \tag{2-27}$$

LDA 由于没有考虑非均匀密度电子气的交换相关能，在处理固体等电子密度变化平缓的体系时尚可得到较为理想的结果，但计算密度变化较大的原子或分子体系时往往误差较大。

2）广义梯度密度近似（generalized gradient-density approximation，GGA）

广义梯度密度近似是将电子密度梯度引入能量密度泛函的表达式中，可以有效处理密度不均匀的实际粒子体系，被称为第二代密度泛函理论[12]。1986 年，Perdew 和 Wang 提出体系的交换相关能不仅取决于电子密度，而且也取决于密度在空间变化的梯度[13]，这样体系的交换相关泛函可以表达为：

$$E_{\mathrm{XC}}^{\mathrm{GGA}}[\rho_\alpha(r),\rho_\beta(r)]=\int f_{\mathrm{XC}}[\rho_\alpha(r),\rho_\beta(r)]\varepsilon_{\mathrm{XC}}[\rho_\alpha(r),\rho_\beta(r)]\mathrm{d}r \tag{2-28}$$

基于 GGA，目前已有多种形式的交换泛函和关联泛函，典型的交换泛函有 PBE[13]和 B88[14]；典型的关联泛函有 PW91[15]、LYP[16]、BLYP[17]、mPW1PW[18]和 MPW1K[19] 。

在第二代泛函的基础上增加了包含自旋动能密度等重要变量的泛函被称为 meta-GGA 泛函，即第三代泛函。不管是 LSDAs、GGA，还是 meta-GGA，它们都是“定域”泛函，因为单一空间点电子能量密度仅依赖于该点处电子密度行为和动能[20-22]。

3）杂化密度泛函

根据绝热连接理论，定域泛函可以混入非定域的 Hartree-Fock（HF）交换项[23]。Becke 将 Hartree-Fock 交换能与近似交换相关密度泛函按照一定的比例混合，得到了杂化型密度泛函形式，从而弥补了 Hartree-Fock 方法对相关能描述的缺失，提高了能量密度泛函的精度。杂化型密度泛函形式如下：

$$E_{\mathrm{XC}}=c_1E_{\mathrm{X}}^{\mathrm{HF}}+c_2E_{\mathrm{XC}}^{\mathrm{DFT}} \tag{2-29}$$

式中，$c_1E_{\mathrm{X}}^{\mathrm{HF}}$ 表示 Hartree-Fock 交换能；$c_2E_{\mathrm{XC}}^{\mathrm{DFT}}$ 表示 LDA 或 GGA 交换相关能。

基于以上策略，多种杂化能量密度泛函被提出，其中应用最为广泛的是 Becke 3 参数杂化密度泛函 B3LYP[23]，该泛函将交换泛函 B88 和相关能泛函 LYP 结合为 $E_{\mathrm{XC}}^{\mathrm{DFA}}$ ，并混入了适当比例 Kohn-Sham 轨道的 $E_{\mathrm{X}}^{\mathrm{HF}}$ 。其具体表达式为：

$$E_{\mathrm{XC}}^{\mathrm{B3LYP}}=(1-c_1E_{\mathrm{X}}^{\mathrm{LSDA}})+c_1E_{\mathrm{X}}^{\mathrm{HF}}+c_2\Delta E_{\mathrm{X}}^{\mathrm{B88}}+c_3E_{\mathrm{C}}^{\mathrm{LYP}}+(1-c_3)E_{\mathrm{C}}^{\mathrm{LSDA}} \tag{2-30}$$

近 10 年来，杂化 meta-GGA 也获得了极大的发展[12]，如所谓的明尼苏达系列的 M06 和 M06-2X 等泛函。杂化 meta-GGA 型 M06 及 M06-2X 等泛函的定域部分依赖于自旋密度（ρ_σ）、约化自旋密度（x_σ）和自旋动能密度（τ_σ）三个变量：

$$x_\sigma = \frac{|\nabla \rho_\sigma|}{\rho_\sigma^{4/3}} \qquad \sigma = \alpha, \beta \tag{2-31}$$

$$\tau_\sigma = \frac{1}{2}\sum_i^{\text{occup}} |\nabla \Psi_{i\sigma}|^2 \tag{2-32}$$

其交换相关泛函可以表达为：

$$E_{\text{XC}}^{\text{hyb}} = \frac{X}{100}E_{\text{X}}^{\text{HF}} + \left(1 - \frac{X}{100}\right)E_{\text{X}}^{\text{DFT}} + E_{\text{C}}^{\text{DFT}} \tag{2-33}$$

式中，E_{X}^{HF} 表示非定域 Hartree-Fock（HF）交换能；X 表示杂化泛函中 HF 交换能的成分（百分比）；$E_{\text{X}}^{\text{DFT}}$ 表示定域 DFT 交换能；$E_{\text{C}}^{\text{DFT}}$ 表示定域 DFT 相关能。

（4）色散（长程）校正密度泛函（DFT-D）

多数传统的交换相关泛函，诸如 B3LYP，由于其定域或半定域性质，不能描述长程行为中的相关势，甚至完全忽略了色散作用，因此无法用于研究色散作用主导的物理化学问题，比如物理吸附、长链烷烃之类的大分子构象、弱极性分子团簇、范德瓦耳斯力等分子间弱相互作用等。解决这一问题的有效方法就是引入色散校正项。这种色散校正的方法最早由华人学者杨伟涛等提出[24]，后经 Grimme 不懈努力[25-27]，目前已日趋完善，形成了 DFT-D、DFT-D2 和 DFT-D3 等几种不同的色散校正密度泛函方法。在 DFT-D 方法中，色散能的表达形式如下：

$$E_{\text{disp}}^{\text{DFT-D}} = -\frac{1}{2}\sum_{i \neq j}\sum_{n=6,8,10} S_n \frac{c_n^{ij}}{R_{ij}^n} f_{\text{damp}}(R_{ij}) \tag{2-34}$$

式中，c_n^{ij} 表示原子对 ij 的 n 阶色散系数；R_{ij} 表示两个原子的核间距；S_n 表示调节相关能的排斥校正；$f_{\text{damp}}(R_{ij})$ 表示阻尼泛函，用来调节色散校正原子间在近程、中程距离时的行为，以避免“重复计算”问题，即决定了色散校正的中短程行为，可以表达为：

$$f_{\text{damp}}(R_{ij}) = \frac{1}{1 + 6\left(\dfrac{R_{ij}}{S_{r,n} R_0^{ij}}\right)^{-\gamma}} \tag{2-35}$$

式中，R_0^{ij} 表示原子对 ij 的截断半径；$S_{r,n}$ 表示泛函因子；γ 表示决定泛函梯度的预设常数。

在 DFT-D2 方法[26]，如 B97D、wB97XD 和 B2PLYPD 等密度泛函方法中，色散能的表达形式如下：

$$E_{\text{disp}}^{\text{DFT-D2}} = -S_6 \sum_{i, j>i} \frac{C_6^{ij}}{(R_{ij})^6} f_{\text{damp}}(R_{ij}) \tag{2-36}$$

$$f_{\text{damp}}(R_{ij})=\frac{1}{1+\exp\left[-\alpha_6\left(\dfrac{R_{ij}}{R_{\text{vdW}}}-1\right)\right]} \tag{2-37}$$

式中，R_{vdW} 表示两原子的范德瓦耳斯半径之和；C_6^{ij} 表示色散系数；S_6 表示总标度项(刻度因子)；α_6 表示色散校正梯度调节项。

在 DFT-D3 方法中[27-28]，阻尼函数有零阻尼和 BJ 阻尼两种形式。其中零阻尼的色散能可表达为：

$$E_{\text{disp}}^{\text{DFT-D3(zero)}}=-\sum_{n=6,8}S_n\sum_{i,j>i}\frac{C_n^{ij}}{(R_{ij})^n}f_{\text{damp}}(R_{ij}) \tag{2-38}$$

$$f_{\text{damp}}(R_{ij})=\frac{1}{1+6(R_{ij}/S_{r,n}R_0^{ij})-\alpha_n} \tag{2-39}$$

之所以称为零阻尼，是因为随原子间距离的减小，阻尼函数逐渐衰减为零，使得 DFT-D3 校正能在较近距离时精确为零。

此外，物理意义更明确的所谓 Becke-Johnson 阻尼（BJ 阻尼）对分子内色散作用的描述优势更显著些，BJ 阻尼使得中、近程距离的色散校正能虽然很小，却并不接近于零。这种阻尼校正形式下的色散能表达形式如下：

$$E_{\text{disp}}^{\text{DFT-D3(BJ)}}=-\frac{1}{2}\sum_{i\neq j}\sum_{n=6,8}S_n\frac{C_n^{ij}}{R_{ij}^n+f(R_{ij}^0)^n} \tag{2-40}$$

色散校正泛函理论方法 DFT-D、DFT-D2、DFT-D3 以及目前已被广泛使用的 DFT-D4 均相对容易实现，已在多个量化程序中得到支持，它几乎不会令计算量有任何增加，特别使得对大体系中的弱相互作用体系、主客体等超分子体系电子结构与性质的量子化学理论计算研究成为可能，并已成为研究相关问题的高效理论校正方法。

2.2　Cu^+与甘氨酸衍生物分子间抓氢键相互作用的定量计算

生命现象大都与分子或基团间的相互作用有直接或间接的关系，这种相互作用在化学与物理过程尤其是生命科学中扮演着重要的角色，也对分子复合体系的结构及性质具有重要的影响，而且各种类型的强、弱相互作用不断地被发现。在近三十年的化学文献中，agostic bond 或 agostic attraction 的概念时有出现[29-34]，并用化学语言 CH→M（或 XH→M, X = C, B, N, Si）表示。周公度[35]建议将这种用半个箭头“→”表示的化学键称为抓氢键（agostic hydrogen bond, AHB）。早在 1983 年，Brookhart 等[36]将 CH→M 结构解释为“to refer specifically to situations in which a hydrogen atomics covalently bonded to both a carbon and to a transition metal atom”。近年来，Scherer 等[37]又重新给出了解释，他们认为 CH→M 就是“distortion of an organometallic moiety which brings an appended C—H bond into close proximity with the metal center”。总之，AHB 结构并非一类特殊的氢键，它在本质上不同于氢键[38]。氢键在电子行为上属于 3 中心 4 电子体系，是一种分子间的弱相互作用；而在 AHB 体系中，一般认为 C—H 基提供 2 个电子给金属原子 M 的空轨道，一般形成 3 中心 2 电子结构[39]，属于缺电子弱键体系。在若干有机金属化合物中，烃基上的 H 原子能和金属原子 M 形成抓氢键。CH→M 的形成能促使 C—H 键变长，活性增加，活化了惰性的烃基，对有机催化反应有重大的作用[29,40]。Castro 等[34]从理论和实验上研究了两分子赤式麻黄碱与 Cu^{2+}所形成的配合物（$[Cu(Hceph)_2]$）的结构，给出了 CH→Cu(Ⅱ)抓氢键存在的依据。本节以 Cu^{+}、Cu^{2+}两种离子与 *N*-[2-羟基-1(*S*)-甲基]-*N*-甲基甘氨酸根负离子配体（PT^{-}）为研究对象，采用量子化学理论计算的方法，研究了 PT…Cu(Ⅰ)和 PT…Cu(Ⅱ)配合物的结构，特别对 PT…Cu(Ⅰ)配合物中 CH→Cu 抓氢键的电子结构和性质进行了探讨，以期进一步揭示 AHB 的电子行为特点。

2.2.1 计算方法

本节在 B3LYP（Becke，three-parameter，Lee-Yang-Parr）构型优化的基础上，分别对单体及配合物进行频率分析以确认其稳定构型，然后求得 Cu^{+}和 Cu^{2+}分别与 *N*-[2-羟基-1(*S*)-甲基]-*N*-甲基甘氨酸根负离子配体的结合能。文中所有的计算均采用了 6-311G**基组。另外，还采用自然键轨道理论（natural bond orbital，NBO）[41]和分子中原子理论（atom in molecules，AIM）[42]计算了本体系的电荷转移和电子密度拓扑性质。其中，NBO 计算用 NBO 5.0[43]程序完成，AIM 计算用 AIM 2000[44]程序完成，其他计算采用 Gaussian 03[45]程序完成。

2.2.2 几何结构与红外光谱

图 2-1 是在 B3LYP/6-311G**水平上优化得到的单体及配合物的几何构型，频率分析表明，优化得到的构型均为无虚频的稳定结构。从图 2-1 中可以看出，在 Cu^{+}与 *N*-[2-羟基-1(*S*)-甲基]-*N*-甲基甘氨酸根负离子配体（PT）所形成的 PT…Cu(Ⅰ)几何构型中，Cu 除了与 O 和 N 配位结合外，还与 2(*R*)手性 C 所连甲基上的 1 个 H 结合，中心原子 Cu(Ⅰ)形成了三角锥形配位结构，即 PT^{-}是以 N、O 和 H 为配位原子的三齿配体，总的配位结合能为 666.52 kJ/mol，因此 PT…Cu(Ⅰ)具有较高的热力学稳定性。在电中性配体（PT）中，C—H 键长为 0.1095 nm，伸缩振动频率为 3124.6 cm^{-1}，振动强度为 25.1 km/mol；在 PT^{-}中，相应数据为 0.1091 nm，3177.1 cm^{-1} 和 6.9 km/mol；而在 PT…Cu(Ⅰ)中，三者分别为 0.1146 nm、2487.1 cm^{-1} 和 28.4 km/mol。显然，与形成配合物前相比，C—H 键长显著增大，其伸缩振动频率也随之发生了显著的红移，由于 CH→Cu 抓氢键的存在，C—H 键进一步极化，这种极化对相同原子位移产生了更大的偶极，振动强度因而有所增加。直接参与 CH→Cu 形成的 Cu 与 H 原子间的距离 Cu…H 为 0.1651 nm，要明显小于$[Cu(Hceph)_2]$体系[34]CH→Cu 中 Cu…H 的距离（0.2454 nm）。范德瓦耳斯半径和共价半径是考察分子结构的两种重要参考数据，当发现两个原子的核间距明显小于其范德瓦耳斯半径之和而大于共价半径之和时，这两个原子间一定存在诸如氢键等较强的相互作用。H 原子范德瓦耳斯半径的实验值为 0.120 nm，Cu 原子范德瓦耳斯半径的实验值为 0.143 nm，可见直接参与 CH→Cu 形成的相应两个原子间距离小于它们的范德瓦耳斯半径之和，这也是 CH→Cu 抓氢键存在的证据之一。另外，可以观察到 CH→Cu 抓氢键键角∠CHCu 为 102°，即显著地偏离直线构型。

不同于 PT…Cu(Ⅰ)，也不同于$[Cu(Hceph)_2]$体系[34]，在 Cu^{2+}与两分子 *N*-[2-羟基-1(*S*)-甲基]-*N*-甲基甘氨酸根负离子配体（PT）所形成的 PT…Cu(Ⅱ)几何构型中，*N*-[2-羟基-1(*S*)-甲

基]-*N*-甲基甘氨酸根负离子是一种常规的双齿配体，并不存在 CH→Cu 抓氢键配位，中心原子 Cu(Ⅱ)仅与两个配体中的 O1 和 N1、O2 和 N2 四个原子配位，形成四面体结构，Cu 位于四面体的中心，总的配位结合能为 2126.74 kJ/mol，属强相互作用。

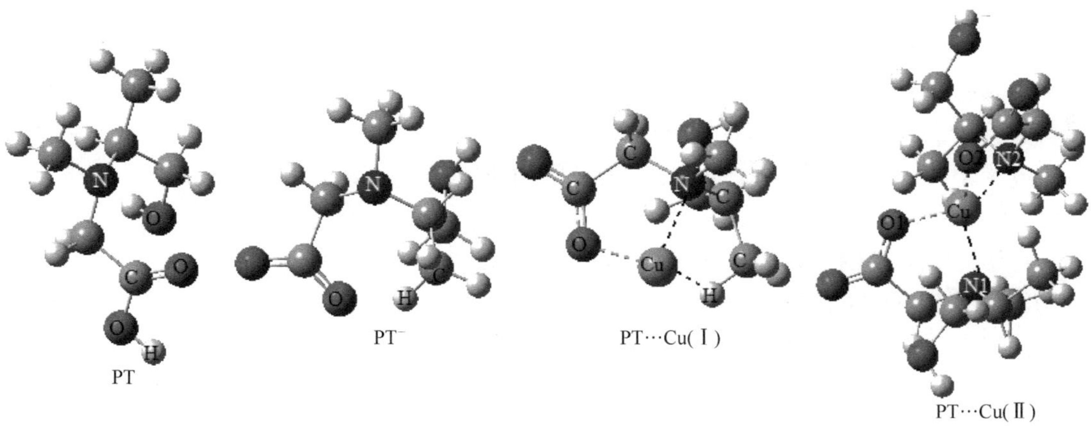

图 2-1　单体及 PT···Cu(Ⅰ)与 PT···Cu(Ⅱ)配合物的几何构型

2.2.3　自然键轨道分析及电荷转移

为了揭示配合物中各配位键，特别是 CH→Cu 抓氢键的形成机制和电子行为，在 B3LYP/6-311G**水平上对所有单体和配合物都进行了自然键轨道（NBO）分析，表 2-1 列出了 NBO 计算结果。

表 2-1　B3LYP/6-311G**水平下 NBO 分析轨道相互作用

配合物	电子供体	电子受体	$E^{(2)}$/(kcal/mol)
PT···Cu(Ⅰ)	BD(C—H)	LP*(6)Cu/s(91.2%)d$^{0.1}$(8.8%)	21.28
	LP3(Cu)/s(2.2%)d$^{45.3}$(97.8%)	BD*(C—H)	1.03
	LP5(Cu)/s(2.1%)d$^{47.8}$(97.9%)	BD*(C—H)	9.19
	LP1(O)/s(50.1%)p$^{1.0}$(49.9%)	LP*(6)Cu/s(91.2%)d$^{0.1}$(8.8%)	12.18
	LP2(O)/s(14.3%)p$^{6.0}$(85.7%)	LP*(6)Cu/s(91.2%)d$^{0.1}$(8.8%)	68.07
	LP1(N)/s(11.8%)p$^{7.9}$(88.2%)	LP*(6)Cu/s(91.2%)d$^{0.1}$(8.8%)	12.89
PT···Cu(Ⅱ)	LP1(O1)/s(51.8%)p$^{0.9}$(48.2%)	LP*(6)Cu/s(98.8%)d$^{0.01}$(1.2%)	6.78
	LP2(O1)/s(12.3%)p$^{7.1}$(87.7%)	LP*(6)Cu/s(98.8%)d$^{0.01}$(1.2%)	15.49
	LP1(N1)/s(17.6%)p$^{4.7}$(82.4%)	LP*(6)Cu/s(98.8%)d$^{0.01}$(1.2%)	11.16
	LP1(O2)/s(51.8%)p$^{0.9}$(48.2%)	LP*(6)Cu/s(98.8%)d$^{0.01}$(1.2%)	6.77
	LP2(O2)/s(12.3%)p$^{7.1}$(87.7%)	LP*(6)Cu/s(98.8%)d$^{0.01}$(1.2%)	15.45
	LP1(N2)/s(17.6%)p$^{4.7}$(82.4%)	LP*(6)Cu/s(98.8%)d$^{0.01}$(1.2%)	11.18

注：LP*i*（*i* = 1, 2, 3）表示第 *i* 对孤对电子；LP*表示非键空轨道；BD 表示成键轨道；BD*表示反键轨道。

从表 2-1 中可以看出，在 PT···Cu(Ⅰ)中，存在六种显著的轨道间相互作用的电荷转移，其中涉及 CH→Cu 抓氢键的电荷转移包括 BD(C—H)→LP*(6)Cu、LP3(Cu)→BD*(C—H)和 LP5(Cu)→BD*(C—H)三种，它们所对应的 3D 和 2D 图分别为图 2-2（a）、（b）和（c）。在 NBO 理论中，二级微扰稳定化能 $E^{(2)}$ [$E^{(2)} = -2\langle\sigma|E|\sigma^*\rangle/\varepsilon_{\sigma*}-\varepsilon_\sigma$] 反映了两种轨道间相互作用

的强弱，$E^{(2)}$越大，相互作用就越强，相应的电荷转移就越显著。在 CH→Cu 抓氢键形成时，成键轨道 BD(C—H)上的电子向 Cu 上杂化方式为 s(91.2%)$d^{0.1}$(8.8%)的第 6 个非键空轨道 $LP^*(6)$ 转移，其二级微扰稳定化能 $E^{(2)}$高达 21.28 kcal/mol。特别值得注意的是，LP3(Cu)→BD^*(C—H)和 LP5(Cu)→BD^*(C—H)这两种电荷转移对 CH→Cu 抓氢键的贡献也不容忽视，即铜原子上的第三对和第五对非键占有轨道向反键 BD^*(C—H)轨道反馈电子。以上三种电荷转移均会导致一个相同的结果，即 C—H 键长增大，C—H 键被活化。从总体上看，这里的 CH→Cu 抓氢键有 6 个电子［BD(C—H)的 2 个成键电子，Cu 的 2 对非键电子］参与，严格来讲属于 3 中心 6 电子键，但 Cu 的 s(2.2%)$d^{45.3}$(97.8%)型 LP3(Cu)参与 CH→Cu 抓氢键的程度有限，其 $E^{(2)}$仅为 1.03 kcal/mol。可见，由于金属原子上非键电子对向 BD^*(C—H)轨道反馈作用，如果单纯地认为 CH→M 抓氢键为 3 中心 2 电子键是不合理的，不同的体系会表现出不同的电子行为。至于 PT⋯Cu(Ⅰ)中的 O→Cu 和 N→Cu 配位键，则是相应原子上的孤对电子向 Cu 原子上的第六个非键空轨道 $LP^*(6)$Cu 提供电子形成的，对应的 3D 和 2D 图分别为图 2-2（d）、（e）和（f）。其中 O 上有两对孤对电子（LP1 和 LP2）参与配位，而 N 上只有一对孤对电子（LP1）参与配位，而且前者的总二级微扰稳定化能 $E^{(2)}$远大于后者，这预示着 O→Cu 配位键要强于 N→Cu 配位键，即对中心原子 Cu 而言，O 的配位能力要强于 N。由于 CH→Cu 抓氢键作用，PT⋯Cu(Ⅰ)中的配体为三齿配体。

从表 2-1 中还可以看出，在 PT⋯Cu(Ⅱ)体系中，没有涉及 C—H 基参与的轨道间电荷转移，即不可能存在 CH→Cu 抓氢键配位结构。两个配体不但在空间几何上与 Cu(Ⅱ)对称配位，而且在配位强度上也是对称的，对应轨道间相互作用的二级微扰稳定化能非常接近。与 PT⋯Cu(Ⅰ)中的 O→Cu 和 N→Cu 配位键类似，O1 和 O2 上分别有两对孤对电子（LP1 和 LP2）参与配位，而 N1 和 N2 上分别只有一对孤对电子（LP1）参与配位，O 同样表现出较强的配位能力，但单个配体为双齿配体。

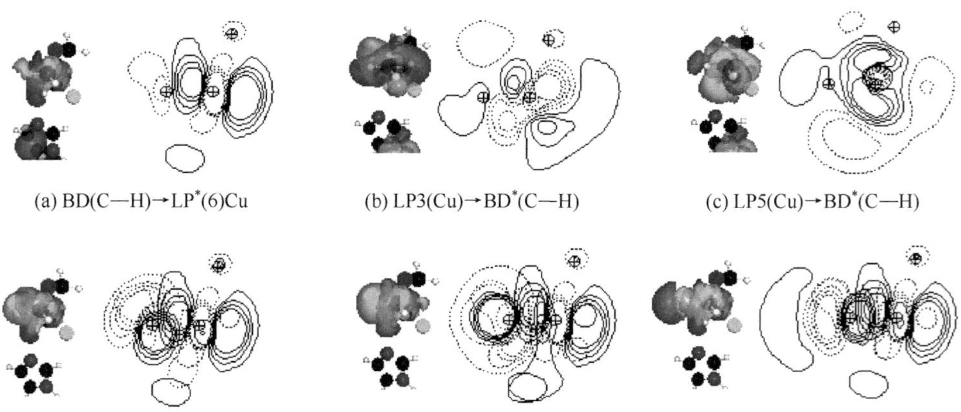

(a) BD(C—H)→$LP^*(6)$Cu　(b) LP3(Cu)→BD^*(C—H)　(c) LP5(Cu)→BD^*(C—H)

(d) LP1(O)→$LP^*(6)$Cu　(e) LP2(O)→$LP^*(6)$Cu　(f) LP1(N)→$LP^*(6)$Cu

图 2-2　复合物 PT⋯Cu(Ⅰ)中主要轨道间相互作用的 3D 和 2D 图

2.2.4 电子密度拓扑分析

配合物及 CH→Cu 抓氢键的电子结构可以进一步通过其键临界点处的数量场电子密度 $\rho(r)$拓扑学性质加以描述，$\rho(r)$的拓扑学性质又可以利用临界点的数目以及种类来表征。临界点是空间中电子密度 $\rho(r)$的一次微分为零的位置，若要分清临界点以何种形式存在，则必须对电子密度 $\rho(r)$作二次微分，得到该临界点的曲率。电子密度 $\rho(r)$在三维空间 3 个方向上的 9 个二阶微分项构成了电子密度的 Hessian 矩阵，经过对角化算子的操作之后可得到 3 个本征值 λ_1、λ_2、λ_3，这 3 个本征值之和等于拉普拉斯量 $\nabla^2\rho(r)$ [$\nabla^2\rho(r)=\lambda_1+\lambda_2+\lambda_3$]。如果 Hessian 矩阵的 3 个本征值为一正两负，记作（3, −1）点，称为键鞍点（BCP），表明两原子间成键；如果 Hessian 矩阵的 3 个本征值为一负两正，记作（3, +1）点，称为环鞍点（RCP），表示原子间形成环状结构。

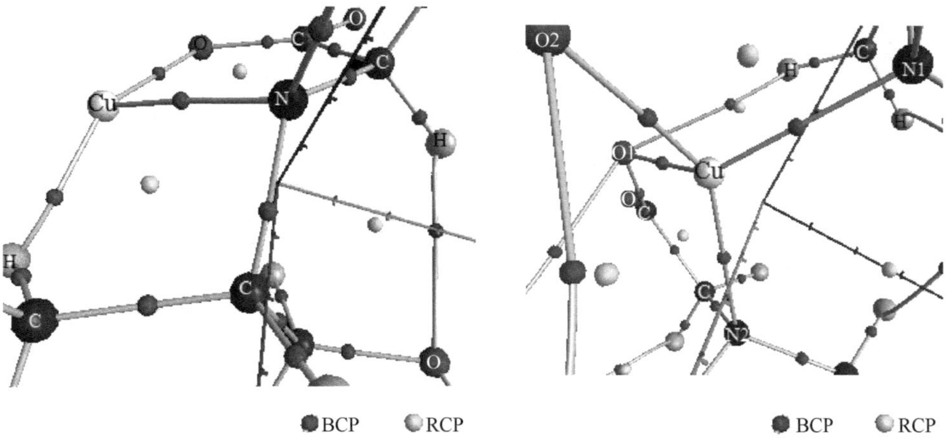

(a) PT···Cu(Ⅰ)　(b) PT···Cu(Ⅱ)

图 2-3　PT···Cu(Ⅰ)（a）与 PT···Cu(Ⅱ)（b）的分子图

根据 Bader[46]提出的电子密度拓扑分析理论，键鞍点处电子密度 $\rho(r_c)$的大小与化学键的强弱有关，如果 $\rho(r_c)$越大，说明该化学键的强度越大；反之，如果 $\rho(r_c)$越小，说明该化学键的强度越小。键鞍点处的 Laplacian 量 $\nabla^2\rho(r_c)$ 反映了化学键的性质，若 $\nabla^2\rho(r_c)<0$，r_c 点的电荷浓集，并且该值越负，化学键的共价性增加强，而离子性减弱；若 $\nabla^2\rho(r_c)>0$，r_c 点的电荷发散，并且该值越正，化学键的离子性增强，而共价性减弱。

在 AIM 理论中[42]，分子图是体系电子密度分布拓扑性质的直观体现，能可靠地显示体系的化学键结构。电子密度梯度 $\nabla\rho(r)$可以帮助建立鞍点间的联系，图 2-3 给出了 2 个配合物体系的局部分子图。从图 2-3 中可以看出，配合物中存在（3, +1）环鞍点和（3, −1）键鞍点两种类型的鞍点，特别是在 PT···Cu(Ⅰ)中，Cu···H 存在（3, −1）键鞍点，而在 PT···Cu(Ⅱ)的分子图中未发现有（3, −1）键鞍点，这与前文中 NBO 分析一致。

表 2-2 列出了配合物中的 Cu···N 和 Cu···O 常规配位键鞍点及部分环结构鞍点处的电子密度拓扑性质，同时也给出了 PT···Cu(Ⅰ)中 C—H→Cu 抓氢键鞍点处的电子密度拓扑性质。从表 2-2 中可以看出，配合物中的 Cu···N 和 Cu···O 常规配位键鞍点电子密度的 Hessian 矩阵本征值都为一正两负，即 Cu···N 和 Cu···O 间的鞍点都属于键鞍点（BCP），且 Cu···O 键鞍点处的电子密度 $\rho(r_c)$明显大于 Cu···N 键鞍点处的 $\rho(r_c)$，说明 Cu···O 作用比 Cu···N 作用更强，这也与 NBO 分析结果一致。PT···Cu(Ⅰ)中 C—H→Cu 抓氢键鞍点处的电子密度 $\rho(r_c)$为 0.0792 a.u.，与 Cu···N 配位键相当，这说明 C—H→Cu 抓氢键属于一种较强的原子间相互作用，在本质上与氢键弱相互作用不同。此外，氢键鞍点处的 $\nabla^2\rho(r_c)$一般为较小的正值，而

这里 C—H→Cu 抓氢键键鞍点处的 Laplacian 量$\nabla^2\rho(r_c)$为远小于零的−0.0707 a.u.，这反映了 C—H→Cu 抓氢键鞍点处的电荷浓集，并且有一定的共价性，而离子性较弱，这同样说明 C—H→Cu 抓氢键不同于氢键的本质。

表 2-2 配合物中鞍点处的电子密度拓扑性质

配合物	原子对	$\rho(r_c)$/a.u.	λ_1	λ_2	λ_3	$\nabla^2\rho(r_c)$/a.u.
PT···Cu(Ⅰ)	Cu···H	0.0792	−0.1265	−0.0828	0.4921	−0.0707
	Cu···N	0.0726	−0.0885	−0.0846	0.4652	−0.0730
	Cu···O	0.1181	−0.1921	−0.1832	1.0675	−0.1730
	Cu-H-C—C-N	0.0385	−0.0289	0.0559	0.1392	−0.0415
	Cu-N-C—C-O	0.0231	−0.0199	0.0626	0.0762	−0.0297
PT···Cu(Ⅱ)	Cu···O1	0.1035	−0.1540	−0.1530	0.8678	−0.1402
	Cu···O2	0.1034	−0.1539	−0.1529	0.8675	−0.1402
	Cu···N1	0.0757	−0.0945	−0.0895	0.4780	−0.0735
	Cu···N2	0.0758	−0.0947	−0.0897	0.4786	−0.0735
	Cu-O1-C—C-N2	0.0242	−0.0204	0.0492	0.0932	−0.0305
	Cu-O2-H—C-N2	0.0090	−0.0076	0.0041	0.0353	−0.0079

总之，通过采用密度泛函 B3LYP 理论的定量计算，可以深入研究 Cu^+、Cu^{2+}两种离子与 *N*-[2-羟基-1(*S*)-甲基]-*N*-甲基甘氨酸根负离子配体（PT）形成的配合物的结构。计算表明：①当单个 *N*-[2-羟基-1(*S*)-甲基]-*N*-甲基甘氨酸根负离子配体与 Cu^+结合时，配合物 PT···Cu(Ⅰ)结构中有 C—H→Cu 抓氢键形成，即烃基上的 H 作为配位原子与配体中的 O 和 N 一起参与配位，配体为三齿配体；当两个 *N*-[2-羟基-1(*S*)-甲基]-*N*-甲基甘氨酸根负离子配体与 Cu^{2+}结合时，配合物 PT···Cu(Ⅱ)不存在 C—H→Cu 抓氢键结构，配体为双齿配体。②PT···Cu(Ⅰ)结构中 C—H→Cu 抓氢键的形成，使得 C—H 键伸缩振动频率显著红移，键长显著增大而键被活化。③NBO 及 AIM 理论分析均表明 C—H→Cu 抓氢键属于一种较强的原子间相互作用，在强度和电子行为上与氢键弱相互作用有本质不同。

2.3 SiH_4与 Na、Mg 和 Be 等金属氢化物分子间反向氢键结构的计算分析

自 20 世纪初氢键被发现以来，人们对其进行了广泛的研究，不断地发现新形式的氢键，对氢键的理解也不断地丰富和完善。从最初传统的氢键到 π 型氢键、双氢键（X—H···H—Y）、蓝移型氢键以及新发现的单电子氢键，经历了质的飞跃，从而使氢键在生物、化学等领域占有举足轻重的地位，并广泛应用于分子识别、分子组装[47-51]和有机功能分子[52]等方面，所以对氢键的研究有着广阔的前景和重要的应用价值。在多种类型氢键弱相互作用中，特别值得注意的是，1997 年 Rozas 等[53]从理论上研究了 LiH、BeH_2、LiF、BeF_2 等分子间的弱相互作用，并提出了反向氢键（inverse hydrogen bond，IHB）的概念。反向氢键是相对于传统氢

键而言的，在传统氢键中，电子转移的方向如$\mathrm{X-H}\cdots\overset{e^{-}}{\curvearrowleft}\cdots\mathrm{Y}$（X = O, S, N；Y = O, S, N, π 电子等），参与氢键结构的 X—H 是氢键供体，但作为电子受体；而在反向氢键中，电子的转移方向如$\mathrm{X-H}\cdots\overset{e^{-}}{\curvearrowright}\cdots\mathrm{Y}$（X = Li, Be, Xe；Y = Li, Be 等），恰好与传统氢键相反，此时 X—H 既是氢键供体，又是电子供体。2006 年，Vila 等[54]从理论上研究了 HS_2、CH_2S、CH_4S 与 HF 之间的氢键作用，并结合 Rozas 等[53]的研究结果指出，直接参与氢键形成的氢原子电荷布居的增加并不是氢键及反向氢键的特征。当然，具有特定组成和电荷分布的分子间才有可能存在反向氢键相互作用，因此这种氢键并不多见。尽管 Rozas 认为，研究者对反向氢键的研究程度将赶追上对氢键的研究，但直到 2008 年，Blanco 等[55]才报道了氢键研究史第二篇关于反向氢键的理论研究，其中较为详细地研究了 XeH_2 与 Li、Be、Na 和 Mg 等金属氢化物之间的弱相互作用。总的来看，反向氢键还没有引起人们足够的兴趣和重视，相关的研究也进展缓慢，但其科学价值却不容忽视。深入研究这一基本科学问题，并非单纯由于其科学理论价值所在，还在于其具有潜在的应用价值。为此对 SiH_4 等分子与 Be、Na 和 Mg 等金属氢化物分子间相互作用从理论上进行了研究，发现它们之间存在反向氢键弱相互作用。对反向氢键这一科学问题的深入探讨不但是对分子间弱相互作用理论的一种拓展和丰富，而且将可能为自组装技术表面修饰氢化硅材料、固体润滑和纳米摩擦学等领域的研究提供新的思路和方法。目前作为廉价太阳能电池及薄膜场效应管基础材料的非晶硅氢合金（a-Si:H）或氢化纳米硅薄膜[56]，它们表面都含有大量的 Si—H 键，可以作为反向氢键结构中的电子供体，如果将一定组成和结构的分子通过反向氢键作用自组装于这些材料的表面，可能在设计和改善材料的光电特性、光敏性和光吸收性能等方面具有重要的应用价值。另外，在固体润滑与纳米摩擦学领域，已有文献报道对基于三维氢键网络结构的有机膜的研究[57-58]，但这种氢键网络结构的有机膜是在无机基底表面化学修饰的基础上间接形成的。而 Si—H，甚至 Ge—H 都可作为反向氢键的供体，这使得直接基于反向氢键的氢化纳米硅、锗薄膜材料表面修饰成为可能。本节通过对 $H_3SiH\cdots MeH_n$（Me = Na, Mg, Be；n = 1, 2）体系结构和性质的研究，以期为硅氢合金（a-Si:H）或氢化纳米硅薄膜等无机基底表面的反向氢键修饰提供理论依据。

2.3.1　计算方法

对分子间弱相互作用体系的理论计算必须包括电子相关能，而 MP2 和 B3LYP 方法都包括了相关能的计算。其中 MP2 方法可以计算分子间的各种相互作用能，包括静电能、诱导能和色散能[59]；而 B3LYP 方法在相关能的计算中并没有完全包括色散能[60-61]，会低估稳定化能。本节针对反向氢键复合物分别在 B3LYP 和 MP2 构型优化的基础上，经完全均衡校正法（counterpoise，CP）[62]校正基组叠加误差（basis set superposition error，BSSE），然后求得相互作用能。根据分子间弱相互作用的本质，基函数的选择对计算结果的可靠性非常重要，基组的选择必须包括极化和弥散函数，而且包括极化和弥散函数的基组能够很好地减小 BSSE[63]，因此文中的计算采用了 6-311++G(d,p)、6-311++G(3df,3pd)和 aug-cc-pvtz 基组。另外，采用自然键轨道理论（NBO）[41] 和分子中原子理论（AIM）[42]计算了反向氢键体系的电荷转移和电子密度拓扑性质。其中，NBO 计算用 NBO 5.0[43]程序完成，AIM 计算用 AIM 2000[44]程序完成，其他计算采用 Gaussian 03[45]程序完成。

2.3.2　几何构型与反向氢键结构

图 2-4 是在 B3LYP/6-311++G(d,p)、MP2/6-311++G(3df,3pd)及 MP2/aug-cc-pvtz 水平上优化得到的单体及 $H_4Si\cdots MeH_n$（Me = Na, Mg, Be；n = 1, 2）反向氢键复合物的几何构型，频率分析表明，它们用以上 3 种理论方法优化得到的构型均为稳定构型。不同计算水平上 3 个复合物的部分键参数列于表 2-3。从图 2-4 中可以看出，在 3 个复合物中，SiH_4 分子以 H3 为电子供体（反向氢键供体），NaH、MgH_2 和 BeH_2 分别以 Na、Mg 和 Be 为电子受体（反向氢键受体）形成反向氢键复合物。

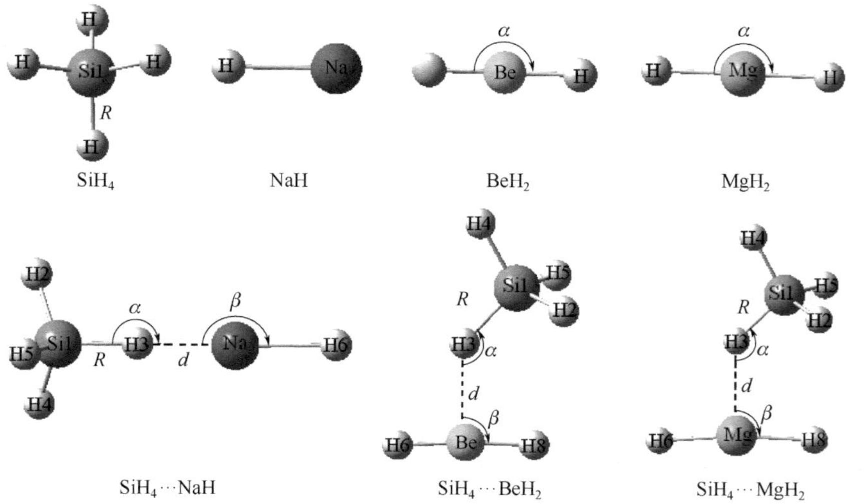

图 2-4　单体及复合物的几何结构

从表 2-3 中可看出，与单体相比，在形成复合物之后，Si1—H3 键长明显增长。如在 $SiH_4\cdots NaH$、$SiH_4\cdots MgH_2$ 和 $SiH_4\cdots BeH_2$ 复合物中，在 MP2/6-311++g(3df,3pd)水平上计算时，Si1—H3 键分别增长了 0.009 Å、0.015 Å 和 0.018 Å，这也预示着形成复合物后 Si1—H3 键能减小，Si1—H3 键伸缩振动频率红移。Na 和 Mg 原子的范德瓦耳斯半径的实验值分别为 2.27 Å 和 1.73 Å，H 原子范德瓦耳斯半径的实验值为 1.20 Å，可见直接参与反向氢键形成的相应两个原子间的距离均小于它们的范德瓦耳斯半径之和。这也是 3 个复合物中均存在反向氢键的证据之一。另外，对于 $SiH_4\cdots BeH_2$ 复合物而言，在 B3LYP/6-311++G(d,p)水平上计算的反向氢键键长 d（H···Be）要明显大于在 MP2/6-311++G(3df,3pd)和 MP2/aug-cc-pvtz 水平上的计算结果，这是因为 MP2 比 B3LYP 方法能更全面考虑分子间的各种相互作用能。一般来讲，如果相互作用的原子或分子间的距离越近，相互作用能将越大。因此，在 SiH_4 和 BeH_2 分子间，MP2 方法计算的相互作用能将大于 B3LYP 方法的计算结果。值得注意的是，在 $SiH_4\cdots NaH$ 复合物中，反向氢键键角 α 为 180°，即具有直线型的反向氢键结构；而在 $SiH_4\cdots MgH_2$ 和 $SiH_4\cdots BeH_2$ 复合物中，键角 α 远小于 180°，形成非线型的反向氢键结构；例如在 MP2/aug-cc-pvtz 水平上，两者中反向氢键键角 α 分别为 123.7°和 120.4°。可见，同一反向氢键电子供体 SiH_4 与类似的反向氢键电子受体（如 Na、Mg、Be 等的氢化物）发生分子间相互作用时，会形成不同的几何构型。

表 2-3　不同计算水平上反向氢键复合物的几何参数

复合物	B3LYP/6-311++G(d,p)				MP2/6-311++G(3df,3pd)				MP2/aug-cc-pvtz			
	R/Å	d/Å	α/(°)	β/(°)	R/Å	d/Å	α/(°)	β/(°)	R/Å	d/Å	α/(°)	β/(°)
SiH_4	1.484	—	—	—	1.473	—	—	—	1.478	—	—	—
SiH_4···NaH	1.495	2.446	180.0	180.0	1.482	2.493	180.0	180.0	1.487	2.507	180.0	180.0
SiH_4···MgH_2	1.495	2.477	134.8	92.3	1.488	2.356	124.5	89.9	1.493	2.364	123.7	98.7
SiH_4···BeH_2	1.489	2.525	136.3	93.5	1.491	1.977	120.7	99.5	1.496	1.965	120.4	99.9

2.3.3　反向氢键相互作用能及振动频率

表 2-4 给出了在 B3LYP/6-311++G(d,p)、MP2/6-311++G(3df,3pd)及 MP2/aug-cc-pvtz 水平上计算得到的复合物中单体间总反向氢键相互作用能（ΔE）和经 BSSE 校正后的反向氢键相互作用能（ΔE_{CP}）。MP2 方法能更好地估算单体间的色散能（来自诱导偶极和部分极化）。从表 2-4 中数据可以看出，经 CP 方法进行 BSSE 校正前后，由 B3LYP 方法得到的反向氢键相互作用能总比 MP2 方法得到的反向氢键相互作用能（ΔE，ΔE_{CP}）要小，而两种 MP2 水平上计算结果相当。实际上 B3LYP 方法在考察弱相互作用体系时，的确不能取得理想的效果[12,64-65]，因此可以认为 MP2 方法比 B3LYP 方法在计算反向氢键相互作用能时更为可靠。不管是 B3LYP 方法还是 MP2 方法，BSSE 校正能都比较小，均未超过 2 kJ/mol，特别是在 B3LYP/6-311++G(d,p)水平时，复合物 SiH_4···MgH_2 和 SiH_4···BeH_2 中，BSSE 仅分别为 0.31 kJ/mol 和 0.13 kJ/mol。但是为了得到反向氢键体系的精确相互作用能，进行 BSSE 校正仍然十分必要。对 SiH_4···BeH_2 复合物而言，在 MP2/6-311++G(3df,3pd)和 MP2/aug-cc-pvtz 水平得到的 ΔE_{CP}（−3.96 kJ/mol 和−4.58 kJ/mol）要显著大于在 B3LYP/6-311++G(d,p)水平得到的 ΔE_{CP}（0.39 kJ/mol），这也与几何构型中反向氢键键长 d（H···Be）的讨论一致。MP2/6-311++G(3df, 3pd)水平上的计算结果显示，SiH_4···NaH、SiH_4···MgH_2 和 SiH_4···BeH_2 中，ΔE_{CP} 分别为−5.98 kJ/mol、−8.65 kJ/mol 和−3.96 kJ/mol，与 MP2/aug-cc-pvtz 水平下计算得到的−6.18 kJ/mol、−9.12 kJ/mol 和−4.58 kJ/mol 接近。据此，可以给出 3 个反向氢键复合物的相对稳定性顺序为：SiH_4···MgH_2 > SiH_4···NaH > SiH_4···BeH_2。另外，这里讨论的 3 个反向氢键体系中的相互作用能要小于 XeH_2···MeH_n（Me = Na, Mg, Be；n = 1, 2）体系中的相互作用能（ΔE_{CP}，B3LYP/DGDZVP、MP2/DGDZVP 及 MP2/LJ18），这主要是因为 Si—H 是比 Xe—H 更弱的反向氢键电子供体。

表 2-4　不同计算水平上的复合物分子点群（PG）及反向氢键相互作用能

单位：kJ/mol

复合物	PG	B3LYP/6-311++G(d,p)			MP2/6-311++G(3df,3pd)			MP2/aug-cc-pvtz		
		ΔE	BSSE	ΔE_{CP}	ΔE	BSSE	ΔE_{CP}	ΔE	BSSE	ΔE_{CP}
SiH_4···NaH	C_{3v}	−6.82	1.35	−5.47	−7.67	1.69	−5.98	−7.19	1.01	−6.18
SiH_4···MgH_2	C_s	−3.08	0.31	−2.77	−10.33	1.68	−8.65	−10.46	1.34	−9.12
SiH_4···BeH_2	C_s	−0.52	0.13	−0.39	−5.91	1.95	−3.96	−6.53	1.95	−4.58

表 2-5 给出了在 B3LYP/6-311++G(d,p)、MP2/6-311++G(3df,3pd)及 MP2/aug-cc-pvtz 水平上计算得到单体及反向氢键复合物中 Si1—H3 键及 Me—H（Me = Na, Mg, Be）键的伸缩振动

频率、频率移动和振动强度。从表 2-5 中数据可以看出，与单体 SiH_4 相比，复合物中作为电子供体的 Si1—H3 键伸缩振动频率在 3 种方法计算下的结果均发生了一定程度的红移。例如在 B3LYP/6-311++G(d, p)水平上，SiH_4···NaH、SiH_4···MgH_2 和 SiH_4···BeH_2 中，Si1—H3 键伸缩振动频率红移值分别为 49.6 cm^{-1}、67.0 cm^{-1} 和 39.9 cm^{-1}，而在 MP2/6-311++G(3df, 3pd)及 MP2/aug-cc-pvtz 水平上，Si1—H3 键伸缩振动频率红移值更是完全一致，两者相差不超过 0.2 cm^{-1}。

表 2-5 Si—H、Na—H、Mg—H 及 Be—H 键的伸缩振动频率（cm^{-1}）、频率移动（cm^{-1}，括号内斜体）及振动强度（km/mol，括号内正体）

物质	参数	B3LYP/6-311++G(d,p)	MP2/6-311++G(3df,3pd)	MP2/aug-cc-pvtz
SiH_4	ν_{Si-H}	2241.6(125.5)	2308.2(121.2)	2294.2(122.1)
NaH	ν_{Na-H}	1167.9(219.2)	1166.3(313.8)	1161.8(318.8)
MgH_2	ν_{Mg-H}	1633.0(445.6)	1659.3(465.4)	1657.1(460.8)
BeH_2	ν_{Be-H}	2256.1(248.1)	2283.9(265.5)	2264.2(265.1)
SiH_4···NaH	ν_{Si-H}	2192.0(306.7, *−49.6*)	2274.7(338.9, *−33.5*)	2260.5(342.5, *−33.7*)
	ν_{Na-H}	1161.7(289.2)	1157.2(377.5)	1149.0(382.1)
SiH_4···MgH_2	ν_{Si-H}	2174.6(262.5, *−67.0*)	2220.0(278.9, *−88.2*)	2206.2(271.9, *−88.0*)
	ν_{Mg-H}	1620.3(417.6)	1645.0(402.3)	1642.2(406.3)
SiH_4···BeH_2	ν_{Si-H}	2201.7(189.5, *39.9*)	2198.5(239.8, *−109.7*)	2184.3(241.2, *−109.9*)
	ν_{Be-H}	2248.1(67.3)	2240.2(255.5)	2221.8(252.2)

另外，在 3 种理论方法下，反向氢键的电子受体位点原子 Na、Mg 和 Be 分别对应的 Na—H、Mg—H 和 Be—H 键的伸缩振动频率也都发生了一定的红移，为了更直观地说明形成反向氢键复合物前后的变化，图 2-5 中给出了相关键伸缩振动频率的变化情况。从表 2-5 中还可以看出，与单体 SiH_4 相比，复合物中作为电子供体的 Si1—H3 键伸缩振动强度均增大。这是因为红外强度（I）与电偶极（μ）在相应振动向量上对原子位移(r)偏导的平方呈正变关系（$I \propto |d\mu/dr_{X-H}|^2$），由于复合物中反向氢键的存在，$SiH_4$ 分子及 Si1—H3 键进一步极化，这种极化对于相同原子位移产生了更大的偶极，因而使红外强度明显增加。Hermansson[66]认为，在 X—H···Y 氢键相互作用体系中，X—H 红外光谱伸缩振动强度增大是红移氢键所具有的典型特征，可见本节所涉及的反向氢键 Si—H···Me（Me = Na, Mg, Be）体系也具有同样的特征。

2.3.4 自然键轨道（NBO）分析及电荷转移

为了揭示复合物中反向氢键的形成机制，在 B3LYP/6-311++G(d,p)水平上对所有单体和复合物都进行了自然键轨道（NBO）分析，表 2-6 列出了计算结果，相应 3D 图见图 2-6。

表 2-6 B3LYP/6-311++G(d,p)水平上的 NBO 计算分析

复合物	电子供体	电子受体	$E^{(2)}$ /(kJ/mol)	Δq/me BD (Si1—H3)	Δq/me BD* (Si1—H3)	Δq/me BD (H6—Me)	Δq/me BD* (H6—Me)
SiH_4···NaH	BD(Si1—H3)	BD*(Na—H6)	11.38	−12.43	5.13	−3.28	11.21
	BD(Si1—H3)	RY*(Na)	2.60				
	BD(H6—Na)	BD*(Si1—H3)	1.97				

续表

复合物	电子供体	电子受体	$E^{(2)}$ /(kJ/mol)	Δq/me BD (Si1—H3)	Δq/me BD* (Si1—H3)	Δq/me BD (H6—Me)	Δq/me BD* (H6—Me)
$SiH_4\cdots MgH_2$	BD(Si1—H3)	BD*(H6—Mg)	10.08	−18.3	4.64	2.05	−2.21
	BD(Si1—H3)	BD*(H8—Mg)	1.45				
	BD(Si1—H3)	RY*(Mg)	7.81				
	BD(H8—Mg)	BD*(Si1—H3)	2.94				
$SiH_4\cdots BeH_2$	BD(Si1—H3)	BD*(Be—H6)	1.82	−10.07	2.39	−3.03	1.57
	BD(Si1—H3)	BD*(Be—H8)	1.72				
	BD(Si1—H3)	RY*(Be)	6.38				
	BD(H8—Be)	BD*(Si1—H3)	0.88				

注：BD 表示成键轨道；BD*表示反键轨道；RY*表示里德堡轨道。

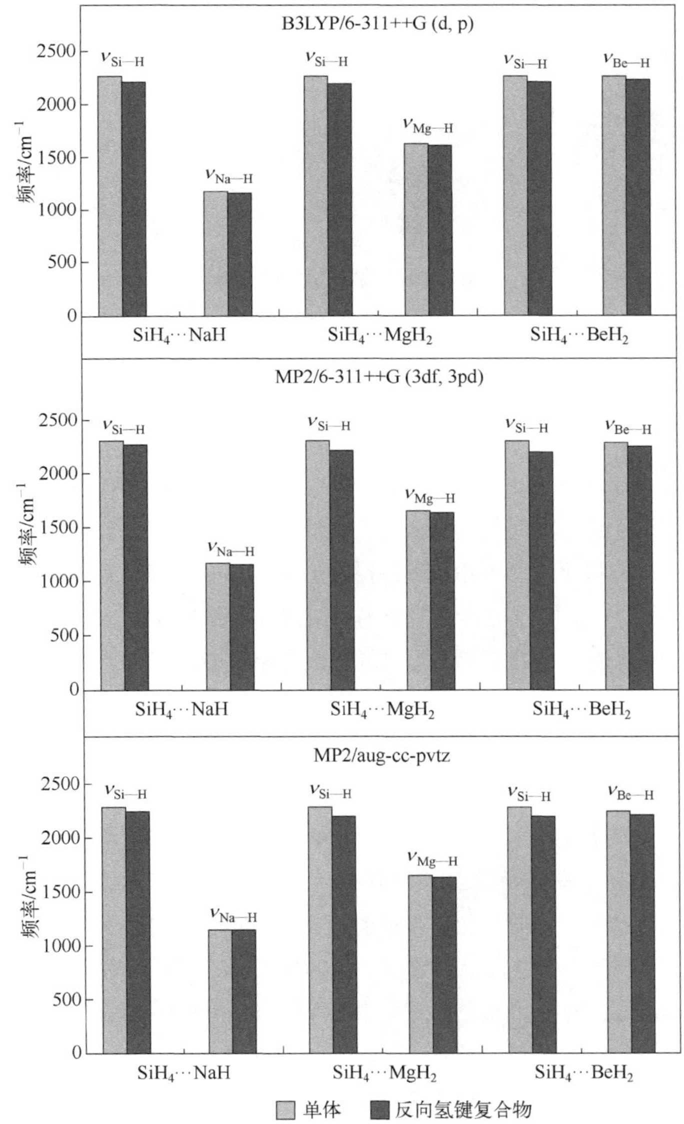

图 2-5　Si—H、Na—H、Mg—H 及 Be—H 键的伸缩振动频率比较

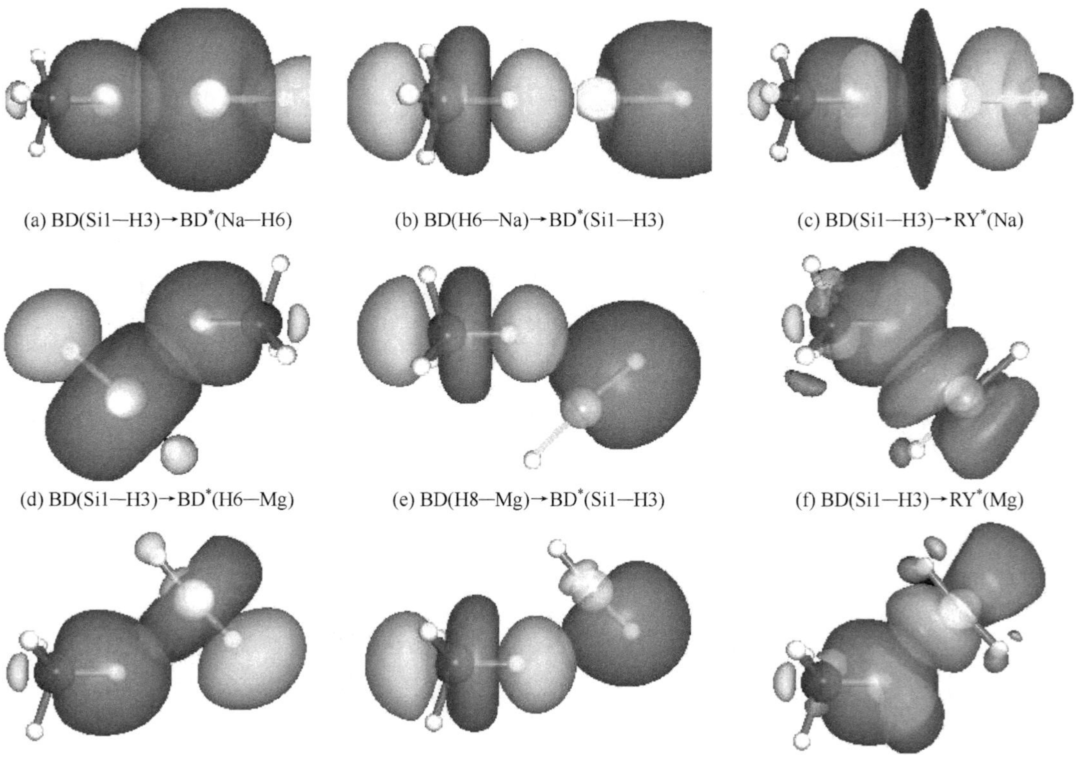

(a) BD(Si1—H3)→BD*(Na—H6)　(b) BD(H6—Na)→BD*(Si1—H3)　(c) BD(Si1—H3)→RY*(Na)

(d) BD(Si1—H3)→BD*(H6—Mg)　(e) BD(H8—Mg)→BD*(Si1—H3)　(f) BD(Si1—H3)→RY*(Mg)

(g) BD(Si1—H3)→BD*(Be—H6)　(h) BD(H8—Be)→BD*(Si1—H3)　(i) BD(Si1—H3)→RY*(Be)

图 2-6　自然键轨道相互作用 3D 图

在 SiH_4…NaH 中，主要存在 3 种电荷转移作用：BD(Si1—H3)→BD*(Na—H6)［图 2-6（a）］、BD(H6—Na)→BD*(Si1—H3)［图 2-6（b）］和 BD(Si1—H3)→RY*(Na)［图 2-6（c）］。其中 BD(Si1—H3)向 BD*(Na—H6)的电荷转移作用最强，对应了最大的二级稳定化能 11.38 kJ/mol。以上 3 种自然键轨道间电荷转移使得 Si1—H3 成键轨道的电子布居减少，或反键轨道电子布居增大；同时，第 1 种和第 3 种电荷转移分别使 Na—H6 反键轨道电子布居增大和 Na—H6 成键轨道电子布居减少。3 种电荷转移转移作用的总结果是 Si1—H3 成键轨道的电子布居减小了 12.43 me，反键轨道电子布居增大了 5.13 me，Si1—H3 键长明显增大；Na—H6 反键轨道电子布居增大了 11.21 me，成键轨道的电子布居减小了 3.28 me。在 SiH_4…BeH_2 中，主要存在如图 2-6（g）、（h）、（i）所示的 3 类（4 种）轨道间电荷转移，总结果是 Si1—H3 成键轨道的电子布居减小了 10.07 me，反键轨道电子布居增大了 2.39 me，导致 Si1—H3 键长明显增大；Be—H6 反键轨道电子布居增大 1.57 me，成键轨道的电子布居减小了 30.3 me。在 SiH_4…MgH_2 中，轨道间电荷转移［如图 2-6（d）、（e）、（f）］与 SiH_4…BeH_2 中的情况类似，但也有自己的特点，比如 Si1—H3 成键轨道的电子向 H6—Mg 反键轨道和 H8—Mg 反键轨道的转移程度并不相当，前者的二级稳定化能为 10.08 kJ/mol，而后者仅为 1.45 kJ/mol；电荷转移导致 Si1—H3 成键轨道的电子布居减小，反键轨道的电子布居增大。但是值得注意的是，与其他两种复合物中的情况不同，SiH_4…MgH_2 中 H6—Mg 成键轨道的电子布居增大，而反键轨道的电子布居减小。这是因为在 SiH_4…MgH_2 中，由于反向氢键的形成，MgH_2 单元内的 NBO 电荷转移作用显著减弱。从表 2-6 中各类电荷转移的二级稳定化能的大小还可以看出，在 3 个复合物中，电子流向都主要表现为 SiH_4→MeH_n（$n=1,2$），而电子的 MeH_n（$n=1,2$）→ SiH_4 流动趋势很有限。所以说与传统氢键相比，这里 Si—H 既是氢键供体，又是电子供体，从而形成反向氢键结构。

可以利用核磁共振波谱这一现代物理工具与方法，更进一步探究形成复合物时电子的转移方向，表 2-7 给出了 B3LYP/6-311++G(d, p)理论水平上各物质的 H 原子化学位移值。从表 2-7 中可以看出，对 SiH_4 单元来说，Si 和其他 H（2, 4, 5）的化学位移有向低场移动的趋势，而直接参与反向氢键形成的 H3 化学位移向高场移动，同时 MeH_n（$n=1,2$）单元中与反向氢键结构密切相关的 H6 化学位移表现出向高场移动的趋势，这说明 SiH_4 中电负性 H 的确可以作为电子供体，与 Na、Mg 和 Be 金属的氢化物形成反向氢键。

表 2-7　B3LYP/6-311++G(d, p)理论水平上 SiH_4、MeH_n（Me = Na, Mg，Be；$n=1,2$）及复合物的 H 原子化学位移　　单位：ppm

物质	H3	Si1	H（2, 4, 5）	Me（Me = Na, Mg, Be）	H6	H8
SiH_4	28.0	448.5	28.0	—	—	—
NaH	—	—	—	573.9	25.8	—
MgH_2	—	—	—	433.0	27.0	27.0
BeH_2	—	—	—	79.3	28.3	28.3
SiH_4…NaH	28.8	441.3	27.9	560.8	26.0	—
SiH_4…MgH_2	28.4	436.4	27.9	445.0	27.001	26.8
SiH_4…BeH_2	28.02	441.2	28.0	81.1	28.36	28.2

2.3.5　电子密度拓扑分析（AIM）

电子密度梯度 $\nabla\rho(r)$ 可以帮助建立鞍点间的联系，并定义分子中的原子域（atom basin）。图 2-7 给出了 3 个反向氢键复合物体系的分子图和电子密度拓扑图（图中的黑点表示键鞍点，灰点表示环鞍点，三角形表示原子位置）。从图 2-7（f）中可以看出，复合物 SiH_4…BeH_2 中存在（3, +1）环鞍点和（3, −1）键鞍点两种类型的鞍点，而复合物 SiH_4…NaH 和 SiH_4…MgH_2 中只存在（3, −1）键鞍点，特别是 3 个复合物中，H3…Na、H3…Mg 和 H3…H6 及 H3…H8 间均存在（3, −1）键鞍点。另外，电子密度拓扑图显示有三类梯度线，第一类起始于无穷远处，终止于原子核；第二类起始于各（3, −1）点（键鞍点），沿着电荷密度最大增加的方向终止于临近的两个原子，作为两原子间唯一的一对梯度线，形成连接两个原子的键径（bond path）；第三类也起始于（3, −1）点，但沿着电荷密度最大减小的方向终止于无穷远处，在三维空间中，这样的梯度线就形成了原子间的分界面（interatomic surface）。分界面与（3, −3）点（原子核位置）结合，就是分子中的原子领域。

表 2-8 列出了复合物中反向氢键鞍点处的电子密度拓扑性质。从表 2-8 中可以看出，SiH_4…NaH 和 SiH_4…MgH_2 两个复合物中 H3…Na 和 H3…Mg 电子密度的 Hessian 矩阵本征值都为一正两负，因此可以认为 H3…Na 及 H3…Mg 间的鞍点都属于键鞍点。而且 H3…Na 和 H3…Mg 的 $\rho(r)$都较小，分别为 0.0069 a.u.和 0.0080 a.u.，说明复合物中的反向氢键相互作用

较弱。另外，各键鞍点处的 Laplacian 量 $\nabla^2\rho(r)$均为较小的正值（小于 0.025 a.u.），说明这种相互作用偏向于以静电作用为主。这些也是分子间闭壳型相互作用的特征。值得注意的是，在 $SiH_4\cdots BeH_2$ 复合物中，仅存在 H3⋯H6 和 H3⋯H8 键鞍点，而未发现 Be⋯H3 键鞍点，可见 SiH_4 与 BeH_2 相互作用形成反向氢键时，复合物整体呈环状结构。

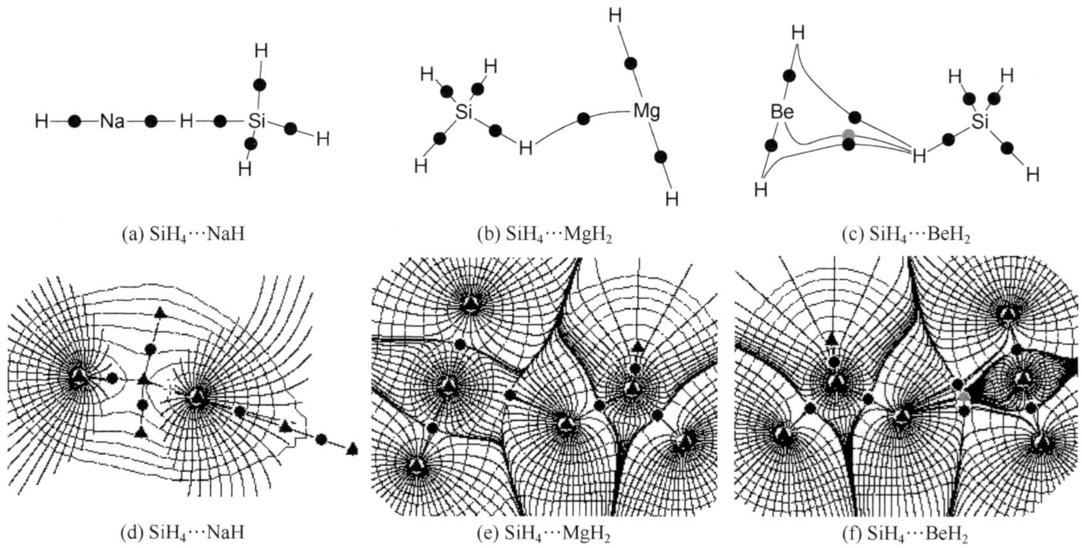

图 2-7 反向氢键复合物的分子图［(a)～(c)］和相应的电子密度拓扑图［(d)～(f)］

表 2-8 复合物中反向氢键鞍点处的电子密度拓扑性质

复合物	原子对	$\rho(r_c)$/a.u.	λ_1	λ_2	λ_2	$\nabla^2\rho(r_c)$/a.u.
$SiH_4\cdots NaH$	Na⋯H3	0.0069	−0.0065	−0.0065	0.0380	0.0249
$SiH_4\cdots MgH_2$	Mg⋯H3	0.0080	−0.0059	−0.0011	0.0252	0.0182
$SiH_4\cdots BeH_2$	H3⋯H6	0.0073	−0.0053	−0.0021	0.0205	0.0132
	H3⋯H8	0.0072	−0.0052	−0.0012	0.0188	0.0124
	Be⋯H3	0.0071	−0.0051	0.0010	0.0164	0.0123

总之，本节采用密度泛函 B3LYP 和二级微扰 MP2 理论计算方法研究了 SiH_4 和 MeH_n（Me = Na, Mg, Be；$n = 1, 2$）分子间的弱相互作用，报道了 3 个 $H_3SiH\cdots MeH_n$ 复合物体系中的反向氢键结构和电子性质。经 MP2/aug-cc-pvtz 水平的计算，在 3 个复合物中，含基组重叠误差(BSSE)校正的分子间相互作用能分别为−6.18 kJ/mol、−9.12 kJ/mol 和−4.28 kJ/mol，可见 3 种反向氢键复合物的相对稳定性顺序为：$SiH_4\cdots MgH_2 > SiH_4\cdots NaH > SiH_4\cdots BeH_2$。NBO 分析及对相关 H 原子化学位移的计算表明，在复合物中，电子流向总体表现为 $SiH_4\rightarrow MeH_n$（$n = 1, 2$），且直接参与反向氢键形成的 H3 化学位移向高场移动，这说明 SiH_4 中电负性 H 的确可以作为电子供体。与传统氢键相比，这里 Si1—H3 既是氢键供体，又是电子供体，从而形成反向氢键相互作用（IHB）。另外，对各复合物中相关键鞍点处的电子密度拓扑性质分析表明，3 种复合物中均存在以静电性质为主的分子间反向氢键弱相互作用。

2.4　脲类含碘衍生物对卤素阴离子氢键和卤键识别机理的计算与性质预测

自从 1828 年尿素分子被人工合成出以来[67]，人们利用巧妙的策略合成了包括脲类衍生物在内的大量结构复杂、功能新颖的有机物分子。1987 年，Nobel 化学奖授予了从事大环聚醚化学研究的美国学者，而这一研究领域正属于近年来逐渐发展和丰富的超分子化学，即通过非共价键弱相互作用力键合起来的复杂有序且有特定功能的分子集合体，是一种“超越分子概念的化学”。从此，人们拓展了分子化学的范畴，开始寻找运用分子作为最小合成单位的新合成策略与方法，进一步设计和开发具有全新功能和特殊性质的新型分子基材料[68-71]。超分子化学的基础是分子识别，而分子识别的基础则是分子间弱相互作用。分子识别这一概念最初是由生物化学家在分子水平上研究生物体系中的化学问题时而提出的，用来描述特殊的选择性和生物功能，现在的分子识别已经发展为表示主体对客体选择性结合并产生某种特定结构，实现特定功能的过程。与分子识别相对应的离子识别过程中的客体为各种离子，其中若客体为阳离子，则属于配位化学的概念；若客体为阴离子，则属于阴离子配位化学的概念。之前，Taylor 等[72]合成了一系列含氟尿素衍生物，并从理论和实验两个方面探讨了它们对卤素阴离子及一些含氧酸根阴离子的识别特性，但并未就识别体系的电子行为与结构进行深入的分析。本节将采用量子化学的理论和方法，讨论同时基于氢键和卤键这两种弱相互作用的尿素无氟含碘衍生物对卤素阴离子的识别机理，特别是将探讨识别体系的电子行为与结构，为进一步设计合成基于高效卤素阴离子识别功能的钳形尿素衍生物主体提供理论依据。

2.4.1　计算方法

经完全均衡校正法（CP）[62]校正后，采用 B3LYP 方法对无氟钳形尿素衍生物对卤素阴离子的识别体系进行构型优化，求得稳定构型并通过频率分析加以确认。对涉及 I^-的识别体系，则对 I 采用相对论有效核心势（ECP）LANL2DZ 基组计算，而对其他原子（C、H、O 和 N）则采用 6-311++G(d,p)基组计算。计算相互作用能时考虑了基组叠加误差（BSSE），另外，采用自然键轨道理论（NBO）[41]计算了复合物体系的电子行为。其中，NBO 计算用 NBO 5.0[43]程序完成，其他计算采用 Gaussian 03[73]程序完成。

2.4.2　几何结构

采用 DFT/B3LYP 方法在 6-311++G(d,p)基组下分别对无氟钳形尿素衍生物受体及其卤素阴离子识别体系进行构型优化，所得到的稳定几何构型如图 2-8 所示。从图 2-8 中可以看出，本节所讨论的受体分子的稳定构型有 A 和 B 两种，其中 B 构型 2 个 N—H 键的伸展方向远离 2 个 C—I 键，这样的受体构型与卤素阴离子结合时只能形成单纯的氢键识别体系（如图 2-8 中 B-X）或单纯的卤键识别体系，也就是说，不能形成同时基于氢键和卤键的钳形尿素衍生物对卤素阴离子的识别体系；而对于 A 构型，其 2 个 N—H 键的伸展方向靠近 2 个 C—I 键，这 4 个基团在空间形成四齿钳形结构，能够形成同时基于氢键和卤键的钳形尿素衍生物对卤素阴离子的识别体系。因此 A 构型及其对卤素阴离子的识别体系是这里讨论的主要对象。在形成识别体系时，两个 N—H 键与 X^-间形成了两个 N—H⋯X 氢键，同时两个 C—I 键与 X^-间形成了两个 C—I⋯X 卤键。表 2-9 列出了受体构型 A 及其卤素阴离子识别体系的一些关键键参数。在形成识别体系之后，受体结构单元中的两个 N—H 键长均有显著增大，这是形成红移氢键的显著特征。受体结构单元中的两个 C—I 键长变化比较特殊，对于 A⋯F^-体系，卤键供体 C—I 键长稍有减小；而对 A⋯Cl^-、A⋯Br^-和 A⋯I^-体系，C—I 键长有所增大，且从 Cl^-、Br^-到 I^-，C—I 键长增量依次增加。另外，就氢键和卤键结构涉及的键角 θ_1、θ_2、θ_3和 θ_4，这四个键角大小较为接近，且并未表现出很大程度的偏离直线构型的趋势，这属于较强氢键或卤键的结构特征。H 原子范德瓦耳斯半径和共价半径的实验值分别为 1.20 Å 和 0.37 Å，F 原子的范德瓦耳斯半径和共价半径的实验值分别为 1.47 Å 和 0.64 Å。在 A⋯F^-体系中，理论计算得到的两个 H⋯F 距离（d_1, d_2）分别为 1.8672 Å 和 1.8724 Å，可见直接参与氢键形成的相应两个原子间距离均小于它们的范德瓦耳斯半径之和而大于它们的共价半径之和，由此可以推断，H⋯F 这两个原子之间一定存在比范德瓦耳斯力更强的氢键作用力。当然，注意到 d_1 和 d_2 并不相等，这说明这里形成的两个氢键结构在强度上并不完全对称。同样地，理论计算的两个 I⋯F 距离（d_3, d_4）分别为 2.7928 Å 和 2.7911 Å，而 I 原子的范德瓦耳斯半径和共价半径的实验值分别为 1.98 Å 和 1.33 Å，可见 d_3 和 d_4 均小于它们的范德瓦耳斯半径之和而大于它们的共价半径之和，从几何构型特征上说明 C—I⋯F⋯I—C 卤键的存在。在其他 3 个体系中，相关氢键和卤键原子间的距离也有这样的特点。

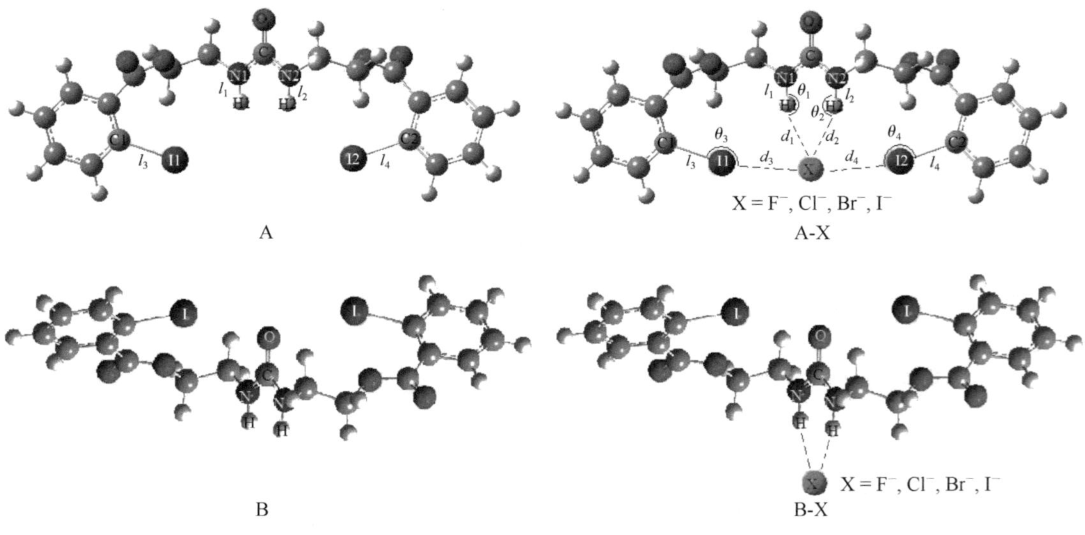

图 2-8 单体及卤素阴离子识别体系的几何构型

表 2-9 单体及卤素阴离子识别体系的部分关键键参数 单位：Å

体系	l_1	l_2	l_3	l_4	d_1	d_2	d_3	d_4
A	1.0063	1.0063	2.1578	2.1578	—	—	—	—
A⋯F^-	1.0295	1.0291	2.1562	2.1563	1.8672	1.8724	2.7928	2.7911
A⋯Cl^-	1.0182	1.0182	2.1619	2.1620	2.5806	2.5808	3.2725	3.2727
A⋯Br^-	1.0175	1.0177	2.1662	2.1659	2.7800	2.7680	3.4205	3.4242
A⋯I^-	1.0157	1.0157	2.1683	2.1683	3.1066	3.1059	3.6856	3.6858

2.4.3　相互作用能及振动分析

表 2-10 给出了体系中分子识别总相互作用能(ΔE)和经 BSSE 校正后的氢键识别相互作用能（ΔE_{CP}）。从表 2-10 中数据可以看出，经 CP 方法进行 BSSE 校正后，氢键识别相互作用能（ΔE_{CP}）变小，在校正基组叠加误差 BSSE 时，特别是对 C…F^-体系而言，BSSE 高达 192.03 kJ/mol，对 BSSE 最小的 C…I^-体系，其值也不可忽略。计算结果显示，A…F^-、A…Cl^-、A…Br^-和 A…I^-体系中，经 BSSE 校正后的分子识别相互作用能 ΔE_{CP}分别为−48.90 kJ/mol、−121.78 kJ/mol、−311.42 kJ/mol 和−96.55 kJ/mol。据此，可以给出 4 个体系的相对稳定性顺序为：A…Br^- > A…Cl^- > A…I^- > A…F^-。这说明从结合强度上来看，受体 A 对 Br^-具有最好的识别能力，而对 F^-的识别能力相对较弱。这里计算得到的相互作用能 ΔE_{CP}的绝对值较大，从前文几何构型的特征可知，每个识别体系中形成了两个 N—H…X^-氢键和两个 C—I…X^-卤键，共 4 个非共价弱键，因此 ΔE_{CP}的绝对值较大是可以理解的。

表 2-10　总相互作用能（ΔE）和经 BSSE 校正的氢键识别相互作用能（ΔE_{CP}）

体系	ΔE/(kJ/mol)	BSSE/(kJ/mol)	ΔE_{CP}/(kJ/mol)
A…F^-	−240.93	192.03	−48.90
A…Cl^-	−148.02	26.24	−121.78
A…Br^-	−350.54	39.12	−311.42
A…I^-	−110.36	13.81	−96.55

表 2-11 给出了受体分子 A 及其卤素阴离子识别体系中 N—H 和 C—I 键的伸缩振动频率（ν）、振动强度（I）和频率移动（Δν）。识别弱相互作用的存在，往往伴随着弱键供体伸缩振动频率的移动。从表 2-11 中可以看出，卤素阴离子 X^-与受体结合后，受体分子中的 N—H 键伸缩振动频率均发生红移，且其振动强度 I 显著增大。在 Z—H…Y 型氢键相互作用体系中，Z—H 伸缩振动红外光谱强度增大是红移氢键所具有的典型特征。例如，在 A…F^- 识别体系中，N—H 键伸缩振动频率发生显著红移，红移值高达 294.05 cm^{-1}，振动强度由单体的 8.26 km/mol 增大为 549.53 km/mol。对于受体分子中的卤键供体 C—I 键而言，在 4 个复合物中，其伸缩振动频率均发生了不同程度的蓝移，蓝移值在 12～17 cm^{-1}。其中在 A…F^-识别体系中，C—I 键伸缩振动属正常蓝移（键长减小，频率增大）；其他三个识别体系中，C—I 键伸缩振动属反常蓝移（键长增大，频率也增大）。另外，C—I 键伸缩振动频率均发生蓝移的同时，其振动强度均有所减小。

表 2-11　受体 A 及其卤素阴离子识别体系中 N—H、C—I 键的伸缩振动频率（ν）、振动强度（I）和频率移动（Δν）

体系	ν_{N-H}/cm^{-1}	I_{N-H}/(km/mol)	Δν_{N-H}/cm^{-1}	ν_{C-I}/cm^{-1}	I_{C-I}/(km/mol)	Δν_{C-I}/cm^{-1}
A	3627.45	8.26	—	1037.16	29.16	—
A…F^-	3333.40	549.53	−294.05	1054.7	5.52	17.54
A…Cl^-	3505.03	312.12	−112.42	1051.85	9.44	14,69
A…Br^-	3511.45	302.35	−116.00	1050.7	10.43	13.54
A…I^-	3539.19	266.82	−88.26	1049.47	12.34	12.31

2.4.4　自然键轨道计算

为了揭示 A 对 X^-的识别机制，表 2-12 列出了 NBO 分析相关计算结果。从表 2-12 中可以看出，卤素阴离子 X^-（X^- = F^-, Cl^-, Br^-, I^-）上均有 4 对孤对电子，分别表示为 LP1、LP2、LP3 和 LP4，在识别过程中，它们都充当了氢键或卤键电子供体的角色，但是这些孤对电子轨道的杂化类型不完全相同，对电荷转移的贡献也不相同。在 4 种识别体系中，均涉及由相关氢键和卤键的自然键轨道间相互作用而带来的电荷转移。其中，相关氢键的自然键轨道间相互作用为卤素阴离子 X^-上的对孤对电子轨道与受体分子的 N—H σ^*反键轨道[BD^*(N—H)]间的相互作用；相关卤键的自然键轨道间相互作用为卤素阴离子 X^-上的对孤对电子轨道与受体分子的 C—I σ^*反键轨道［BD^*(C—I)］间的相互作用。表 2-12 中列出了自然键轨道间相互

表 2-12　NBO 分析 A⋯X^-中的轨道相互作用及电荷转移

体系	电子供体/类型	电子受体	$E^{(2)}$/(kcal/mol)	Δq/e[BD^*(N—H)或BD^*(C—I)]	Δ_{NBO}/e
A⋯F^-	LP1(F^-)/s(92.78%)$p^{0.08}$(7.22%)	BD^*(N1—H1)	2.68	0.04513	0.294
	LP2(F^-)/s(0.00%)$p^{1.00}$(100.00%)	BD^*(N1—H1)	3.14		
	LP3(F^-)/s(7.22%)$p^{12.85}$(92.78%)	BD^*(N1—H1)	11.37		
	LP4(F^-)/s(0.00%)$p^{1.00}$(100.00%)	BD^*(N1—H1)	1.48		
	LP1(F^-)/s(92.78%)$p^{0.08}$(7.22%)	BD^*(N2—H2)	2.75	0.04565	
	LP2(F^-)/s(0.00%)$p^{1.00}$(100.00%)	BD^*(N2—H2)	3.04		
	LP3(F^-)/s(7.22%)$p^{12.85}$(92.78%)	BD^*(N2—H2)	11.69		
	LP4(F^-)/s(0.00%)$p^{1.00}$(100.00%)	BD^*(N2—H2)	1.53		
	LP1(F^-)/s(92.78%)$p^{0.08}$(7.22%)	BD^*(C1—I1)	2.78	0.06302	
	LP2(F^-)/s(0.00%)$p^{1.00}$(100.00%)	BD^*(C1—I1)	0.07		
	LP4(F^-)/s(0.00%)$p^{1.00}$(100.00%)	BD^*(C1—I1)	7.49		
	LP1(F^-)/s(92.78%)$p^{0.08}$(7.22%)	BD^*(C2—I2)	2.76	0.06274	
	LP2(F^-)/s(0.00%)$p^{1.00}$(100.00%)	BD^*(C2—I2)	0.07		
	LP4(F^-)/s(0.00%)$p^{1.00}$(100.00%)	BD^*(C2—I2)	7.44		
A⋯Cl^-	LP1(Cl^-)/s(89.62%)$p^{0.12}$(10.38%)	BD^*(N1—H1)	0.20	0.01820	0.196
	LP2(Cl^-)/s(0.00%)$p^{1.00}$(100.00%)	BD^*(N1—H1)	0.88		
	LP3(Cl^-)/s(10.38%)$p^{12.85}$(89.62%)	BD^*(N1—H1)	5.21		
	LP4(Cl^-)/s(0.00%)$p^{1.00}$(100.00%)	BD^*(N1—H1)	0.39		
	LP1(Cl^-)/s(89.62%)$p^{0.12}$(10.38%)	BD^*(N2—H2)	0.21	0.01821	
	LP2(Cl^-)/s(0.00%)$p^{1.00}$(100.00%)	BD^*(N2—H2)	0.86		
	LP3(Cl^-)/s(10.38%)$p^{12.85}$(89.62%)	BD^*(N2—H2)	5.22		
	LP4(Cl^-)/s(0.00%)$p^{1.00}$(100.00%)	BD^*(N2—H2)	0.39		
	LP1(Cl^-)/s(89.62%)$p^{0.12}$(10.38%)	BD^*(C1—I1)	1.46	0.05728	
	LP3(Cl^-)/s(10.38%)$p^{12.85}$(89.62%)	BD^*(C1—I1)	0.33		
	LP4(Cl^-)/s(0.00%)$p^{1.00}$(100.00%)	BD^*(C1—I1)	6.70		
	LP1(Cl^-)/s(89.62%)$p^{0.12}$(10.38%)	BD^*(C2—I2)	1.46	0.05737	
	LP3(Cl^-)/s(10.38%)$p^{12.85}$(89.62%)	BD^*(C2—I2)	0.33		
	LP4(Cl^-)/s(0.00%)$p^{1.00}$(100.00%)	BD^*(C2—I2)	6.72		

续表

体系	电子供体/类型	电子受体	$E^{(2)}$/(kcal/mol)	Δq/e[BD*(N—H)或BD*(C—I)]	Δ_{NBO}/e
A…Br^-	LP1(Br^-)/s(87.01%)$p^{0.15}$(12.99%)	BD*(N1—H1)	0.17	0.01874	0.226
	LP2(Br^-)/s(1.71%)$p^{57.32}$(98.29%)	BD*(N1—H1)	0.57		
	LP3(Br^-)/s(11.28%)$p^{7.87}$(88.72%)	BD*(N1—H1)	4.68		
	LP4(Br^-)/s(0.00%)$p^{1.00}$(100.00%)	BD*(N1—H1)	0.30		
	LP2(Br^-)/s(1.71%)$p^{57.32}$(98.29%)	BD*(N2—H2)	0.71	0.01817	
	LP3(Br^-)/s(11.28%)$p^{7.87}$(88.72%)	BD*(N2—H2)	4.52		
	LP4(Br^-)/s(0.00%)$p^{1.00}$(100.00%)	BD*(N2—H2)	0.28		
	LP1(Br^-)/s(87.01%)$p^{0.15}$(12.99%)	BD*(C1—I1)	1.20	0.06962	
	LP2(Br^-)/s(1.71%)$p^{57.32}$(98.29%)	BD*(C1—I1)	0.12		
	LP3(Br^-)/s(11.28%)$p^{7.87}$(88.72%)	BD*(C1—I1)	0.54		
	LP4(Br^-)/s(0.00%)$p^{1.00}$(100.00%)	BD*(C1—I1)	7.28		
	LP1(Br^-)/s(87.01%)$p^{0.15}$(12.99%)	BD*(C2—I2)	1.24	0.07042	
	LP3(Br^-)/s(11.28%)$p^{7.87}$(88.72%)	BD*(C2—I2)	0.55		
	LP4(Br^-)/s(0.00%)$p^{1.00}$(100.00%)	BD*(C2—I2)	7.40		
A…I^-	LP2(I^-)/ s(0.00%)$p^{1.00}$(100.00%)	BD*(N1—H1)	0.40	0.01260	0.201
	LP3(I^-)/s(12.36%)$p^{7.09}$(87.64%)	BD*(N1—H1)	3.23		
	LP4(I^-)/s(0.00%)$p^{1.00}$(100.00%)	BD*(N1—H1)	0.17		
	LP2(I^-)/ s(0.00%)$p^{1.00}$(100.00%)	BD*(N2—H2)	0.40	0.01257	
	LP3(I^-)/s(12.36%)$p^{7.09}$(87.64%)	BD*(N2—H2)	3.22		
	LP4(I^-)/s(0.00%)$p^{1.00}$(100.00%)	BD*(N2—H2)	0.17		
	LP1(I^-)/ s(87.64%)$p^{0.14}$(12.36%)	BD*(C1—I1)	0.67	0.06697	
	LP3(I^-)/s(12.36%)$p^{7.09}$(87.64%)	BD*(C1—I1)	0.57		
	LP4(I^-)/s(0.00%)$p^{1.00}$(100.00%)	BD*(C1—I1)	5.97		
	LP1(I^-)/ s(87.64%)$p^{0.14}$(12.36%)	BD*(C2—I2)	0.67	0.06699	
	LP3(I^-)/s(12.36%)$p^{7.09}$(87.64%)	BD*(C2—I2)	0.57		
	LP4(I^-)/s(0.00%)$p^{1.00}$(100.00%)	BD*(C2—I2)	5.98		

作用的微扰稳定化能 $E^{(2)}$，$E^{(2)}$反映了轨道间相互作用的强弱程度，$E^{(2)}$越大，相关轨道间的电荷转移就越容易。以 A…Cl^-为例，在该识别体系中，Cl^-上的 4 对孤对电子 LP1、LP2、LP3 和 LP4 均向 BD*(N1—H1)轨道转移电荷，同时也向 BD*(N2—H2)转移电荷，其中 LP3(Cl^-)/杂化类型为 s(10.38%)$p^{12.85}$(89.62%)的第三对孤对电子轨道 LP3 向 BD*(N1—H1) 轨道转移电荷的程度最强，其 $E^{(2)}$值达到了 5.21 kcal/mol，加上其他三对孤对电子向 BD*(N1—H1)轨道转移的电荷，总的结果是 BD*(N1—H1) 轨道上的电子布居数增加了 0.01820 e，属氢键相互作用的结果；另外，Cl^-上的 4 对孤对电子中，只有 LP1、LP3 和 LP4 三对孤对电子向 BD*(C—I)轨道转移电荷，其中，起主要电荷转移作用的是 p 型 LP4 轨道，其 $E^{(2)}$值高达到 6.70 kcal/mol，三对孤对电子总的转移结果是 BD*(C—I)轨道电子布居数增加了 0.05728 e，属卤键相互作用的结果；当然 Cl^-上的电子通过氢键和卤键弱作用，其上的 NBO 电荷布居数增加了 0.196 e。

为了更直观地描述识别体系中涉及的轨道间电荷转移作用，图 2-9（a）～（n）给出了 A…Cl^-体系中所有 14 种轨道间相互作用的 3D 图，图中轨道交盖的大小代表着电荷转移的多少和强弱。此外，图 2-10 中同时显示了 Cl^-上杂化状态为 s(89.62%)$p^{0.12}$(10.38%)的第一对孤对电子

LP1 与 BD*(N1—H1)和 BD*(N2—H2)轨道间相互作用的 2D［图 2-10（a）］和 3D［图 2-10（b）］图，可以看出，这对孤对电子轨道与 BD*(N1—H1)和 BD*(N2—H2)轨道的交盖非常有限，其 $E^{(2)}$值仅为 0.2 kcal/mol 左右，也就是说 LP1 对氢键识别作用贡献很小。就 Cl^-上纯 p 型轨道的 LP4 孤对电子而言，它与 BD*(N1—H1) 和 BD*(N2—H2)轨道相互作用的 $E^{(2)}$值也只有 0.39 kcal/mol，轨道间的交盖不明显［图 2-10（c）］，对氢键识别作用的贡献也非常小。但是 LP4 与 BD*(C1—I1)和 BD*(C2—I2)轨道交盖显著［图 2-10（d）］，在三对相关的孤对电子中，对卤键识别作用的贡献最大。

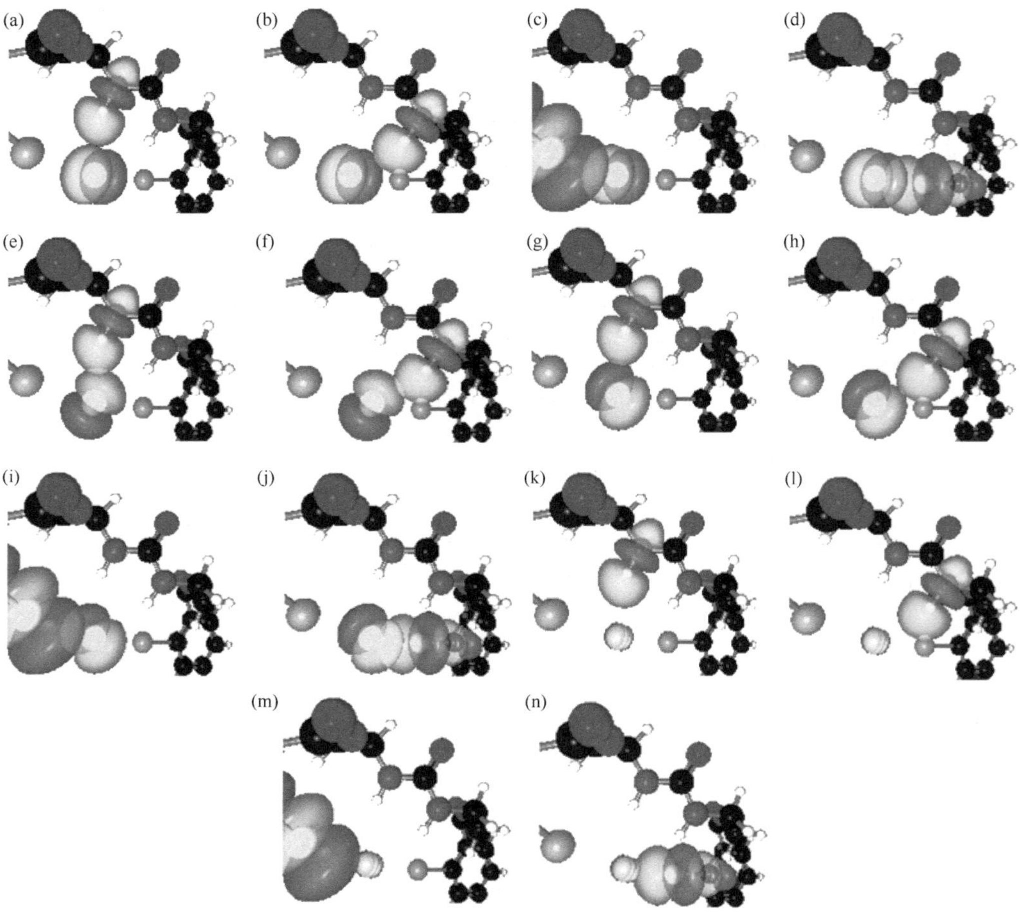

图 2-9　A…Cl^-识别体系中涉及氢键和卤键的 14 种轨道间相互作用的 3D 图

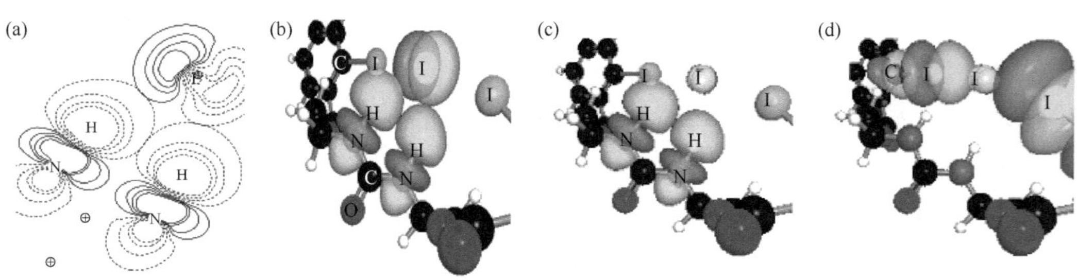

图 2-10　A…Cl^-识别体系中 LP1(Cl^-)与 BD*(N—H)轨道相互作用的 2D 图（a）及 3D 图（b）；LP4 与 BD*(N—H)轨道相互作用的 3D 图（c）；LP4 与 BD*(C—I)轨道相互作用的 3D 图（d）

总之，本节中采用密度泛函 B3LYP 理论计算方法探讨了同时基于氢键和卤键这两种弱相互作用的尿素无氟含碘衍生物 A 对卤素阴离子（F^-、Cl^-、Br^-和 I^-）的识别机理，电子行为分析发现尿素衍生物受体分子 A 以其结构中的两个 N—H 键和两个 C—I 与卤素阴离子间形成四齿弱键进行识别，其中包括 2 个 N—H…X^-红移氢键和 2 个 C—I…X^-蓝移卤键弱相互作用。另外，四个识别体系中，经 BSSE 校正后的分子识别相互作用能 ΔE_{CP} 分别为−48.90 kJ/mol、−121.78 kJ/mol、−311.42 kJ/mol 和−96.55 kJ/mol，从结合强度上来看，受体 A 对 Br^-和 Cl^-具有较好的识别能力，而对 F^-的识别能力相对较弱。当然，随着密度泛函理论的不断发展，目前普遍采用 D3 或 D4 等色散校正方法，以便能更好地描述长程相互作用，更为准确地研究分子识别体系。

2.5　双齿氢键和双侧阴离子-π 协同组合阴离子识别机理的计算预测

多种弱键协同作用对阴离子的识别键合作用是近年来阴离子识别领域的研究热点[74-80]，本节对基于双齿氢键和双侧阴离子-π 协同组合的非共价相互作用下 *N,N'*-五氟苯甲酸乙酯基脲（BFUR）受体对 F^-、Cl^-、Br^-、I^-、CO_3^{2-}、NO_3^-和 SO_4^{2-}等 7 种常见无机阴离子的识别机理进行了深入的理论研究（图 2-11），对新型阴离子识别受体的理性设计具有重要意义。

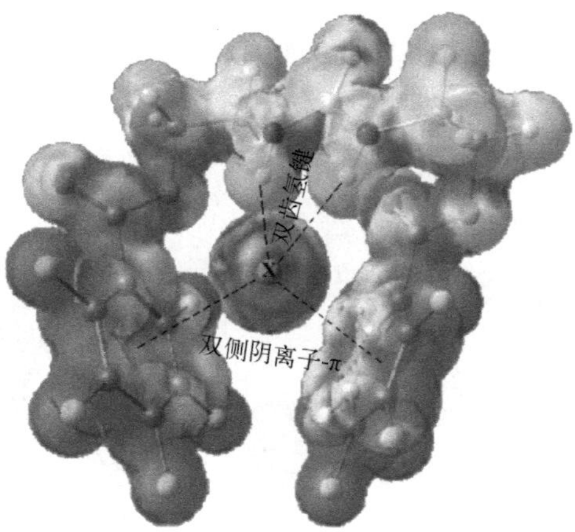

图 2-11　双齿氢键和双侧阴离子-π 协同组合非共价作用常见阴离子识别模式

2.5.1　计算方法

采用 Grimme 的 DFT-D3 方法[27]对 BFUR@X（$X = F^-, Cl^-, Br^-, I^-, CO_3^{2-}, NO_3^-, SO_4^{2-}$）体系中阴离子识别性能进行研究。DFT-D3 对 DFT 方法进行了经验色散校正[81]，它是一种能适当描述超分子化学体系的密度泛函理论[82-83]。计算中，非对称性限制几何构型优化在 B3LYP-D3/6-31++G(d,p)水平上完成，但是对碘原子采用廉价双-ζMIDIX[84]基组。通过频率分析以确定优化后的几何构型是否为复合物势能面上的稳定结构或过渡态结构。阴离子识别的结合能（ΔE_{int}^{CP}）计算考虑了对基组重叠误差的校正[62]。对 ΔE_{int}^{CP} 的分解计算采用 LMO-EDA

方法[85]在 GAMESS-US 2014 程序[86]中完成，弱相互作用域[87]计算采用 Multiwfn 程序[88-89]完成，其他计算利用 Gaussian 16 D01[90]程序完成。

2.5.2 几何结构

在 BFUR@X（X = F^-, Cl^-, Br^- , I^-, CO_3^{2-}, NO_3^-, SO_4^{2-}）体系中的双侧阴离子-π 结构中，所有的阴离子并非恰好处于芳环的正上方，且双侧阴离子-π 结构并不对称（图 2-12）。如 F^-与 Br^-、I^-相比，它更加偏离芳环中心，这可以归因于双侧阴离子-π 相互作用与双齿氢键作用的平衡协同效应。此外，BFUR@F^-体系中 F^-与受体 BFUR 之间的互渗透距离 $d_{penetration}$ 显著地小于 BFUR@Cl^-、BFUR@Br^-和 BFUR@I^-体系，说明 BFUR@F^-体系中受体 BFUR 对 F^-的阴离子-π 识别键合作用较小，但是双齿氢键在 F^-识别中占据绝对的主导地位。

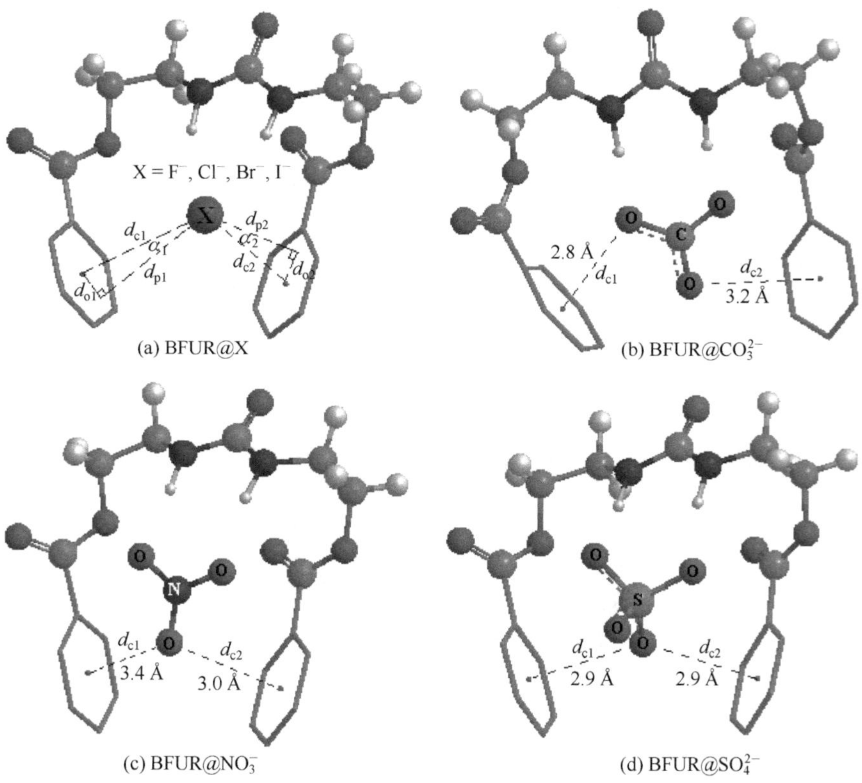

图 2-12　BFUR@X（X = F^-, Cl^-, Br^-, I^-, CO_3^{2-}, NO_3^-, SO_4^{2-}）体系中的双侧阴离子-π 结构

2.5.3 热力学性质

表 2-13 中列出了 BFUR@X（X = F^-, Cl^-, Br^-, I^-, CO_3^{2-}, NO_3^-, SO_4^{2-}）体系中的识别结合能（ΔE_{CP}）、热力学性质（ΔG、ΔH 和 ΔS）及受体分子的变形能（ΔE_D）。对卤素阴离子的识别而言，BFUR 对 F^-的识别结合能比对 Cl^-、Br^-和 I^-的识别能分别大 89.20 kJ/mol、104.63 kJ/mol 和 103.37 kJ/mol，可见从热力学的角度考虑，当 F^-与其他几种卤素阴离子 Cl^-、Br^-和 I^-共存时，F^-可能被受体 BFUR 选择性识别或优先识别。

对三个含氧阴离子 NO_3^-、SO_4^{2-}和 CO_3^{2-}体系而言，阴离子与受体的结合强度和热力学稳定性顺序为 BFUR@NO_3^- << BFUR@SO_4^{2-} < BFUR@CO_3^{2-}。BFUR@NO_3^-体系的 ΔE_{CP} 与 BFUR@X（X = Cl^-, Br^-, I^-）体系相当，但是 BFUR@CO_3^{2-}和 BFUR@SO_4^{2-}体系的 ΔE_{CP} 显著地大于 BFUR@NO_3^-体系，分别高达 512.13 kJ/mol 和 444.21 kJ/mol。可见，对于本研究考察的七种阴离子中，CO_3^{2-}最有可能被BFUR基于双齿氢键和双侧阴离子-π协同组合作用而选择性识别，此外 BFUR 对 SO_4^{2-}也有理想的识别能力。

表 2-13 中还列出了气相中 BFUR 对 7 种阴离子识别键合的热力学信息。受体 BFUR 与这些阴离子识别过程的 ΔG 在−128～−450 kJ/mol，体系的焓变为−158～−488 kJ/mol。BFUR 对 7 种阴离子的识别键合均为焓驱动的热力学自发过程，特别是 BFUR 对 SO_4^{2-}和 CO_3^{2-}的识别具有显著的热力学优势。

表 2-13　BFUR@X（X = F^-, Cl^-, Br^-, I^-, CO_3^{2-}, NO_3^-, SO_4^{2-}）体系中的识别结合能（ΔE_{CP}）、热力学性质（ΔG、ΔH 和 ΔS）及受体分子的变形能（ΔE_D）

体系	ΔE_{CP}/(kJ/mol)	ΔG/(kJ/mol)	ΔH/(kJ/mol)	ΔS/[J/(mol·K)]	ΔE_D/(kJ/mol)
BFUR@F^-	−289.30	−225.27	−251.90	−89.23	32.19
BFUR@Cl^-	−200.10	−137.69	−169.88	−107.96	94.65
BFUR@Br^-	−184.67	−128.11	−158.32	−101.31	91.72
BFUR@I^-	−185.93	−131.90	−163.08	−104.46	88.32
BFUR@CO_3^{2-}	−512.13	−449.28	−487.98	−129.67	84.31
BFUR@NO_3^-	−194.29	−141.12	−170.70	−99.10	25.03
BFUR@SO_4^{2-}	−444.21	−391.38	−419.53	−94.22	51.25

为了进一步探究 BFUR 对 7 种阴离子识别作用的本质，基于定域分子轨道能量分解(LMO-EDA)理论计算了各类弱相互作用对总的结合能的贡献情况(表 2-14)。根据 LMO-EDA 理论，ΔE_{CP} 通常可以分解为静电作用(ΔE_{ES})、交换能(ΔE_{EX})、极化能(ΔE_{POL})、色散能(ΔE_{DISP})和排斥能（ΔE_{REP}），其中前四种能量对识别作用有正向贡献，即为吸引作用。对当前研究的体系而言，由于双齿氢键作用而带来的 ΔE_{ES} 对阴离子识别的 ΔE_{CP} 的贡献最大。然而，ΔE_{DISP} 在四种吸引作用中贡献最小。从表 2-14 中可以看出，BFUR@CO_3^{2-}体系中 ΔE_{ES} 的贡献高达 −684.89 kJ/mol。同时注意到 BFUR@CO_3^{2-}体系中，ΔE_{POL}（−460.76 kJ/mol）对 ΔE_{CP} 的贡献比其他 6 个体系中相应的 ΔE_{POL} 都要显著，这说明 BFUR@CO_3^{2-}体系中的双侧阴离子-π 作用要强于其他体系。

表 2-14　BFUR@X（X = F^-, Cl^-, Br^-, I^-, CO_3^{2-}, NO_3^-, SO_4^{2-}）体系中识别结合能的能量分解

单位：kJ/mol

体系	ΔE_{ES}	ΔE_{EX}	ΔE_{POL}	ΔE_{DISP}	ΔE_{REP}
BFUR@F^-	−343.68	−166.82	−210.00	−61.66	492.86
BFUR@Cl^-	−260.57	−129.45	−110.63	−82.11	382.86
BFUR@Br^-	−238.19	−120.64	−96.72	−82.09	353.05
BFUR@I^-	−236.11	−119.63	−97.26	−79.89	346.96
BFUR@CO_3^{2-}	−684.89	−391.12	−460.76	−112.15	1136.67
BFUR@NO_3^-	−218.53	−90.62	−110.18	−90.83	315.88
BFUR@SO_4^{2-}	−467.45	−233.04	−303.26	−147.47	707.01

2.5.4　紫外-可见吸收光谱

在实验研究中，对紫外-可见吸收光谱的检测是考察受体分子是否能有效识别阴离子的重要手段，因此模拟了自由受体分子 BFUR 及部分识别体系（BFUR@F^-和 BFUR@SO_4^{2-}）的紫外-可见吸收光谱（图 2-13）。自由 BFUR 的紫外-可见吸收光谱显著地不同于 BFUR@X 复合物体系。自由 BFUR 的紫外-可见光谱吸收峰均处在紫外区 190～300 nm［图 2-13（a）］，三个极大吸收波长为 181 nm、217 nm 和 248 nm，分别对应于 $\pi\rightarrow\pi^*$、$n_N\rightarrow\pi^*$和 $n_O\rightarrow\pi^*$电子跃迁。BFUR@F^-的紫外-可见吸收光谱四个吸收峰位置分别为 216 nm、241 nm、296 nm 和 349 nm［图 2-13（b）］，分别对应归属于 $\pi\rightarrow\pi^*$、$n_N\rightarrow\pi^*$、$n_O\rightarrow\pi^*$和 n_X（$X=F^-$）$\rightarrow\pi^*$电子跃迁。在 BFUR@SO_4^{2-}的 UV-Vis 光谱图中，四个吸收峰位置分别为 263 nm、288 nm、345 nm 和 429 nm［图 2-13（c）］，这些吸收峰分别为 $\pi\rightarrow\pi^*$、$n_N\rightarrow\pi^*$、$n_O\rightarrow\pi^*$和 n_X（X 为 SO_4^{2-}中的 O 原子）$\rightarrow\pi^*$电子跃迁的结果。相比而言，BFUR@F^-及 BFUR@SO_4^{2-}复合物形成后，$\pi\rightarrow\pi^*$、$n_{N,O}\rightarrow\pi^*$ 及 $n_X\rightarrow\pi^*$吸收显著地红移，这可能是因为形成复合物后，受体 BFUR 的分子骨架相比其在自由状态时能具有平面状几何构型，即分子中 π 电子的共轭离域效应增强的结果。

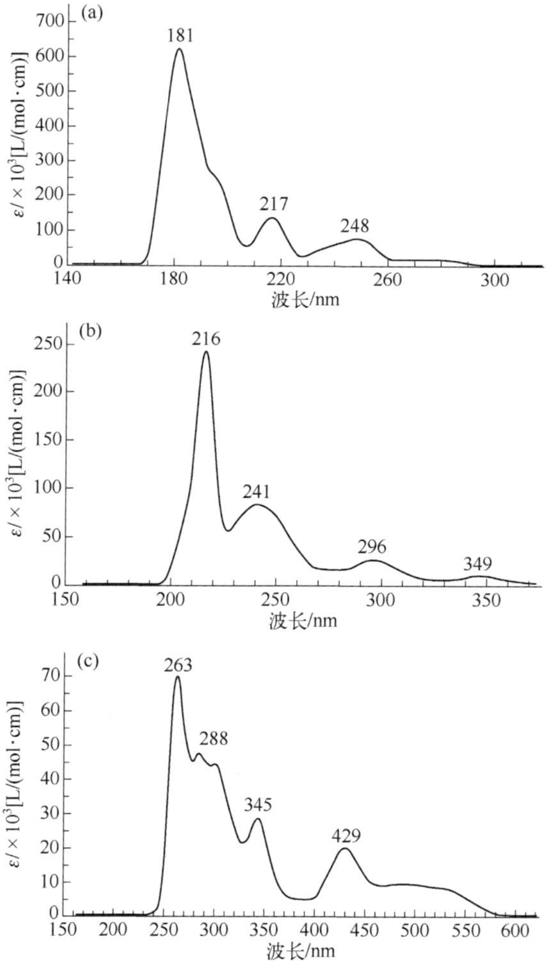

图 2-13　自由受体分子 BFUR（a）、BFUR@F^-（b）和 BFUR@SO_4^{2-}（c）紫外-可见吸收光谱

2.5.5 静电势与弱作用域

范德瓦耳斯体系表面的静电势（ESP）分布是一个较为重要的描述非共价作用特征的参量。通过计算考察了体系表面的静电势（图 2-14），发现自由 BFUR 分子中两个—C_6F_5环与 N—H 基团的两个 H 原子具有正的静电势［图 2-14（a）和（b）］，这一点对阴离子识别很关键，也就是说自由 BFUR 具有双齿氢键和双侧阴离子-π 双重功能。BFUR@X 复合结构形成之后，两个—C_6F_5环与 N—H 基团的两个 H 原子上的静电势显著降低［图 2-14（c）、（d）］，因而阴离子上的负电荷能够有效分散到整个超分子复合物上，这有利于受体分子对阴离子识别的稳定性。

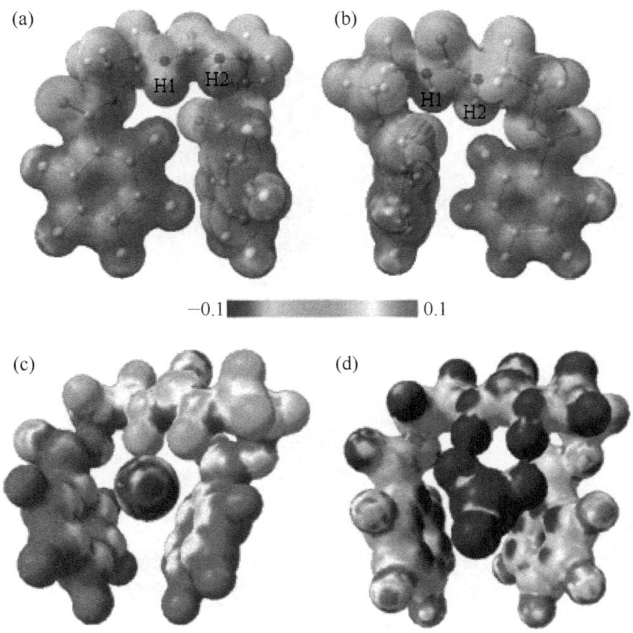

图 2-14　自由 BFUR［（a）正视，（b）侧视］及 BFUR@Cl^-（c）、BFUR@SO_4^{2-}（d）的 ESP

此外，通过计算约化密度梯度（RDG）等值面及其散点图［约化密度梯度函数 RDG 随电子密度乘以第二 Hessian 特征值符号 sign(λ_2)的变化，图 2-15］，可以深入探究受体对各种阴离子识别作用的细微差异。根据相关理论[87]可以推断，当前体系中，N—H⋯CO_3^{2-}⋯H—N 双齿氢键最强，BFUR@SO_4^{2-}结构中的弱相互作用域明显大于 BFUR@CO_3^{2-}和 BFUR@NO_3^-中的弱相互作用域。

功能有机分子 BFUR 可以基于双齿氢键和双齿阴离子-π 相互作用识别 X （X = F^-, Cl^-, Br^-, I^-, CO_3^{2-}, NO_3^-，SO_4^{2-}）阴离子。在所有卤素阴离子的识别中，BFUR 对 F^-具有最大的热力学识别优势。对三个含氧阴离子 NO_3^-、SO_4^{2-}和 CO_3^{2-}而言，BFUR 对其识别的热力学优势依次递增。且在以上七中常见阴离子中，BFUR 对 CO_3^{2-}具有最为显著的识别结合能力。N—H⋯CO_3^{2-}⋯H—N 双齿氢键对识别作用的贡献最大，同时 π⋯CO_3^{2-}⋯π 双侧阴离子-π 相互作用也是七者中最强的。本节基于分子水平进行定量计算与分析，将对深刻认识功能受体分子对常见阴离子的识别机制和相关受体的分子设计有所启发和帮助。

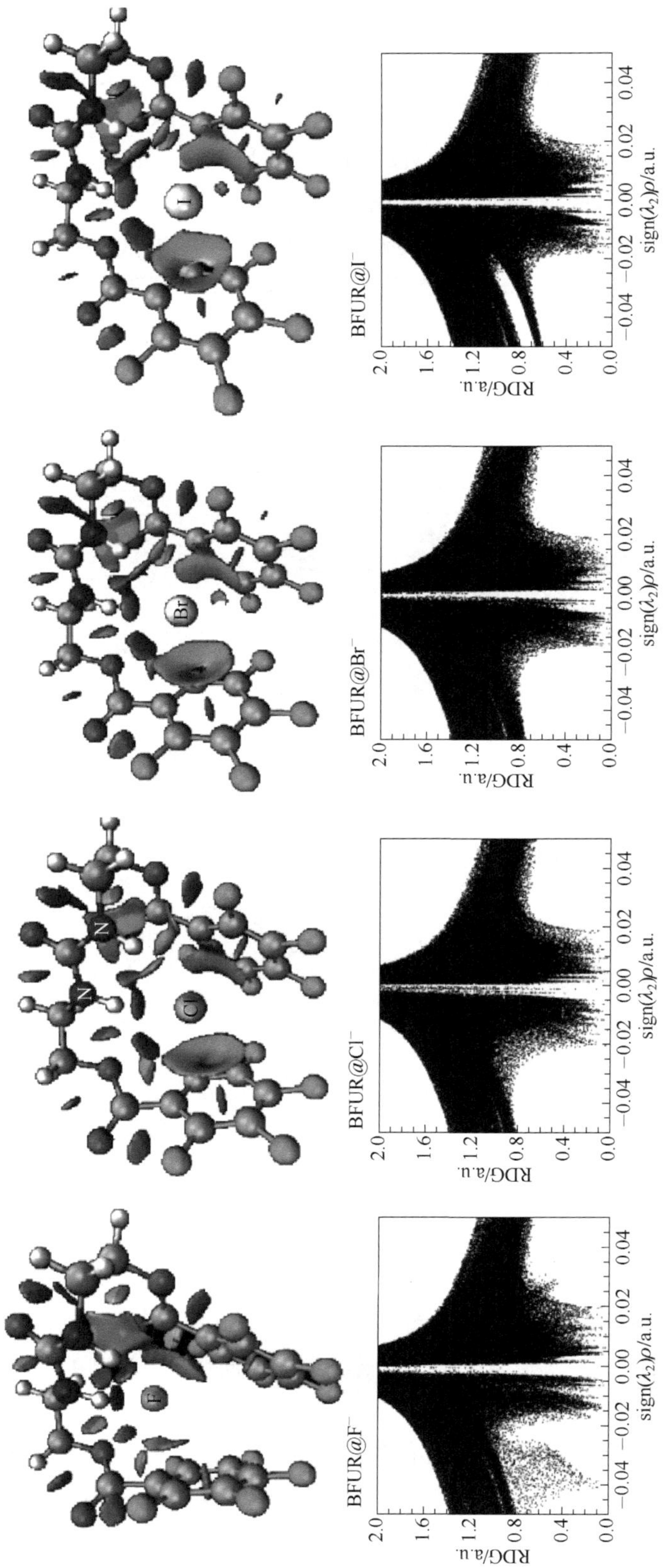

图 2-15 BFUR@F⁻、BFUR@Cl⁻、BFUR@Br⁻和 BFUR@I⁻体系的约化密度梯度等值面

2.6 单原子阴离子-π 相互作用定量几何判断标准的建立

由于阴离子识别在生化过程、传感和环境监测等领域的独特性和重要性，近年来有关阴离子受体的分子设计与合成成了化学家们关注的热点[91-93]。目前，尽管阴离子识别研究已取得了重要的进展[94-98]，但设计和合成特定结构的阴离子受体依然是一项具有挑战的工作。氢键[97-98]、卤键[99-100]、Lewis 酸碱对[101]及阴离子-π 弱相互作用[102-103]都可以作为阴离子识别的驱动力，其中氢键是最经典、应用最广泛的识别手段。相比之下，阴离子-π 弱相互作用却被长期地忽视，这是因为人们对阴离子-π 相互作用的本质认识不足，直觉认为阴离子与芳香电子体系间的作用一定表现为相互排斥。自从阴离子与六氟苯之间的气相团簇反应开创性研究工作被报道以来[104]，有关阴离子-π 非共价相互作用的理论和实验研究被广泛报道[77-79,105]，特别是认识到阴离子与缺电子芳环之间的相互作用是一种典型的非共价作用[102,105]，且诸多研究证明阴离子-π 相互作用主要源于静电和阴离子诱导极化的贡献[106-107]。

近年来，基于多种弱相互作用协同策略的阴离子识别受体分子设计取得了较快的发展[108-109]。Taylor 等[72]成功合成了同时含有—(CO)NH— 和—C_6H_4—X（X = F, I）基团的脲类功能分子，以实现基于氢键和卤键两种不同驱动力的协同作用来选择性识别阴离子。不久前，笔者设计了一种同时含有缺电子芳环结构单元和脲结构单元的阴离子受体分子——*N*-对硝基苯基-*N*-(4-乙烯基-2-五氟苯甲酸苄酯)-苯基脲（FUR）[110]，从理论上计算和探讨了其基于氢键和阴离子-π 协同作用下的卤素阴离子识别性能。

随着对 FUR 类阴离子受体及其衍生物性能研究的进一步深入，有必要对该类受体结构中的五氟苯甲酸苄酯单元上的氟取代基效应做一全面的阐释，为此设计了如图 2-16 所示的 8 种阴离子识别受体结构，以考察氟取代基的数目和位置对卤素阴离子识别体系的几何构型、识别方式和热力学性质的影响，特别是在此基础上给出不依赖于任何经验参数的阴离子-π 相互作用的几何判断标准，并给出解决这一基础理论问题的定量计算策略。

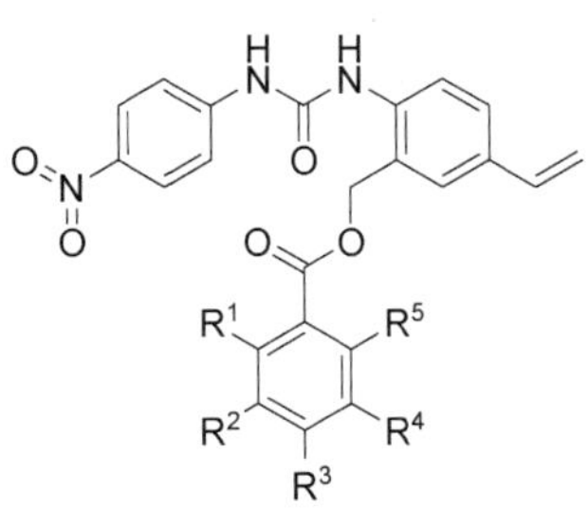

1: R^1 = H, R^2 = H, R^3 = H, R^4 = H, R^5 = H
2: R^1 = H, R^2 = F, R^3 = H, R^4 = H, R^5 = H
3: R^1 = H, R^2 = H, R^3 = H, R^4 = H, R^5 = F
4: R^1 = H, R^2 = F, R^3 = F, R^4 = H, R^5 = H
5: R^1 = H, R^2 = F, R^3 = H, R^4 = H, R^5 = F
6: R^1 = F, R^2 = F, R^3 = F, R^4 = H, R^5 = H
7: R^1 = F, R^2 = F, R^3 = F, R^4 = F, R^5 = H
8: R^1 = F, R^2 = F, R^3 = F, R^4 = F, R^5 = F

图 2-16 阴离子识别受体 **1**～**8** 的化学结构

2.6.1 计算方法

对于 FUR@X^-（X = F, Cl, Br, I）体系中阴离子识别性能的计算模拟，采用 B3LYP-D3/6-31 + G(d,p)结合 Grimme 的 DFT-D3 色散校正方法[27]，其他计算细节与 2.5.1 部分相同，且采用 Gaussian 16 D01 程序完成。对受体分子与阴离子间相互作用能 $\Delta E_{\text{int}}^{\text{CP}}$ 的分解计算采用 LMO-EDA 方法，使用 GAMESS-US 2014 程序[86]完成。

2.6.2 构型分析与评判方法

图 2-17 是计算得到的 FUR**1**～**8**@F⁻的几何构型，事实上不管是哪种卤素阴离子，总会得到两类 FUR**1**～**8**@X⁻（X = F, Cl, Br 和 I）构型。第一类包括 **1**@X⁻、**2**@X⁻、**4**@X⁻和 **6**@X⁻等

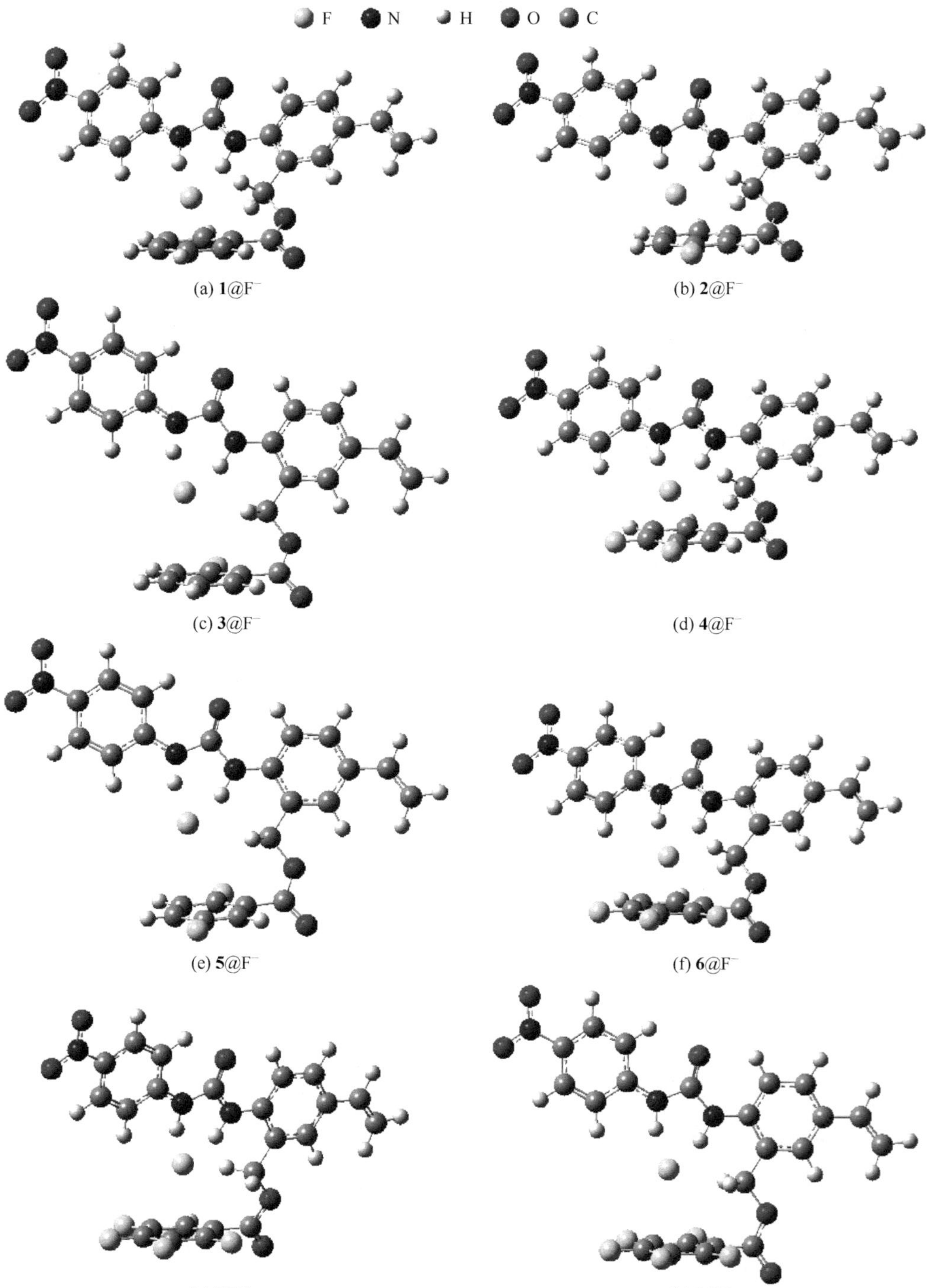

图 2-17　FUR**1**～**8**@F⁻的几何构型

四种，在这类构型中卤素阴离子与受体分子之间以 N—H…X^-…H—N 双齿氢键结合；第二类包括 **3**@X^-、**5**@X^-、**7**@X^-和 **8**@X^-四种，其中的卤素阴离子与受体分子之间以双齿氢键和阴离子-π 协同相互作用结合。为便于说明，表 2-15 中列出了 FUR**1**～**8**@F^-构型的关键几何参数（参数的定义见图 2-18）。从表 2-15 中可以看出，受体结构中的五氟苯甲酸苄酯单元上的氟取代基的数目和位置很少影响 N—H…X^-…H—N 双齿氢键结构。但是应该指出的是，在 **3**@X^-和 **5**@X^-结构中，双齿氢键的其中一个供体 N1—H1 的键长增大比另一个供体 N2—H2 更大，相应的 $d_1 < d_2$，表明双齿氢键的两个供体并不对称。为了进一步确认 N—H…X^-…H—N 双齿氢键的几何特征，采用另一种同样能较好描述非共价体系的密度泛函理论 M06-2X[11] 对自由分子 **8** 及其卤素阴离子复合物体系 **8**@X^-（X = F, Cl, Br, I）进行了几何优化（表 2-16），发现与 B3LYP-D3 方法得到的结果一致。

表 2-15　B3LYP-D3/6-31 + G(d,p)水平下 FUR**1** ~ **8**@F^-构型中双齿氢键关键几何参数

体系	l_1/Å	l_2/Å	d_1/Å	d_2/Å	θ_1/(°)	θ_2/(°)	$d_{penetration}$①/Å
1@F^-	1.058	1.046	1.576	1.636	158.08	158.06	1.301
2@F^-	1.056	1.045	1.583	1.640	156.18	157.98	1.296
3@F^-	1.065	1.048	1.535	1.625	158.55	156.92	1.327
4@F^-	1.054	1.044	1.593	1.644	157.87	158.36	1.289
5@F^-	1.063	1.048	1.543	1.629	158.50	157.07	1.321
6@F^-	1.054	1.043	1.596	1.650	158.03	158.50	1.284
7@F^-	1.057	1.047	1.580	1.623	157.70	158.52	1.306
8@F^-	1.056	1.047	1.583	1.627	157.74	158.58	1.302

① $d_{penetration}$（F^-和 H 原子间的互渗透距离）为 H 原子核和卤素阴离子的范德瓦耳斯半径之和减去 d_1 和 d_2 的平均值，即 $d_{penetration}=\sum vdW - radii(H, X^-) - 1/2(d_1 + d_2)$。

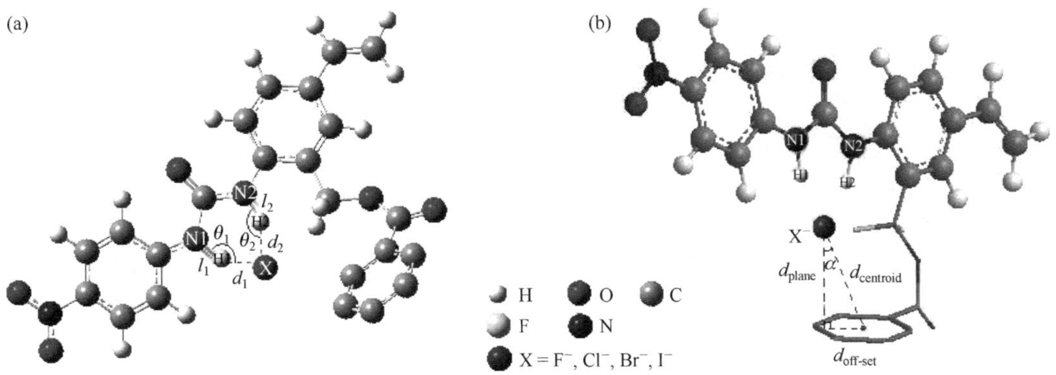

图 2-18　N—H…X^-…H—N 双齿氢键键参数(a)及阴离子-π 参数(b)的定义[41]

表 2-16　M06-2X/6-31 + G(d,p)水平下 **8** 和 **8**@X^-（X = F, Cl, Br, I）中双齿氢键关键参数

体系	l_1/Å	l_2/Å	d_1/Å	d_2/Å	θ_1/(°)	θ_2/(°)	$d_{penetration}$/Å
8	1.012	1.013	—	—	—	—	—
8@F^-	1.051	1.048	1.612	1.609	156.18	159.21	1.31
8@Cl^-	1.032	1.026	2.124	2.270	165.21	159.86	1.11
8@Br^-	1.030	1.025	2.282	2.463	167.48	159.94	1.18
8@I^-	1.026	1.025	2.630	2.666	166.10	164.36	1.08

3@X⁻和**5@X⁻**体系中 F^-与 H 原子之间的互渗透距离（$d_{penetration}$）明显地大于其他超分子复合物体系中的 $d_{penetration}$，表明苯甲酸苄酯单元的苯环上 5 号位的氟能显著增强双齿氢键作用，这可能是场效应的结果。此外，在 **1@X⁻**和 **8@X⁻**中，双齿氢键的 $d_{penetration}$ 几乎相等，表明无氟和 5-氟取代对双齿氢键的强度影响是基本相同的。对于 **2@X⁻**和 **6@X⁻**体系，其 $d_{penetration}$ 要小于其他体系，相比之下，**2** 和 **6** 受体中的氟取代基在空间上远离阴离子和氢键供体，因此场效应对双齿氢键的稳定性影响非常有限。

相比于 FUR**1**～**8@F⁻**体系中的双齿氢键结构，芳环上氟取代基对阴离子-π 结构的影响非常显著。表 2-17 列出了 B3LYP-D3/6-31 + G(d, p)水平上 FUR**1**～**8@F⁻**构型中阴离子-π 结构的关键几何参数（参数的定义见图 2-18）。如图 2-17 中 **1@F⁻**、**2@F⁻**、**4@F⁻**、**6@F⁻**的构型所示，F^-均远离苯环中心且几乎与苯环处于同一平面上，这四个结构中的 α 分别高达 76.33°、77.57°、79.00°和 72.36°，表明不可能存在阴离子-π 相互作用。因此从几何因素考虑，分子 **1**、**2**、**4** 和 **6** 不适合作为卤素阴离子受体。然而，对于 **3@F⁻**、**5@F⁻**、**7@F⁻**、**8@F⁻**四个体系，F^-均位于苯环的正上方，且 α 在 12°～36°，这表明在几何因素上形成阴离子-π 结构具有优势。已有 X 射线实验数据证明，在阴离子-π 结构中，阴离子并非居于苯环中心的正上方，而总是偏离正上方一定的角度，这可能是因为大多数芳环结构并非具有完全对称的取代基和化学环境，显然如果 α 太大，则表明并未形成真正的阴离子-π 结构。因此，需要建立某些明确的几何参数标准来衡量是否形成了真正的阴离子-π 相互作用。

表 2-17　B3LYP-D3/6-31 + G(d, p)水平上 FUR1～8@F⁻体系中阴离子-π 结构的关键几何参数

FUR@F⁻体系	$d_{centroid}$/Å	d_{plane}/Å	$d_{off\text{-}set}$/Å	α/(°)	$d_{penetration}$/Å
1@F⁻	4.400	1.040	4.275	76.33	−0.988
2@F⁻	4.358	0.938	4.256	77.57	−0.948
3@F⁻	3.584	2.913	2.088	35.63	−0.471
4@F⁻	4.317	0.824	4.238	79.00	−0.907
5@F⁻	3.499	2.877	1.991	34.69	−0.089
6@F⁻	4.251	1.288	4.051	72.36	−0.841
7@F⁻	3.158	2.879	1.298	24.26	0.352
8@F⁻	2.989	2.917	0.652	12.60	0.493

阴离子-π 的几何结构可以用 $d_{centroid}$、d_{plane} 和 $d_{off\text{-}set}$ 等三个主要参数确定［图 2-18（b）］。根据 Frontera 的建议[111]，当阴离子与芳环平面间的距离≤∑vdW 半径 + r （$r = 0.7/\cos\alpha$，0.7 为经验常数）时，就可以认为阴离子与芳环直接存在阴离子-π 非共价相互作用。然而，这是一个模糊的标准，因为阴离子与芳环平面之间的距离的定义本身就是经验且不明确的，而且这个几何标准相对宽松，可能会高估阴离子-π 非共价相互作用的最大允许距离。笔者曾建议使用互渗透距离大于零（$d_{penetration} > 0$）作为是否形成阴离子-π 非共价相互作用的几何判断标准[41]，但是这一标准过于严格，仅适用于强阴离子-π 非共价相互作用，对于较弱的阴离子-π 相互作用并不推荐使用。例如，在 **5@F⁻**和 **3@F⁻**体系中，$d_{penetration}$ 均为负值，但是并不能依此排除阴离子-π 非共价相互作用的存在，因此非常有必要建立更为合理可靠的几何判断标准。根据对一些凝聚态体系中阴离子-π 相互作用的研究，Albrecht 和 Rissanen 等人[75]基于哈普托数的概念，提出了如下三点以判断是否存在阴离子-π 相互作用：

① 阴离子必须位于芳环 π 平面上方，且任意一个夹角（环中心-环上原子-阴离子三者形成的夹角）都不能大于 90°。

② 阴离子与芳环 π 平面上原子之间的距离必须小于$\sum$vdW + 0.4 Å。

③ 阴离子-π 相互作用的哈普托数由芳环 π 平面上原子与阴离子之间的距离小于$\sum$vdW + 0.4 Å 的原子数目决定。

Albrecht 和 Rissanen 提出的这个几何判断标准同样缺乏普适性，它仅对凝聚态中五氟取代的苯环 π 体系与阴离子之间的阴离子-π 相互作用较为合理。为了寻求更为可靠和普适的阴离子-π 非共价相互作用几何判断标准，笔者基于量子化学理论计算提出了新的观点和解决途径。

为此，本节给出了以下解决思路与策略。如前面提到的实验证据，在阴离子-π 作用体系中，特别是涉及不对称形成的 π 体系中，阴离子并不是居于芳环的正上方某一位置，而是常常偏离了芳环中心一定的角度。因此至少需要两个参数来定义阴离子-π 作用的几何结构：一个是阴离子到芳环平面的距离（d_{plane}），另一个是角度 α［见图 2-18（b）的定义］。显然当 d_{plane} 太大时，阴离子-π 作用将不可能存在；当然如果 d_{plane} 较小，但是 α 很大时，阴离子-π 作用也将不可能存在。因此如何确定 d_{plane} 和 α 的临界值对建立阴离子-π 非共价相互作用几何判断标准至关重要。

对于非共价作用而言，相应原子或离子间的距离要小于其范德瓦耳斯半径之和而大于其共价半径之和。基于这一原理，可以近似地认为 d_{plane} 应该小于阴离子的范德瓦耳斯半径与芳环中心到芳环范德瓦耳斯表面距离之和，而大于 C 原子的共价半径（0.77 Å）与 X^-阴离子半径之和，这只是一个必要条件。同时，α 不应该大于某一临界值（最大允许值），这意味着 $d_{\mathrm{off\text{-}set}}$ 不应大于其临界值，$d_{\mathrm{off\text{-}set}}$ 的临界值是在平行于芳环平面的方向上，芳环中心到芳环范德瓦耳斯表面的最大距离。事实上这个距离是一常数，且可以通过计算芳环范德瓦耳斯表面位置予以确定。图 2-19（a）显示了苯环的范德瓦耳斯表面，即 π 电子密度为 0.001 a.u.的等值面。这一定义反映了分子的特定电子结构特征，如孤对电子、π 电子等。对于苯环来说，6 个 π 电子中，任意一个 π 电子在苯环的范德瓦耳斯表面之内出现的总概率 Ω 可以由式（2-41）计算，计算结果 Ω 高达 97%。可见，将 π 电子密度为 0.001 a.u.的等值面定义为范德瓦耳斯表面是可靠的。

$$\Omega = \frac{1}{n}\left[\int_{\rho>0.001} \rho(r)\mathrm{d}r\right] \times 100\%(n=6) \tag{2-41}$$

确定了范德瓦耳斯表面后，就可以测得芳环中心到芳环范德瓦耳斯表面的最大距离为 2.67(5.34/2)Å，即 $d_{\mathrm{off\text{-}set}}$ 的临界值为 2.67 Å。同时，在垂直于苯环平面的方向上，也可以测得苯环中心到范德瓦耳斯表面的距离为 1.77(3.54/2) Å［图 2-19（a）］。有了这些数据，结合阴离子的固有参数，如离子半径 $r(X^-)$、范德瓦耳斯半径 $r_{\mathrm{vdW}}(X^-)$等，就可以确定阴离子-π 相互作用的几何区域［图 2-19（b）］，图 2-19（b）中的深色区域就是可以发生有效阴离子-π 相互作用的区域，即在此区域外阴离子与芳环不能产生非共价相互作用。这样可以把阴离子-π 相互作用的几何判据用以下三个不等式［式（2-42）～式（2-44）］予以描述：

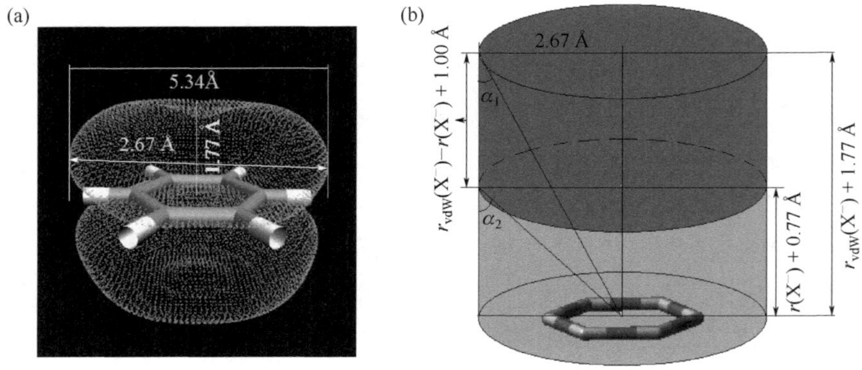

图 2-19 苯环的范德瓦耳斯表面（a）和卤素阴离子-π 判断标准及相关参数（b）

$$d_{plane} < r_{vdW}(X^-) + 1.77\ Å \tag{2-42}$$

$$d_{off\text{-}set} < 2.67\ Å \tag{2-43}$$

$$\alpha < \alpha_2 \tag{2-44}$$

尽管以上标准是基于单原子阴离子体系而建立的，但是这种处理方法对于复杂阴离子体系也具有可移植性和有效性，而且阴离子-π 相互作用几何判据的建立有助于从分子水平上深入理解相关体系阴离子识别作用和机理的实验研究。

关于卤素阴离子和取代苯化合物之间的阴离子-π 作用一直都是阴离子识别领域的重要基础科学问题之一，除了几何特征与判据之外，相互作用能的大小和组成也是非常关键的参数。最近，辽宁师范大学王长生课题组在《物理化学学报》撰文，提出了一种如图 2-20 所示的可快速计算阴离子-π 作用强度的方法[112]，该方法包含静电作用、极化作用和范德瓦耳斯作用。图 2-20 中的 *IE* 为阴离子-π 相互作用能，*IE* 包含三项，其中第一项为静电相互作用，第二项为范德瓦耳斯相互作用，第三项为极化贡献。*EI* 的表达式中，μ_i 为第 i 个键偶极矩；q_a 为阴离子的电荷；r_{ai} 为阴离子与键偶极中心之间的距离；θ 为阴离子-芳环中心连线与芳环平面间的夹角；$A_{aj}=\varepsilon_{aj}(R_{aj}^*)^{12}$, $B_{aj}=2\varepsilon_{aj}(R_{aj}^*)^6$, $R_{aj}^*=R_a^*+R_j^*$, $\varepsilon_{aj}=(\varepsilon_a\varepsilon_j)^{1/2}$, R_j^*、R_a^*、ε_j 和 ε_a 为 van der Waals 相关参数；$\delta\mu_i=d_i(q_d-q_m)$, d_i 为键长，q_d 和 q_m 分别为 H、N 或 F 原子在受体和阴离子-π 复合物中的局部电荷。他们将取代苯的 C≡N、C—F 和 C—H 化学键作为键偶极，通过阴离子和取代苯的键偶极间相互作用来计算静电作用，根据键偶极大小随着环境变化而改变来计算极化作用；同时将该方法应用于一系列卤素阴离子和取代苯间的阴离子-π 相互作用的快速

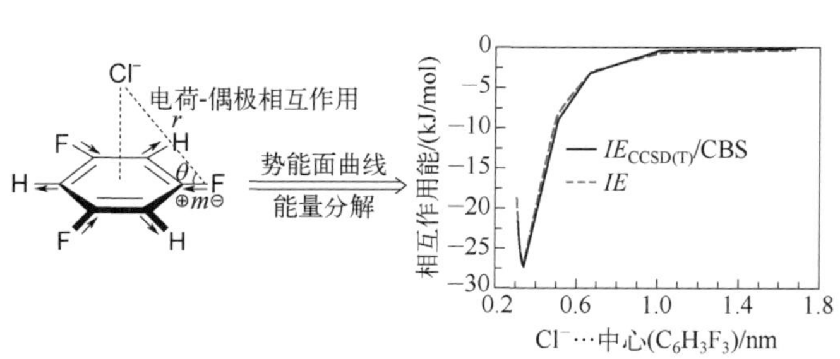

$$IE=\sum_j(q_a\mu_j\cos\theta/r_{aj})+\sum_j(A_{aj}/R_{aj}^{12}-B_{aj}/R_{aj}^6)+\sum_j(q_a\delta\mu_i\cos\theta/r_{ai})$$

图 2-20 卤素阴离子和取代苯之间的阴离子-π 作用强度的快速计算方法

计算，并与 CCSD(T)/CBS 方法的计算结果进行了比较。计算结果表明，该方法得到的势能曲线与 CCSD(T)/CBS 势能曲线符合很好；与 CCSD(T)/CBS 方法的计算结果比较，该方法预测平衡分子间距离均方根偏差为 0.004 nm，相互作用能均方根偏差仅为 2.81 kJ/mol，说明该方法合理可靠，有望在相关分子材料设计模拟领域发挥积极作用。

2.7 功能有机分子结构与光谱性质的定量计算

有机共轭分子由于在电子、非线性光学和发光领域具有广泛应用，引起了人们极大的研究兴趣，特别是很多含呋喃环、噻唑环或噁唑环等的天然或人工合成有机共轭化合物都具有很好的生物活性和光电活性，且在医药、农药、香料和光电材料等方面有着广泛的用途。另外，大多数有大的共轭平面的芳香族化合物都有较好的接受电子能力，同时在一定正向偏压下又可以有效地传递电子[113]，可以作为功能有机电子传输及发光分子材料。特别是若将呋喃环、噁唑环等基团集成到一个化合物中，可能会使其具有更强的生物活性和发光性能。Li 等[114]合成了一系列 3-(3′-吡啶基)-6-芳基-1,2,4-三唑并[3,4-*b*]-1,3,4-噻二唑化合物，并从实验和理论上研究了其电子传输和发光性质。最近，Sun 等[115]又成功合成了几种 2-取代-4,5-双(*α*-呋喃基)噁唑，并通过紫外光谱和荧光光谱对其发光性能进行了研究。

自从 1987 年 Tang 等[116]研究低驱动电压、高效率、高亮度的有机薄膜电致发光材料以来，对发光材料的实验和理论研究取得了很大进展[117-122]。功能有机电子传输及发光分子材料的性能与其基态和激发态性质密切相关。在分子基态和激发态核坐标变动不大的区间，即所谓的光谱构型区内，激发态的衰变主要为辐射衰变，即激发分子的辐射衰变常发生于分子吸光激发时所具有的构型无较大变化的区域内。一些具有刚性结构的芳香化合物如萘、蒽、芘等具有较强的荧光发射能力，这和它们的激发态不易发生构象变化有关。要使一种化合物的激发态主要通过辐射衰变形式回到基态，必须限制该化合物分子构型的变化，使其能在激发态的寿命范围内经辐射跃迁回到基态。对于如何限制化合物分子的构型变化，即如何增大分子发生构型变化的能垒，以阻止变化的发生，除可通过改变分子结构，如在分子中引入桥键以阻止分子的旋转等外，通过外部环境的改变来增大构型变化的能垒也是一种可以利用的方法[123-124]。对这一问题进行深入研究不仅可以了解这类影响所具规律，还可用掌握的规律来调节和控制分子激发态的衰变过程。本节以 2-取代-4,5-双(*α*-呋喃基)噁唑类化合物为例，通过量子化学计算的方法，从理论上对几种具有不同构型变化能垒的 2-取代-4,5-双(*α*-呋喃基)噁唑化合物的基态、激发态性质及发光性能进行计算，为进一步理解和设计合成高效功能有机发光材料提供思维方法。

2.7.1 计算方法

用 Gaussian 程序[45]中的密度泛函方法，在 B3LYP/6-31 + G 水平下，对几种 2-取代-4,5-双(*α*-呋喃基)噁唑分子进行基态 S_0 几何构型全优化，优化过程中不加任何对称性限制，得到势能面上的能量极小值。用 B3LYP/6-31 + G 所得的数据计算电离势 I_P 和电子亲和势 E_A，并用含时密度泛函 TD-DFT 计算气相吸收光谱。用单组态相互作用方法 CIS/6-31 + G 对最低激

发态 S_1 的构型进行全优化，在此基础上用 TD-DFT(B3LYP 和 OLYP)计算荧光发射光谱，即单重态的发光性质。

2.7.2 基态与激发态的构型

用 DFT/B3LYP 方法在 6-31 + G 基组下分别对 2-甲基-4,5-双(α-呋喃基)噁唑（**A**）、2-苯基-4,5-双(α-呋喃基)噁唑（**B**）、2-α-呋喃基-4,5-双(α-呋喃基)噁唑（**C**）和 2-α-呋喃乙烯基-4,5-双(α-呋喃基)噁唑（**D**）进行基态构型优化。其中化合物 **D** 仅对较为稳定的顺式构型进行了优化。所得到的结构及其主要键参数如图 2-21 所示。表 2-18 列出了化合物 **A**、**B**、**C** 和 **D** 的三个最小振动频率和强度，从中可以看出，在其振动光谱中未出现虚频率，说明优化得到的构型合理。

从图 2-21 中可以看出，四种化合物均为具有 C_s 对称性的平面分子，各个二面角都为 0°或 180°。在四种化合物的共同结构单元 4,5-双(α-呋喃基)噁唑环上，所有的碳碳键键长均介于 C—C 单键（0.154 nm）和 C═C 双键（0.134 nm）之间，具有一定的双键性质。这说明两个呋喃环一起与噁唑环形成了共轭体系，这样电子云能够在共轭环中自由运动，有利于电子的传输，增强了化合物的电子传输能力，这也与其发光性质密切相关。另外，4,5-双(α-呋喃基)结构单元在化合物 **A**、**B**、**C** 和 **D** 中的键长几乎相等，噁唑环结构单元在化合物 **A**、**B**、**C** 和 **D** 中的键长稍有不同。这说明在基态时，不同的取代基（甲基、苯基、呋喃基和呋喃乙烯基）不会显著影响到 4,5-双(α-呋喃基)结构单元的构型，而只是会轻微地影响到与这些取代基直接相连的噁唑环上原子间的距离和电子密度分布。

单组态相互作用 CIS/6-31 + G 方法对最低激发态 S_1 的构型进行优化后的构型及其键长参数也在图 2-21 中给出。与基态一样，四种化合物的激发态构型也均为具有 C_s 对称性的平面分子，键角和二面角都几乎没有变化。值得注意的是，与基态构型不同，激发态构型中 4,5-双(α-呋喃基)噁唑结构单元在化合物 **A**、**B**、**C** 和 **D** 中的键长参数差别相对较大。也就是说，在最低激发态 S_1 态时，不同的取代基（甲基、苯基、呋喃基和呋喃乙烯基）会相对显著地影响到 4,5-双(α-呋喃基)结构单元的构型。

图 2-22 给出了化合物 **A**、**B**、**C** 及 **D** 的基态与激发态 4,5-双(α-呋喃基)噁唑结构单元的主要构型参数对比情况，可以看出，四种化合物在激发前后成键原子间的距离存在较大的变化。在化合物 **A**、**B** 和 **C** 中，激发后的键长 $R_{19\text{-}20}$ 和 $R_{10\text{-}11}$ 较激发前显著增大，分别增大了大约 0.005 nm 和 0.003 nm，其他键长在激发态时均明显减小或基本保持不变。相应的噁唑环 4 位和 5 位的两个呋喃环整体变小，这些变化主要是由电子跃迁的特征，特别是由 HOMO→LUMO（$\pi \rightarrow \pi^*$）引起的。对于化合物 **D** 而言，除了 $R_{19\text{-}20}$ 和 $R_{10\text{-}11}$ 较激发前增大外，$R_{21\text{-}17}$ 也有较大的增长，其他 4,5-双(α-呋喃基)噁唑结构单元中的键长变化趋势与化合物 **A**、**B** 和 **C** 中的一致。在化合物 **B**、**C** 和 **D** 中，噁唑环上 2 位的取代基均为共轭环状结构，这些取代基均可以与 4,5-双(α-呋喃基)噁唑环形成更大的共轭分子体系。与 S_0 态相比，在 S_1 态结构中，噁唑环 2 位上的环状取代基（呋喃环、苯环和 α-呋喃乙烯基）的结构也整体变小。另外，从图 2-21 中还可以看出，不管是 S_0 态还是 S_1 态，连接取代基与噁唑环（2 位 C17）的共价键键长随共轭体系的增大而减小，在四种化合物中该键长的大小顺序为：**A**>**B**>**C**>**D**。

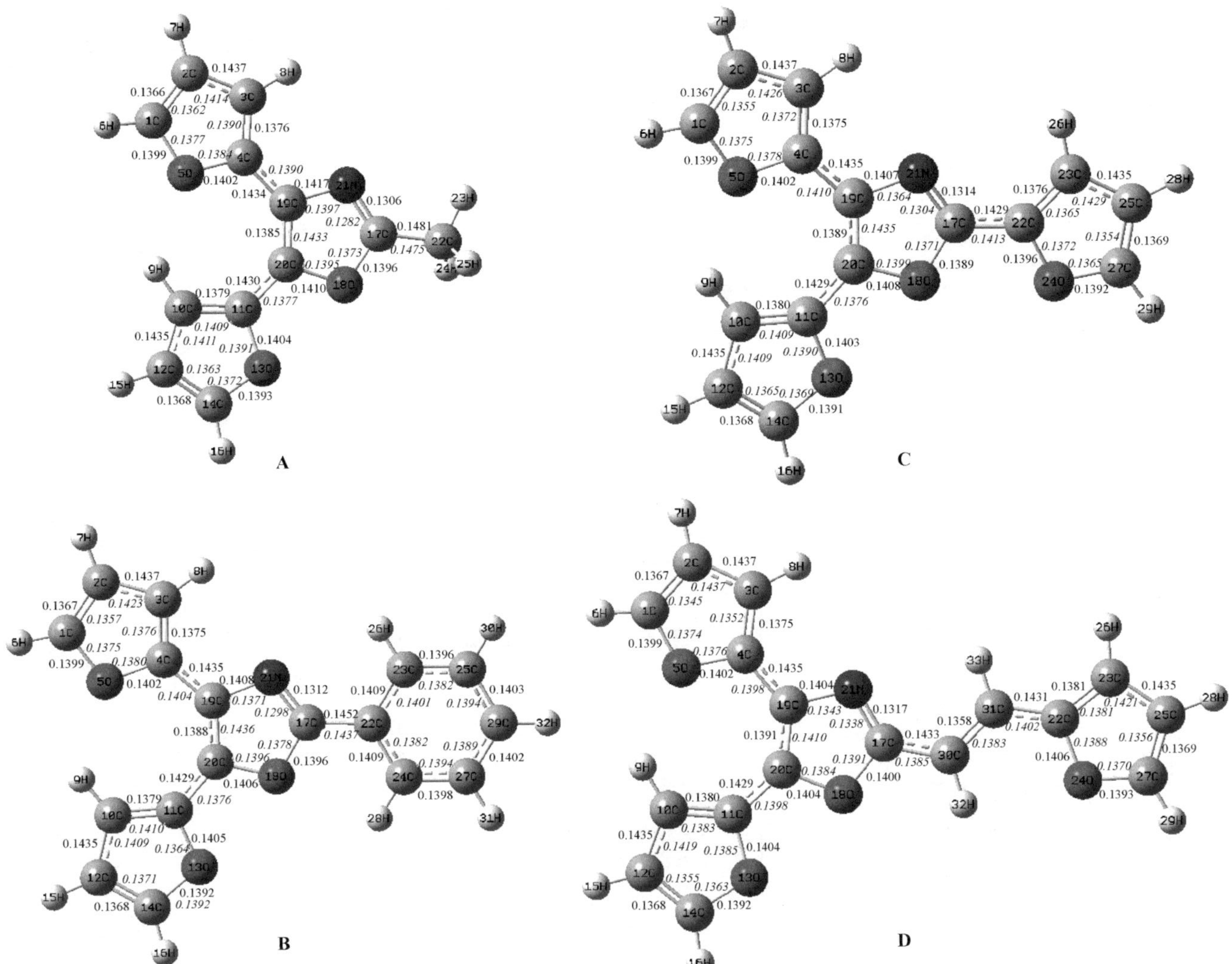

图 2-21　DFT-B3LYP/6-31 + G 与 CIS/6-31 + G 水平优化下化合物 **A**、**B**、**C** 及 **D** 的基态和激发态（斜体）几何构型及键长参数（nm）

表 2-18　DFT-B3LYP/6-31 + G 水平上化合物 **A**、**B**、**C** 和 **D** 的振动频率分析

化合物	振动频率/cm^{-1}			强度/(km/mol)		
A	44.53	63.79	90.91	0.033	0.841	1.774
B	40.19	43.97	55.45	0.0003	0.002	2.42
C	40.07	46.64	60.32	0.027	0.823	0.289
D	37.36	41.37	41.55	1.997	0.114	0.697

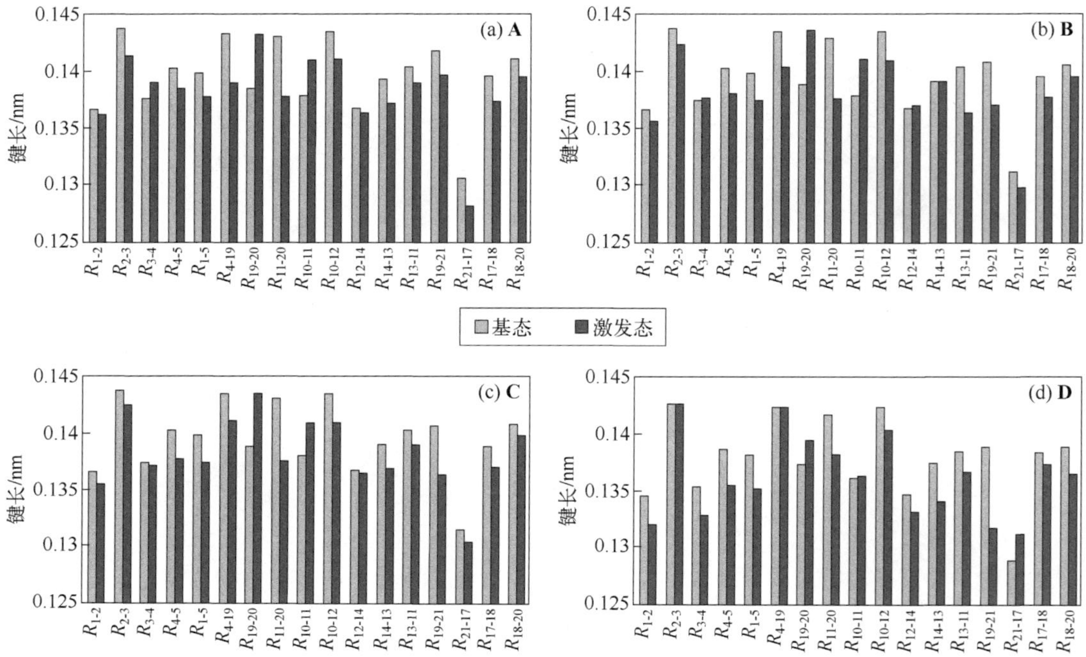

图 2-22　化合物 **A**、**B**、**C** 及 **D** 的基态与激发态的主要构型参数对比

2.7.3　基态前线分子轨道分析

光电活性有机化合物的发光波长和发光效率取决于电子跃迁和能量转移机理，化合物的前线分子轨道与电子传输性能关系密切。最高占有轨道（HOMO）和最低空轨道（LUMO）之间的能量差（能隙）也是反映物质导电性质和发光性质的一个重要参数[125]。表 2-19 为用 B3LYP/6-31 + G 优化得到的各个化合物的前线分子轨道能以及 HOMO-LUMO 能隙值。通常，能隙主要取决于分子的有效共轭长度，共轭长度越长，能隙就越窄。从表 2-19 中可以看出，化合物 **A**、**B**、**C** 和 **D** 分别用甲基、苯基、呋喃基和呋喃乙烯基与噁唑环 2 位上的 C17 连接后，分子体系总的 LUMO 能级依次降低，而化合物 **D** 因连有呋喃乙烯基，电子的离域效应最强，HOMO 能级显著升高，能隙最小[126]。随着化合物 **A**～**D** 共轭体系的增大，其能隙依次减小，预示着化合物的电子亲和势增大（更负），导电能力增强，吸收波长将发生红移。化合物 **D** 的能隙值最小，预示着其吸收光谱波长也最大。

图 2-23 给出了用 B3LYP/6-31 + G 计算所得的各个分子前线轨道电子云的示意图。从图 2-23 中可以看出，化合物 **A**、**B**、**C** 和 **D** 的最高占有轨道（HOMO）的电子云分布具有离域的特征，但是对化合物 **B** 而言，苯环上的电子概率密度相对较小。在最低空轨道（LUMO）

中，化合物 **A** 和 **C** 的 LUMO 电子云分布较均匀，且遍及整个分子；而化合物 **B** 和 **D** 的 LUMO 电子云分布并不均匀，主要分布在噁唑环及其 2 位的取代基（苯基和呋喃乙烯基）上，而噁唑环 5 位（C19）上的取代基呋喃环上几乎没有分布。总的来看，这四种化合物从基态到激发态的转变，均具有较弱的分子内电荷转移（CT）的特点。

表 2-19　前线分子轨道能及轨道能隙　　单位：a.u.

轨道	化合物结构			
	A	**B**	**C**	**D**
LUMO+3	0.010	0.001	0.004	0.003
LUMO+2	0.004	−0.018	0.002	−0.001
LUMO+1	−0.012	−0.048	−0.049	−0.056
LUMO	−0.062	−0.071	−0.072	−0.081
HOMO	−0.204	−0.203	−0.202	−0.197
HOMO−1	−0.255	−0.251	−0.247	−0.234
HOMO−2	−0.289	−0.266	−0.263	−0.256
HOMO−3	−0.294	−0.267	−0.291	−0.289
能隙/eV	3.86	3.59	3.54	3.15

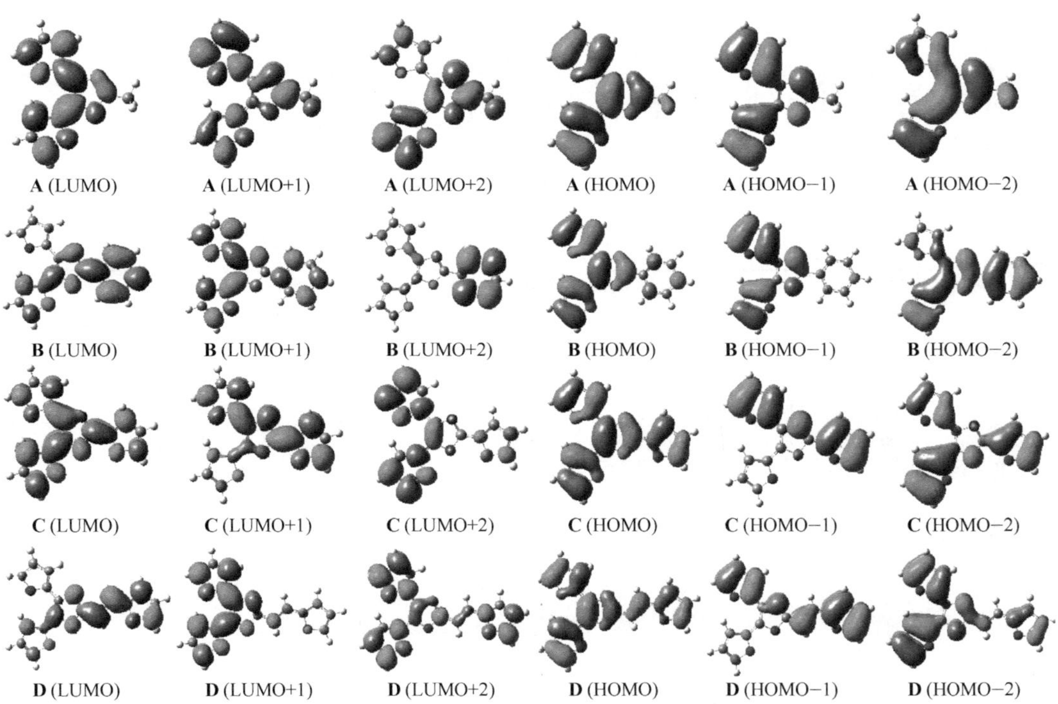

图 2-23　化合物 **A**、**B**、**C** 和 **D** 的前线分子轨道电子云示意图

为了进一步考察各个分子前线轨道的组成，用参与组合的各个原子轨道系数平方和的百分比来表示该原子对前线轨道 HOMO 或 LUMO 的贡献。四种分子的前线轨道 HOMO 和 LUMO 中各原子对轨道的贡献分别见图 2-24（a）～（d）。从图 2-24（a）可以看出，对化合物 **A** 最高占有轨道 HOMO 贡献最大的原子为噁唑环中的 C20 原子，其次为 C19 原子，前者

的贡献为 17.87%，后者的贡献为 14.37%；另外噁唑环 4 位上呋喃环上的 C10 和 C14 两个原子也分别有大约 10%的贡献，而 C2、C12 和 N21 三个原子几乎没有贡献。在 LUMO 组成成分中，贡献最大的为噁唑环中的 C19 原子，达到了 13.48%，其次是 C20 原子的 13.09%。另外，C1、C3、C4、C10、C11、C14 和 C17 等 7 个原子的贡献也占相当大的比例（分别占总组成的 11.45%、9.2%、7.54%、9.6%、8.27%、12.17%、7.63%），而 C2、O13、O18 和 N21 等 4 个原子对 LUMO 的组成贡献非常微弱。图 2-24（b）～（d）同时也表明，对化合物 **B**、**C** 和 **D** 来说，它们的前线轨道组成，特别是 4,5-双(α-呋喃基)噁唑环结构单元上的原子对 LUMO 和 HOMO 的贡献基本相近。需要注意的是，随着分子共轭体系的增大，噁唑环 2 位上引入的取代基上的原子对 LUMO 和 HOMO 的组成贡献变得尤为重要。例如在化合物 **A** 中，噁唑环 2 位上的甲基对前线轨道几乎没有贡献；而在化合物 **B** 和 **C** 的前线轨道组成中，苯基和呋喃基中的 C29 和 C27 都有显著的贡献；特别是在化合物 **D** 的前线分子轨道组成中，α-呋喃乙烯基中的 C30 和 C31 两个原子对 LUMO 的组成有最大的贡献，而且对 HOMO 的贡献也不容忽视。可见，不同共轭基团的引入是调控化合物导电性质和发光性质的一个重要途径。

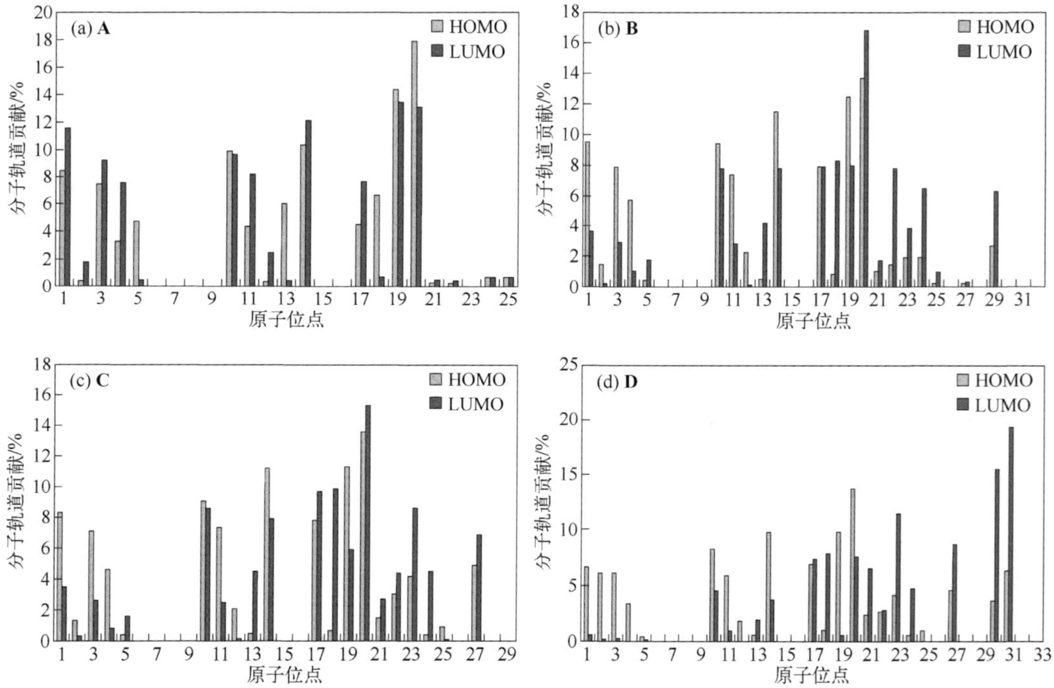

图 2-24 化合物 **A**、**B**、**C** 和 **D** 的前线分子轨道组成

2.7.4 电离势和电子亲和势

电离势可以看作是分子失去电子后的能量变化，电子亲和势可以看作是分子得到电子的能量变化。通过考察分子的电离势和电子亲和势可获取分子得失电子行为的相关信息。表 2-20 给出了在 B3LYP/6-31 + G 水平优化的分子和离子几何构型的基础上计算得到的化合物 **A**、**B**、**C**、**D** 各种电离势（I_P）和电子亲和势（E_A）。表 2-20 中的各个参量为：垂直电离势（I_{Pv}），即中性分子几何构型下阳离子和分子的能量差；绝热电离势（I_{Pa}），即对中性分子和阳离子几

何结构分别进行优化后得到的阳离子和分子的能量差；垂直电子亲和势（E_{Av}），即中性分子几何构型下阴离子和分子的能量差；绝热电子亲和势（E_{Aa}），即对中性分子和阴离子几何结构分别进行优化后得到阴离子和分子的能量差。从表 2-20 中可见，化合物 **A** 的电离势 I_P 均要明显大于其他三种化合物，且化合物 **D** 的电离势 I_P 显著小于其他三个化合物，而化合物 **B** 和 **C** 的电离势 I_P 比较接近。从化合物 **A**～**D**，它们的电离势 I_P 依次减小，说明分子电离时需要的能量依次降低，失去一个电子的势垒减小。这显然与三种分子中共轭体系的大小有关，共轭体系越大，第一电离势 I_P 就越小。就电子亲和势 E_A 而言，从化合物 **A**～**D**，它们的电子亲和势 E_A 依次增大(更负)，说明接受电子的过程中放出的能量依次增大，即接受电子的势垒依次减小。这同样与分子中共轭体系的大小相关，共轭体系越大，分子接受容纳电子的能力就越强，电子亲和势 E_A 就更负。综合以上两方面的因素可以推断，具有最大共轭体系的化合物 **D** 分子的跃迁能最小，得失电子都比较容易，是四种化合物中最好的电子传输材料和光活性材料。另外，在电致发光器件中，材料的电离势大，阻挡空穴的能力就越强[5]，这里化合物 **A** 可以作为较好的空穴阻挡材料。

表 2-20 化合物 A、B、C 和 D 的电离势和电子亲和势

化合物	I_{Pv}/eV	I_{Pa}/eV	E_{Av}/eV	E_{Aa}/eV
A	7.15	7.01	−0.17	−0.31
B	6.94	6.82	−0.58	−0.69
C	6.90	6.79	−0.55	−0.67
D	6.67	6.55	−0.85	−0.98

2.7.5 吸收与发射光谱

在基态分子构型优化的基础上，用 TD-DFT 计算了四个化合物分子的吸收光谱。表 2-21 列出了计算得到的四种化合物的吸收光谱数据，从表 2-21 中可以看出，计算所得到的化合物最大吸收波长和实验值的绝对偏差不超过 15.2 nm，最小仅为 2.2 nm（化合物 **B**），说明用 TD-DFT/B3LYP/6-31 + G 方法可以得到较为可靠的计算结果。随着分子内共轭体系的增大，从化合物 **A**、**B**、**C** 到化合物 **D**，计算所得的最大吸收波长依次红移，这和对能隙的讨论结果一致。但化合物 **C** 的最大吸收波长 λ_{max} 仅比化合物 **B** 的大 4 nm，这说明这两种化合物在发光性质上是相似的。表 2-21 还表明，化合物 **A**、**B**、**C** 和 **D** 的最大吸收均主要是 HOMO→LUMO 的跃迁，其跃迁成分分别为 62.6%、62.1%、61.9%和 62.5%。此外，化合物 **B** 和 **C** 的最大吸收中还分别包括 18.6%和 16.9% HOMO→LUMO+1 的电子跃迁成分；而化合物 **D** 的最大吸收中还包括 HOMO−1→LUMO（13.3%）和 HOMO→LUMO+1（12.7%）两类电子跃迁。

表 2-21 TD-DFT/B3LYP/6-31+G 水平上化合物 A、B、C 和 D 的吸收光谱波长（λ_{max}）

化合物	激发与跃迁特征（S_0→S_1）		E_a/eV	λ_{max}/nm	f	λ_{max}（实验值）/nm
A	HOMO→LUMO	62.6%	3.71	334.2	0.5428	319
B	HOMO→LUMO	62.1%	3.38	366.8	0.4298	369
	HOMO→LUMO+1	18.6%				

续表

化合物	激发与跃迁特征（$S_0 \to S_1$）		E_a/eV	λ_{max}/nm	f	λ_{max}（实验值）/nm
C	HOMO→LUMO	61.9%	3.34	370.8	0.4510	380
	HOMO→LUMO+1	16.9%				
D	HOMO−1→LUMO	13.3%	2.96	418.4	0.6628	431
	HOMO→LUMO	62.5%				
	HOMO→LUMO+1	12.7%				

由于荧光发射机制的复杂性，TD-DFT 处理结果通常与实验值的偏差较大，而泛函的选择对激发能计算结果的影响十分敏感，故用纯密度泛函和混合密度泛函分别计算化合物的发射光谱数据是非常必要的[127]。因此在 CIS/6-31 + G 优化所得激发态结构的基础上，分别用纯密度泛函 DFT-OLYP/6-31+G 和混合密度泛函 DFT-B3LYP/31 + G 计算了四种物质的发射光谱，并与实验数据对比，结果列于表 2-22。从表 2-22 中可以看出，随着甲基、苯基、呋喃基和呋喃乙烯基引入 4,5-双(α-呋喃基)噁唑环上，从化合物 **A**、**C**、**B** 到化合物 **D**，两种泛函方法计算得到的最大发射波长依次红移，这与实验所得的最大发射波长的变化规律一致。化合物 **D** 具有更大的共轭程度，其荧光发射能 ΔE_{emit} 最小，而振子强度 f 最大，即发射强度最大。另外，从表 2-22 还可以看出，用 DFT-B3LYP/6-31 + G 方法所得的数据中，除了共轭体系最小的化合物 **A** 的最大发射波长 λ_{max} 与实验值接近外，其他三种较大共轭体系的最大发射波长 λ_{max} 与实验值偏差较大，最大绝对偏差达 45 nm（化合物 **B**）。这除了计算没有考虑溶剂的影响之外，还与所选择的混合密度泛函 DFT-B3LYP 的计算方法不够合理有关。而采用纯密度泛函 DFT-OLYP/6-31+G 方法计算时，四种化合物的最大发射波长 λ_{max} 在总体上都较接近实验值，最大绝对偏差仅为 19.2 nm（化合物 **D**），而最小偏差为 3.4 nm（化合物 **B**）。吴国是等[127]认为荧光发射光谱的计算值受交换-相关（XC）泛函中 Hartree-Fock（HF）交换能比例的影响十分敏感。无 HF 交换成分的纯泛函 OLYP 适用于激发态无 CT 或 CT 程度较小的化合物，本节的计算讨论结果也进一步证实了这一结论。

表 2-22 OLYP 和 B3LYP 方法计算的化合物 A、B、C 和 D 的发射光谱波长(λ_{max})和荧光发射能(ΔE_{emit})

化合物	DFT-OLYP/6-31+G			DFT-B3LYP/6-31+G			λ_{max}（实验值）[4] /nm
	λ_{max}/nm	ΔE_{emit}/eV	f	λ_{max}/nm	ΔE_{emit}/eV	f	
A	375.2	3.30	0.5285	360.3	3.44	0.5746	360
B	428.6	2.89	0.3226	387.0	3.20	0.5030	432
C	422.5	2.93	0.3571	386.8	3.20	0.5450	427
D	496.2	2.49	0.5322	441.7	2.80	0.8763	477

本节采用 DFT/B3LYP 方法在 6-31 + G 基组下分别计算求得的 2-甲基-4,5-双(α-呋喃基)噁唑（**A**）、2-苯基-4,5-双(α-呋喃基)噁唑（**B**）、2-α-呋喃基-4,5-双(α-呋喃基)噁唑（**C**）和 2-α-呋喃乙烯基-4,5-双(α-呋喃基)噁唑（**D**）的稳定构型，从理论上探讨了 **A**、**B**、**C** 和 **D** 分子轨道能量与电子吸收、发射光谱等性质的规律，并与实验值进行了对比，发现理论计算数据能够与实验结果吻合，特别是采用纯密度泛函 DFT-OLYP 方法计算发射光谱时，理论计算数据与实验结果相差很小，这也与文献中提出的纯泛函 OLYP 适用于激发态无 CT 或 CT 程度较

小的化合物的结论一致。根据化合物的电离势、电子亲和势的数值推测，**D** 是这四种化合物中最可选的电子传输材料。通过对分子中前线轨道能量的计算，揭示了不同取代基对材料光电活性的影响，即分子中的共轭体系增大，吸收光谱波长红移。

2.8　手性联烯的光催化去外消旋化机理的计算分析

众所周知，单一对映体的合成在生物体系中是普遍存在的。虽然不对称催化已经取得了很大的进展，但由非手性或外消旋的前体合成单一对映体仍然是一个巨大的挑战。在许多情况下，合成产物通常是没有手性的外消旋体，且对映体的拆分一直是获得单一对映体的主要技术。这意味着，如果在药物和化学工业品中只需要一种单一对映体，就有 50%的成分是没有使用价值的[128-129]。显然，这不符合绿色化学和原子经济的要求。近年来，由于能从去外消旋化过程中制备出纯的单一对映体化合物，且其理论产率最高可达 100%，因此，去外消旋化过程受到了广泛的关注。例如，化学家已对胺和 *α*-取代羧酸类化合物的去外消旋化作用进行了深入的研究[130]。此外，利用脂肪酶动力学拆分和过渡金属络合物催化外消旋反应脱除胺类化合物的研究也已有报道[131-132]。科学家还发展了一种用对映选择性 *ω*-转氨酶生产不同对映体纯胺的一锅一步法[133-134]，利用该方法成功地将各种芳香胺转化为其(*R*)-型立体结构(>99%)，且转化率也很高；近年来，又通过使用去外消旋化胺氧化酶的对映选择性氧化和氨-硼烷络合物的非选择性还原，生产出旋光纯的胺[135-136]。此外，纯物理方法包括微波辅助温度循环，也可用于对映异构体的去外消旋化[137-139]。

尽管在热力学上不可能在对映体之间进行转化，但通过敏化，在手性催化剂存在下，实现有利于一个对映体的光化学平衡是潜在可行的[140-141]。此外，基态外消旋混合物可以通过手性光敏剂的三重态能量转移而去外消旋化。三重态敏化是促进分子从基态到三重态的一种有效的方法[142-143]。早在 20 世纪 60 年代，就已经通过对映选择性的光化学反应实现了手性 *trans*-1,2-二苯基环丙烷的合成[144]。最近，Ouannes 等[145]以手性酮为光敏剂，通过三重态能量转移，实现了 1,2-二苯基环丙烷（*rac*-**1**）的异构化和去外消旋化。Bach 小组发现 3-烯丙基取代的喹诺酮类化合物在可见光（$\lambda = 420$ nm）和手性氢键光敏剂（硫杂酮，10 mol%）的作用下，可重排为 3-环丙基喹诺酮类化合物（88%～96%产率，32%～55%*ee*）。令人惊讶的是，已经证实了在该转化中，对映体的分化不是在初始产物形成的状态下发生的，而是一个去外消旋化的结果[146]。

令人鼓舞的是，2018 年 Bach 研究组[147]采用光化学方法可以使不对称联烯类化合物[3-(3,3-二甲基-1-丁烯-1-亚叉基)-2-哌啶酮]，在可见光照射（$\lambda = 420$ nm），及催化量（2.5 mol%）手性光敏剂硫杂蒽酮｛2-[(1*R*,5*R*,7*S*)-1,5,7-三甲基-2-氧代-3-氮杂双环[3.3.1]菲-7-基]-10*H*-[1]苯并硫杂蒽酮[3,2-*f*]苯并噁唑-10-酮，标记为 **2**｝存在下，发生高对映选择性转化（图 2-25）。这种开创性的光化学去外消旋化策略可以强烈地使同一化合物的外消旋混合物直接形成对映体纯物质，为解决不对称转化提供了一种新的途径。虽然有人指出光敏剂硫杂蒽酮是通过三重态将能量转移到联烯类化合物上的，但两种对映体的能量转移效率不同。因此，它作为一种单向催化剂，可以转化一种对映体而不是另一种对映体，而熵的减少则由光能来补偿[147]。此外，这种异构化是通过一种非手性平面三重态中间体发生的[148]，该中间体进而弛豫为对映

体 **1a** 和 *ent*-**1a**。关于上述光化学过程的去外消旋化机理无论在实验上还是理论上都没有进行深入的探讨。这里采用密度泛函理论（DFT）方法，对 3-(3,3-二甲基-1-丁烯-1-亚叉基)-2-哌啶酮的基态势能面、激发态结构以及手性联烯与光敏剂 **2** 之间的相互作用进行理论计算，特别是对光敏化的去外消旋化过程与机理进行定量研究。

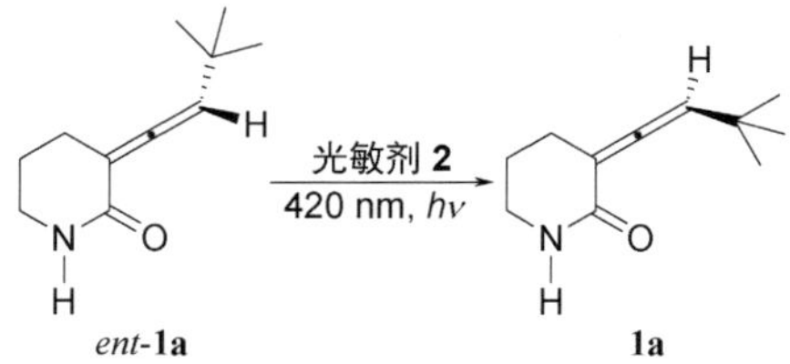

图 2-25 3-(3,3-二甲基-1-丁烯-1-亚叉基)-2-哌啶酮在光敏剂作用下的对映体转化

2.8.1 计算方法

计算方法采用色散校正 B97-D3 泛函和 6-311G(d,p)基组，主要使用 Gaussian 16 程序进行计算[90]。所有复合物的基组叠加误差都采用 CP 校正方法计算[62]。所有复合物和相应单体的几何结构都进行了优化，并在相同的理论水平上通过频率计算以确定过渡态或稳定结构。并通过计算内禀反应坐标（IRC）[149-151]来进一步确认反应路径上的过渡态。激发态的结构采用含时密度泛函方法计算。

为了评价光敏剂 **2** 系间穿越（ISC）过程的效率，采用基于有效电荷近似的 Breit-Pauli 自旋轨道哈密顿量的理论方法[152-154]，使用 PySOC 程序[155-156]在 TD-B97D3/6-311G(d,p)水平上计算旋轨耦合常数。由于本体系中相关的自旋-轨道耦合作用相对较弱，耦合元素不明显依赖于核的几何结构，故可采用 Marcus 理论[157]计算 $S_1 \rightarrow T_1$ 的 ISC 速率常数 k_{ISC}[158-159]［式(2-45)］，所采用的程序包为 MOMAP（分子材料性质预测包）[160-162]。

$$k_{ISC} = \frac{2\pi}{\hbar} \| \langle H_{SO} \rangle_{if} \|^2 \sqrt{\frac{1}{4\pi k_B T}} \exp\left[-\frac{(\lambda + \Delta G)^2}{4\lambda k_B T} \right] \tag{2-45}$$

式中，$\| \langle H_{SO} \rangle_{if} \|$ 为初始的 S_1 态和最终的 T_1 态之间的旋轨耦合矩阵元；λ 为重组能。

2.8.2 基态结构与势能面

3-(3,3-二甲基-1-丁烯-1-亚叉基)-2-哌啶酮是一种联烯型手性内酰胺，具有一对能量简并的对映体 **1a** 和 *ent*-**1a**（图 2-26）。如图 2-26 所示，C1—C2 的键长明显大于 C2—C3，这是由于 C1 原子上存在吸电子酰胺基。与所有其他丙烯化合物一样，在基态结构中，C5—C1—C6 所定义的平面与 H1—C3—C4 所定义的平面垂直，C1—C2—C3 的键角几乎是线性型。

尽管从 *ent*-**1a** 到 **1a** 的去乙酰化转移是热高能势垒的，甚至是不可能的，但在手性光敏剂 2-[(1*R*,5*R*,7*S*)-1,5,7-三甲基-2-氧代-3-氮杂双环[3.3.1]菲-7-基]-10*H*-[1]苯并硫杂蒽酮[3,2-*f*]苯并噁唑-10-酮的存在下，可对 3-(3,3-二甲基-1-丁烯-1-亚叉基)-2-哌啶酮进行光化学去外消旋化。要想深入了解光化学去外消旋化的机理，首先必须弄清楚基态势能面，因为所有的光化学反应都会在基态势能面结束。图 2-27 给出了 *ent*-**1a** 到 **1a** 在基态 S_0 的热化学反应路径。可以看出，从 *ent*-**1a** 到 **1a** 的热转变有两条路径，第一条路径（浅色）是一步过程，只有一个过渡态（**TS-a**），其相对能量为 178.5 kJ/mol。**TS-a** 的几何构型和电子自旋密度如图 2-28 所示，显然它是一个平面型双自由基结构。与 *ent*-**1a** 或 **1a** 相比，C1—C2 和 C2—C3 的键长明显增大并趋于平均。第二条路径（深色）是两步反应，有两个过渡态 **TS-1** 和 **TS-2**［见图 2-29（a）和（b）］，其相对能量几乎相等（分别为 195.81 kJ/mol 和 195.03 kJ/mol）。两个过渡态之间的中间体［**I**，图 2-29（c）］具有含氧四元环的几何构型。由于四元数环的张力较大，**I** 的相对能量高达 164.38 kJ/mol，然而，它仍然比第一路径的 **TS-a** 稳定。虽然这两条路径的能垒都很高，但第一条路径相对容易实现，且第一路径的 **TS-a** 可能是与光化学反应有关的一个关键点，将在后面讨论。

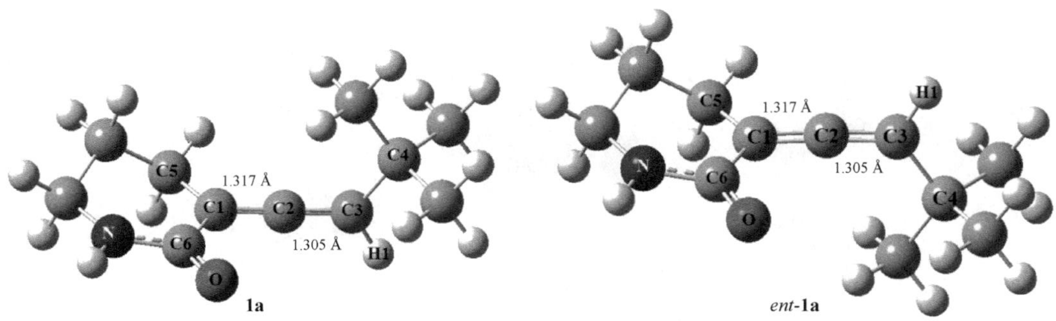

图 2-26 对映体 **1a** 和 *ent*-**1a** 的几何构型

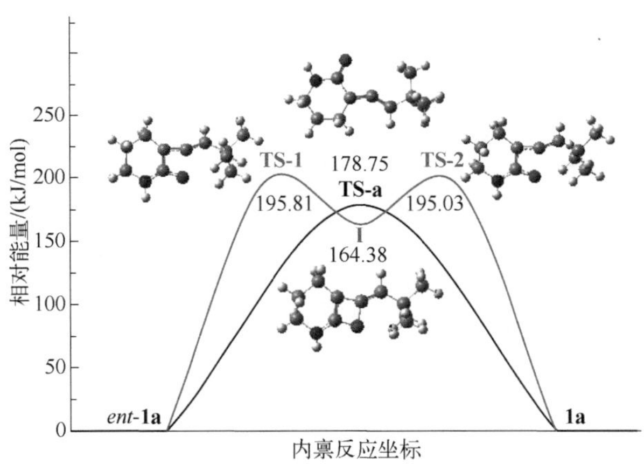

图 2-27 基态 S_0 的 *ent*-**1a** 到 **1a** 的热化学转化路径

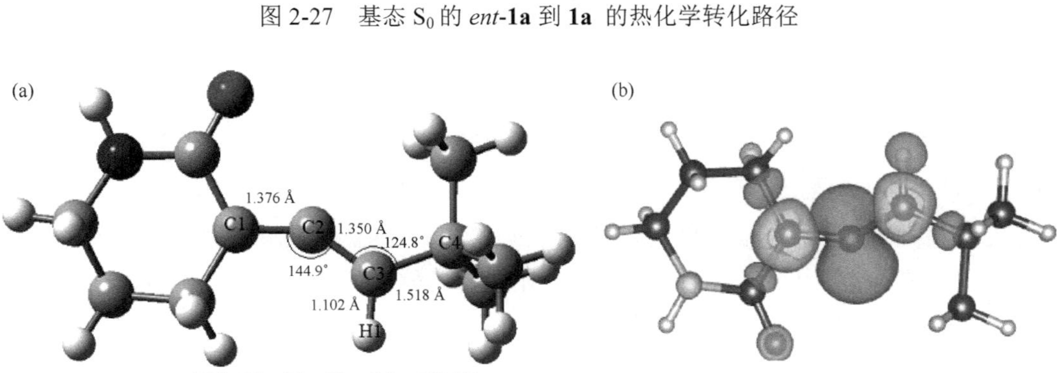

图 2-28 **TS-a** 的几何构型（a）和电子自旋密度分布（b）

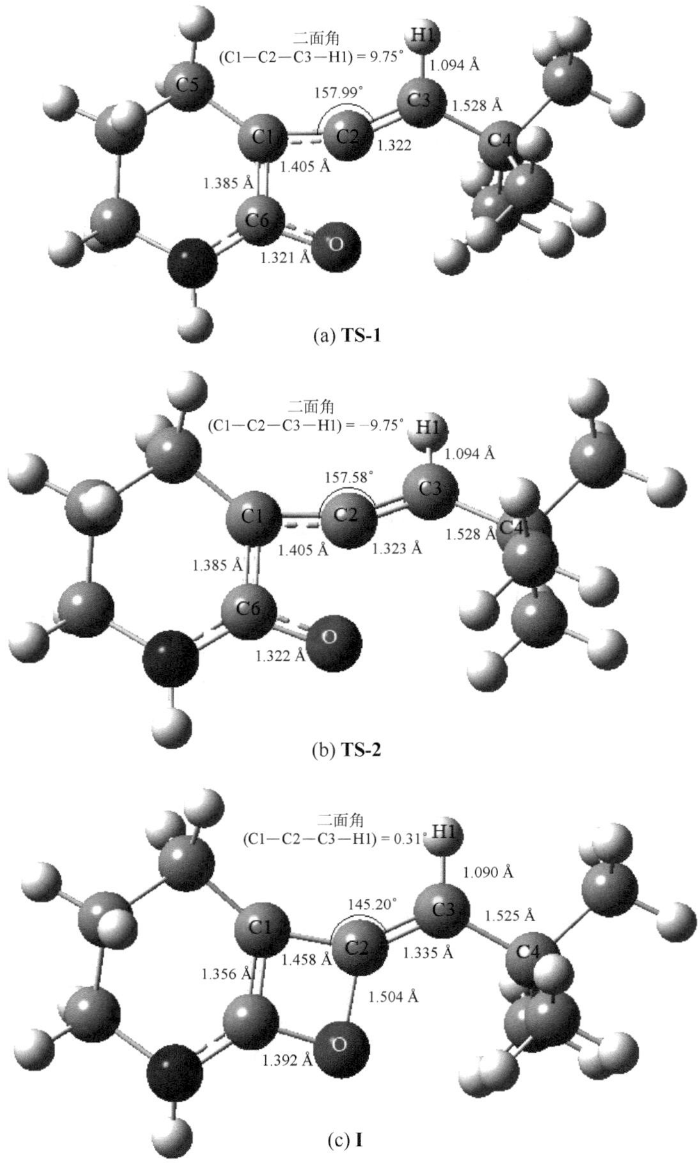

图 2-29 **TS-1**（a）、**TS-2**（b）和 **I**（c）的几何构型

2.8.3 激发态结构及其相互作用

在深入探讨 3-(3,3-二甲基-1-丁烯-1-亚叉基)-2-哌啶酮的光敏去外消旋化机理之前，需要明确手性联烯、光敏剂硫杂蒽酮 **2** 及其复合物的激发态结构。图 2-30 显示了 **2**@*ent*-**1a** 的 S_1 和 T_1 态的几何结构。与 S_0 态相比，S_1 和 T_1 态不再是线性的，键角 C1—C2—C3 分别减小到 150.8°和 143.7°。T_1 为平面，而 S_1 扭曲且二面角（C1—C2—C3—C4）= 164.05°，明显偏离 180°；在 S_1 态时，C1—C2 的键长增加到 1.398 Å，C2—C3 的键长略增大到 1.318 Å。显然，C2 的电子态不再是 S_0 态的 sp 杂化，而是更接近于 sp^2 杂化，且 C1 与 C2 之间的 π 键已经断裂。在这种情况下，有可能通过 C1—C2 σ 键的旋转而转变为其对映体 **1a**。

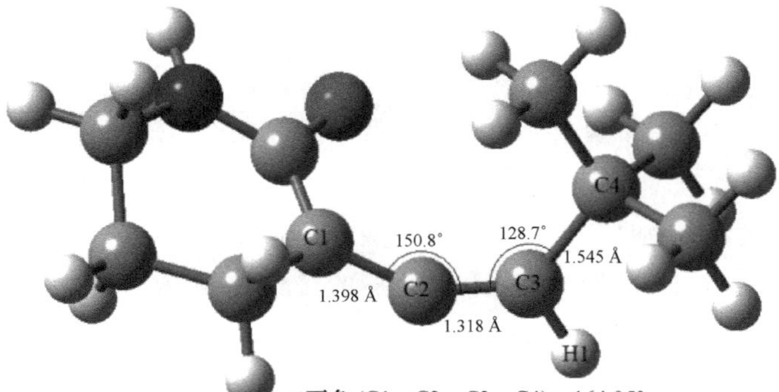

二面角 (C1—C2—C3—C4) = 164.05°

(a) **2**@*ent*-**1a** S_1态

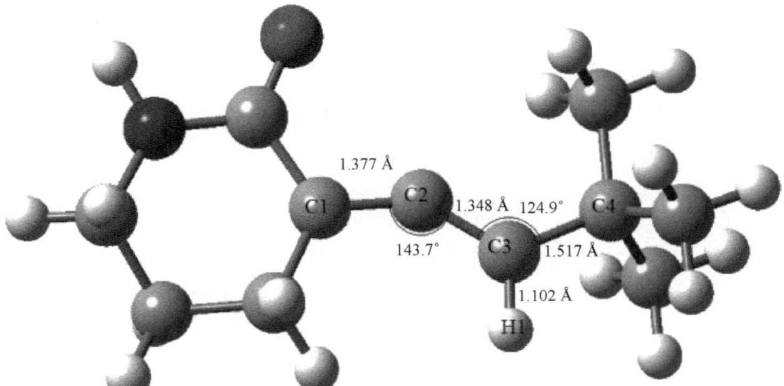

二面角 (C1—C2—C3—C4) = 179.68°

(b) **2**@*ent*-**1a** T_1态

图 2-30 **2**@*ent*-**1a** 的 S_1 态（a）和 T_1 态（b）的几何结构

至于 **2**@*ent*-**1a** 的 T_1 态几何结构，其中的 C1—C2 和 C2—C3 的键长分别增加到 1.377 Å 和 1.348 Å。因此，它们的键长更为平均，C1 和 C2 之间的经典 π 键已不存在。实际上，**2**@*ent*-**1a** 的 T_1 态是电子离域的双自由基（2 个电子 3 个中心）结构。图 2-31 给出了 *ent*-**1a** 的 T_1 态电子自旋密度分布，发现双自由基的两个电子位于 C1、C2 和 C3 三个原子上。此外，还发现 **1a** 的三重态（T_1）结构与 *ent*-**1a** 的 T_1 态完全相同，因此，3-(3,3-二甲基-1-丁烯-1-亚叉基)-2-哌啶酮的 T_1 态结构不存在对映体的概念，这意味着这种平面三重态可能是 *ent*-**1a** 和 **1a** 相互转化的一个非常重要的关键点[147]。

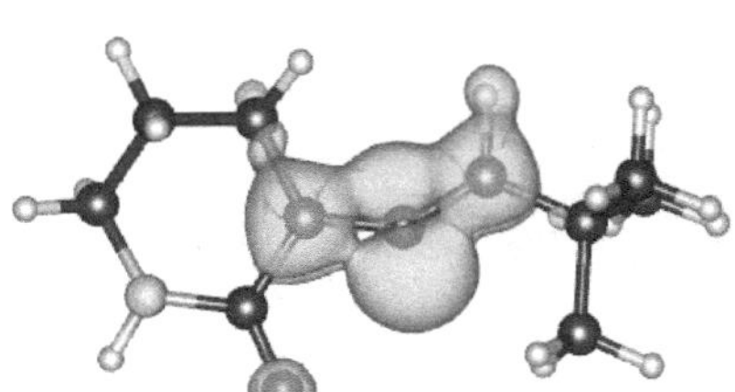

(a) 俯视图

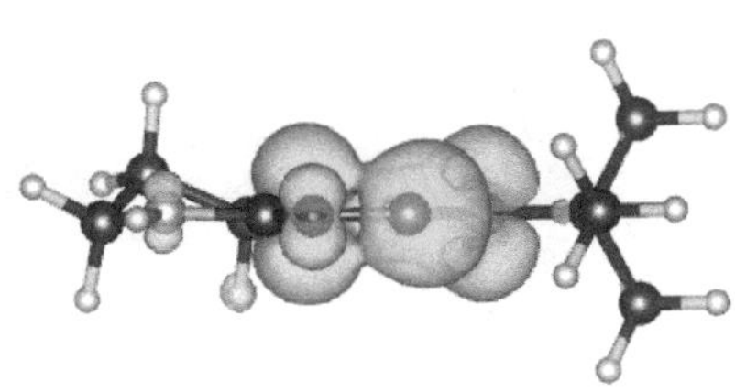

(b) 侧视图

图 2-31 *ent*-**1a** T_1 态的电子自旋密度分布

根据实验结果[147]和对光敏剂 **2** 的紫外-可见光谱计算数据推断，在 $\lambda = 420$ nm 处，光敏剂 **2** 将通过 $n \rightarrow \pi^*$跃迁激发到第二单重态（S_2）。然而，计算发现电子跃迁到与 438 nm 辐射相对应的第一单重态（S_1）是禁阻的。也就是说，很难直接得到 **2** 的 S_1 电子态。分别计算了光敏剂 **2** 的 S_2、S_1 和 T_1 态结构，结果表明，这些结构基本相同，且与 S_0 态结构相同。值得注意的是，光敏剂 **2** 的 S_2 态和 S_1 态结构的能量几乎相等，表明这两种态之间的重组能可以忽略不计。计算表明，光敏剂 **2** 的 T_1 态能量明显小于 S_1 态。光敏剂 **2** 激发态的几何构型和相对能量的特征正好满足光物理转换过程的内在要求。

内酰胺氢键可以作为对映选择性光化学反应的控制因素[163]。本体系中的联烯和光敏剂 **2** 都属于同时含有氢键给体和氢键受体的内酰胺类化合物，所以很容易在它们之间同时形成两个分子间氢键。事实上，实验中已经用核磁共振滴定法测定了苯-d_6（C_6D_6）溶剂中氢键复合物的缔合常数 K_a，结果表明化合物 *ent*-**1a** 与光敏剂 **2** 的结合强度［K_a = (84±6) L/mol］，明显强于对映体 **1a**［K_a = (18±2) L/mol］与光敏剂 **2** 的结合强度[147]。**2@*ent*-1a** 以及 **2@1a** 复合物的 S_0 态几何结构如图 2-32 所示。值得注意的是，每个复合物中的两个氢键并不等价。N—H…O3 氢键键长明显小于 O1…H—N 氢键键长，说明前者的强度更大，即根据两个复合物的氢键长度推断 **2@*ent*-1a** 应该比 **2@1a** 更稳定。

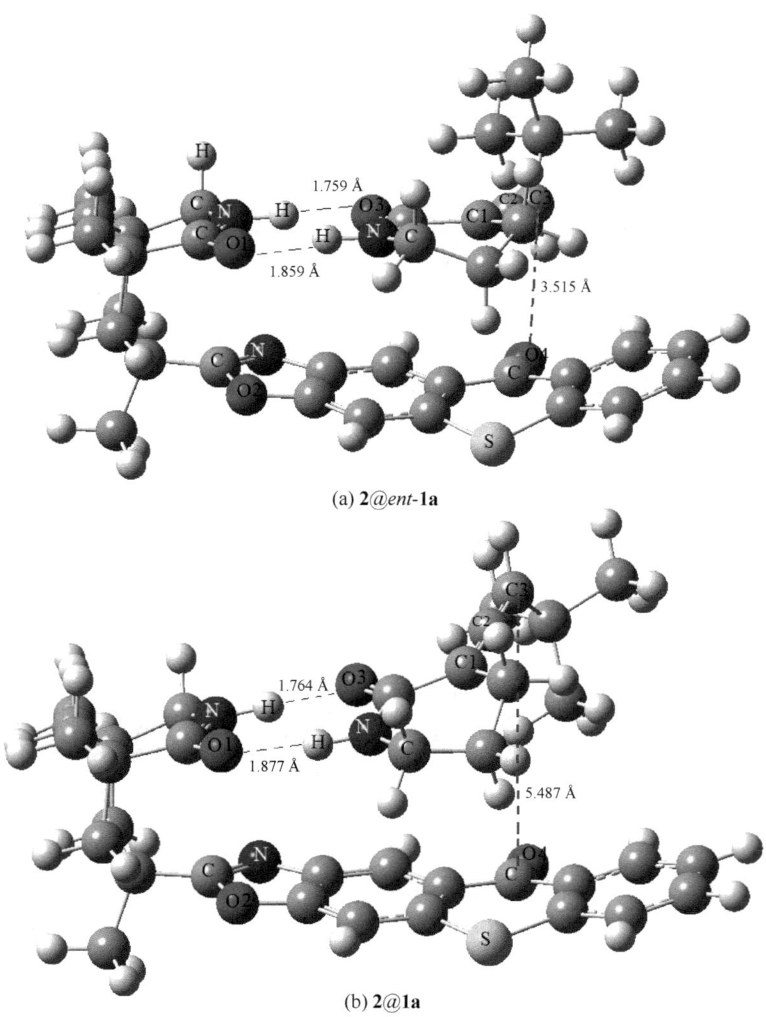

图 2-32　氢键复合物 **2@*ent*-1a**（a）及 **2@1a**（b）的 S_0 态几何结构

此外，在两种复合物中，硫杂酮的羰基碳原子与烯的末端环内碳原子之间的距离分别为 3.515 Å 和 5.487 Å，仅略短于在 M062X/def2-TZVP 理论水平下预测的距离[147]。对于 S_1 或 S_2 态而言，最值得注意的是，两个氢键中的一个略微增强，而另一个则完全不存在；对于 T_1 或 T_2 态而言，两个氢键结构没有明显变化，但有一定程度的增强。

表 2-23 列出了不同电子态下光敏剂 **2** 与手性联烯之间的结合能（ΔE_{CP}，kJ/mol）。由此可以看出，ΔE_{CP} 的大小与复合物的几何特征十分吻合。S_0 态时的 ΔE_{CP} 小于三重态，但大于 S_1 和 S_2 态，这预示着三重态，特别是 **2@*ent*-1a** 的三重态，比其单重态更稳定。

表 2-23　不同电子态下光敏剂 2 与手性联烯之间的结合能（ΔE_{CP}）　单位：kJ/mol

复合物	S_0	S_1	T_1	T_2
2@*ent*-1a	−113.86	−87.40	−122.22	−122.43
2@1a	−102.99	−63.00	−106.09	−105.42

2@*ent*-1a 以及 **2@1a** 复合物的结构与光敏剂 **2** 和联烯 *ent*-**1a** 或 **1a** 之间的能量转移密切相关。从复合物的前线分子轨道（图 2-33）可以看出，几乎所有前线分子轨道的分布都位于光敏化 **2** 上，说明复合物的激发态本质上是光敏剂 **2** 的激发态。对于 **2@*ent*-1a** 的 S_1 态，电子能量转移［$\mathbf{2}^*$（S_1）+ *ent*-**1a**（S_0）→**2**（S_0）+ *ent*-$\mathbf{1a}^*$（S_1）］是否可以通过 Förster 机制进行呢[164]？众所周知，在 Förster 机制的能量转移理论中，两种态之间的能量匹配是必要的。为此，计算了 $\mathbf{2}^*$（S_1）的发射光谱和 *ent*-**1a**（S_0）的吸收光谱（图 2-34），结果表明它们之间没有任何重叠，即两个态之间能量不匹配。实际上，$\mathbf{2}^*$（S_1）的能量为 226.51 kJ/mol，而 *ent*-$\mathbf{1a}^*$（S_1）的能量高达 308.63 kJ/mol。因此，不可能得到 *ent*-$\mathbf{1a}^*$（S_1）激发态，即不可能对映异构化为 **1a**。

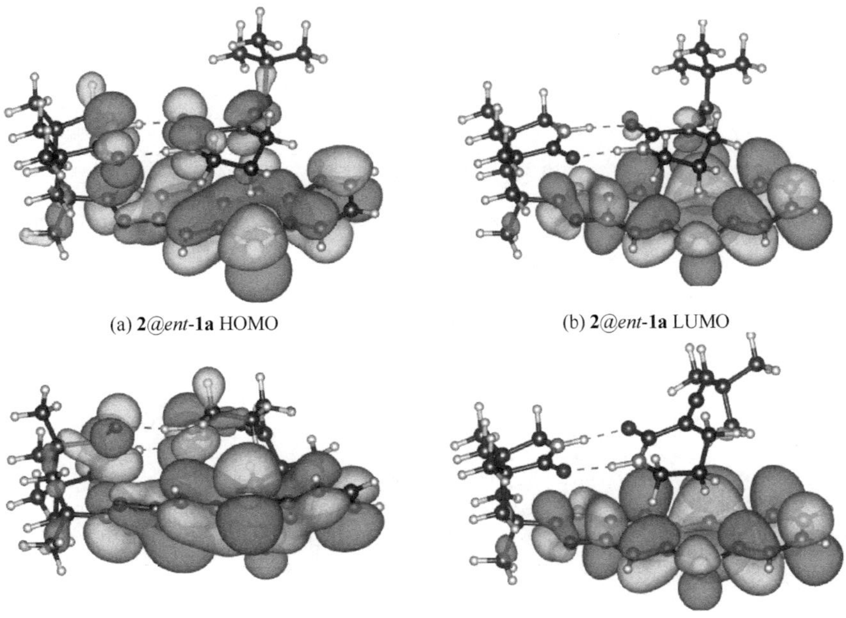

(a) **2@*ent*-1a** HOMO　(b) **2@*ent*-1a** LUMO

(c) **2@1a** HOMO　(d) **2@1a** LUMO

图 2-33　**2@*ent*-1a** 及 **2@1a** 复合物的前线分子轨道

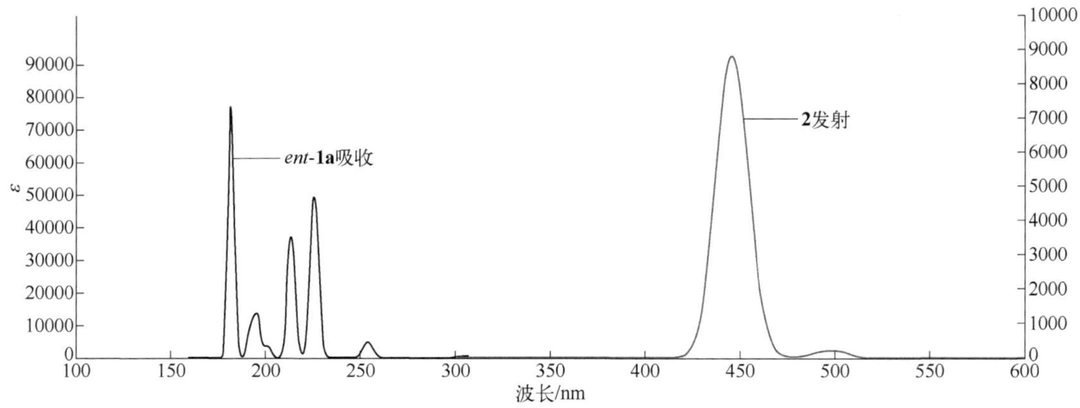

图 2-34 **2***（S_1）的发射光谱和 *ent*-**1a**（S_0）的吸收光谱

然而，对于 **2@*ent*-1a** 的 T_1 态而言，可以通过 Dexter 机制[142,165]的电子能量转移［**2***（T_1）+ *ent*-**1a**（S_0）→**2**（S_0）+ *ent*-**1a***（T_1）］获得 *ent*-**1a** 的 T_1 态。因为光敏剂 **2** 具有较高 S/T 系间穿越效率。Dexter 型三重态-三重态能量转移的效率在很大程度上取决于受体和主体之间的距离，即两个发色团在空间上必须非常接近。根据几何结构特征，**2@*ent*-1a** 正好满足上述条件，但是 **2@1a** 不能很好地满足 Dexter 能量转移的几何条件。因此，三重态 **2** 到三重态 **1a** 的 Dexter 能量转移效率相对较低，甚至可以忽略不计。因此，从 *ent*-**1a** 到 **1a** 的单向转换是可能的。实际上，利用光敏剂进行三重态能量转移，以获得另一个理想的三重态是光化学中常用的一种策略。

2.8.4 光敏化去外消旋化机理

实验证明，光敏剂 **2** 在 3-(3,3-二甲基-1-丁烯-1-亚叉基)-2-哌啶酮的去外消旋化过程中具有催化对映选择性作用[147]。图 2-35 给出了外消旋体的光催化去外消旋体机理，包括光敏剂

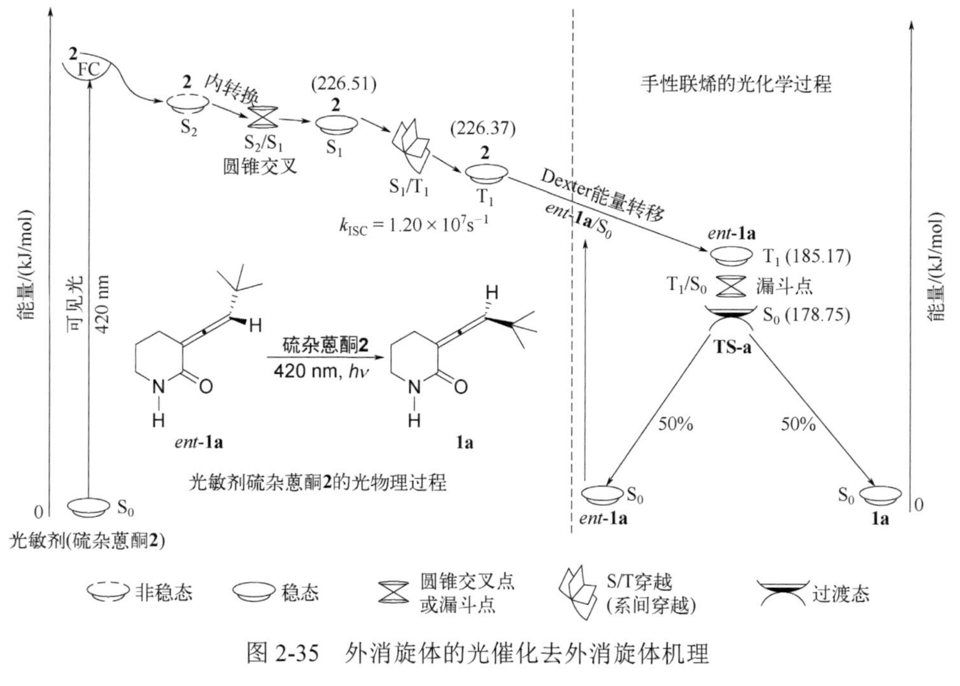

图 2-35 外消旋体的光催化去外消旋体机理

硫杂蒽酮 **2** 的光物理过程和手性联烯类化合物的光化学过程。首先，遵循 Franck-Condon 原理[166]，在波长 $\lambda = 420$ nm 的光照射下，光敏剂 **2**（S_0 态）垂直激发到 S_2 态，然后通过非辐射振动弛豫快速返回到 S_2 态的能量最小点。然而，定量计算发现 S_2 态的几何结构和能量与 S_1 态几乎相同，表明 S_1 态和 S_2 态之间可能存在势能面交叉（图 2-36）。因此，在 S_2 态弛豫过程中，在势能面交叉点附近会发生 $S_2 \rightarrow S_1$ 的快速内转换（IC）。

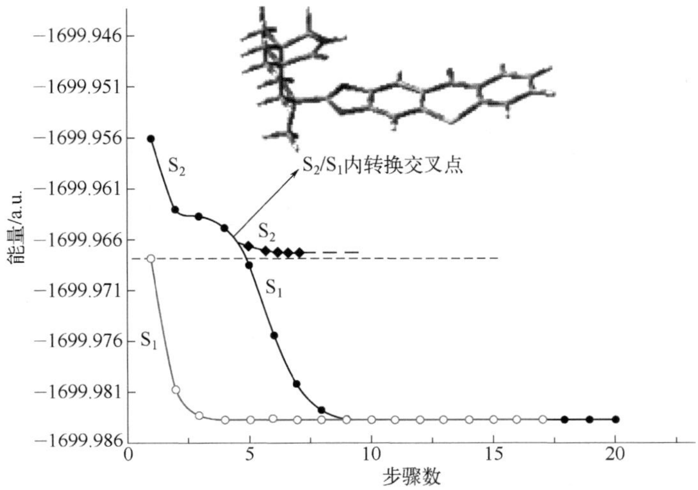

图 2-36　光敏剂 **2** 的 S_1 态与 S_2 态势能面交叉

如前所述，硫杂蒽酮 **2** 是具有高系间穿越效率（S/T）的光敏剂，其 T_1 态能量略低于 S_1 态，且不超过 0.14 kJ/mol。光敏剂 **2** 从 S_1 态局部能量极小点到 T_1 态局部能量极小点的弛豫过程中，S_1/T_1 耦合相对较强，尽管耦合常数仅为 3.091 cm^{-1}，但这对于没有重原子的有机化合物来说已不是很小。这里，计算得到的系间穿越（S_1/T_1）速率常数 k_{ISC} 高达 $1.20 \times 10^7\ s^{-1}$。可见，光敏剂 **2** 的 T_1 态可以很容易地通过系间穿越从其 S_1 态获得。

一旦转换为三重态，由于在几何特征和能量（*ent*-**1a** 的 T_1 态能量比光敏剂 **2** 的 T_1 态能量小 41.20 kJ/mol）方面的优势，在 **2@*ent*-1a** 复合物内部，从光敏剂 **2** 的 T_1 态向 *ent*-**1a** 的 S_0 态的 Dexter 型能量转移将易于发生，从而产生光敏剂 **2** 的 S_0 态和 *ent*-**1a** 的 T_1 态。然而，除了能量驱动外，光敏剂和基底物质必须在空间上足够接近，以便实现高效光敏化[146,163]。正是由于空间构型上的不利因素，在 **2@1a** 复合物中，类似分子间的 Dexter 型能量转移很难发生。

进一步研究发现，*ent*-**1a** 的 T_1 态能量仅比 **TS-a**（S_0 态势能面上 *ent*-**1a** 和 **1a** 的过渡态）高 6.42 kJ/mol，而且它们的几何构型也非常接近。根据非绝热光化学反应的漏斗理论，*ent*-**1a** 的 T_1 态和 **TS-a** 的 S_0 态的位置可以称为“漏斗”，在漏斗点，*ent*-**1a** 可以穿过其三重态 T_1 势能面，转化为 **TS-a** 的基态 S_0，进而形成 **1a**/ *ent*-**1a**（50/50）。其中新生成的 *ent*-**1a** 可以通过光催化硫杂蒽酮 **2** 再次敏化形成 **TS-a**，但 **1a** 不能被敏化。因此，在每个光催化循环中，*ent*-**1a** 的数量将减少一半，**1a** 的数量将相应增加。很明显，*ent*-**1a** 不可能 100%转化为 **1a**，因此对映体过量不可能达到 100%，这也与实验结果一致[147]。

可见 3-(3,3-二甲基-1-丁烯-1-亚叉基)-2-哌啶酮（手性联烯）在 S_0 态势能面上有一对能量

简并的对映体 **1a** 和 *ent*-**1a**。**1a** 与 *ent*-**1a** 之间的热转换有两条路径，包括一步机制和两步机制，但两条路径均为高势垒，热转换很难发生。光敏剂 2-硫杂酮在 420 nm 可见光驱动下对该手性联烯的去外消旋化具有对映选择性催化作用。

本节基于对光敏剂 **2** 的系间穿越（S_1/T_1）与从 **2** 的 T_1 态到 *ent*-**1a** 的 T_1 态的 Dexter 型电子能量转移的光物理过程计算，并根据从 *ent*-**1a** 的 T_1 态到基态势能面上 *ent*-**1a** 和 **1a** 的过渡态转换的非绝热光化学反应过程中的“漏斗”理论，揭示了手性联烯类化合物的光催化去外消旋化机理。

2.9 芳环上 Cu 催化卤素交换反应机理的计算分析

芳环上的卤素（Cl、Br、I）在药物、材料等领域具有关键作用，不同卤素的电子效应和空间位阻差异显著影响分子活性。在制备如图 2-37 所示的金属有机框架（MOF）材料时，通过检测最终的 MOF 结构，注意到配体 **3** 在 110 ℃时与硝酸锌或硝酸钴反应，配体 **3** 上的 Br 原子没有变化，而在 160 ℃时配体 **3** 上的 Br 原子被羟基取代。让人意外的是，在同样的温度下，当向反应体系中滴加稀盐酸时，与硝酸铜反应，配体 **3** 上的 Br 原子被 Cl 原子所取代，原位生成了配体 **4**，即发生了如图 2-37 所示的卤素交换反应。通常，芳环上的亲核取代反应较难发生，特别是芳环上的 Br 较难被 Cl 取代[167]。然而在当前体系中，显然是 Cl^-直接参与了反应，但是其中的反应机理有待进一步探讨[168-169]。

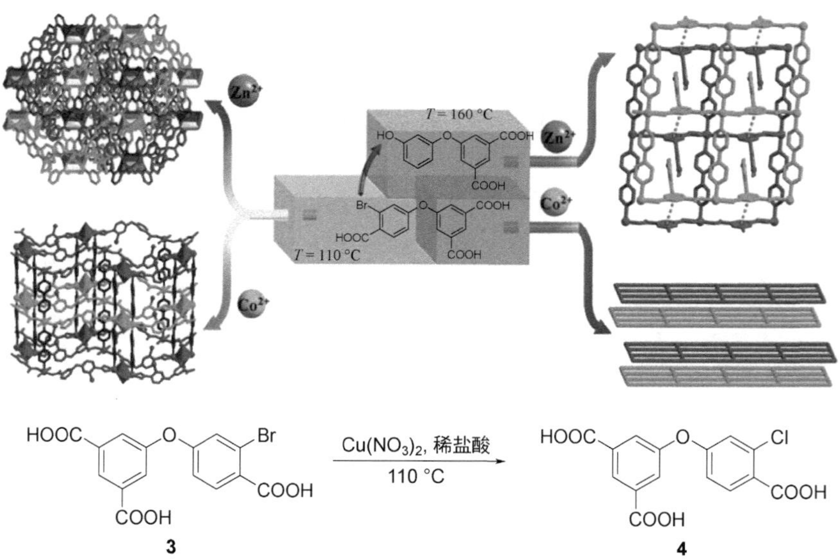

图 2-37　配体的卤素交换反应

2.9.1 计算方法

采用密度泛函理论计算方法，在 DFT-B3LYP/6-31G(d)～SDD 水平上研究图 2-37 所示的卤素交换反应，对于 Cu 元素采用 SDD 赝势基组，其他元素采用 6-31G(d)基组，计算其在 Cu(Ⅱ)催化下配体 **3** 上的 Br-Cl 交换路径，优化了反应路径上的过渡态、中间体等，并对过渡态结构通过内禀反应坐标扫描的方法进行确认。

2.9.2　反应机理

通常，芳环上亲核取代的经典反应机理为两步反应。第一步，亲核试剂进攻芳环上的 π 电子，形成芳基碳负离子中间体，这一步反应的活化能较高，反应较慢；第二步，离去基团从芳环上快速脱离，同时亲核基团与芳环上的碳原子成键，生成亲核取代的最终产物。因此，对当前讨论的卤素交换反应，计算试图找到一条经典的亲核取代反应路径，但是没有成功。事实上在没有第三种试剂参与，仅 Cl^-进攻芳环时，计算不能得到任何合理的芳基碳负离子中间体，这意味着该配体中芳环上的 Br 不可能通过经典的热化学亲核取代反应路径被 Cl^-取代。然而，在该体系中，必须注意到 $Cu(NO_3)_2$ 的存在和可能的催化作用。

DFT 计算揭示了 Cu(Ⅱ)催化下配体 **3** 上的 Br-Cl 交换反应机理。图 2-38 显示了 Cu(Ⅱ)催化下配体 **3** 上的 Br-Cl 交换反应中体系能量随反应坐标的变化情况。从中可以看出，这是一个 Cu(Ⅱ)催化的两步反应过程。反应路径上相应的前驱体、中间体（Int）、过渡态（TS1、TS2）和产物的几何结构如图 2-39（a）～（f）所示。在反应开始时，配体 **3**、Cu(Ⅱ)和两个 Cl^-可以自发（无需活化能）地形成反应前驱体，该前驱体是一个四配位的 Cu(Ⅱ)复合物［图 2-39（b）］，其中除了两个 Cl^-外，还有配体上的 Br 和羧基中羰基氧与 Cu(Ⅱ)配位。之后，随着体系能量升高并达到最大值，前驱体也随之彻底转变为反应的过渡态［TS1，图 2-39（c）］。

在具有五配位特征的过渡态 TS1 结构中，形成了较强的 C—Cu（1.973 Å）相互作用。同时，相比于前驱体结构，C—Br 键键长从 1.907 Å 显著地增大到 2.469 Å，而 Cu—Br 键键长从 3.055 Å 缩短到 2.299 Å。反应体系能量跃过 TS1 这一能垒后，很快转变为中间体 Int［图 2-39（d）］，Int 仍保持五配位结构。从 Int 的几何结构可以看出，C—Cu 键和 C—Cl 键键长进一步分别从 1.973 Å 和 3.047 Å 显著地缩短到 1.928 Å 和 2.753 Å。然而，C—Br 键键长则从 2.469 Å 增大到 3.216 Å，这预示着 C—Cl 键的形成和 C—Br 键的断裂。

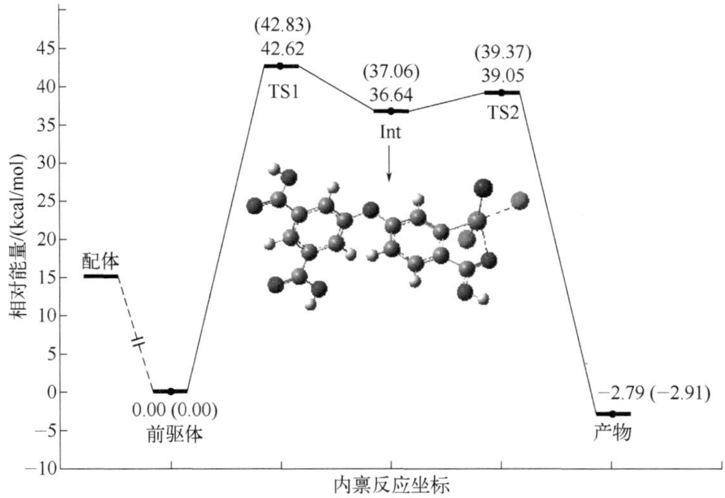

图 2-38　Cu(Ⅱ)催化下配体 **3** 上的 Br-Cl 交换反应路径及势能面

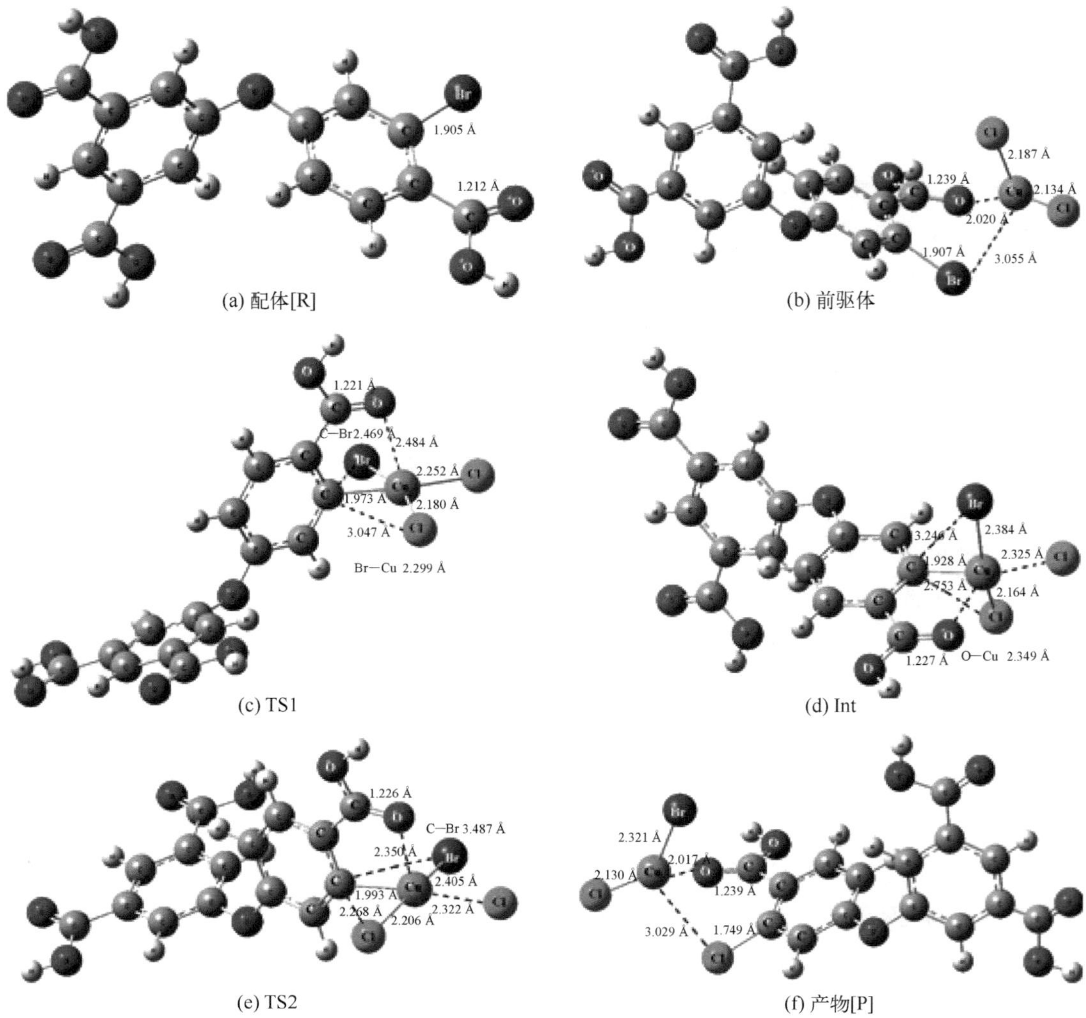

图 2-39　反应路径上前驱体、中间体、过渡态和产物的相关几何构型和主要键长参数

中间体 Int 一旦生成，很快克服一个很小的能垒（2.5 kcal/mol），跃过第二步反应的过渡态［TS2，图 2-39（e）］，体系能量大幅降低，配体上的 Br—Cl 交换过程完成，并生成最终产物。相比于 Int，TS2 中的 C—Br 键和 C—Cu 键键长进一步分别拉长了 0.271 Å 和 0.065 Å，而 C—Cl 键键长从 2.753 Å 缩短到 2.268 Å。至于最终产物［图 2-39（f）］，可以看到 C—Br 键和 C—Cu 键已经彻底解离，而 C—Cl 键则完全形成。整个反应路径上 TS1 和 TS2 的内禀反应坐标示见图 2-40，进一步确认了如图 2-38 所示的反应路径的可靠性。

此外，从图 2-38 中可以看出，第一步反应的活化能高达 42 kcal/mol，这也与实验中的反应温度较高（110～120 ℃）能够相互佐证。显然，这一步反应是整个反应的决速步骤，决定了整个 Br—Cl 交换反应的动力学过程。基于以上分析可以知道，Cu(Ⅱ)与 C 原子（C—Br 键中的碳原子）之间的配位作用在整个 Cu(Ⅱ)催化的 Br—Cl 交换反应中起着关键作用，这也与相关的实验研究一致[167]。

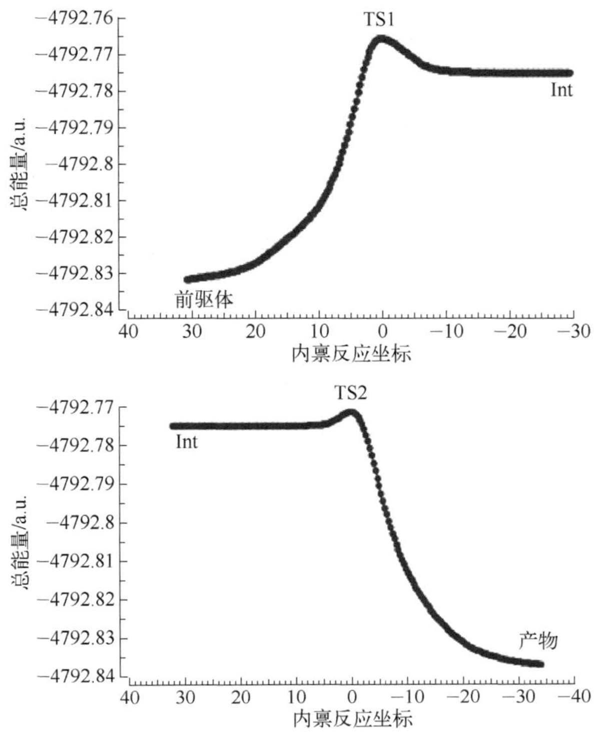

图 2-40　TS1 和 TS2 的内禀反应坐标（IRC）扫描

2.10　计算化学驱动的功能有机分子设计及合成策略

新化合物的合成和化学反应的发现大多依赖于化学家的经验和反复的实验尝试[170]，毫无疑问，这个发现过程需要大量的投入。一方面，利用理论计算化学手段可以设计并预测各类功能导向的有机分子或材料及其性能，从而为有机合成或材料开发确定精准的目标分子结构。另一方面，通过理论计算化学可以给出目标分子明确的合成策略和技术路线，甚至可以带来有机合成方法学的颠覆性创新，从而驱动合成化学的快速发展。本节将以光响应性纳米环状功能有机分子的结构设计与功能和理论计算驱动的无金属合成 4-取代吡啶的新方法为例，来分别说明理论计算化学在上述两个方面的重要作用。

2.10.1　光响应性纳米环状功能有机分子的结构设计与功能

含有偶氮苯基团的有机分子在紫外-可见光（UV-Vis）照射下，可以快速实现反式构型到顺式构型的可逆转变，该特性常被用于主客体化学中客体分子的结构设计。在生物过程和纳米材料科学领域，偶氮苯类光响应开关已经成为一种快速精准进行信息调控的可靠技术手段[171-173]。Huang 等[174]研究了含奎宁结构的柱[6]芳烃主体分子与一种含偶氮苯结构的客体分子之间的相互作用，该客体分子在紫外-可见光照射下，能实现从“线状”结构到“去线状”结构的转变，从而实现客体与主体的自组装和主客体的解离。此外，Ogoshi 等[175]研究了偶氮苯衍生物客体与三乙烯氧取代的柱[6]芳烃主体的 1∶1 主客体体系，在紫外光照射下，客体从反式转变为顺式，主客体间的尺寸匹配已不复存在，客体从主体“柱穴”中释放出来。

如果将偶氮苯基团引入纳米环状富勒烯宿主体分子的结构设计中，当偶氮苯基都以反式构型存在时，纳米环为打开状态，即呈现较为理想的圆环状几何结构；当偶氮苯基都以顺式构型存在时，纳米环塌陷收缩，环穴处于关闭状态，从而实现富勒烯的封装和释放。当然主体分子纳米环上偶氮苯的反式-顺式转变，可以非常方便地通过紫外-可见光刺激得到可逆的实现。

令人激动的是，包含四个光响应偶氮苯基团的 4NN 大环结构（**5**，图 2-41）已被成功合成[176]，并用于光调控超分子网络的构筑[177]。最近包含两个或三个偶氮苯基团的大环结构（**6**[178]、**7**[179]，图 2-41）光响应分子也已在实验室合成。然而，令人遗憾的是，这些功能分子不管是以其反式构型还是顺式构型存在，都不具备封装富勒烯球形分子的客观几何条件——理想的圆环穴型结构和适当的几何尺度。但是，这些功能分子的陆续成功合成，为进一步设计和合成理想的具备富勒烯宿主体几何要求的新型偶氮苯型光响应纳米环状分子提供了非常有价值的信息。

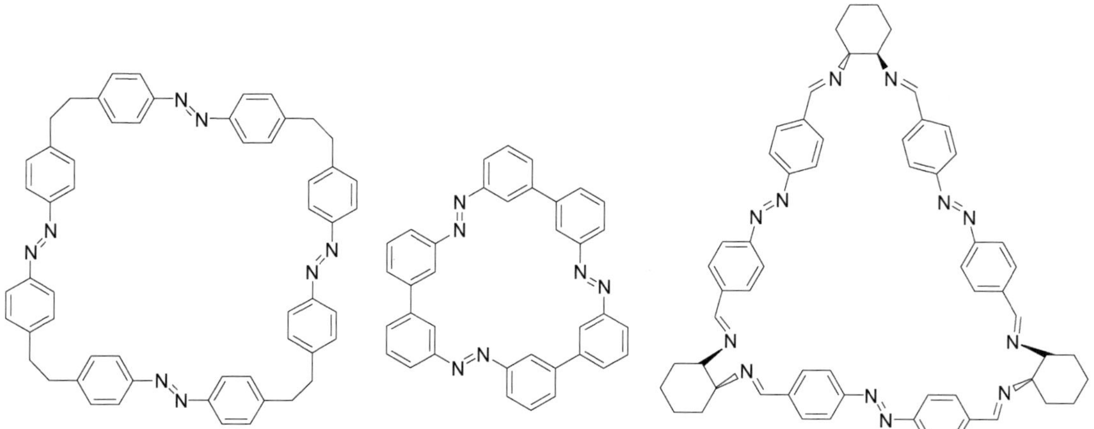

5 **6** **7**

图 2-41 几种典型偶氮苯类环状分子的化学结构 **5**、**6** 和 **7**（H 原子略去）

基于上述设想，笔者设计了一类新型光响应纳米环，该环由四个偶氮苯结构单元通过苯环对位的顺次键接构建而成，这种构建策略得到的纳米环上的张力相对较小，完全可能设计合理的合成路线在实验室获得。更为重要的是，其光响应性能可以通过环上相邻苯环共轭程度的改变来调控和改善。当然，这种环必须在其反式构型时呈现理想的纳米环穴状，而在顺式构型时环穴关闭，从而在不同波长光刺激下就可以实现环穴的关闭和打开（反式到顺式的可逆转变），并伴随客体分子富勒烯方便且可逆地封装与释放。在此希望通过深入的理论计算验证以上设想，从而进一步优化富勒烯宿主体光响应纳米环状分子设计。此外，通过量子化学计算进行分子设计，可为实验上的合成和性质研究提供有力的指导和理论依据，期望不久的将来所设计筛选的纳米环状富勒烯宿主体，及预测的相关功能可以在实验室成功获得。

具体来说，笔者利用苯环经典的富 π 电子特性、Ph—N═N—Ph 优异的光响应顺反异构性质和 N 杂原子对 π-π 弱相互作用的增强效应，设计了由四个偶氮苯结构单元构筑的纳米环状分子[4]AB，并采用量子化学理论计算方法 M06-2X/6-31G(d)和 M06-L/MIDI!优化其反式和顺式构型（图 2-42），结果发现[4]AB 的反式构型为理想环穴结构，而顺式构型时环穴显著收缩，呈马鞍型结构，这些正是所期望的几何特征。

大环状分子环上的张力大小对其结构的稳定性和合成的难易都有至关重要的影响，为此，首先评估了[4]AB 的环张力大小。由 π 轨道轴矢（POAVs，定义为环上 sp^2 碳原子的 p 轨道与该碳原子上的三个 σ 键的夹角 $\theta_{\sigma\pi}$，如图 2-43 所示）确定的环上 sp^2 碳原子的锥角（θ_p，$\theta_p = \theta_{\sigma\pi} - 90°$，图 2-43）[180-181]可以用于描述区分曲面 π 芳香体系，比如石墨烯的 $\theta_p = 0°$，碗烯 $C_{20}H_{10}$ 的 $\theta_p = 8.9°$，富勒烯 C_{60} 的 $\theta_p = 12.4°$[180]。更为重要的是，θ_p 的大小可以反映包括碳纳米带（CNRs）、碳纳米管（CNTs）、碗烯和富勒烯等曲面 π 芳香体系不同位置上的局域张力[182-183]，而环整体张力则是局域张力的和效应。通常 θ_p 与环张力呈正相关，θ_p 越大环张力也越大。

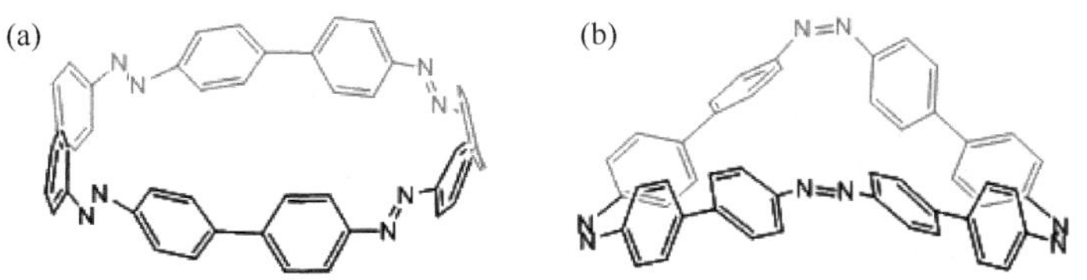

图 2-42　宿主体[4]AB 反式（a）和顺式（b）结构（H 原子略去）

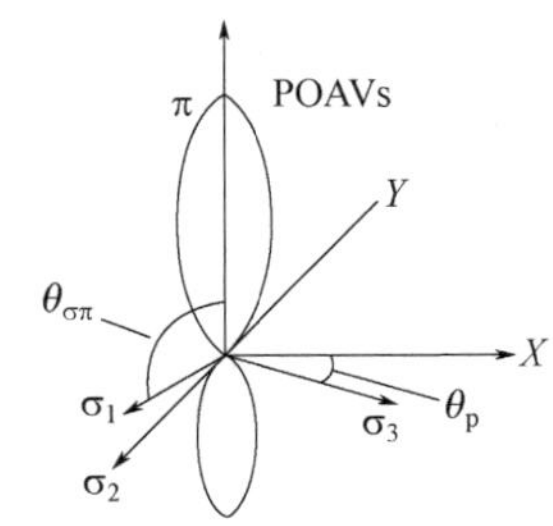

图 2-43　π 轨道轴矢（POAVs）及锥角（θ_p）的定义

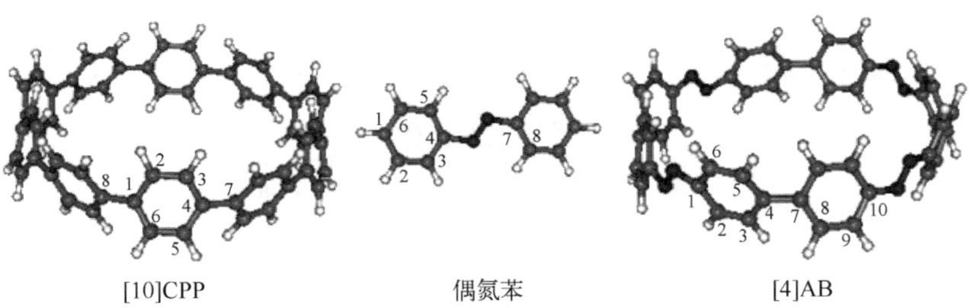

图 2-44　[10]CPP、偶氮苯和[4]AB 分子中相应锥角 θ_p 的碳原子标记

表 2-24 结合图 2-44 给出了 M06-2X/6-31G(d)水平上优化得到的[4]AB、偶氮苯分子和已被实验成功合成的[10]环对苯（[10]CPP）的锥角 θ_p，其中[4]AB 环上的 θ_p 为 1.4°～4.1°，显著地小于富勒烯 C_{60} 和碗烯 $C_{20}H_{10}$ 的 θ_p，事实上几乎与实验室已经成功合成的[10]CPP 的 θ_p 相等，而且也没有严重的偏离平面型 π 芳香体系，如石墨烯和偶氮苯。这表明这里设计的[4]AB 环上的张力并不大，而是与[10]CPP 的环张力相当。另一方面，按照式（2-46）直接计算了[4]AB 环上的张力 E_s［M06-2X/6-31G(d)］，发现其 $E_s = 249.42$ kJ/mol，而相同水平下[10]CPP 的环张力为 252.05 kJ/mol，这与锥角计算结果完全一致。

$$E_s = E_0 - E_A - (E_B - 2E_C) \tag{2-46}$$

式中，E_0 为自由[4]AB 的能量；E_A 为[4]AB 开环后的结构 **A** 的能量；E_B 为[2]AB 开环后的结构 **B** 的能量；E_C 为偶氮苯的能量。为表述清晰，**A**、**B** 和 **C** 的结构如图 2-45 所示。

呈理想环穴状反式构型的自由[4]AB 分子的长/短轴比仅为 1.01，平均环穴直径为 13.38 Å，在富勒烯 C_{60} 和 C_{70} 封装的理想几何尺寸范围内[184-185]。也就是说，从几何匹配角度考虑，[4]AB

在形状和尺寸上都是客体分子 C_{60} 和 C_{70} 理想的宿主体。由于呈“马鞍”型的顺式[4]AB 中理想环穴结构不复存在，已不再适合球状分子的封装。事实上笔者也试图计算顺式[4]AB@C_{60} 或顺式[4]AB@C_{70} 的复合结构，结果并不能得到合理的主客体复合物构型。因此，当[4]AB 在不同频率光照下发生反式与顺式异构化时，必然能够实现客体富勒烯的可逆封装与释放。

表 2-24　[10]CPP、偶氮苯和[4]AB 分子中部分原子对应的锥角 θ_p　单位：(°)

物质	标记原子									
	1	2	3	4	5	6	7	8	9	10
[10]CPP	3.89	2.45	2.45	3.88	1.09	1.11	3.87	3.91	—	—
偶氮苯	0	0	0	0	0	0	0	0	—	—
[4]AB	4.10	2.29	2.30	3.82	1.42	1.55	3.84	1.43	1.58	4.00

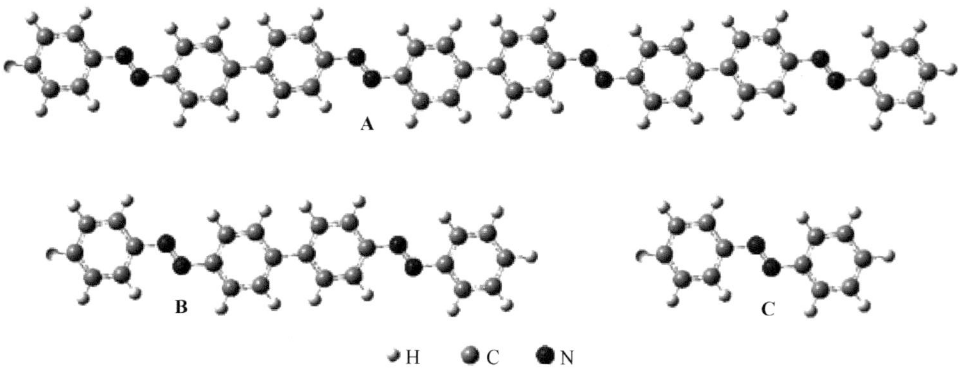

图 2-45　式（2-46）中 **A**、**B** 和 **C** 的结构

当偶氮基团处在大的 π 共轭体系中时，其特征吸收常出现在可见光区[186]，但是计算结果显示[4]AB 的电子吸收光谱活性在近紫外-可见光区内，这是因为[4]AB 分子中相邻苯环错位交叉排列，共平面性下降，使得分子整体的共轭程度减小。如图 2-46（a）所示，在 *trans*-[4]AB 的紫外-可见吸收光谱中，314 nm、443 nm 和 623 nm 处的吸收峰分别为偶氮基的 $\pi\rightarrow\pi^*$、芳环的 $\pi\rightarrow\pi^*$ 和分子中 $n\rightarrow\pi^*$三类电子跃迁；在 *cis*-[4]AB 的紫外-可见吸收光谱中，317 nm、511 nm 和 616 nm 处的吸收峰分别对应于偶氮基的 $\pi\rightarrow\pi^*$、芳基的 $\pi\rightarrow\pi^*$和分子中 $n\rightarrow\pi^*$等电子激发跃迁。特别是[4]AB 顺式构型的 $\pi\rightarrow\pi^*$跃迁吸收强度显著地弱于反式[4]AB。紫外线辐射下，偶氮基上的 $\pi\rightarrow\pi^*$电子跃迁可以引起偶氮苯分子从反式到顺式构型的转变；而可见光照射下，其 $n\rightarrow\pi^*$电子跃迁可以实现偶氮苯分子从顺式到反式构型的转变[187]。因此结合紫外-可见吸收光谱［图 2-46（a）］可以判断，反式[4]AB 异构化为顺式构型时，需要 314 nm 波长的光刺激，而相反的转变则需要 616 nm 波长光的照射。

令人鼓舞的是，最近伦敦帝国理工学院的 Greenaway 教授等受理论计算的驱动和启发，基于偶氮苯结构单元成功制备了比[4]AB 结构更为复杂的光响应笼状功能有机分子（图 2-47）[188]，这将对[4]AB 类分子的实验室合成具有重要的借鉴和促进作用。我们也期待[4]AB 类功能分子能被成功制备。

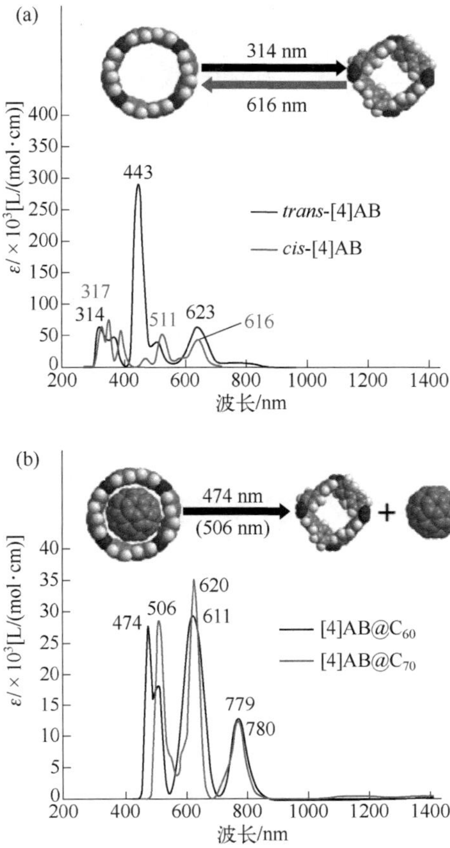

图 2-46　*trans*-[4]AB 和 *cis*-[4]AB 的 UV-Vis-NIR 吸收光谱（a）和[4]AB@C_{60}及[4]AB@C_{70}的 UV-Vis-NIR 吸收光谱（b）

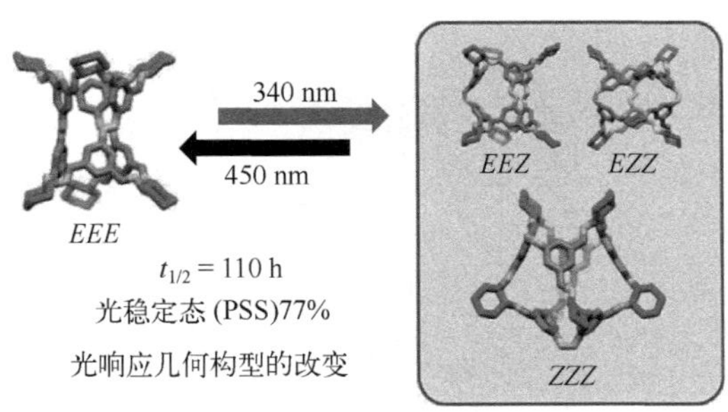

图 2-47　基于偶氮苯结构单元的笼状功能有机分子及其光响应特性

2.10.2　理论计算驱动的无金属合成 4-取代吡啶的新方法

在实验探索的基础上，化学家常常借助理论化学计算的方法，得到反应的最优途径和反应活化能，获得化学反应的微观机理。在这种“先实验、后计算”的研究模式中，已经体现了理论计算的重要性，而且已经形成了一种被广泛使用的先进的研究范式。但“先计算、后实验”才是理论化学家追求的、实验化学家期盼的研究模式。吡啶官能团是一类重要杂环结构，广泛存在于药物分子、功能材料中[189-190]。合成取代吡啶衍生物的传统方法大多需要过渡金属催化剂或金属有机试剂的参与[191-193]。因此，如何通过简单有效的方法实现吡啶类化合物的合成或官能团化是一个值得探索的前沿课题。近年来，南京大学黎书华教授课题组在这方面做了有意义的尝试，实现了计算驱动的有机合成，取得了令人鼓舞的进展。为此，中国科学院院士、著名理论计算化学家方维海教授曾专门在《物理化学学报》中对黎书华教授的相关工作做了亮点评述[194]。他在评述中指出，南京大学黎书华教授等通过精确的电子结构计算，首先从理论上预测了氰基取代的吡啶可通过“双路易斯碱协同均裂硼-硼键”的活化模式产生吡啶-硼基自由基。

联硼类化合物（R_2B-BR_2）是一类非常重要的试剂，可用于合成有机硼化合物，后者是有机合成中一类非常重要的合成子。因此，通过简单有效的方法实现联硼类化合物的活化、转化具有非常重要的意义。然而，该类试剂中 B—B 键本身具有较高的键能，实现联硼类化合物的活化、转化大多需要过渡金属或者强碱的参与。黎书华课题组通过量子化学计算发现，如果联硼类化合物的两个 sp^3 杂化硼原子同时被路易斯碱缔合，形成一个(sp^3)B—B(sp^3)复合物，该复合物的硼-硼键有可能发生均裂反应（图 2-48）。经过计算筛选，他们发现，利用 4-氰基吡啶为路易斯碱，通过协同活化的模式，可以在较温和条件下活化 B—B 键，产生吡啶-硼基自由基。随后，黎书华与其同事朱成建课题组合作，通过电子顺磁共振光谱和自由基捕获实验证明了这一过程[195]。以 4-氰基吡啶为催化剂，他们进一步将这种新的活化模式成功地应用于偶氮类化合物中 N═N 双键的还原、亚砜的还原脱氧以及醌的还原等反应（图 2-49）。

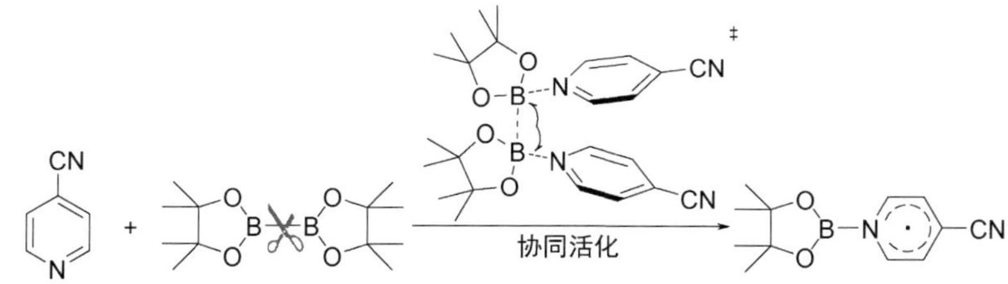

图 2-48 4-氰基吡啶路易斯碱缔合的硼-硼键均裂

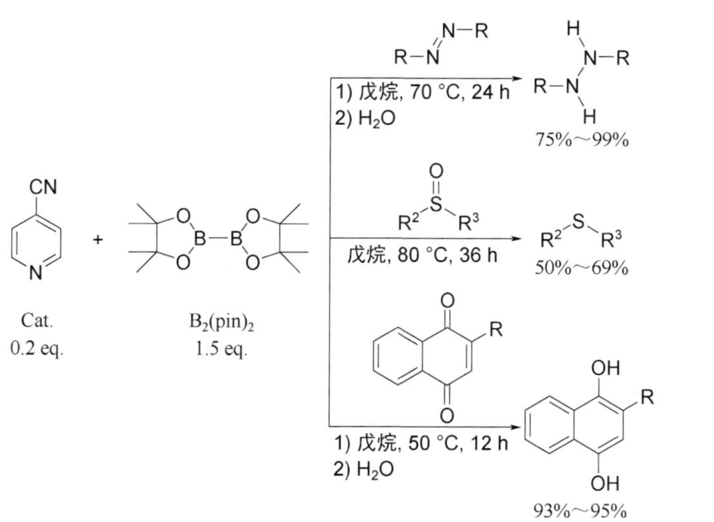

图 2-49 4-氰基吡啶催化的协同活化硼-硼键均裂对 N═N 双键、亚砜及醌的还原

进一步研究发现，吡啶-硼自由基具有双功能特性：既可作为硼自由基参与还原反应，也有碳自由基的活性。受此启发，黎书华教授等提出，以吡啶-硼自由基作为双功能试剂，通过自由基加成/碳-碳偶联的策略合成 4-取代吡啶（图 2-50）[196]。随后与其另一同事程旭课题组合作通过高分辨质谱、分子内亲核加成反应及自由基钟等实验证实了这种新的反应机制。实验研究表明，以吡啶-硼自由基作为吡啶前体，以廉价易得的羰基衍生物（例如各种醛、酮或芳香亚胺等）为官能团化试剂，可以很方便地实现一系列 4-取代吡啶衍生物的合成。该方法无需过渡金属催化剂或金属有机试剂的参与，具有广泛的底物适用性及优良的官能团耐受性[196]。

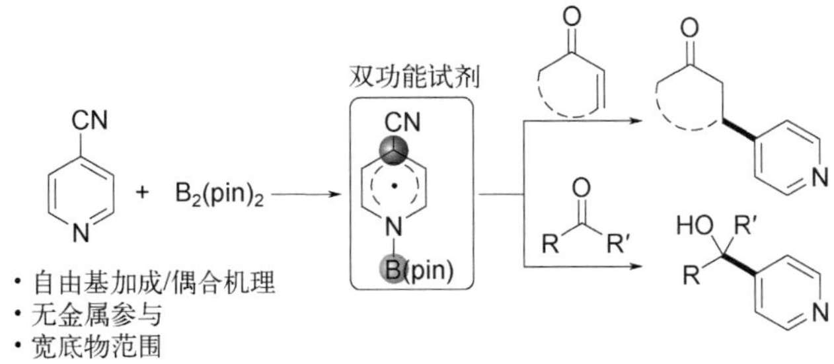

图 2-50　通过自由基加成/碳-碳偶联的策略合成 4-取代吡啶

自由基加成/碳-碳偶联的合成策略也可以成功地应用于醋酸氢化可的松这种含有多种活性官能团的药物分子的结构修饰（图 2-51）[194]，进一步证明了自由基加成/碳-碳偶联合成碳-碳键的新策略具有普适性，为在具有复杂结构的生物活性分子中引入杂环提供了一种新方法，并拓展了硼自由基在有机合成化学中的应用。

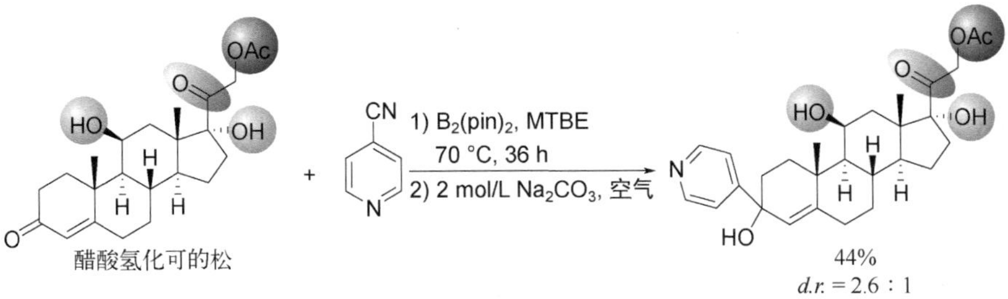

图 2-51　自由基加成/碳-碳偶联方法对醋酸氢化可的松的结构修饰

2.11　超分子屏蔽对富勒烯自由基 $C_{59}N$·性质的影响

电中性的稳定分子富勒烯只是富勒烯相关电子学材料的一种。其实，富勒烯基分子材料中的电荷转移过程更强调富勒烯自由基在各种应用中的重要性[197]，尤其是在自旋电子学[198]以及能量转换[199-200]和存储器件[201]中尤为如此。然而，由于自由基活性高、化学稳定性差的固有特性，极大地限制了其在电子器件和其他领域中的应用。目前，被探索最多的富勒烯自由基有 C_{60}·、C_{60}^{+}·[202]、C_{60}^{-}·[203]、C_{60}^{3-}·[204]，这些富勒烯自由基在空气中通常是短暂或不稳定的短寿命物种。而主要用于异质富勒烯笼的化学功能化顺磁性富勒烯自由基 $C_{59}N$·会立即二聚为反磁性的$(C_{59}N)_2$[205-206]，因为自由基之间的结合是无需克服活化能就可以实现的动力学过程。在 $C_{59}N$·富勒烯自由基中，未配对的电子主要驻留在位于凹面上的三级碳原子上，因此，它暴露在富勒烯笼的外部环境中。显然，在这种情况下，通常在有机合成中采用的自由基保护分子设计策略并不适用，因为这些策略是基于结合更多的取代基而在平面中心 C（sp^2）自由基周围产生立体位阻以产生化学保护环境[207]。在材料物理中，理论上可以利用单壁碳纳米管（SWCNTs）的限域微环境，通过扩散升华的 $C_{59}N$·富勒烯自由基是保证这些物种的稳定性和延长其寿命的一种潜在途径。然而，在这种途径里，被限域封装的自由基物种仍然可以通过快速旋转和平移运动，在相当短的时间内会促进 $C_{59}N$·富勒烯自由基二聚而耗尽，无法有效实现 $C_{59}N$·富勒烯自由基的长寿命化[208]。

尽管富勒烯化学与物理及其应用研究一直是碳纳米结构与材料领域研究的热点内容之一，但是对富勒烯自由基相关超分子体系，特别是主客体纳米结构、有序超分子聚集体的研究才刚刚起步。本节中基于超分子屏蔽方法稳定富勒烯自由基，以有效延长其寿命。共价桥联双嵌 N 分子碗（abbt3，图 2-52）是一类已被实验室成功制备的 π 电子共轭碳质钳形分子材料，可以作为理想的富勒烯 C_{60} 及 C_{70} 宿主体[209]。如果将 $C_{59}N$·富勒烯自由基嵌螯在该 π 电子共轭碳质钳形分子材料的凹穴内而被屏蔽，就可以有效避免单电子结构的暴露和自由基之间的化学二聚，大大降低其化学活性，即显著增强其动力学稳定性和寿命。基于这一设想，通过量子化学理论计算方法，设计并深入研究了“钳-球”型 $C_{59}N$·富勒烯自由基超分子体系的结构、热力学、自旋电子等性质，特别研究了长寿命富勒烯自由基的超分子屏蔽策略的有效性，探究其构效关系的内在规律，指出其在自旋电子学、超分子电子器件或光电转换器件等领域的潜在应用价值，开拓相关功能超分子材料设计与创制理论。

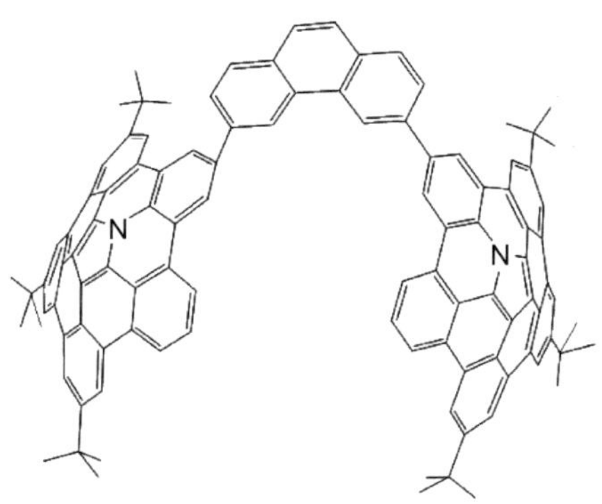

图 2-52 共价桥联双嵌 N 分子碗 abbt3 的结构（H 原子略去）

2.11.1 计算方法与理论

这里主要介绍采用 Grimme 的密度泛函理论 DFT-D3[27]方法研究桥联双嵌 N 分子钳对 $C_{59}N$·自由基的屏蔽作用。DFT-D3 方法对 DFT 进行了经验色散长程校正[81]，可以较为理想地描述非共价相互作用体系[210-211]。研究中所有涉及的结构均在 B3LYP-D3/6-31G(d)理论水平上优化计算，计算中未做对称性限制，并在相同计算水平上进行了振动频率分析，以确定得到的结构为相应势能面上的能量最低稳定结构。分子钳与 $C_{59}N$·自由基的分子间结合能采用 CP 方法进行校正[62]，以消除计算基组带来的叠加误差。此外，采用 Multiwfn 程序[88-89]，通过计算体系的约化密度梯度［$\mathrm{RDG}(r) = 1/[2(3\pi^2)^{1/3}]|\nabla\rho(r)|/\rho(r)^{4/3}$，$\rho(r)$为电子密度］[87]和电子密度 Hessian 矩阵的第二最大本征值（λ_2），对分子钳与 $C_{59}N$·自由基的分子间相互作用的超分子屏蔽区域进行了可视化处理。其他计算均采用 Gaussian 16 程序[90]完成。

2.11.2 $C_{59}N$·自由基的自旋密度及超分子屏蔽结构

$C_{59}N$·自由基在其孤立分子状态时的自旋电子密度分布与其在屏蔽（封装包裹）于分子

钳内时的自旋电子密度分布具有较为明显的差异。孤立的 $C_{59}N$·自由基分子的自旋电子密度分布相对集中（图 2-53），而在被钳形分子包裹封装时，其自旋电子密度分布的集中度降低，即自旋单电子出现在碳笼上更多碳原子上的概率增大。但是，不管是在孤立状态还是被封装屏蔽状态，自旋电子在与 N 原子相邻的三个碳原子上密度分布并不是类似的，而是在其中一个相邻的碳原子有最显著的分布，在其他两个相邻碳原子上的分布几乎为零。这一点与预期和常规的理解还是大不一样，充分体现了 $C_{59}N$·自由基中自旋电子密度分布的特殊性质，即单电子在碳笼上的离域并不依赖于碳笼的几何高对称性而对称分布。

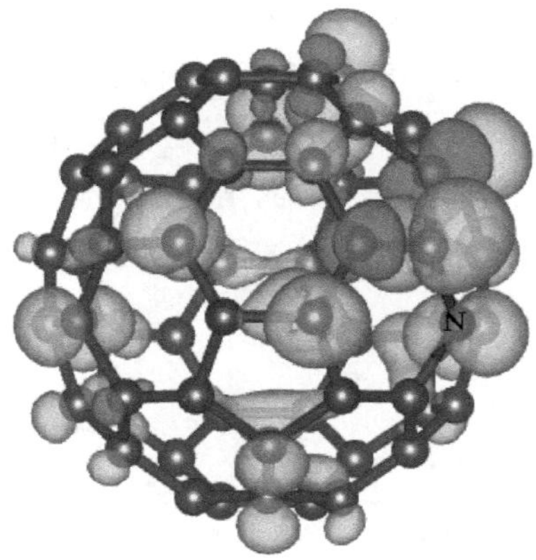

图 2-53 孤立的 $C_{59}N$·自由基分子的自旋电子密度分布

计算发现，$C_{59}N$·自由基在分子钳内被屏蔽时，可以与分子钳具有多种相对位置关系（图 2-54），这些不同位置关系对应的结构能量差异并不大，最大能量差也不超过 10 kJ/mol。此外，除了能量最高的 abbt3@$C_{59}N$-X1 具有较大的偶极矩外，其他几种结构的偶极矩相差很小。特别是，不同的位置关系对应的屏蔽结构的屏蔽效果是不同的。对于 abbt3@$C_{59}N$-X1 结构而言，其对自由基的屏蔽最弱，因为在该结构中，自旋电子密度较大的位置并没有被分子

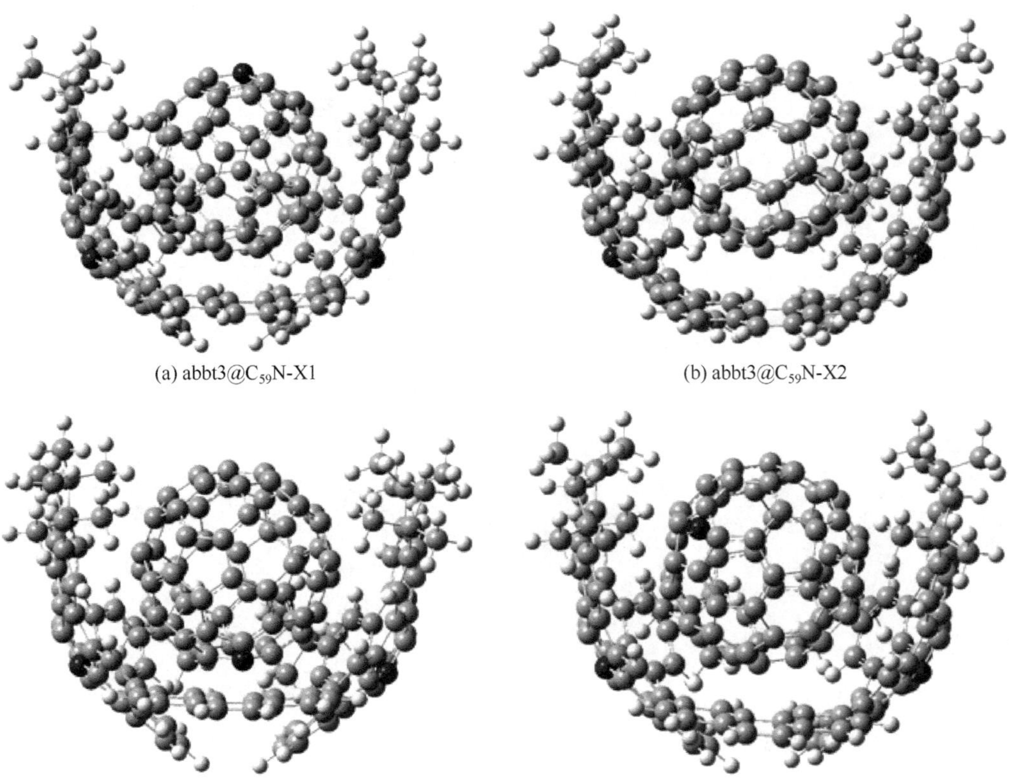

(a) abbt3@$C_{59}N$-X1 (b) abbt3@$C_{59}N$-X2 (c) abbt3@$C_{59}N$-X3 (d) abbt3@$C_{59}N$-X4

图 2-54 abbt3 对 $C_{59}N$·自由基的四种超分子屏蔽结构

钳理想地超分子屏蔽，特别是自旋电子密度最大的与 N 原子相邻的碳原子暴露在钳形区域之外［图 2-55（a）］，如果有另一个 $C_{59}N$·自由基靠近时，必然在与 N 原子相邻的碳原子之间形成 C—C 共价键而发生二聚。此时形成的 $C_{59}N$·二聚结构$(C_{59}N)_2$与实验中光照射产生 $C_{59}N$·自由基的分子源的结构是完全相同的，即形成的$(C_{59}N)_2$中连接两个碳笼的 C—C 共价键上的碳原子分别都是 N 原子的邻位碳原子。

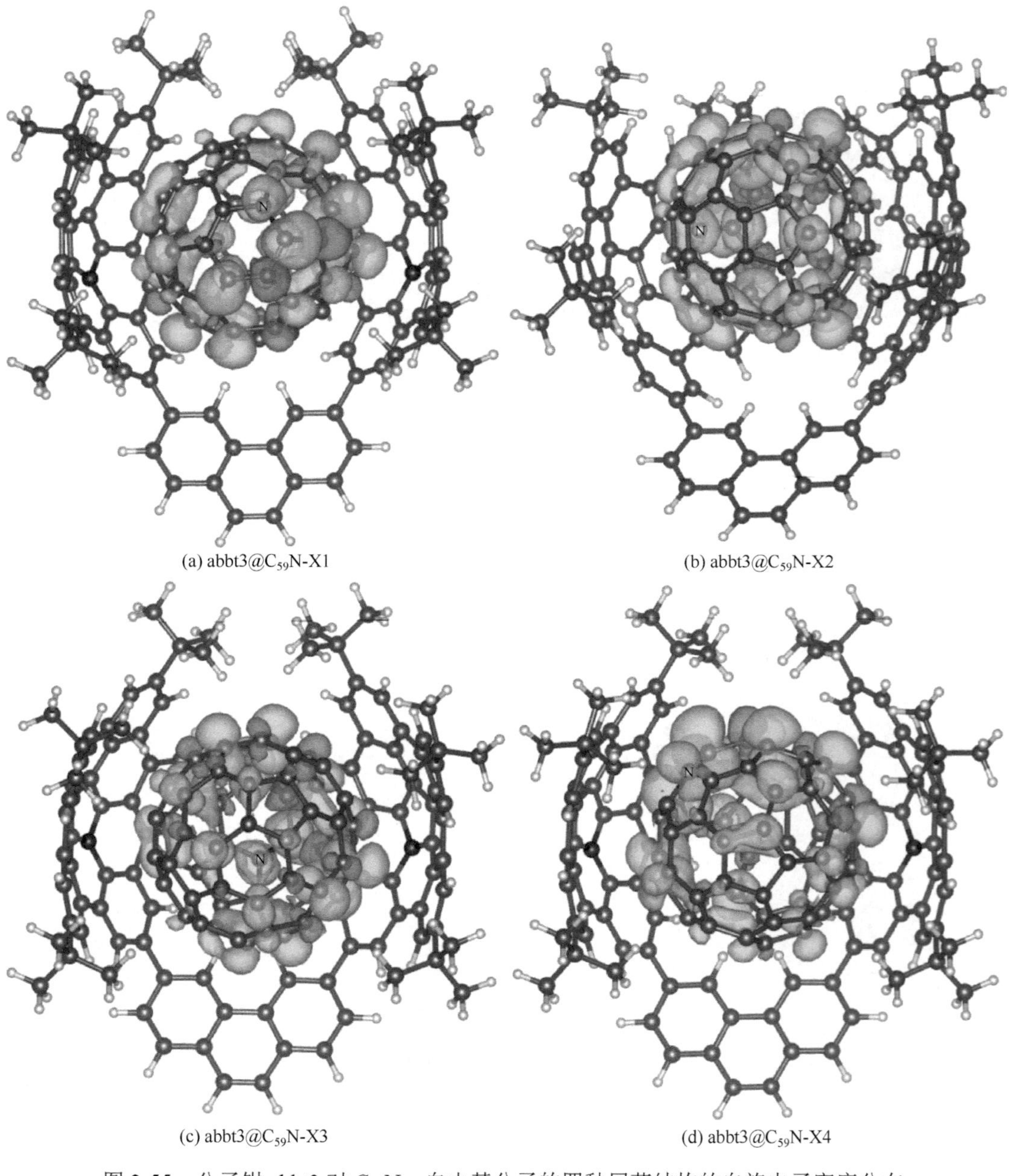

(a) abbt3@C_{59}N-X1 (b) abbt3@C_{59}N-X2

(c) abbt3@C_{59}N-X3 (d) abbt3@C_{59}N-X4

图 2-55 分子钳 abbt3 对 $C_{59}N$·自由基分子的四种屏蔽结构的自旋电子密度分布

在如图 2-54 所示的 abbt3@C_{59}N-X2、abbt3@C_{59}N-X3 和 abbt3@C_{59}N-X4 超分子屏蔽结构中，$C_{59}N$·自由基上自旋电子密度较大的碳原子位置很好地被分子钳所屏蔽或被分子钳上的叔丁基阻挡［图 2-55（b）～（d）］，第二个 $C_{59}N$・自由基靠近与其二聚的动力学优势被显著削减，即二聚反应的动力学能垒太高，甚至优于空间的刚性位阻效应而难以实现。可见，分子钳对 $C_{59}N$・自由基的超分子屏蔽效应显著，即通过超分子屏蔽的策略，可以使 $C_{59}N$・自由基具有稳定性和长寿命特性。此外，理论计算发现，abbt3@$C_{59}N$-X2、abbt3@$C_{59}N$-X3 和 abbt3@$C_{59}N$-X4 结构的整体能量非常接近，且均明显低于 abbt3@$C_{59}N$-X1 结构的能量（表 2-25）。

表 2-25　B3LYP-D3/6-31G 方法计算的 abbt3 对 $C_{59}N$・自由基的四种超分子屏蔽结构的相对能量及其超分子复合物偶极矩

超分子屏蔽结构	能量/a.u.	相对能量/(kJ/mol)	偶极矩/D
abbt3@$C_{59}N$-X1	−6503.4216	9.56	2.863
abbt3@$C_{59}N$-X2	−6503.4248	1.32	2.082
abbt3@$C_{59}N$-X3	−6503.4240	3.33	1.906
abbt3@$C_{59}N$-X4	−6503.4253	0	2.234
abbt3@$C_{59}N$-X5	−6503.4239	3.70	2.056

图 2-56（a）和（b）分别给出了分子钳与 $C_{59}N$・自由基之间形成的 abbt3@$C_{59}N$-X1 和 abbt3@$C_{59}N$-X4 结构的超分子屏蔽作用域的可视化结果。从图 2-56 中可以看出，在相对能量最高的 abbt3@$C_{59}N$-X1 结构中，分子钳对 $C_{59}N$・自由基自旋电子密度较大的 C 原子的屏蔽作用非常有限。而在能量最低的 abbt3@$C_{59}N$-X4 结构中，分子钳对 $C_{59}N$・自由基自旋电子密度较大的 C 原子的屏蔽作用较为有效，特别是在 N 原子周围的 C 原子上自旋电子密度较大的区域，存在有效的屏蔽作用，即第二个 $C_{59}N$・自由基靠近并与其发生二聚作用时的空间位阻必然较大，这在动力学上很好地限制了$(C_{59}N)_2$二聚体的生成，有利于 $C_{59}N$・自由基的稳定存在，使其寿命相对延长。

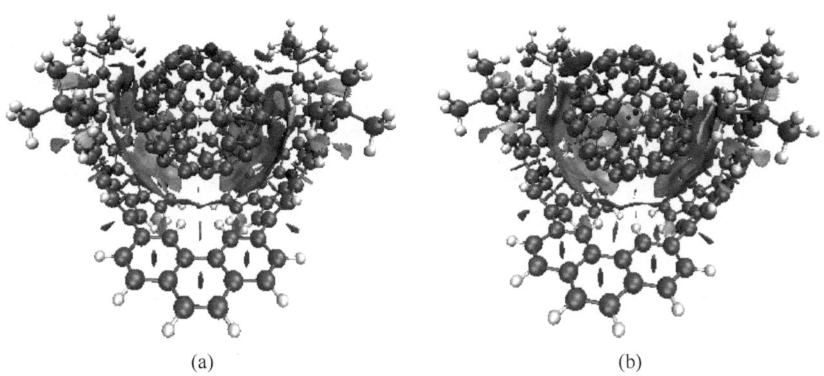

(a)　(b)

图 2-56　abbt3@$C_{59}N$-X1（a）和 abbt3@$C_{59}N$-X4（b）结构中的超分子屏蔽作用域

让人意外的是，在探究超分子屏蔽效应对 $C_{59}N$・自由基的稳定性与寿命影响的过程中，通过超分子屏蔽作用，发现了一种与实验中光照射产生 $C_{59}N$・自由基的分子源$(C_{59}N)_2$［图 2-57（a）］不同的二聚 $C_{59}N$ 结构［*iso*-$(C_{59}N)_2$］［图 2-57（b）］，相当于连接两个碳笼的 C—C 共价键发生了转移。即在二聚时，被屏蔽 $C_{59}N$・自由基的反应位点不再是在与 N 原子相邻的 C 原子上，而是发生于与 N 原子相间两个碳原子的位置上［图 2-57（b）］。这是因为原本与 N 原子相邻且自旋电子密度最大的 C 原子被钳形分子所屏蔽，再加上叔丁基的空间位阻效应，该位点上发生 $C_{59}N\cdot$ 自由基的二聚反应受阻。退而求其次，二聚位点发生在屏蔽不显著且又有一定自旋电子密度分布的相应碳原子上。

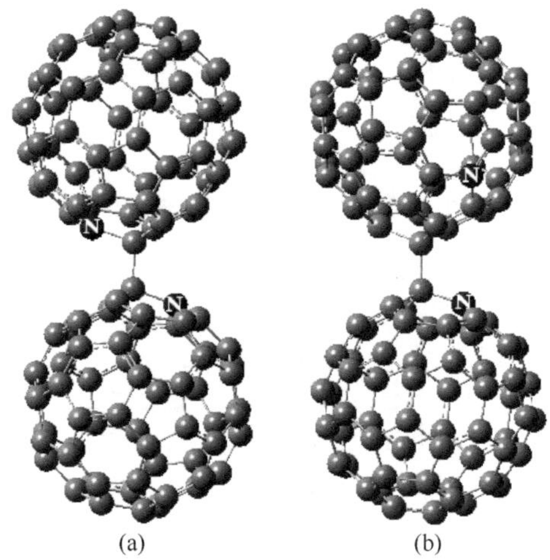

图 2-57　二聚 $C_{59}N$（a）$(C_{59}N)_2$ 和（b）*iso*-$(C_{59}N)_2$ 结构

2.11.3　超分子屏蔽下二聚体中键连两个碳笼的 C—C 键的转移重构

图 2-58（a）给出了对 $(C_{59}N)_2$ 二聚结构中键连碳笼的 C1—C2 键长做柔性扫描时体系的相对能量变化情况，当 C1 与 C2 的距离逐渐增大并达到 3.472 Å 时，体系能量逐步升高并基本达到收敛，且此时的弛豫结构与 $(C_{59}N)_2$ 结构差别较大，特别是 C1 与 C2 间的相对位置取向更接近于 *iso*-$(C_{59}N)_2$ 结构中的相对位置取向。可见，当 C1 与 C2 间的距离较长时，两个碳笼上的 N 原子处于相对错开的位置，不利于体系能量的最小化［图 2-58（a）］。为了说明 *iso*-$(C_{59}N)_2$ 结构的生成是超分子屏蔽诱导的结果，计算了两个 $C_{59}N\cdot$ 自由基分子间以更接近于 *iso*-$(C_{59}N)_2$ 的初始构型的结构弛豫，结果发现弛豫后得到的结构为 $(C_{59}N)_2$［图 2-58（b）］，而并非为 *iso*-$(C_{59}N)_2$，即在没有碳笼 abbt3 主体分子存在时，不能使得键连位点发生改变。可见，abbt3 分子钳对碳笼的超分子屏蔽作用，的确可以稳定 $C_{59}N\cdot$ 自由基，延长其寿命，抑制自由基间的快速配对结合而失去活性，进而为键连两个 $C_{59}N\cdot$ 自由基的 C—C 键的转移过程，从反应动力学上争取到足够的反应时间。

此外，计算表明两种 $C_{59}N\cdot$ 自由基二聚体的能量几乎一样。即与 $(C_{59}N)_2$ 类似，*iso*-$(C_{59}N)_2$ 同样也是一种稳定结构。那这种 *iso*-$(C_{59}N)_2$ 到底是在什么样的 abbt3@$C_{59}N$ 屏蔽结构下产生的呢？特别值得注意的是，计算还发现了不同于前四种的第五种 $C_{59}N\cdot$ 被 abbt3 分子钳屏蔽的超分子结构 abbt3@$C_{59}N$-X5［图 2-59（a）］，其能量仅仅比能量最低的 abbt3@$C_{59}N$-X4 结构高 3.7 kJ/mol。该结构中，$C_{59}N\cdot$ 自由基中与 N 原子相间 2 个碳原子的位置上 C 原子的自旋电子密度布居相对较大［图 2-60（a）］，且从分子间的可视化弱相互作用域［图 2-59（b）］来看，此位置并没有被分子钳很有效地屏蔽。这意味着对该结构而言，当有另一个 $C_{59}N\cdot$ 以其最大自旋电子密度位点（即 N 原子的邻位）靠近上述自旋电子密度布居相对较大的 C 原子时，这两个碳原子间就可以形成 C—C 共价键，此时形成的 $(C_{59}N\cdot)_2$ 二聚体与实验中光照射产生 $C_{59}N\cdot$ 自由基的分子源的结构是不完全相同的，即键连碳笼的 C—C 键不同于 $(C_{59}N)_2$

中的情况，而是发生了 C—C 键位的转移，形成了 abbt3@*iso*-$(C_{59}N)_2$，实际的计算结果的确如此。

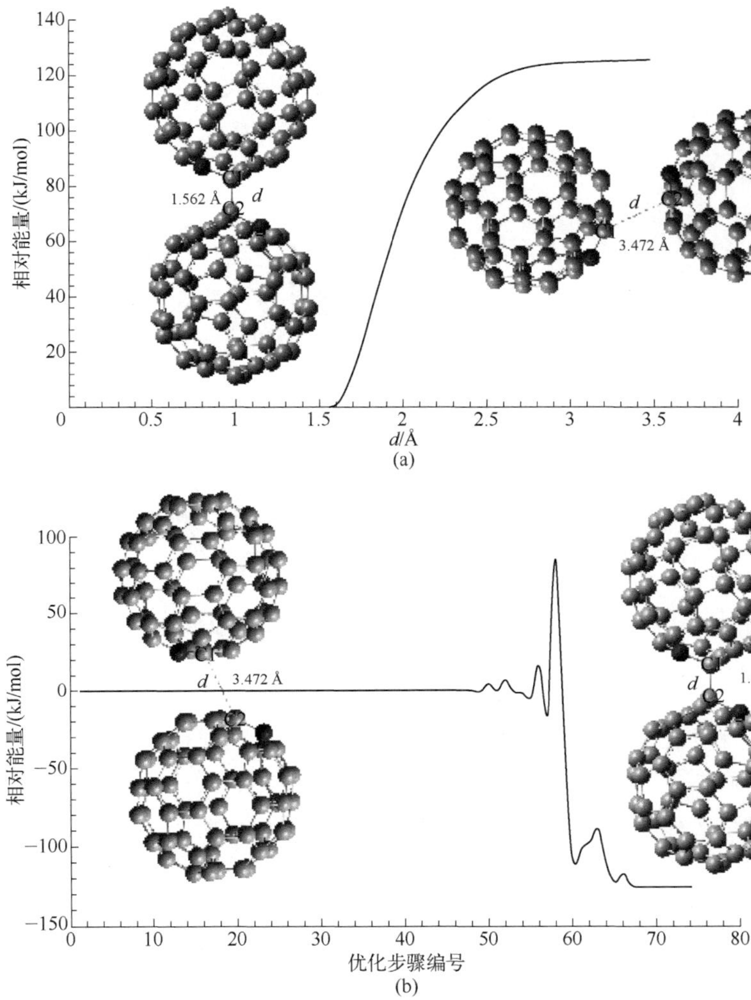

图 2-58　$(C_{59}N)_2$ 中键连碳笼的 C1—C2 键长柔性扫描（a）及其反向结构弛豫（b）

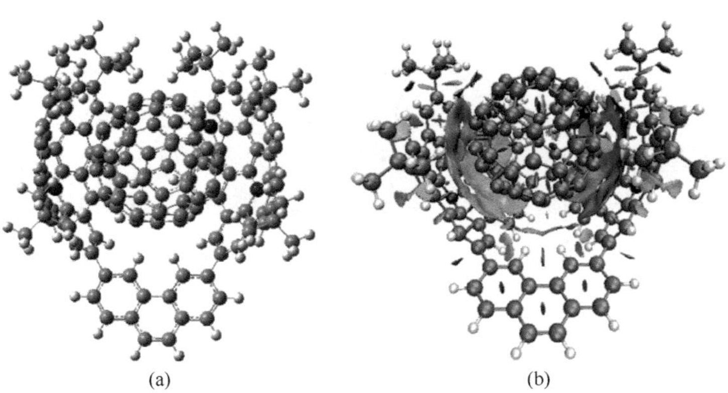

图 2-59　abbt3 对 $C_{59}N$・自由基的第五种超分子屏蔽结构 abbt3@$C_{59}N$-X5（a）及其超分子屏蔽弱相互作用域（b）

为了进一步说明这种连接两个碳笼的 C—C 键位的转移源自自旋电子密度的驱动，在 abbt3@*iso*-$(C_{59}N)_2$结构的基础上，将其中结合的第二个 $C_{59}N$·结构去掉，对剩余结构进行单点计算，并分析其自旋电子密度布居，结果发现 $C_{59}N$·自由基中与 N 原子相间 2 个碳原子的位置上 C 原子的自旋电子密度布居更大［图 2-60（b）］。这表明在 abbt3@$C_{59}N$-X5 复合物中，分子钳对 $C_{59}N$·的屏蔽结构尽管不能将活性位点全部屏蔽，但暴露的活性较高的位点的确可以导致键连两个碳笼的 C—C 键发生转移。

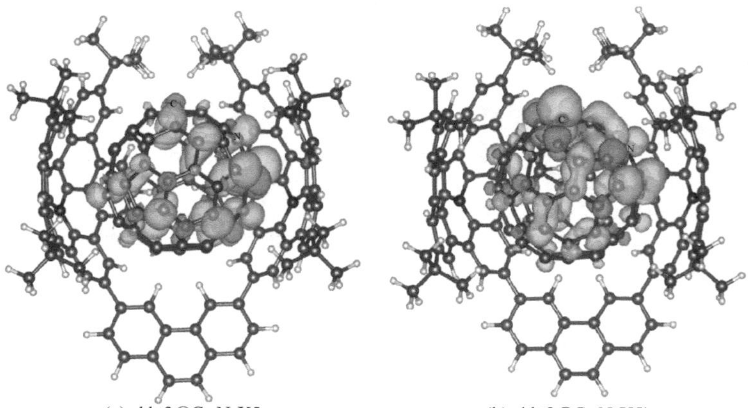

(a) abbt3@C_{59}N-X5　　(b) abbt3@C_{59}N-X5′

图 2-60　分子钳 abbt3 对 $C_{59}N$·的第五种屏蔽结构的自旋密度分布（a）和对 abbt3@*iso*-$(C_{59}N)_2$去除第二个 $C_{59}N$·自由基后的自旋密度分布（b）

本节通过密度泛函理论的方法，设计了“钳-球”型 $C_{59}N$·富勒烯自由基超分子主客体结构，并定量计算研究了其热力学、自旋电子特征等性质，特别是证明了长寿命富勒烯自由基的超分子屏蔽策略的有效性，指出其在自旋电子学、超分子电子器件或光电转换器件等领域的潜在应用价值。同时，从理论上阐释了$(C_{59}N)_2$二聚体分子中键连两个碳笼的 C—C 键进行重构机制，为富勒烯多聚体等相关体系中 C—C 键的构建提供了一种新的思路与途径。

2.12　石墨烯@石墨烷异质层状结构的构筑理论计算

碳纳米结构具有独特的物理化学性质和相应的纳米效应，但是其聚集体的性质往往有较大的变化，特别是 2D 碳纳米结构相比于其他维度的结构 π-π 堆积方式较为复杂，这必然会显著地影响其性质。近年来，有关石墨烯及石墨炔等 2D 材料的双层或多层超分子聚集体的结构和性质逐渐引起研究人员的关注，但是相对于对单层结构的研究，对聚集体的研究还需要有持续的更深入的工作。最近的理论计算研究[212]表明，石墨烷与石墨烷间可组装为均质层状结构，且这种层间作用的驱动力源于轨道相互作用增强的伦敦色散力，其中伦敦色散作用居于主导地位，当然轨道相互作用带来的电荷转移稳定化能也具有显著的贡献[213]。这种轨道相互作用进一步缩短了层间距，并使得电子密度向层间的边界区域移动，从而形成“电子胶”增强作用。此外，石墨烷片层间的结合能具有加和性，即与 C—H···H—C 相互作用的数量相关，这一点与 C—H···π 相互作用类似[214]。尽管单个的 π-π、C—H···π、C—H···H—C 等这些范德瓦耳斯作用很弱，但是其聚积效应明显，这会带来非常显著的层间结合能[215]。这些饱

和基团与 sp^2 杂化的大 π 基团间的 C—H⋯π 色散相互作用，可以被用于新颖、稳定、自组装层级碳纳米材料的分子设计。

本节采用密度泛函理论计算的方法，探究基于 C—H⋯π⋯H—C 堆积作用的石墨烯@石墨烷异质范德瓦耳斯层状碳纳米结构的构筑原理，并研究了这种异质范德瓦耳斯层状碳纳米聚集态的电子结构与性质，从而为新型碳纳米材料的开发提供理论依据，同时，可能在固体润滑与摩擦学领域对摩擦现象及机理的深入研究具有非常积极而重要的意义。

2.12.1 模型构建与计算方法

(1) 计算模型的建立

2D 石墨烷（GA）有五个几何构象异构体，其中两个为椅型构象、两个为船型构象、一个为马鞍型构象的环己烷单元[216-217]。在构筑非共价石墨烯（GE）@石墨烷（GA）异质层状纳米结构时，对 GA 片层，本研究仅考虑其最稳定的椅型边缘构象[218]。图 2-61 给出了含 24 个碳原子的 GA 和 GE 片层[24]-GA 和[24]-GE，此外，也考虑了其他不同大小的片层，如[16]-GA、[30]-GA、[37]-GA、[42]-GA 和[54]-GA，[16]-GE、[30]-GE、[37]-GE、[42]-GE 和[54]-GE。同时，还考虑了石墨烷中的氢原子被 Li、X（X = F, Cl, Br, I）取代后的片层[24]-GA（GALi1～GALi4，GAX）以及石墨烯模型的边缘氢被 F 取代的片层（[24]-GEF）。

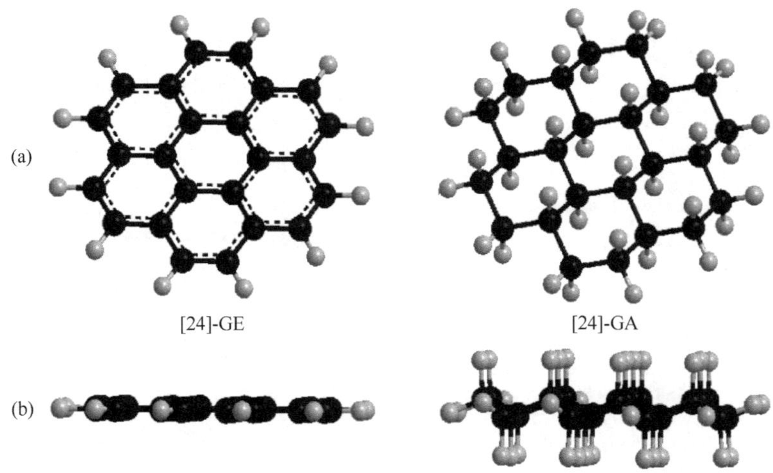

图 2-61 [24]-GE 及[24]-GA 的俯视图（a）和侧视图（b）

(2) 计算方法

本节主要采用的理论计算方法是 Grimme 的 DFT-D3 方法，该类方法不但考虑了相关原子的杂化态并对 DFT 进行了经验色散校正处理[81]，而且能比较经济方便地处理超分子大体系中的非共价相互作用[184]。计算中，所有超分子聚集体结构及其单体的构型优化均在 D3 色散校正（采用 Becke-Johnson 阻尼函数[184]）的 B3LYP/6-31G(d, p)/MIDI!（对 I 使用 MIDI!基组）水平上完成，并进行相同水平上的频率分析，以确认所得结构为势能面上的稳定构型。计算层间结合能时考虑了 CP 方法校正[28]的基组重叠误差（BSSE）。以上计算均采用 Gaussian 09 D01 软件包。此外，能量分解分析采用 LMO-EDA 方法[62]，且采用 GAMESS-US 2014 软件[85]

计算；层间弱相互作用域的可视化处理[87]采用 Multiwfn 3.2 程序[88-89]，通过计算约化密度梯度［RDG，$RDG(r) = 1/[2\times(3\pi^2)^{1/3}]|\nabla\rho(r)|/\rho(r)^{4/3}$，其中$\nabla\rho(r)$为电子密度$\rho(r)$的一阶导数］和电子密度函数 Hessian 矩阵的第二大本征值（λ_2），结合 VMD 软件完成。

2.12.2 几何构型与能量

为构筑和优化双层[*n*]-GA@GE 结构，这里使用了[16]-GA、[24]-GA、[30]-GA、[37]-GA、[42]-GA 和[54]-GA 与 GE 不同大小的单体片层；对多层结构（[24]-2GA@GE、[24]-GA@2GE 和[24]-2GA@2GE）的研究，仅使用含有 24 个碳原子的[24]-GA 和[24]-GE。图 2-62 给出了优化得到的部分双层及多层超分子聚集态结构。石墨烷与石墨烯片层间的距离（*d*）对于理解聚集态结构至关重要。在石墨中，相邻层间距（d_1）为 3.35 Å；理论计算［B3LYP-D3/6-31G(d, p)］得到的[24]-GA 双层二聚体结构的层间距（d_2，层间最短的 H⋯H 距离）为 1.83 Å[1]。从图 2-62 中可以看出，不同大小的双层及多层[*n*]-GA@GE 聚集体结构中，层间距（*d*）在 2.60～2.69 Å 的范围内，介于 d_1 与 d_2 之间，且接近于 d_1 和 d_2 的平均值。

尽管双层及多层结构的层间距(*d*)最大差未超过 0.09 Å，但显然不同大小[*n*]-GA@GE 的层间距并不均一，这可以归因于 GA 和 GE 片层的小尺寸效应。如果 GA 和 GE 片层尺寸增大，层间距（*d*）将收敛于定值，然而太大的体系将会带来巨大的量子化学计算成本，甚至不可行。事实上，[42]-GA@GE 结构中的 *d* 与[54]-GA@GE 结构中的 *d* 已非常接近，仅相差 0.007 Å。对于基于[24]-GA 和[24]-GE 构筑的多层（3 层和 4 层）聚集体而言，一方面由于小尺寸效应和边缘效应带来的同层上部和下部的不对称力场，另一方面由于聚集态的势能面浅而存在能量接近的异构体，不同结构甚至是同一结构中相邻两层间的距离明显不均一（图 2-62）。

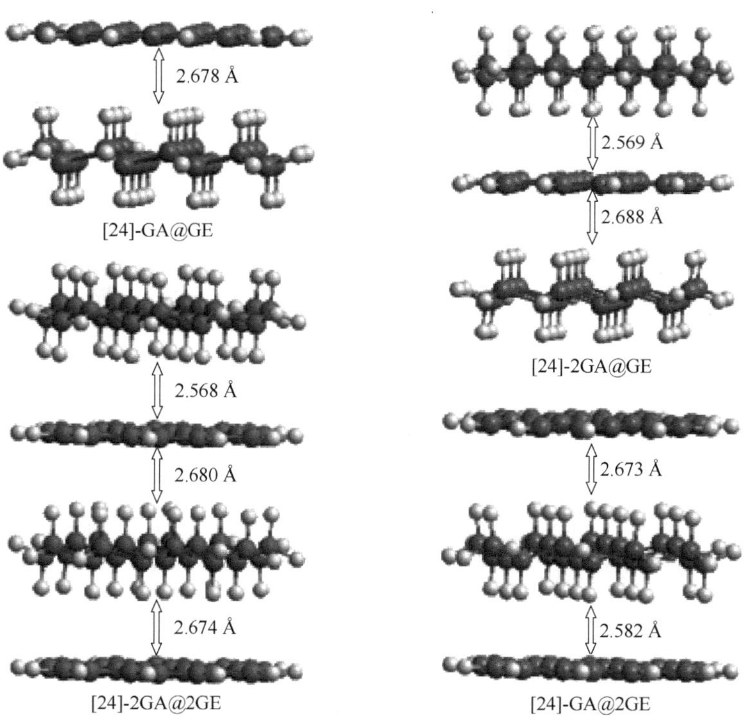

图 2-62 [24]-GA 与[24]-GE 构筑的范德瓦耳斯异质双层及多层结构及其层间距

有趣的是，在三层聚集体结构中，最小的 d 在 2.57～2.58 Å 之间，每个多层结构中最大的 d 在 2.67～2.69 Å。值得注意的是，未涉及 C—H⋯π 非共价作用的轴向 C—H 键长稍有增大，而参与 C—H⋯π 非共价作用的轴向 C—H 键长减小了大约 0.004 Å。而在[24]-GA 的石墨烷二聚体中[212]，由于围绕非极性共价键（C—H）电子密度的移动，参与 C—H⋯H—C 作用的 C—H 键长仅仅减小了 0.001 Å。因此，在 GA@GE 结构中，参与 C—H⋯π 相互作用的 C—H 基团的键电子发生了明显的重组，相应的 C 原子也发生了显著的再杂化。实际上可以发现形成 GA@GE 层-层聚集体结构后，这些 C 原子的 s 成分有所增加。此外，对基于 F 取代的[24]-GE（[24]-GEF）和[24]-GA 形成的层-层聚集体结构进行了优化，其几何构型如图 2-63 所示。[24]-GA@GEF 的层间距与[24]-GA@GE 的层间距非常接近，表明石墨烯片层模型边缘的强吸电子基团不会明显影响 GA@GE 聚集态中层与层间的 C—H⋯π 接触。

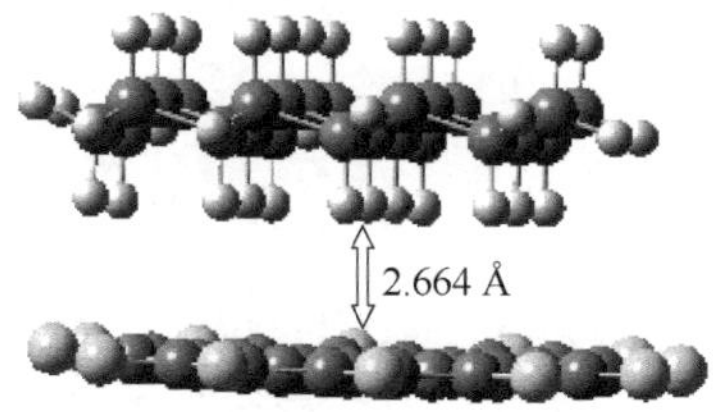

图 2-63　[24]-GA@GEF 的几何构型

包括石墨烷在内的所有烷烃类有机分子中的 H 原子容易被 Li 和卤素原子取代，因此也探究了 Li 或卤素原子取代的石墨烷片层与[24]-GE 之间的聚集体结构。图 2-64 给出了[24]-GE 与不同数目的 H 被 Li 取代的[24]-GA 片层所形成的超分子的几何构型。由于多个 Li 原子间容易形成原子团簇，故这里仅考虑了 1～4 个 H 被 Li 取代的结构，且对多取代位置选择了不易形成团簇的位点，对单取代的情况，考察了四种不同的取代位点。

从图 2-64 中可见，Li 原子与石墨烯片层间的距离要显著地小于[24]-GA@GE 结构中的层间距 d，这意味着其层间距取决于 Li 原子的取代位置和层间的 C—Li⋯π 相互作用。如空间填充模型图 2-64 所示，层间渗透很显著，即层间结合力强。此外，在 Li 多取代的聚集体结构中，C—Li 键的取向并未完全在轴向上，这在客观上有利于 C—H⋯π 接触，同时说明强 C—Li⋯π 和弱 C—H⋯π 相互作用同时存在于片层间。

卤素原子的体积和范德瓦耳斯半径远大于 H 原子，因此卤素原子取代 H 原子后，所得到的 GAX（X = F, Cl, Br, I）构型完全不同于 GA 片层。特别是对 GACl、GABr 和 GAI 而言，由于卤素原子间的强空间排斥作用，整个分子的 σ 骨架呈明显的放射状（图 2-65 和图 2-66）。GAX 与 GE 形成双层聚集体时，[24]-GAX@GE（X = Cl, Br, I）中 C—X⋯π 接触的数量要明显少于[24]-GAF@GE 中的 C—F⋯π 接触的数量。此外，[24]-GAX@GE 的层间距从 F、Cl、Br 到 I 依次增大，但这并不意味着结合能依次减小。

更为有趣的是，[24]-GAX@GE 聚集体结构中，GE 片层显著变形且背向卤素原子而形成曲面。为了描述几何构型的这种弯曲程度，这里计算了 π 轨道轴矢[180]（POAVs），由 POAVs 确定 sp^2 碳原子的锥角 $\theta_p = \theta_{\sigma\pi}-90°$，可以用于描述区分曲面 π 芳香体系（参考图 2-43）。表 2-26 列出了形成层-层聚集体前后[24]-GE 片层上不同碳原子 Ci（i = 1, 2, 3, 图 2-67）的 $\theta_{\sigma\pi}$ 和 θ_p 值，尽管 θ_p 均较小，但是足以反映 GE 片层上 C 原子较大的局部张力，这可能会使该碳原子的化学反应活性增强。此外，[24]-GABr@GE 中的 GE 片层上的平均 θ_p 接近 1°，要大于其他聚集体结构，说明 Br 原子取代 H 后，对 GE 片层的区域张力影响最大。

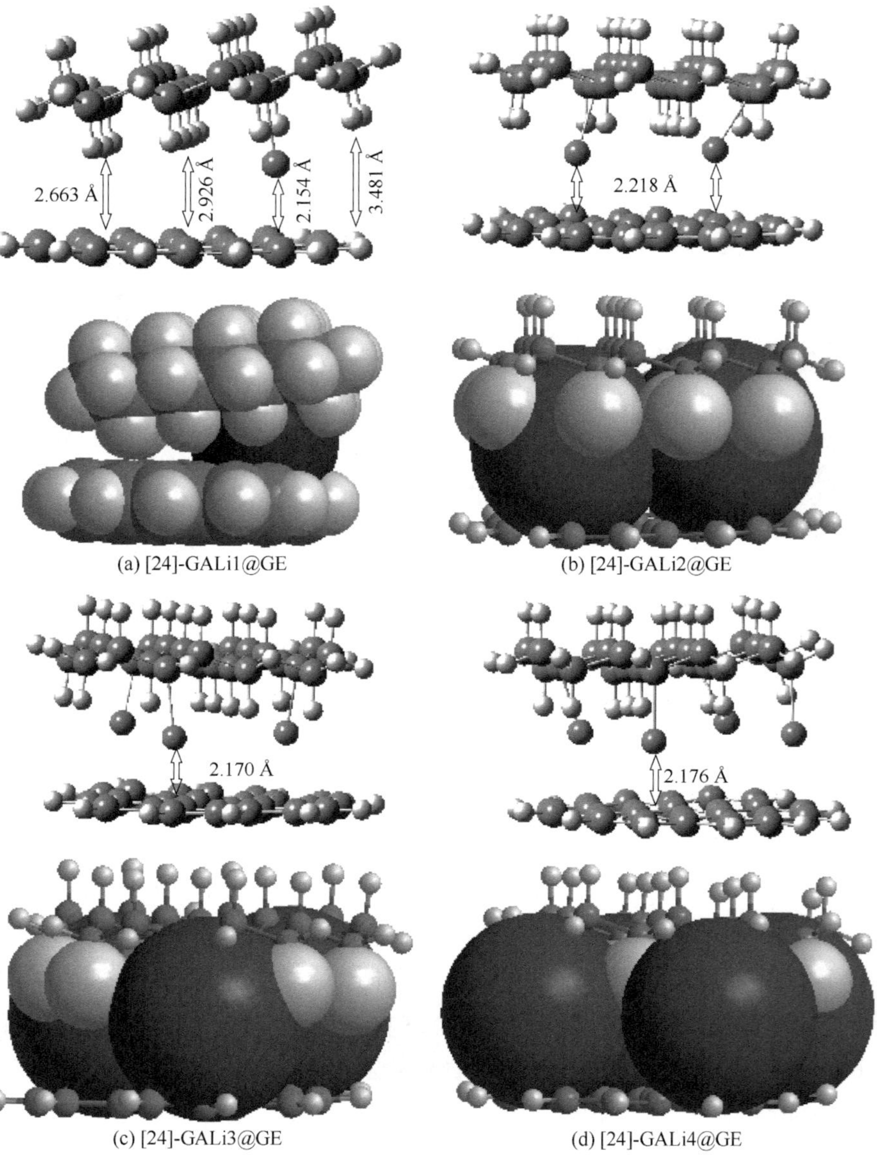

图 2-64　[24]-GE 与 Li 取代的[24]-GA 形成的层-层聚集态结构及其相应的空间填充模型

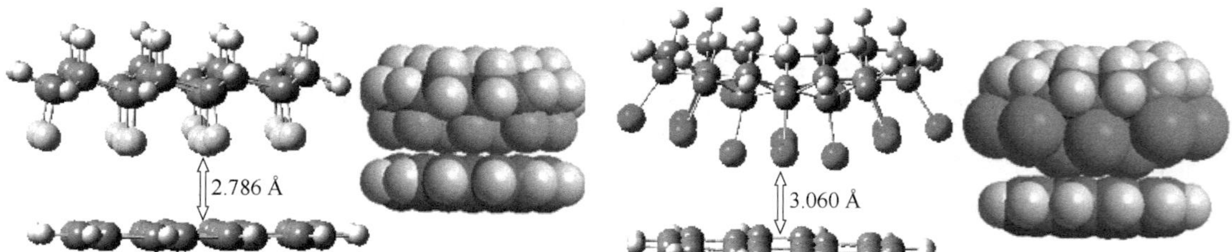

图 2-65　[24]-GAX@GE（X = F, Cl）的几何构型及层间距

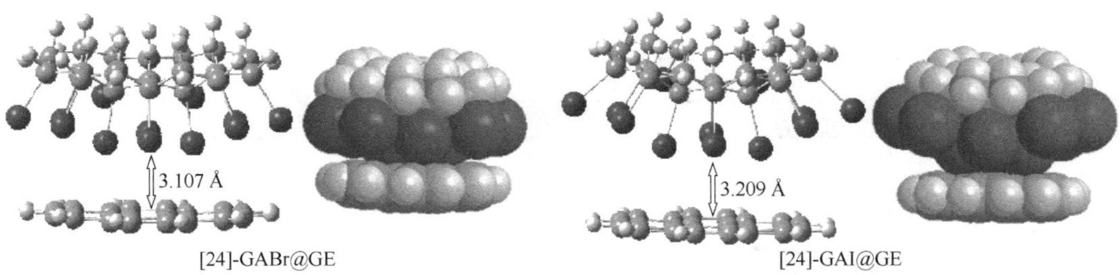

图 2-66　[24]-GAX@GE（X = Br, I）的几何构型及层间距

表 2-26　形成层-层聚集体前后[24]-GE 片层上 C*i*（*i* = 1, 2, 3）的平均 POAVs

单位：(°)

聚集体	$\theta_{\sigma\pi}$(C1)	$\theta_{\sigma\pi}$(C2)	$\theta_{\sigma\pi}$(C3)	$\theta_{\sigma\pi}$	θ_p
[24]-GE	90	90	90	90	0
[24]-GA@GE	90	90	90	90	0
[24]-GAF@GE	90.21	90.16	90.27	90.21	0.21
[24]-GACl@GE	90.78	90.48	90.35	90.54	0.54
[24]-GABr@GE	91.37	90.88	90.60	90.95	0.95
[24]-GAI@GE	90.97	90.66	90.39	90.67	0.67

为进一步理解这种石墨烯@石墨烷异质范德瓦耳斯层状纳米聚集态结构可以稳定存在的本质，这里进行了能量分解分析。表 2-27 列出了经 BSSE 校正的层间结合能（ΔE_b^{CP}）及其不不同性质吸引作用［包括静电能（E_{ES}）、交换能（E_{EX}）、极化能（E_{POL}）和色散能（E_{DISP}）］的贡献，分析表 2-27 中的数据可以得出如下结论：

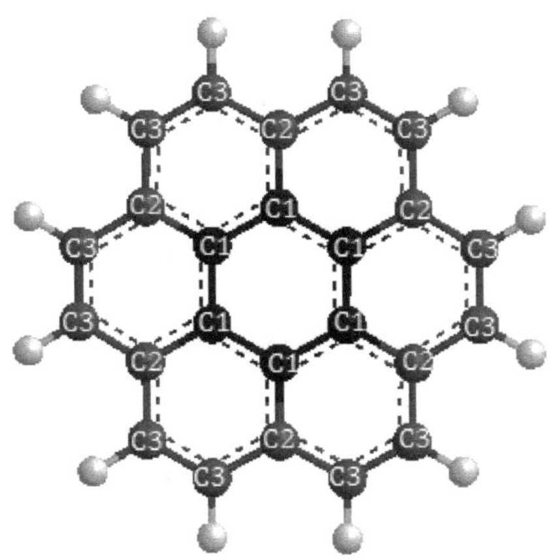

图 2-67　[24]-GE 中 C*i*（*i* = 1, 2, 3）的定义

① 对双层和多层 GA@GE 聚集态结构，四项吸引作用成分的相对大小顺序为 $E_{DISP} > E_{EX} > E_{ES} > E_{POL}$，即色散作用最为重要。对 GALi*n*@GE（*n* = 1, 2, 3）而言，色散作用最小，而静电作用成为主导，这是因为 Li 取代 H 后，GA 片层的性质发生了巨大的改变。

表 2-27　经 BSSE 校正的层间结合能（ΔE_b^{CP}）及其不同性质吸引作用（包括静电能 E_{ES}、交换能 E_{EX}、极化能 E_{POL}、色散能 E_{DISP}）的贡献　　单位：kcal/mol

聚集体	ΔE_{ES}	ΔE_{EX}	ΔE_{POL}	ΔE_{DISP}	ΔE_b^{CP}
[24]-GA@GE	−12.78	−14.12	−5.32	−30.81	−19.25
[24]-GA@2GE	−25.22	−28.50	−10.41	−59.59	−38.66
[24]-2GA@GE	−24.85	−28.78	−10.82	−59.72	−39.89
[24]-2GA@2GE	−38.16	−42.62	−15.96	−90.23	−59.20
[24]-GA@GEF	−14.12	−14.37	−4.82	−31.85	−18.47
[24]-GALi1@GE	−17.86	−14.85	−13.19	−13.59	−30.72[a]
[24]-GALi2@GE	−30.87	−25.94	−20.66	−15.06	−37.84

续表

聚集体	ΔE_{ES}	ΔE_{EX}	ΔE_{POL}	ΔE_{DISP}	ΔE_b^{CP}
[24]-GALi3@GE	−51.45	−40.24	−34.20	−18.05	−51.73
[24]-GALi4@GE	−80.16	−62.80	−50.26	−22.42	−65.59
[16]-GA@GE	−8.48	−9.37	−3.37	−19.20	−11.78
[30]-GA@GE	−17.04	−18.80	−6.42	−39.56	−25.13
[37]-GA@GE	−21.80	−25.02	−7.23	−52.86	−33.73
[42]-GA@GE	−24.31	−29.87	−7.79	−58.98	−37.83
[54]-GA@GE	−31.36	−38.89	−8.69	−75.50	−48.70

② 对 GA@GE 和 GA@GEF 结构而言，ΔE_b^{CP} 和其四项吸引作用成分分别对应相当，表明强的吸电子基团 F 取代 GE 片层边缘的 H 后，不会影响层-层聚集体结构的稳定性。

③ ΔE_b^{CP} 与 GA 或 GE 片层上的 C 原子数之间具有线性关系［图 2-68（a）］，且 ΔE_b^{CP} 与片层的数量之间也同样具有线性关系［图 2-68（b）］。这种特征说明不管是在双层还是多层 GA@GE 聚集态中，C—H…π 相互作用具有加和性。

④ 在[24]-GALi*n*@GE（$n = 1, 2, 3$）中，尽管对结合能的主要贡献成分不同于 GA@GE 体系，但 ΔE_b^{CP} 与 GA 片层上取代 Li 原子的数目之间仍存在线性关系［图 2-68（c）］，这同样说明 GALi*n* 与 GE 层间作用强度具有加和性特征。同时，极化能的贡献在[24]-GALi*n*@GE 体系中也很显著。

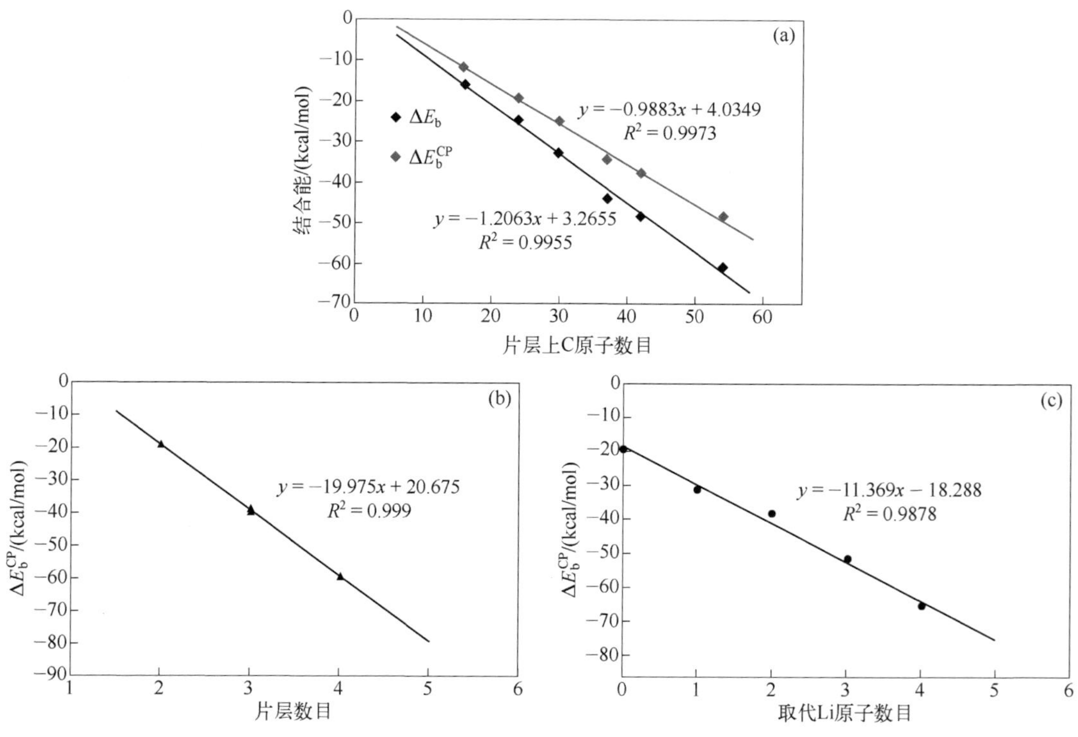

图 2-68　ΔE_b 及 ΔE_b^{CP} 与片层上碳原子数目的相关性（a）；ΔE_b^{CP} 与片层数目的相关性（b）；ΔE_b^{CP} 与取代 Li 原子数目的相关性（c）

图 2-69 显示了每种吸引能量 E_i 的贡献率（$E_i / \Delta E_b^{CP}$）与 GA@GE 双层结构中 GE 或 GA 片层上 C 原子数目的对应关系，用于进一步考察体系结合能的加和性特征。整体来看，E_{ES} 的相对贡献率随着 C 原子数目的增大而减小并收敛于一定值［图 2-69（a）］。E_{EX} 的相对贡献率随着 C 原子数目的增大只有轻微的波动［图 2-69（b）］，说明 E_{EX} 与片层的大小几乎没有关系。对当前这种有限的片层大小而言，E_{POL} 的相对贡献率随着 C 原子数目的增大而线性减小，但并不收敛［图 2-69（c）］，这预示着在大尺寸片层间发生层-层堆积时，E_{POL} 的贡献将微乎其微，甚至可以不予考虑。E_{DISP} 的相对贡献率随着 C 原子数目的增大而减小并收敛［图 2-69（d）］，且随着体系的增大，E_{DISP} 的贡献趋于稳定，并占据主导地位。

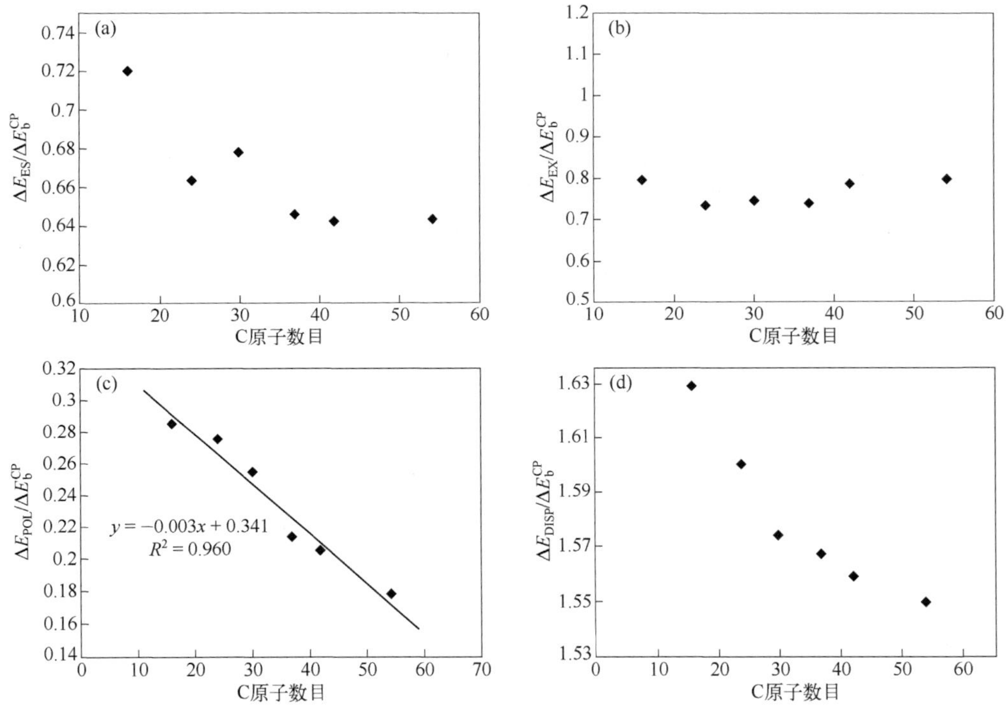

图 2-69　层间各类吸引成分对结合能的贡献率 $E_i/ \Delta E_b^{CP}$ 与 GA@GE 双层结构中片层大小的相关性

（a）E_{ES}；（b）E_{EX}；（c）E_{POL}；（d）E_{DISP}

图 2-70 给出了[24]-GALi*n*@GE（$n = 1, 2, 3, 4$）聚集体结构中，每种吸引能量 E_i 的贡献率（$E_i/ \Delta E_b^{CP}$）与[24]-GALi*n* 片层上 Li 原子数目的相关性。显然，E_{ES}、E_{EX} 及 E_{POL} 的相对贡献率随着 Li 原子数目的增多而线性减小［图 2-70（a）、（b）和（c）］，而 E_{DISP} 的贡献率随 Li 原子数目的增多缓慢减小并有收敛的趋势［图 2-70（d）］。

需要指出的是，[24]-GAX（X = F, Cl, Br, I）片层中的分子内相互作用较强，因此这里未对[24]-GAX@GE 体系进行能量分解分析，但是其总的层间结合能 ΔE_b^{CP} 展示于图 2-71。从图 2-71 中可以看出，[24]-GAF 与[24]-GE 的层间结合能显著地小于[24]-GAX（X = Cl, Br, I）与[24]-GE 的层间结合能，且层间结合能从 F、Cl、Br 到 I 取代依次增大。这表明[24]-GAX@GE 层间结合能的主要贡献源于极化而非静电作用，因为卤素原子的电负性从 F、Cl、Br 到 I 依次减小而可极化性依次增强。

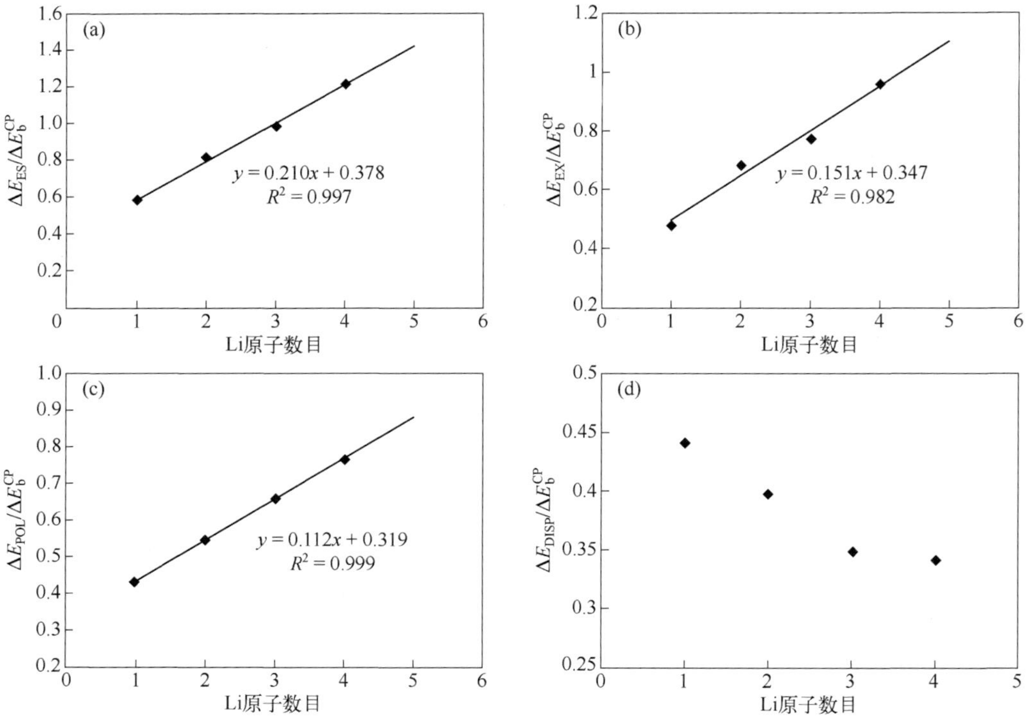

图 2-70　$E_i/\Delta E_b^{CP}$ 与 GALi*n* 片层上 Li 原子数目的相关性

（a）E_{ES}；（b）E_{EX}；（c）E_{POL}；（d）E_{DISP}

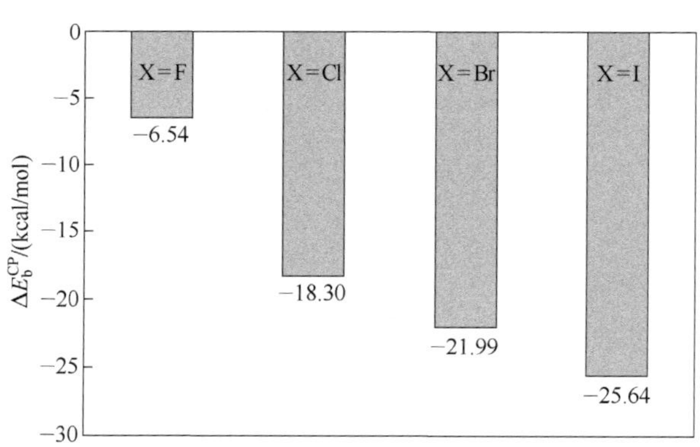

图 2-71　[24]-GAX（X = F, Cl, Br, I）@GE 结构中的层间 ΔE_b^{CP}

正如 Grimme 所指出的[219]，在多于 10 个碳原子的 π 体系中存在特殊的电子相关效应，这使得这类体系能表现出超乎想象的伦敦色散作用，而且如前文所述，CH⋯π、C—H⋯H—C (σ⋯σ)及 π⋯π 这些非共价作用的总结合能具有对相应基团数目的加和性。所以这些结论使得人们自然地想去比较上述几种非共价相互作用的强弱，并将 C—H⋯π 作用能与片层尺寸大小的关系外推到无限大的体系。在相对较大的体系（C 原子数目大于 10）中，以上三种非共价作用的稳定性顺序为 π⋯π > CH⋯π > σ⋯σ。

这里引入一个新的概念，H—H 键能当量 C 原子数目（N_{HEQ}）来表述比较这些作用的相对强度。N_{HEQ} 定义为当层间结合能与 H_2 中 H—H 键能相当时，单个片层中所含有的 C 原子数目。

根据相关文献[212]和表 2-27 所列的 ΔE_b^{CP} 数据，这里用图 2-72 给出了石墨烯双层聚集体、石墨烷双层聚集体和 GA@GE 异质层-层聚集体的层间结合能 ΔE_b^{CP} 与其单个片层上 C 原子数目的相关性，二者之间具有良好的线性关系。根据 H—H 键能为 436 kJ/mol 的实验数据，很容易得到石墨烯双层聚集体、石墨烷双层聚集体和 GA@GE 异质层-层聚集体的 N_{HEQ} 分别为 103、143 和 110，这表明[110]-GA@GE 双层聚集体的层间结合能高达 436 kJ/mol，其热力学稳定性与 H_2 相当。至此，也可以预测任何尺寸的 GA@GE 层-层结构的层间结合能大小。

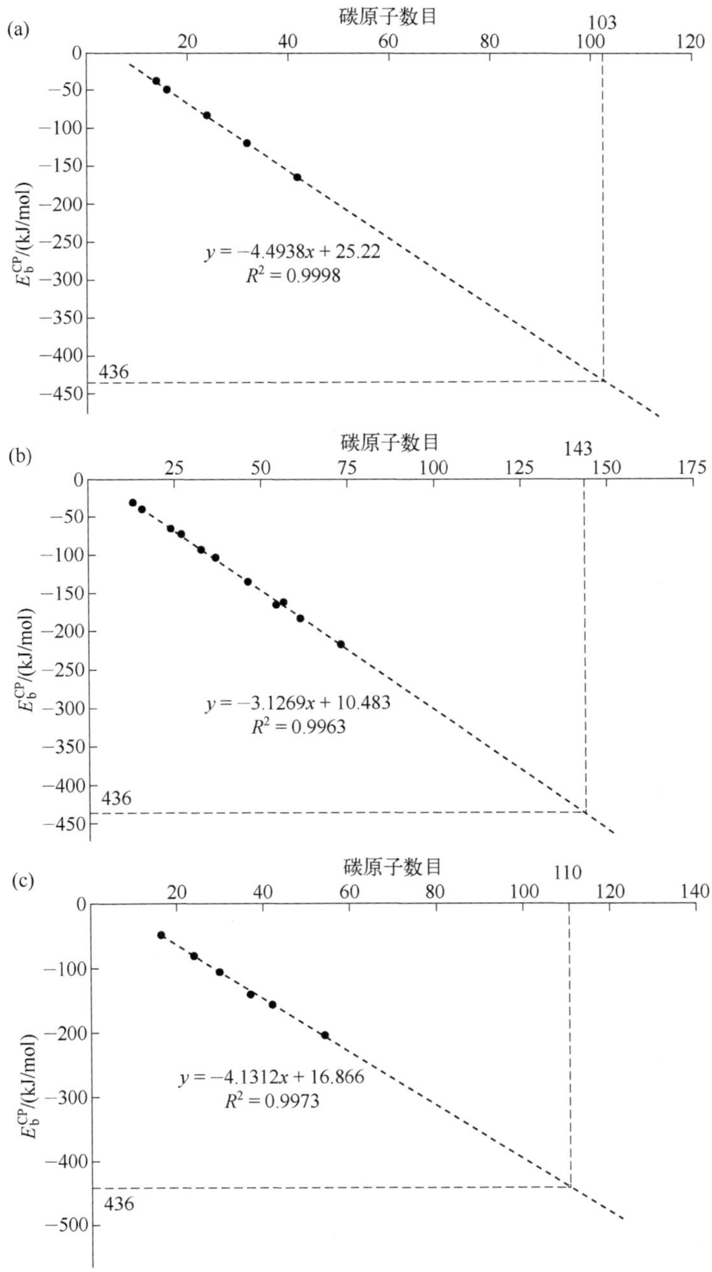

图 2-72　石墨烯双层聚集体（a）、石墨烷双层聚集体（b）和 GA@GE 异质层-层聚集体（c）的层间结合能 ΔE_b^{CP} 与其单个片层上 C 原子数目的相关性

可见，C—H⋯π 作用在大尺度 π 体系的聚集体中的确具有非常重要的作用。从 N_{HEQ} 的相对大小可以看出，C—H⋯π 相互作用强度接近于石墨中层间的 π⋯π 相互作用，且要明显地大于相同尺寸的石墨烷双层聚集体中的 C—H⋯H—C 相互作用。这强烈地表明，通过 C—H⋯π 非共价作用自组装构筑新型 van der Waals 异质双层及多层 GA@GE 结构的纳米材料是完全可行的。

2.12.3　前线轨道特征、电子密度差与弱相互作用

前线轨道虽然是物理不可观察的，但是其特征与其电子行为之间具有密切的关联。图 2-73 给出了[24]-GA@GE 的 HOMO 和 LUMO 的轨道组成和能级水平。从图 2-73 中可以看出，[24]-GA@GE 分别具有两个简并的 HOMO 和 LUMO，这些简并的前线轨道分别源自[24]-GE 片层的两个简并 HOMO 和两个简并 LUMO。即聚集体的前线轨道依赖于 GE 单体而无关于 GA 单体。对于其他尺寸的 GA@GE 层-层聚集体结构的前线轨道而言亦是如此，表明层间的电荷转移作用不明显。同时，[24]-GA@GE 的 HOMO−1 和 LUMO+1 分别源自[24]-GA 的 HOMO 和[24]-GE 的 LUMO+1，且其 HOMO 和 LUMO 能级水平低于它们的“父系”轨道，但是能隙基本没有变化，表明聚集体中 GE 片层的 π 电子行为并未受到影响。与双层石墨烯体系一样[220]，这里的双层 GA@GE 结构同样表现出量子限制效应，即 HOMO-LUMO 能隙随着片层尺寸的增大而减小，如[24]-GA@GE 的 HOMO-LUMO 能隙为 4.02 eV，而[54]-GA@GE 的能隙显著地减小为 2.81 eV。

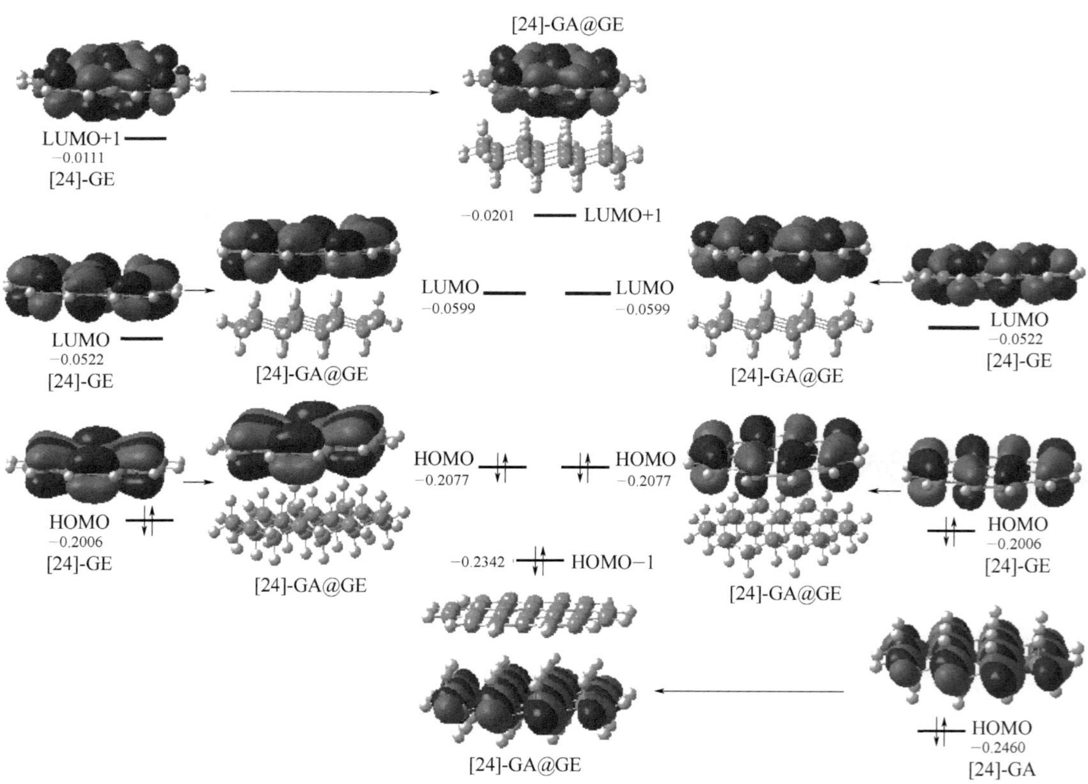

图 2-73　[24]-GA@GE 的 HOMO 和 LUMO 的轨道组成和能级水平

相比之下，[24]-GALin@GE（n = 1, 2, 3, 4）的前线轨道（FMO）明显不同于 GA@GE 体系。特别是对[24]-GALi2@GE、[24]-GALi3@GE 和[24]-GALi4@GE 体系而言，由于相对强烈的层间电荷转移，前线轨道同时分布于 GE 和 GALin 两个片层上（图 2-74）。有趣的是，如图 2-75 所示，[24]-GAX@GE（X = F, Cl, Br, I）的 LUMO 总是分布于 GE 片层而无关于 GAX 片层，而[24]-GAF@GE 和[24]-GACl@GE 的 HOMO 均位于 GE 片层，[24]-GABr@GE 的 HOMO 在 GE 片层和 GABr 片层上均有明显的分布，[24]-GAI@GE 的 HOMO 则完全分布于 GAI 片层上。这些特征一方面表明 GE 片层上的 π 电子活性从[24]-GAF@GE、[24]-GACl@GE、[24]-GABr@GE 到[24]-GAI@GE 依次逐渐被钝化，另一方面则说明 GAX 片层上 C—X 键的活性依次增强。

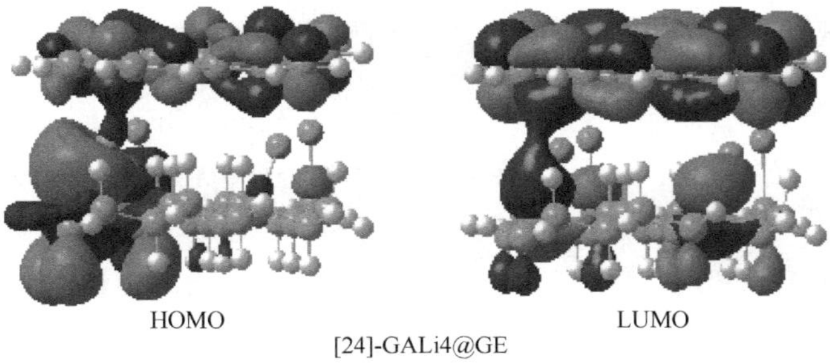

图 2-74　[24]-GALi4@GE 的前线分子轨道

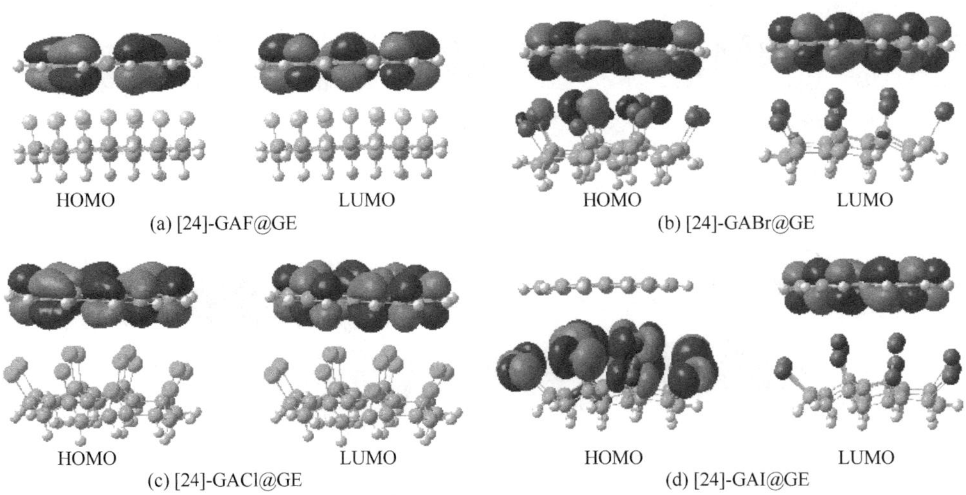

图 2-75　[24]-GAX@GE（X = F, Cl, Br, I）的前线分子轨道

电子密度与离域电子态相对应，探究电子密度的变化情况可以得到电荷重组和电荷转移行为的相关信息。图 2-76 绘制了[24]-GA@GE 的电子密度差（EDD）。由于键电子的重组和 C 原子的再杂化，层层聚集态结构的形成显著地扰动了层内的电子密度分布。不同于[24]-GA 二聚体[212]，在 GA@GE 体系中，电子密度并未显著地向层间的边界区域集中，而仅仅是在层间的边缘区域略有增大，表明存在非常微弱的极化效应。[24]-GA@GEF 的 EDD（图 2-77）不同于[24]-GA@GE，π 表面的外部电子密度减小，而参与 C—H⋯π 相互作用的 C—H 基团的电子密度明显增大，这是 F 原子的强吸电子作用带来的静电效应所致。

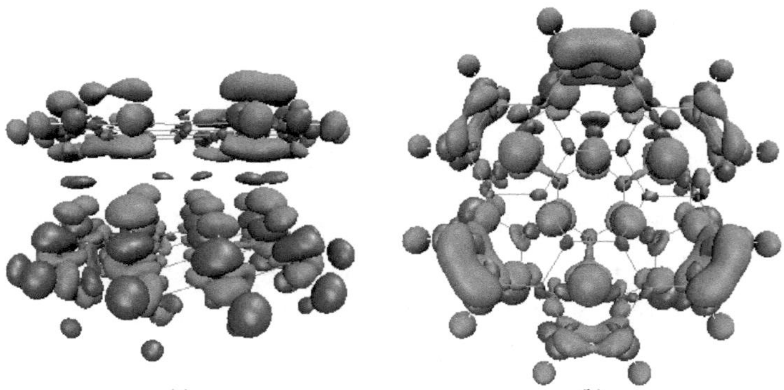

(a)　(b)

图 2-76　[24]-GA@GE 的电子密度差（EDD，等密度面值为 0.0001 a.u.）的侧视图（a）和俯视图（b）（深灰色代表电子密度增加；浅灰色代表电子密度减小）

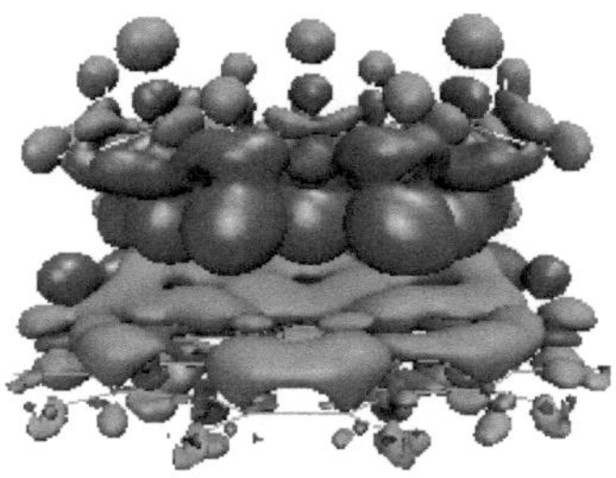

图 2-77　[24]-GA@GEF 的电子密度差（EDD，等密度面值为 0.0001 a.u.）图（深灰色代表电子密度增加；浅灰色代表电子密度减小）

对于[24]-GALi*n*@GE（*n* = 1, 2, 3）聚集体而言，除了片层内的电子重组，C—Li⋯π 相互作用区域的电子密度显著增大（图 2-78），这意味着 GE 与 GALi*n* 片层间存在显著的电荷转移和结合强度。此外，对于[24]-GAX@GE（X = F, Cl, Br, I）类结构而言，其中在[24]-GAF@GE 中，片层内发生了电子密度流；而在[24]-GAX@GE（X = Cl, Br, I）体系中，电子密度流发生在 GAX 层和 GE 层间。

为了获得能详尽的层间相互作用信息，这里对超分子聚集体中的非共价作用进行了可视化处理。限于篇

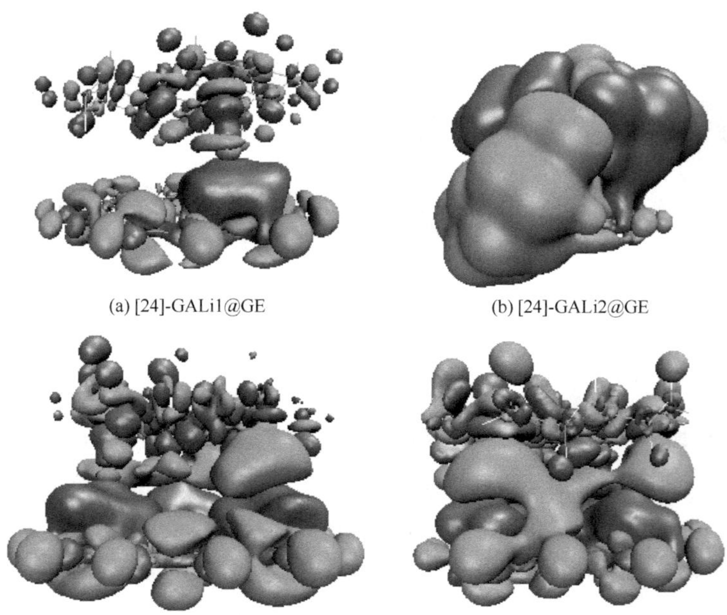

(a) [24]-GALi1@GE　(b) [24]-GALi2@GE

(c) [24]-GALi3@GE　(d) [24]-GALi4@GE

图 2-78　[24]-GALi1@GE～[24]-GA4Li@GE 的电子密度差（EDD，等密度面值为 0.0005 a.u.）图（深灰色代表电子密度增加；浅灰色代表电子密度减小）

幅，图 2-79 仅显示了[24]-GA@GE 和[24]-GALi4@GE 体系中层间的非共价作用域［图 2-79（b)、（d)］及其散点图［图 2-79（a)、（c)］。对双层和多层 GA@GE 聚集体而言，不管片层的尺寸大小，C—H…π 色散作用的弱作用域均明显存在，且相应的非键“spikes”都出现在电子密度 $\rho(r)$小于 0.01 a.u.的位置。对[24]-GA@GEF 和[24]-GAX@GE（X = F, Cl, Br, I）而言，除了 RDG 峰出现在 $\rho(r)$ < 0.01 a.u.的位置外，还有多个 RDG 峰出现在 0.01 a.u. < $\rho(r)$ < 0.015 a.u.的区域内，这可以归属于 X…X 非共价作用。值得注意的是，对于[24]-GALi*n*（*n* = 1, 2, 3, 4）@GE，在 Li 和 C(π)之间有碟片状的区域，这正是 C—Li…π 这种较强的非共价相互作用，其 RDG 峰出现在 0.015 a.u. < $\rho(r)$ < 0.02 a.u.范围内，显然 C—Li…π 的强度要显著地大于 C—H…π 作用的强度。此外，C—Li…π 这种强的非共价相互作用并不会削减层间的 C—H…π 色散作用。如果直观地理解的话，C—H…π 色散作用相当于层-层间的黏合剂，而 C—Li…π 就是嵌入层间的“钉子”，强有力地使层-层结构稳定而不解离。

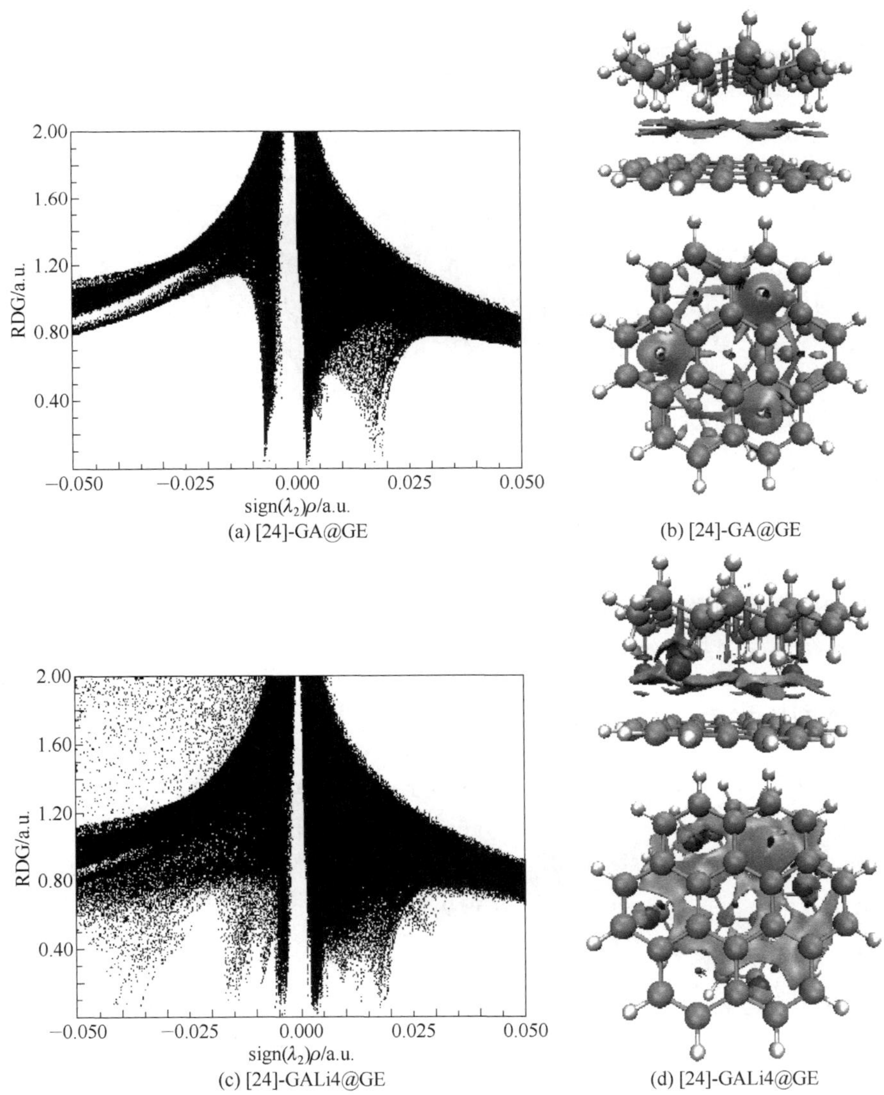

图 2-79 [24]-GA@GE 和[24]-GALi4@GE 体系中层间的非共价作用域［(b)、(d)］及其散点图［(a)、(c)］

本节采用 DFT/B3LYP-D3BJ 理论计算方法，探究了基于 π…H—C—C—H…π…H—C—C—H 堆积作用的石墨烷和石墨烯及其衍生物分子间的范德瓦耳斯异质层-层碳纳米聚集体结构的构筑原理及其性质。能量分解分析表明色散作用是 GA 与 GE 层间作用的主导驱动力。如果 GA 片层上的 H 被 Li 原子所取代，则强静电作用会成为层间作用的主导因素；如果 GE 片层边缘的 H 被 F 原子所取代，层间作用几乎不受影响。层间结合能 ΔE_b^{CP} 与单一片层上 C 原子数目的线性相关性说明了，C—H…π 色散作用对片层尺寸大小具有加和性的特征。这种对相关体系分子力场的适当参数化是非常重要的信息，且对该类大尺寸体系性质的理解和预测具有重要价值。更为重要的是，C—H…π 堆积作用的强度接近于经典的 π…π 堆积作用，且显著地超过 C—H…H—C 堆积作用的强度。正是由于相对较强的结合能和结合能对片层尺寸的加和性，C—H…π 堆积作用可用于控制分子的自组装过程，并形成稳定的层-层非共价碳纳米聚集体结构，进而设计制备新的功能超分子材料和功能器件。

2.13　不同气氛下 DLC 膜的摩擦性能与吸附能相关性理论计算

类金刚石（DLC）薄膜是指含有金刚石结构（sp^3 杂化键）和石墨结构（sp^2 杂化键）的一类碳基材料，结构上属于无定形碳。非晶碳膜可以分为含氢碳膜（a-C:H）和不含氢碳膜（a-C）两类。在薄膜结构中，sp^3 C 应该存在三种键合状态：表面悬键 C(实为四面体构型的碳自由基，单电子在 sp^3 杂化轨道上)、本体金刚石(sp^3)C—C(sp^3)键和表（界）面 sp^3 C—H 键。对于理想的纯碳 DLC 膜而言，只存在前两种。而 sp^2 C 应该仅以石墨（烯）碳存在。实验数据显示，纯碳 DLC 膜中 sp^3 C 占 70%，意味着膜中（XPS 检测深度内）还有约 30%的 sp^2 C；对于含氢碳膜，其中同时存在 sp^3 C、sp^2 C 和 H 三种原子态（每种原子的含量与镀膜条件相关）。

此外，对于含氢碳膜，如果其中的 sp^2 C 含量越高，H 原子的含量也相应较高，二者之间有正变关系。因为膜中的 H 原子只能与 sp^3 C 键合，在总碳量确定的情况下，则意味着 sp^3 C 悬键碳较少，即在高 H 含量的 a-C:H 膜中，表面 sp^3 C 悬键碳数少；反之，对于低 H 含量的 a-C:H 膜，其表面 sp^3 C 悬键碳数可能相对较多。总之，a-C 膜表面可能存在两种官能结构表层：悬键 C 表面层和石墨烯表面层。a-C:H 膜表面可能存在三种官能结构表层：sp^3 C—H 表面层、石墨烯表面层和悬键 C 表面层（极少量）。

2.13.1　模型构建与计算方法

如前所述，DLC 薄膜实为无定形的非晶态结构，只是在一定的区域内具有以金刚石 sp^3 C 为主的多种 C 结构的复杂体系，在整体上并非连续的金刚石结构，而且也无法用一个确定的晶胞来表达 DLC 薄膜中存在的多种表面 C 结构（悬键 C、sp^3 C—H 键和石墨 sp^2 C 等），因此不适合用周期性结构模型来描述 DLC 薄膜的真实结构。

基于以上分析，拟建立团簇模型来描述 DLC 薄膜结构。在建立团簇模型时，边缘效应应予以考虑，即团簇不能太小，在保证计算可行、成本可控的前提下，尽可能地使用较大的团簇，以减少边缘效应。具体地说，在参考沿 111 晶面切割金刚石模型的基础上，分别重构建立了碳原子数为 72 的如图 2-80（a）（表面悬键）和图 2-80（b）（表面 sp^3 C—H 键）所示的团簇模型；碳膜中石墨烯表面层结构则以碳原子数为 24 的如图 2-80（c）所示的 2D 团簇模型来描述。用以上三种或两种团簇模型来共同描述 a-C:H 膜和 a-C 膜的结构特征。其中，对 a-C 薄膜以图 2-80（a）和（c）所示模型描述；对 a-C:H 薄膜以图 2-80（b）和（c）所示模型描述。图 2-80 中(sp^3) C—C(sp^3)键长取金刚石模型中 C—C 的键长，sp^3 C—H 键长取石墨烷中 C—H 键长。所有边缘 C 原子（悬键 C 除外）均以 H 饱和。由于团簇模型相对较小，所取原子层数有限，计算中如果对于这种模型做全优化处理，往往会使结构严重变形而导致更加偏离真实构型。另外，模型中的键参数源于实验值或标准金刚石模型或石墨烯模型，因此，在计算中采用限制性几何构型优化，即只优化模型表面吸附的气体分子的坐标，而不改变 DLC 碳膜模型本身的几何构型。这样处理既可以降低计算成本，又不失可靠性。

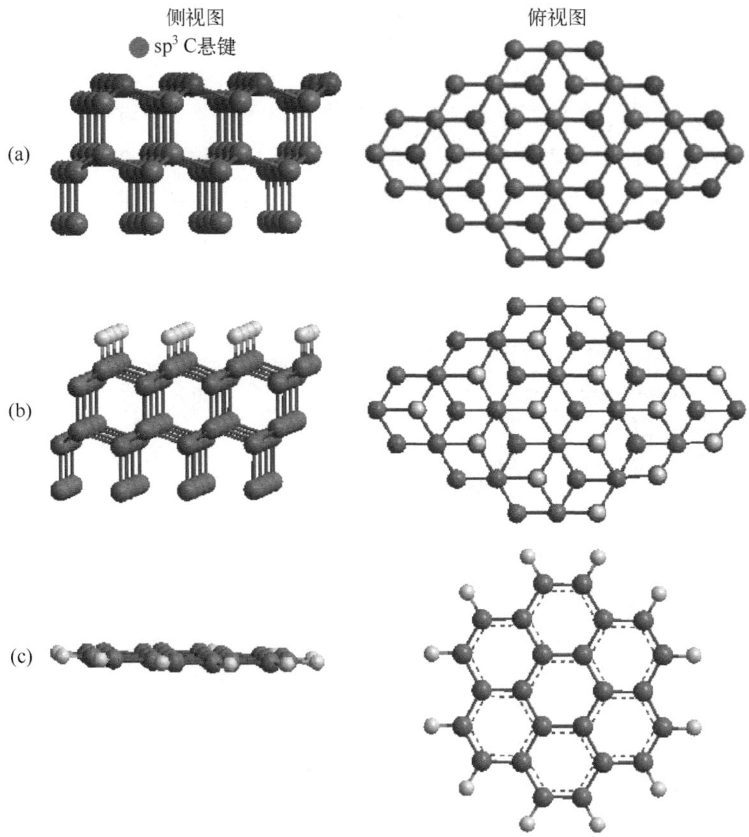

图 2-80　碳膜的团簇模型表面悬键（a）、表面 sp^3 C—H 键（b）（为图示清晰，用于饱和团簇边缘碳的 H 原子未显示）和表面石墨烯态结构（c）

一般来讲，气体分子在 DLC 碳膜表面的吸附是典型的非共价相互作用，这类大体系中的弱相互作用需要采用适当的密度泛函理论(DFT)方法才能较为准确地予以描述。解决这一问题的有效方法就是引入色散校正项。DFT-D3 是著名量子化学理论学者 Grimme 新近发展的一类包含中长程相关能校正（色散校正）的密度泛函理论[27-28,81]，已被广泛地用于包括超分子聚集体碳材料在内的弱相互作用体系[215]。这里，构型优化采用 B3LYP-D3 密度泛函理论方法，计算基组选用 6-31G（d）。在计算吸附能 ΔE_{CP} 时，采用 CP 方法[62]考虑了对基组重叠误差的校正，有效消除了由于选用基组不够大而带来的能量误差。以上计算均采用 Gaussian 软件包[73]完成。

2.13.2 真空下 a-C 和 a-C:H 碳膜自配副相互作用及其与摩擦系数的相关性

从机械运动的角度考虑，两碳膜相互摩擦时，如果碳膜间的相互结合作用力越大，则摩擦力越大，碳膜的摩擦系数也越大。气体分子在碳膜表面的吸附属于微观行为（当有气体分子吸附于碳膜间时，有可能导致膜间距增大，但是这种增大的尺度相对于碳膜表面的粗糙度而言可以忽略，即膜间距的 Å 量级改变，对摩擦性能的影响可以不予考虑），由此而产生的两碳膜间的直接或间接相互作用（吸引或排斥，非机械力）与机械力类似，同样也影响着两碳膜间的相互摩擦力和碳膜的摩擦学性能。

根据相应的 a-C 团簇模型，a-C 自配副相互作用时，应存在三种表面相互作用，包括 sp^3 C 悬键层（自由基）间的相互作用、sp^3 C 悬键层与 sp^2 C 石墨烯层间的相互作用和 sp^2 C 石墨烯层间的相互作用，后两者为物理作用，而第一种为化学键合相互作用，即 C 自由基间的直接成键。显然，a-C 自配副的摩擦力取决于 sp^3 C 悬键层间的强化学键合作用。通常，自由基间结合的活化能很低，甚至为零。因此，当两 a-C 自配副碳膜接触时，膜间将以 C—C 共价键直接键连（见图 2-81），以叔丁基碳自由基为模型，计算得到其结合的 C—C 键能约为 320 kJ/mol（C—C 键能的实验值为 345 kJ/mol）。可见，当 a-C 自配副摩擦运动时，需克服巨大的剪切应力，即意味着真空下 a-C 薄膜的摩擦系数很大，这与实验事实完全一致。

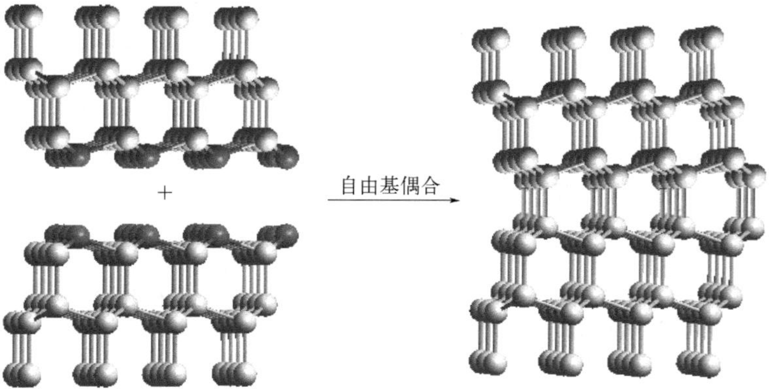

图 2-81 a-C 自配副膜间的悬键 C（深色标示）直接共价键连

对于 a-C:H 碳膜而言，a-C:H 自配副相互作用时，也存在三种主要表面间吸引相互作用，包括 sp^3 C—H 表面层间相互作用［(sp^3)C—H···H—C(sp^3)堆叠方式］、(sp^3)C—H 表面层与石墨烯表面层间相互作用［(sp^3)C—H···π 堆积方式］和石墨烯表面层间相互作用（π-π 堆积方式），以上三种相互作用在碳纳米材料的聚集体结构中广泛存在[212,221]。此外，还存在极少量的 sp^3 C 悬键层间强结合相互作用（这种情况应视氢含量而定，氢含量较高时，此种相互作用概率较小）。图 2-82 给出了计算得到的三种主要表面间吸引相互作用构型和相应的结合能 ΔE_{CP}，结合能数据表明，这三种作用方式下，表面间的吸引作用均很小，其中最大者为石墨烯表面层间结合能，但也仅为−4.20 kJ/mol C。这表明两表面做相对运动而摩擦时，需要克服的剪切力非常小，为实现低摩擦系数的超滑提供了内在利好因素，与实验结果吻合，这也可以认为是 a-C 和 a-C:H 碳膜摩擦系数大小差异的物理化学本质所在。实验数据显示，高氢含量（高 sp^2 C 含量）的 a-C:H 碳膜具有比低氢含量（低 sp^2 C 含量）的 a-C:H 碳膜更低的摩擦系数，这是因为低氢含量的 a-C:H 碳膜中，H 原子的数目不足以完全饱和悬键碳原子，从而使得碳膜中存在一定数量的悬键 sp^3 C，导致摩擦系数有所增大。

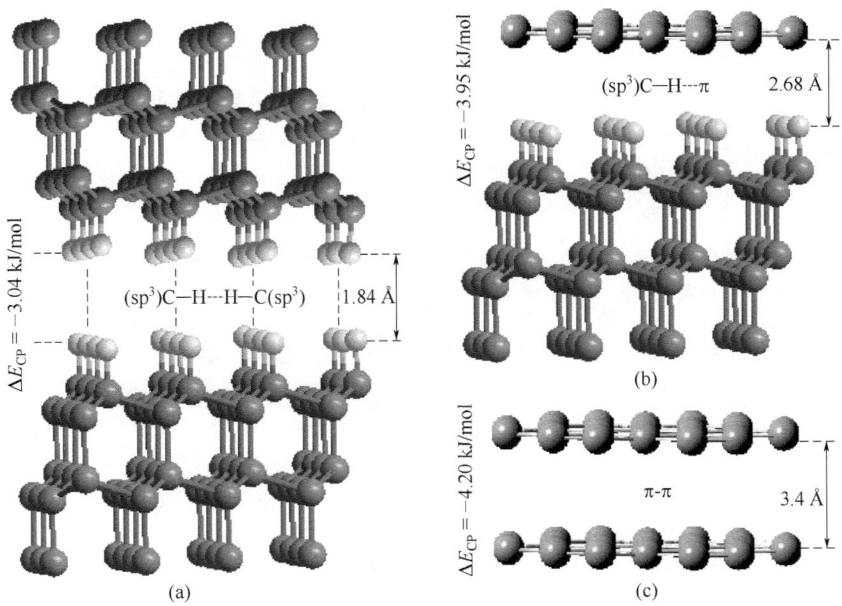

图 2-82　a-C:H 碳膜间三种主要表面间相互作用方式：（a）(sp^3)C—H···H—C(sp^3)堆叠、（b）sp^3 C—H···π 堆积和（c）π-π 堆积及其结合能 ΔE_{CP}

2.13.3　不同气氛下 a-C 碳膜自配副相互作用及其与摩擦系数的相关性

此计算中，考察了 O_2、N_2、Ar、H_2、CO_2 和 H_2O 等 6 种气体分子在碳膜表面（悬键模型）的吸附情况，发现只有 O_2 分子在 a-C 碳膜表面产生了真正的化学吸附，当然也同时存在物理吸附。虽然 H_2 分子的化学性质比较活泼，但它与 N_2、Ar、CO_2 和 H_2O 分子一样，只能形成物理吸附。因此，对 a-C 碳膜而言，所考察的 6 种气氛中，只有 O_2 气氛为活性气氛，其他 5 种气氛均为惰性气氛。此外，在以上 6 种分子中，N_2 和 CO_2 的电子结构比较特殊，这两种分子结构中均具有两个相互垂直的 π 键，其中 CO_2 中两个相互垂直的 π 键为大 π 键 Π_3^4。探究碳膜的摩擦学性能时，摩擦表面原子（分子）间的相互作用方式、吸附能、吸附密度及吸附气体的电子结构特点等因素都应该予以考虑。

通过理论计算，可以得到如图 2-83 所示的 O_2 分子在 a-C 碳膜表面的物理吸附位点和吸附方式。计算表明 O_2 在 a-C 碳膜表面的物理吸附有四个不同的位点［图 2-83（a）～（d）］，O_2 键轴或平行于碳膜表面或与碳膜表面呈一定夹角，且这四个吸附位点的吸附能稍有不同，分布在−34.6～−25.9 kJ/mol 之间（表 2-28）。值得注意的是，除了以上物理吸附，O_2 分子还可以化学吸附于 a-C 碳膜表面（图 2-84），因为 O_2 分子不同于其他几种气体分子，它的基态是三重态，即呈双自由基结构，很容易与 a-C 碳膜表面的 sp^3 悬键 C 发生化学作用，吸附能高达−103.37 kJ/mol（16 重态，表 2-28）。可见，在 O_2 气氛中，O_2 分子在碳膜表面的吸附应以化学吸附为主。当 O_2 在 a-C 碳膜表面化学吸附时，O_2 分子中的一个 O 原子与 a-C 碳膜表面的悬键 C 自由基结合，生成 sp^3 C—O—O·（过氧自由基），该自由基可以与自配副的另一

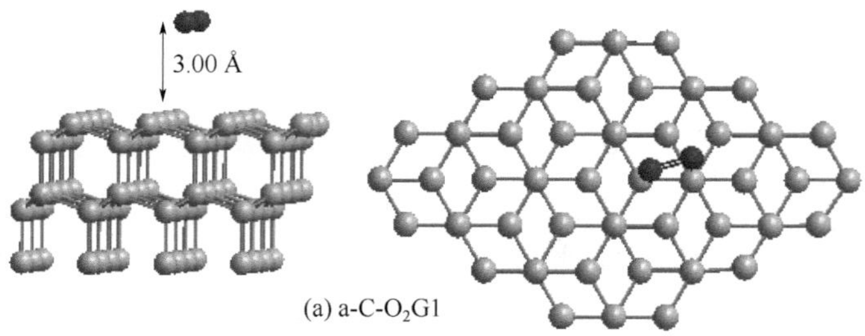

(a) a-C-O_2G1

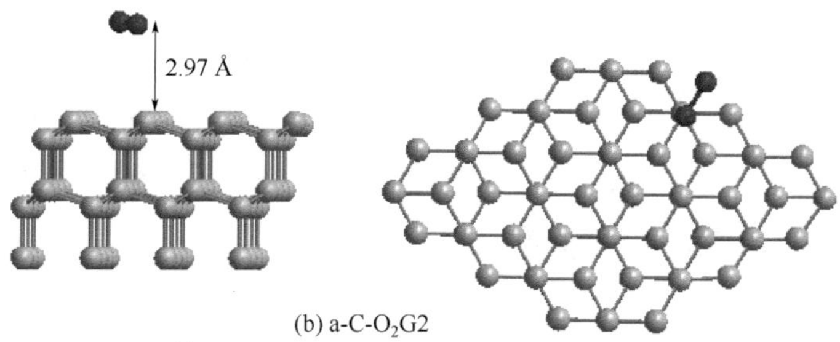

(b) a-C-O_2G2

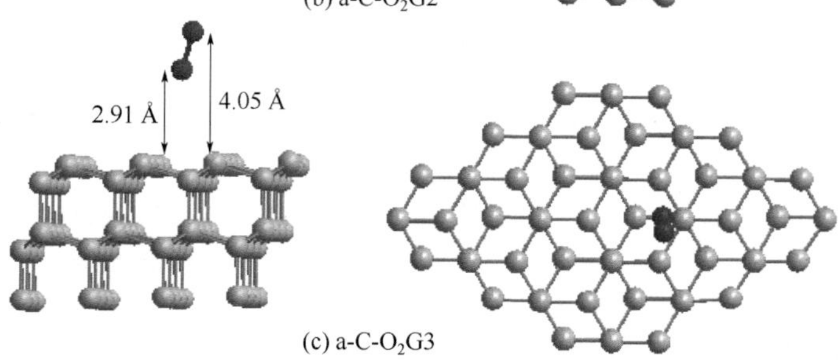

(c) a-C-O_2G3

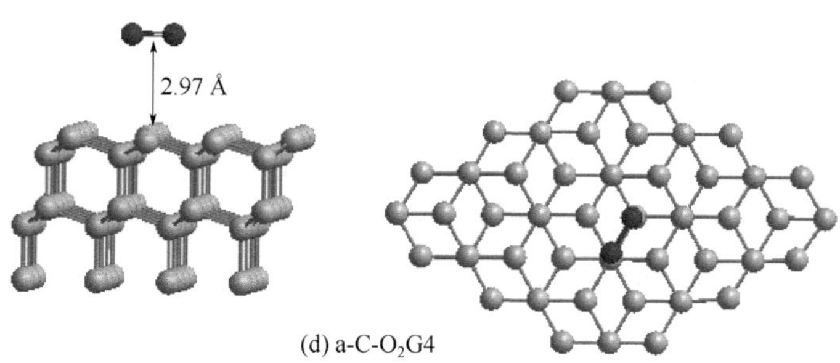

(d) a-C-O_2G4

图 2-83 O_2 分子在 a-C 碳膜表面（悬键模型）的物理吸附位点与吸附方式

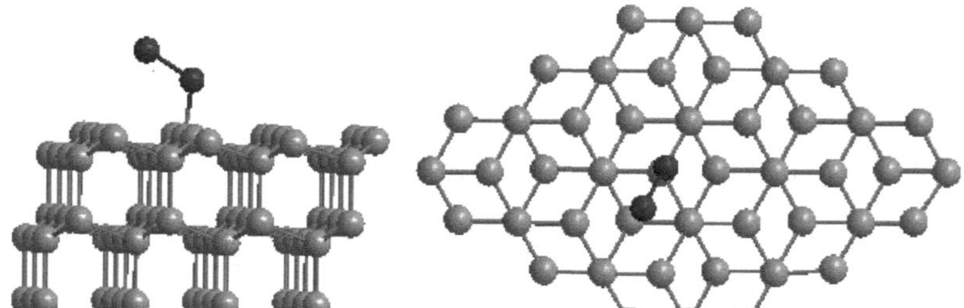

(a) 侧视图 (b) 俯视图

图 2-84 O_2 分子在 a-C 碳膜表面（悬键模型）的化学吸附方式（a-C-O_2G5）

表 2-28　O_2 分子在 a-C 碳膜表面的吸附方式及相应的吸附能

模式（多重度）	吸附方式	ΔE/(kJ/mol)	BSSE/(kJ/mol)	ΔE_{CP}/(kJ/mol)
a-C-O_2G1(18)	物理吸附	−36.07	8.29	−27.78
a-C-O_2G2(18)	物理吸附	−33.05	7.10	−25.95
a-C-O_2G3(18)	物理吸附	−39.80	5.19	−34.61
a-C-O_2G4(18)	物理吸附	−36:73	8.69	−28.04
a-C-O_2G5(16)	化学吸附	−103.37	—	−103.37
a-C-O_2G5(14)	化学吸附	−97.60	—	−97.60

a-C 碳膜表面的悬键 C 自由基结合，这个过程相当于在两个互摩擦表面间形成了 sp^3 C—O—O—C sp^3 过氧键（图 2-85）而发生强结合。相比于真空条件下 a-C 碳膜表面的悬键 C 自由基结合形成的 C—C 键，虽然过氧键的强度（键能一般在 100 kJ/mol 左右）不及 C—C 键的强度，但足以在摩擦表面间导致较大的摩擦力和摩擦系数。故 O_2 的化学吸附会使 a-C 碳膜具有较大的摩擦系数，但将明显小于真空条件下 a-C 碳膜的摩擦系数，这与实验结果完全一致[222]。

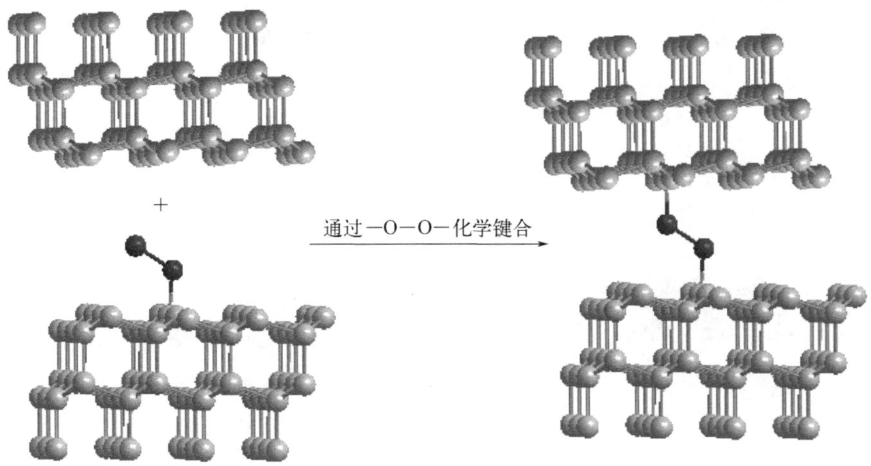

图 2-85　a-C 碳膜表面化学吸附 O_2 分子后的相互键合

在 N_2 气氛下，N_2 分子在 a-C 碳膜表面的吸附也比较有趣。尽管 N_2 在 a-C 碳膜表面的吸附不像 O_2 分子一样可以在 a-C 碳膜表面形成真正的化学吸附，但 N_2 在 a-C 碳膜表面除了物理吸附外（a-C-N_2G1～a-C-N_2G3，图 2-86），还存在“假化学吸附”（a-C-N_2G4，图 2-87）。表 2-29 列出了 N_2 分子在 a-C 碳膜表面的吸附能，发现 N_2 分子的吸附能稍大于 O_2 分子的物理吸附能。这里所谓的“假化学吸附”是指形式上可以形成化学吸附，同时将悬键 C 自由基转换为 N · 自由基（图 2-87）。但是这一过程几乎没有热力学优势，吸附能仅为−0.51 kJ/mol，即缺乏化学吸附的驱动力，不能形成有效的化学吸附，因此 N_2 分子在 a-C 碳膜表面的吸附仍然是物理吸附。这种较为稳定的物理吸附可以有效减少（屏蔽）两 a-C 碳膜表面上悬键 C 自由基的相互结合，从而降低摩擦系数。但是，一方面，N_2 分子在 a-C 碳膜表面的物理吸附不可能完全消除悬键 C 自由基间的相互结合；另一方面，N_2 分子两侧的 a-C 碳膜自配副表面具有对等的物理吸附作用，即 N_2 分子两侧（或两端）与自配副表面的平均物理吸附能基本相等（可以将吸附的 N_2 分子层理解为碳膜间的弱黏合剂，吸附能值即为黏合力大小）。因此，a-C

碳膜间的相对摩擦运动除了克服一些悬键 C 间的偶合力外，还必须克服物理吸附能（31～34 kJ/mol）做功，即 N_2 气氛下 a-C 碳膜不可能实现超滑。其实可以预见，在其他惰性气氛下，都难以实现 a-C 碳膜的超滑现象。

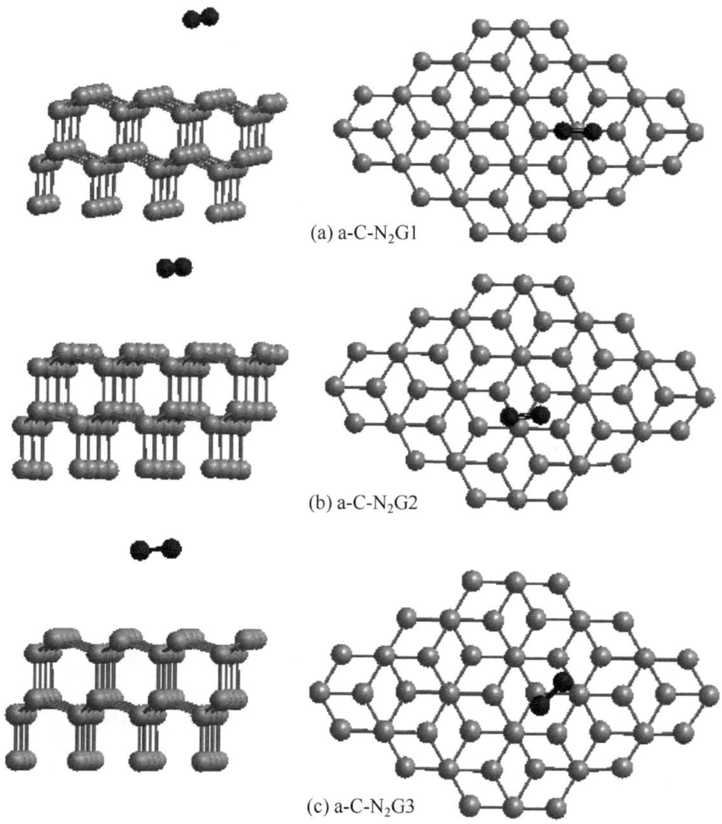

(a) a-C-N_2G1

(b) a-C-N_2G2

(c) a-C-N_2G3

图 2-86　N_2 分子在 a-C 碳膜表面的物理吸附方式

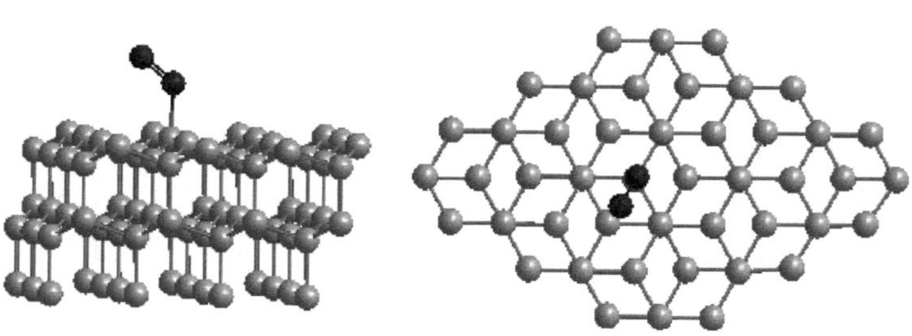

图 2-87　N_2 分子在 a-C 碳膜表面的“假化学吸附”方式（a-C-N_2G4）

表 2-29　N_2 分子在 a-C 碳膜表面的吸附方式及相应的吸附能

模式	吸附方式	ΔE/(kJ/mol)	BSSE/(kJ/mol)	ΔE_{CP}/(kJ/mol)
a-C-N_2G1	物理吸附	−41.83	7.91	−33.92
a-C-N_2G2	物理吸附	−39.59	7.99	−31.31
a-C-N_2G3	物理吸附	−41.84	7.76	−34.08
a-C-N_2G4	“假化学”吸附	−0.51	—	−0.51

表 2-30 中列出了 Ar、H_2、CO_2 及 H_2O 分子在 a-C 碳膜表面的吸附方式及相应的吸附能，CO_2 在 a-C 碳膜表面的吸附方式如图 2-88 所示。这几种分子在 a-C 碳膜表面的吸附均为物理吸附，其中 Ar 和 H_2 在 a-C 碳膜表面的吸附能非常接近。实际上，Ar、H_2 及 O_2 三者在 a-C 碳膜表面的物理吸附能并没有显著差异。但是 N_2 的吸附能要稍大于 Ar 的吸附能，故 N_2 气氛下 a-C 碳膜的摩擦系数也相应大于 Ar 气氛下，这与实验结果一致。尽管目前还缺少 H_2 气氛下相关的实验结果，但根据吸附能大小预测，H_2 气氛下 a-C 碳膜的摩擦性能应该与 Ar 和 N_2 气氛下相当。

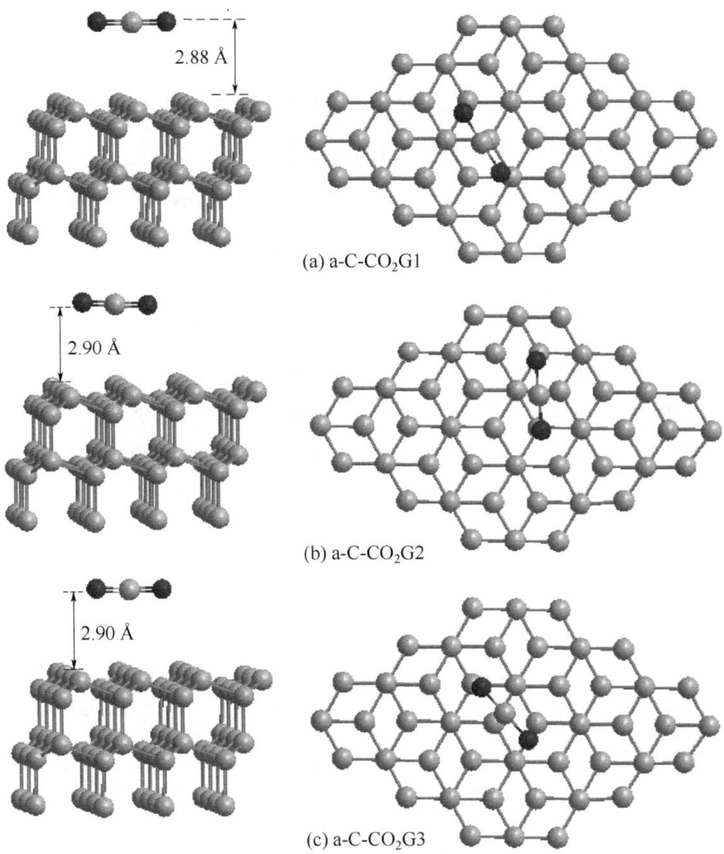

图 2-88　CO_2 分子在 a-C 碳膜表面的吸附方式与位点

表 2-30　Ar、H_2、CO_2 及 H_2O 分子在 a-C 碳膜表面的吸附方式及相应的吸附能

模式	吸附方式	ΔE/ (kJ/mol)	BSSE/(kJ/mol)	ΔE_{CP}/(kJ/mol)
Ar				
a-C-ArG1	物理吸附	−34.31	4.74	−29.57
a-C-ArG2	物理吸附	−33.19	4.72	−28.60
H_2				
a-C-H_2G1	物理吸附	−30.66	3.48	−27.18
a-C-H_2G2	物理吸附	−31.53	3.08	−28.45
a-C-H_2G3	物理吸附	−29.98	3.24	−26.74
a-C-H_2G4	物理吸附	−30.31	3.20	−27.11

续表

模式	吸附方式	ΔE/ (kJ/mol)	BSSE/(kJ/mol)	ΔE_{CP}/(kJ/mol)
CO_2				
a-C-CO_2G1	物理吸附	−50.78	12.85	−37.93
a-C-CO_2G2	物理吸附	−50.71	12.55	−38.16
a-C-CO_2G3	物理吸附	−50.98	12.57	−38.41
H_2O				
a-C-H_2OG1	物理吸附	−65.00	18.17	−46.83
a-C-H_2OG2	物理吸附	−65.34	19.29	−46.05
a-C-H_2OG3	物理吸附	−65.58	18.65	−46.93
a-C-H_2OG4	物理吸附	−65.43	18.92	−46.51

从表 2-30 中可以看出，H_2O 分子在 a-C 碳膜表面的吸附能要大于其他几种分子将近 20 kJ/mol，且吸附能对吸附位点并没有选择性。实验结果显示，在干燥空气氛下，a-C 碳膜的摩擦系数很大，这显然是干燥空气中的 O_2 化学吸附于 a-C 碳膜表面，在自配副表面间形成过氧键键连状态的缘故，即 O_2 的化学吸附在起着主导作用。随着空气湿度的逐渐增加，a-C 碳膜的摩擦系数随之逐渐减小并收敛于一定值。这是因为空气中的 H_2O 分子极性显著，能与 O_2 形成如图 2-89 所示的 H_2O@O_2 端基复合物（结合能 ＞5.0 kJ/mol，显著大于空气氛 N_2 与 O_2 间的色散相互作用），H_2O 分子屏蔽了 O_2 分子一端 O·自由基，即 H_2O 分子的存在减少了 O_2 分子在 a-C 碳膜表面的化学吸附，即使能产生化学吸附，也不能进一步与另一个 a-C 碳膜表面的悬键 C 键合，导致摩擦系数降低。随着空气湿度的进一步增大，气氛中 H_2O 分子浓度增大，再加上 H_2O 分子在 a-C 碳膜表面的吸附能最大（表 2-30），使得自配副碳膜表面形成氢键网络分子层，完全将自配副碳膜表面间的悬键 C 相互隔离，同时几乎完全将包括 O_2 在内的其他气体分子与 a-C 碳膜表面隔开。此时，a-C 碳膜间的摩擦力大小完全取决于 H_2O 分子在 a-C 碳膜表面的吸附能，摩擦系数表现为一收敛值。

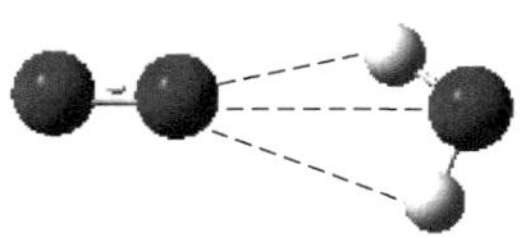

图 2-89 H_2O@O_2 端基复合物结构

此外，尽管 CO_2 分子在 a-C 碳膜表面的吸附能要大于 N_2 分子在 a-C 碳膜表面的吸附能（仅小于对 H_2O 分子的吸附能），但反常的是在 CO_2 气氛下 a-C 碳膜自配副的摩擦系数最小。CO_2 分子在 a-C 碳膜表面上不同位点的吸附均为“躺倒”式，其吸附本质应该为 sp^3 单电子轨道-π 相互作用。由于 CO_2 分子结构中具有两个相互垂直的 Π_3^4 大 π 键（图 2-90，其中一个用于表面吸附，另一个起润滑保护作用），自配副表面摩擦运动时，最大限度地减少了表面间 sp^3 杂化型单电子轨道-π 相互作用的重组，这样大 π 键电子起到了润滑减摩作用；另外，三原子分子 CO_2 的体积要明显大于双原子分子 N_2 的体积，故其在碳膜表面的吸附密度必然小于 N_2 等这样的双原子分子，这意味着相同面积的碳膜表面对 CO_2 分子总的吸附能并不大，即 a-C:H 碳膜自配副摩擦时需要克服的总剪切应力减小。以上两个利好因素，使得 CO_2 气氛下 a-C 碳膜的摩擦系数最低。

以上是基于图 2-80（a）（表面悬键层）所示团簇模型在不同气氛下，a-C 碳膜自配副相互作用及其与摩擦系数的相关性。此外，还考察了以图 2-80（c）（表面石墨烯层）所示的团簇模型对各种气体的吸附性能（表 2-31），因为图 2-80（c）所代表的结构特征在 a-C 碳膜表面组成中不可忽视。但是经计算发现，石墨（烯）层对气体分子的吸附均明显弱于表面悬键结构对气体分子的吸附，且相应的吸附能并不能决定薄膜的摩擦学性能（摩擦系数的大小）。因此认为，a-C 碳膜表面的 sp^2 C 石墨（烯）结构并不是影响摩擦性能的主导因素，即在不同气氛下，用表面悬键模型为主来描述薄膜的摩擦学性能是可靠的。

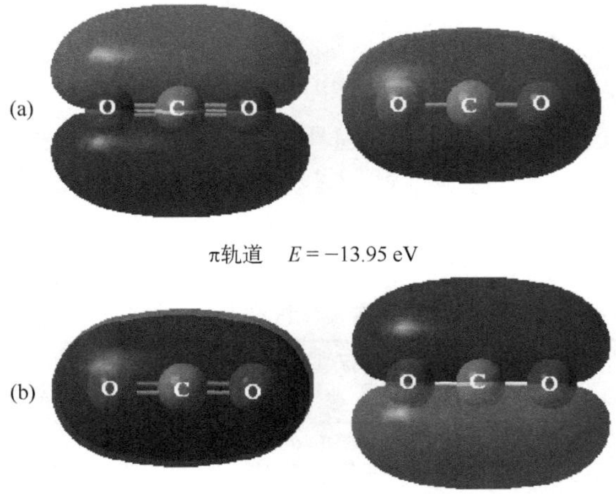

图 2-90　CO_2 分子结构中具有两个相互垂直的 Π_3^4 大 π 键

表 2-31　H_2、O_2、N_2、Ar、CO_2 及 H_2O 分子在石墨烯片层表面的吸附方式及相应的吸附性能

项目	GE@H_2	GE@O_2	GE@N_2
ΔE_{CP}/(kJ/mol)	−4.45	−7.86	−10.57
模型	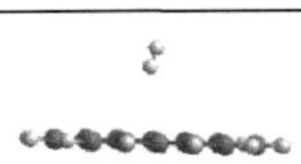	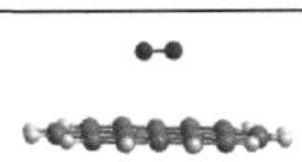	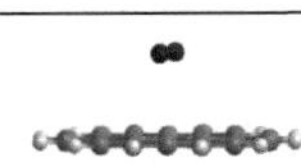
	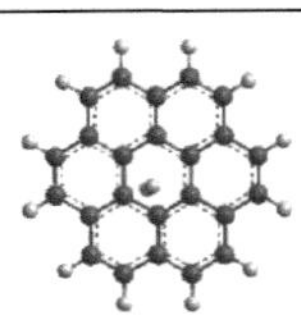	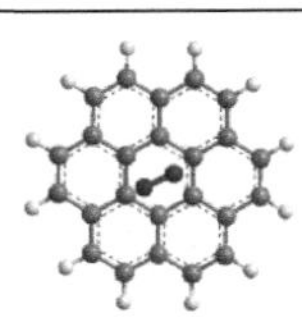	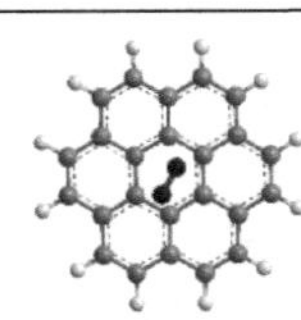
项目	GE@Ar	GE@H_2O	GE@CO_2
ΔE_{CP}/(kJ/mol)	−7.37	−15.82	−15.21
模型	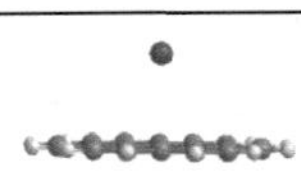	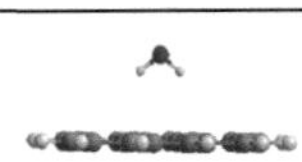	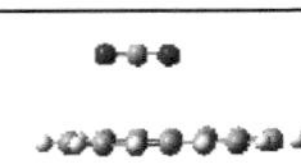
	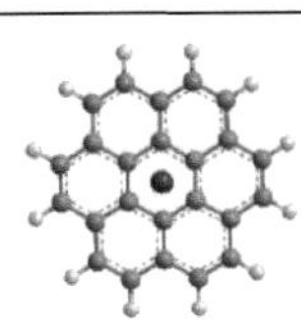	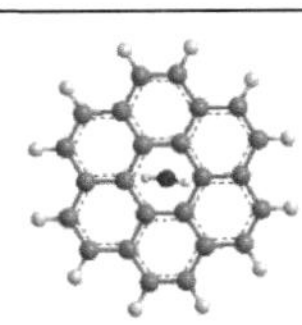	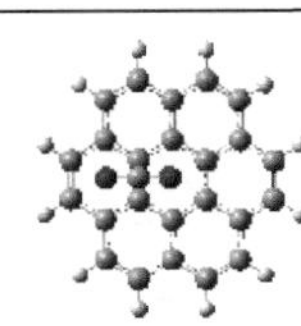

2.13.4　不同气氛下 a-C:H 碳膜自配副相互作用及其摩擦系数的相关性

实验室制备的 a-C:H 碳膜可以分为低 sp^2 C 含量（低 H 含量）a-C:H 碳膜、中 sp^2 C 含量（中 H 含量）a-C:H 碳膜和高 sp^2 C 含量（高 H 含量）a-C:H 碳膜三种。实验结果显示，这三种 a-C:H 碳膜具有不同的摩擦学性能，其中高 sp^2C 含量（高 H 含量）a-C:H 碳膜的性能最为优异，在真空、Ar 气氛、N_2气氛和 CO_2 气氛下均可实现超滑摩擦。

表 2-32 列出了 N_2、O_2、Ar、H_2、CO_2 及 H_2O 气体分子在 a-C:H 碳膜 sp^3 C—H 表面的吸附方式及相应的吸附能。以上气体除了 CO_2 外，其他气体在 a-C:H 碳膜 sp^3 C—H 表面的吸附均为吸附能较小（不超过−9 kJ/mol）的物理吸附，且吸附能对吸附位点没有表现出显著的选择性。N_2、Ar 和 H_2O 分子的吸附能相当，约为−8 kJ/mol；H_2 的吸附能最小，约为−3 kJ/mol；O_2 的吸附能居中，约为−6 kJ/mol。从计算得到的吸附能相对大小的角度考虑，不管是基于 a-C:H 碳膜 sp^3 C—H 表面结构模型，还是基于石墨烯结构模型（表 2-31），很难说明不同气体的吸附能与相应气氛下 a-C:H 碳膜的摩擦系数之间存在直接关联，但是不同气体的吸附能差异可能会导致吸附竞争，进而在一定程度上间接影响 a-C:H 碳膜的摩擦学性能。

表 2-32　N_2、O_2、Ar、H_2、CO_2 及 H_2O 分子在 a-C:H 碳膜 sp^3 C—H 表面的吸附方式及相应的吸附能

模式	吸附方式	ΔE/(kJ/mol)	BSSE/(kJ/mol)	ΔE_{CP}/(kJ/mol)
N_2				
a-C:H-N_2G1	物理吸附	−14.03	5.53	−8.49
a-C:H-N_2G2	物理吸附	−14.24	5.40	−8.84
a-C:H-N_2G3	物理吸附	−14.14	5.46	−8.68
CO_2				
a-C:H- CO_2G1	物理-立吸附	−13.10	5.60	−7.51
a-C:H- CO_2G2	物理-躺吸附	−24.23	9.03	−15.19（主要方式）
O_2				
a-C:H-O_2G1	物理吸附	−13.63	7.31	−6.32
a-C:H-O_2G2	物理吸附	−13.14	7.24	−5.90
a-C:H-O_2G3	物理吸附	−13.63	7.31	−6.32
a-C:H-O_2G4	物理吸附	−13.12	7.02	−6.11
Ar				
a-C:H-ArG1	物理吸附	−10.64	2.67	−7.97
a-C:H-ArG2	物理吸附	−10.70	2.70	−8.00
a-C:H-ArG3	物理吸附	−11.46	2.57	−8.89
H_2				
a-C:H-H_2G1	物理吸附	−4.33	0.99	−3.34
a-C:H-H_2G2	物理吸附	−4.14	0.98	−3.16
a-C:H-H_2G3	物理吸附	−4.46	0.99	−3.47
a-C:H-H_2G4	物理吸附	−4.33	0.99	−3.34
H_2O				
a-C:H-H_2OG1	物理吸附	−26.10	18.29	−7.81
a-C:H-H_2OG2	物理吸附	−25.83	18.07	−7.76
a-C:H-H_2OG3	物理吸附	−25.31	16.62	−8.69
a-C:H-H_2OG4	物理吸附	−25.31	17.80	−7.51

CO_2 分子在 a-C:H 碳膜 sp^3 C—H 表面的吸附与其他几种气体有所不同，CO_2 可以“站立”和“躺倒”两种不同方式吸附在膜表面（图 2-91），其相应的吸附能分别为−7.51 kJ/mol 和

−15.19 kJ/mol，即 CO_2 分子在 a-C:H 碳膜 sp^3 C—H 表面以“躺倒”方式吸附为主。与 CO_2 分子在 a-C 碳膜 sp^3 C 悬键表面的吸附类似，虽然 CO_2 分子在 a-C:H 碳膜(sp^3) C—H 表面的平均吸附能要明显大于 N_2 的吸附能，但 CO_2 气氛下 a-C:H 碳膜的摩擦系数仍然较小（接近 N_2 气氛下的摩擦系数）。因为 CO_2 分子结构中具有两个相互垂直的 Π_3^4 大 π 键和三原子分子 CO_2 的体积大、吸附密度小的固有性质，CO_2 气氛下 a-C:H 碳膜的摩擦系数与 N_2 气氛下相当。

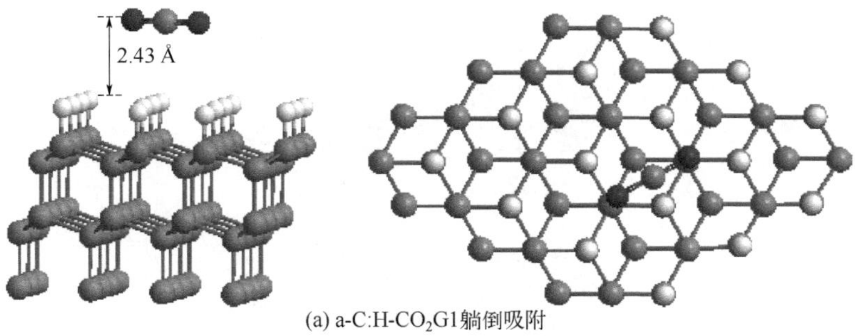

(a) a-C:H-CO_2G1躺倒吸附

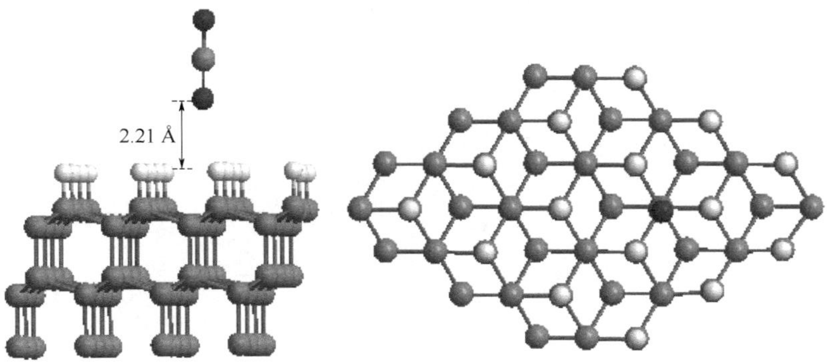

(b) a-C:H-CO_2G2站立吸附

图 2-91 CO_2 分子在 a-C:H 碳膜 sp^3C—H 表面的吸附方式

在空气气氛下，一方面，对高 sp^2 C 含量（高 H 含量）a-C:H 碳膜而言，碳膜表面的悬键结构数量极少，再加上空气中 O_2 的比例要远小于纯 O_2 气氛下 O_2 分子的浓度（相当于 O_2 气氛被大大稀释）；另一方面，N_2 及 H_2O 分子在碳膜表面的吸附能要大于 O_2 的吸附能，这种吸附竞争也会大大减少 O_2 的物理吸附进而转变为化学吸附的概率。以上两个方面的因素，说明空气氛下 O_2 的化学吸附可以忽略。此时，空气中的 N_2、H_2O 等以物理方式吸附于碳膜表面，且吸附能与真空条件下 a-C:H 碳膜自配副间的相互作用在同一数量级，故空气氛下高 sp^2 C 含量 a-C:H 碳膜表现为超滑摩擦。此外，同 CO_2 类似，N_2 的电子结构也比较特殊，不同于其他几种气体分子的结构，在 N_2 分子结构中存在相互垂直的两个 π 键（图 2-92），且 N_2 分子以其键轴平行于碳膜表面的几何方式吸附在 a-C:H 碳膜表面，这样必然有一个 π 轨道平行于碳膜表面，该 π 轨道上的电子可能起到了润滑保护作用。

对低 sp^2 C 含量（低 H 含量）a-C:H 碳膜和中 sp^2 C 含量（中 H 含量）a-C:H 碳膜而言，其表面的悬键结构数量必然有所增多，对活性气氛（空气、O_2）的敏感性增强，摩擦学性能必然下降，且 sp^2 C 含量越低（H 含量也越低），摩擦学性能下降越明显（摩擦系数增大越显著）。计算表明，不管是在悬键表面、sp^3C—H 表面，还是在 sp^2 C 石墨（烯）表面，极性分子 H_2O

的吸附能都相对较大，具有吸附竞争优势。因此，在空气氛下随着空气相对湿度的增大，自配副碳膜表面及表面间吸附的水分子会随之增多，进而形成氢键网络结构水分子层，a-C:H 碳膜自配副摩擦运动时，需破坏氢键网络而做功，表现出 a-C:H 碳膜摩擦系数随之增大的行为（图 2-93）[222]。

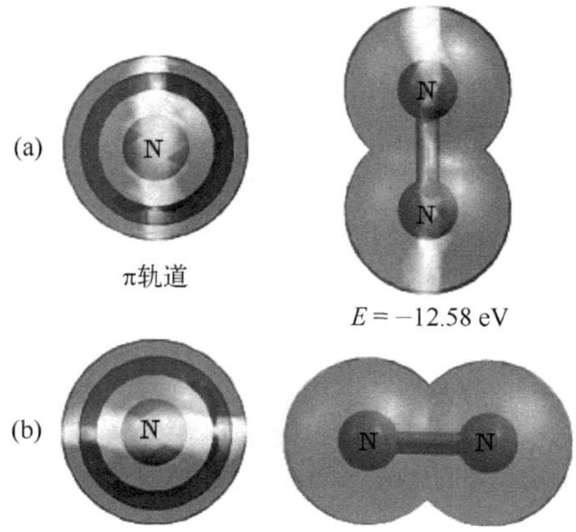

图 2-92　N_2 分子结构中相互垂直的两个简并 π 轨道及其能量

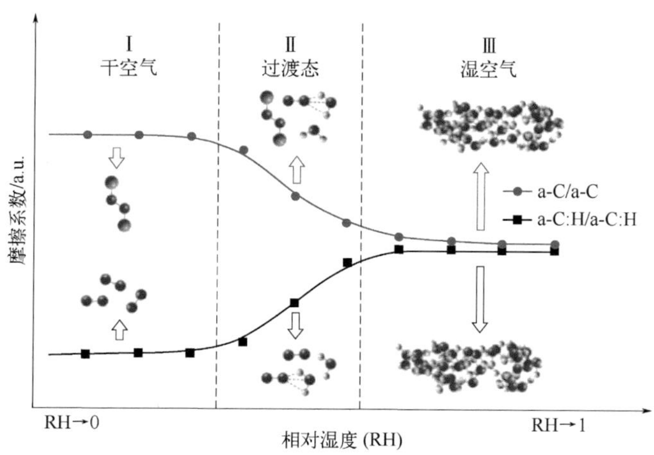

图 2-93　a-C 及 a-C:H 碳膜在空气下相对湿度与摩擦系数的相关性

在纯 O_2 气氛下，虽然高 sp^2 C 含量 a-C:H 碳膜表面的悬键结构数量极少，但由于 O_2 分子的浓度为 100%，其化学吸附不可完全忽视，故摩擦系数较大。特别是随着 a-C:H 碳膜中 sp^2 C 含量降低（H 含量也降低），纯 O_2 气氛下 O_2 分子的化学吸附概率更大，故摩擦系数随之进一步增大。

在纯 N_2 气氛下，不管是高 sp^2 C 含量的 a-C:H 碳膜还是低 sp^2 C 含量的 a-C:H 碳膜，由于 N_2 物理吸附在 a-C:H 碳膜表面的吸附能小，表现出与真空条件下相近的摩擦学性能（摩擦系数大小接近）。在纯 Ar 气氛下，尽管 Ar 与 N_2 的吸附能相当，摩擦系数同样较低，但由于 Ar 分子是单原子分子，它在碳膜表面的吸附密度要大于 N_2 这样的双原子分子，故 Ar 气氛下摩擦运动时实际需要克服的吸附能要大于 N_2 气氛下，即摩擦系数较 N_2 气氛下稍大，但仍可以维持低摩擦状态。

由于 H_2 分子在 a-C:H 碳膜表面的吸附能在考察的几种气氛条件中最小，且为物理吸附，H_2 分子也不能被悬键 sp^3 C 自由基所活化，不存在化学吸附的情况，但是 H_2 同样不具有类似于 N_2 分子中的多个 π 键（轨道），即不可能提供 π 电子润滑保护作用，吸附密度稍大于 N_2。故可以预测，H_2 气氛下碳膜的摩擦系数会稍大于 N_2 气氛下的摩擦系数，但仍可以实现低摩擦，当然这需要实验来验证。

本节在对 DLC 碳膜结构实验结果分析的基础上，建立了碳原子数为 72 的悬键团簇、sp^3 C—H 表面团簇和碳原子数为 24 的石墨烯片层团簇模型，来协同描述 a-C 和 a-C:H 碳膜的结构特征。采用包含了中长程相关能校正（色散校正）的 B3LYP-D3 密度泛函理论方法计算研究了真空及空气、N_2、O_2、Ar、H_2、CO_2 及 H_2O 等气氛下两类碳膜自配副相互作用及其与摩擦系数的相关性，发现 O_2 分子的化学吸附对碳膜的摩擦学性能影响至关重要，并分别探讨和给出了不同气氛条件下，气体吸附能与 a-C 和 a-C:H 碳膜的直接相关性和间接相关性，从理论上解释了实验结果，也对 CO_2 气氛下两类碳膜均表现出较低的摩擦系数给出了理论解释。同时，计算结果能够从一个全新的视角去接近和揭示 a-C 和 a-C:H 碳膜摩擦系数大小差异的物理化学本质。

参考文献

[1] Schrodinger E. An undulatory theory of the mechanics of atoms and molecules[J]. Phys Rev, 1926, 28(6): 1049-1070.

[2] Bachrach S M. Computational organic chemistry[M]. New York: Wiley, 2014.

[3] Born M, Oppenheimer R. “Zur Quantentheorie der Molekeln”[J]. Annalen der Physik, 1927, 84(20): 457-484.

[4] Fock V. Approximation method for the solution of the quantum mechanical multibody problems[J]. Zeitschrift Fur Physik, 1930, 61(1-2): 126-148.

[5] Roothaan C C J. New developments in molecular orbital theory[J]. Rev Modern Phys, 1951, 23(2): 69-89.

[6] Vosko S H, Wilk L, Nusair M. Accurate spin-dependent electron liquid correlation energies of local spin density calculations: A critical analysis[J]. Can J Phys, 1980, 58(8): 1200-1211.

[7] Slater J C. Solid state and molecular theory: A scientific biography[M]. Hoboken: John Wiley & Sons Inc, 1975.

[8] Martin R M. Electronic structure: Basic theory and practical methods[M]. Cambridge: Cambridge university press, 2014.

[9] Scuseria G E, Staroverov V N. Progress in the development of exchange-correlation functionals[M]//Dykstra C E, Frenking G, Kim K S, et al. Theory and application of computational chemistry: Chapter 24. Amsterdam: Elsevier Science, 2005: 669-724.

[10] Zhao Y, Schultz N E, Truhlar D G. Design of density functionals by combining the method of constraint satisfaction with parametrization for thermochemistry, thermochemical kinetics, and noncovalent interactions[J]. J Chem Theor Comput, 2006, 2(2): 364-382.

[11] Zhao Y, Truhlar D G. The M06 suite of density functionals for main group thermochemistry, thermochemical kinetics, noncovalent interactions, excited states, and transition elements[J]. Theor Chem Acc, 2008, 120(1): 215-241.

[12] Zhao Y, Truhlar D G. Density functionals with broad applicability in chemistry[J]. Acc Chem Res, 2008, 41(2): 157-167.

[13] Perdew J P, Burke K, Ernzerhof M. Generalized gradient approximation made simple[J]. Phys Rev Lett, 1996, 77(18): 3865-3868.

[14] Becke A D. Density-functional exchange-energy approximation with corret asymptotic behavior[J]. Phys Rev A, 1988, 38(6): 3098.

[15] Perdew J P. Density-functional approximation for the correlation energy of the inhomogeneous electron gas[J]. Phys Rev B, 1986, 33(12): 8822.

[16] Lee C, Yang W, Parr R G. Development of the colle-salvetti correlation-energy formula into a functional of the electron density[J]. Phys Rev B, 1988, 37(2): 785.

[17] Becke A D. Density-functional thermochemistry. Ⅳ. A new dynamical correlation functional and implications for exact-exchange mixing[J]. J Chem Phys, 1996, 104 (3): 1040.

[18] Adamo C, Barone V. Exchange functionals with improved long-range behavior and adiabatic connection methods without adjustable parameters: The mPW and mPW1PW models[J]. Chem Phys, 1998, 108 (2): 664-675.

[19] Lynch B J, Fast P L, Harris M. Adiabatic connection for kinetics[J]. J Phys Chem A, 2000, 104(21): 4811-4815.

[20] van Leeuwen R, Baerends E J. Exchange-correlation potential with correct asymptotic behavior[J]. Phys Rev A, 1994, 49(4): 2421-2431.

[21] Becke A D. A new inhomogeneity parameter in DFT[J]. J Chem Phys, 1998, 109(6): 2092-2098.

[22] Mori-Sanchez P, Cohen A J, Yang W. Many-electron self-interaction error in approximate density functionals[J]. J Chem Phys, 2006, 125(20): 201102.

[23] Becke A D. Density-functional thermochemistry Ⅲ. The role of exact exchange[J]. The J Chem Phys, 1993, 98: 5648-5652.

[24] Wu Q, Yang W. Empirical correction to density functional theory for van der Waals interactions[J]. J Chem Phys, 2002, 116 (2): 515.

[25] Grimme S. Accurate description of van der Waals complexes by density functional theory including empirical corrections[J]. J Comput Chem, 2004, 25: 1463-1473.

[26] Grimme S. Semiempirical GGA-type density functional constructed with a long-range dispersion correction[J]. J Comput Chem, 2006, 27: 1787-1799.

[27] Grimme S, Antony J, Ehrlich S, et al. A Consistent and accurate ab initio parametrization of density functional dispersion correction (DFT-D) for the 94 elements H-Pu[J]. J Chem Phys, 2010, 132 (15): 154104-154119.

[28] Grimme S, Ehrlich S, Goerigk L. Effect of the damping function in dispersion corrected density functional theory[J]. J Comput Chem, 2011, 32: 1456-1465.

[29] Kubas G J, Ryan R R, Swanson B I, et al. Characterization of the first examples of isolable molecular hydrogen complexes, $M(CO)_3(PR_3)_2(H_2)$ (M = molybdenum or tungsten; R = Cy or isopropyl). Evidence for a side-on bonded dihydrogen ligand[J]. J Am Chem Soc, 1984, 106: 451-452.

[30] Luo X L, Crabtree R H. Solution equilibrium between classical and nonclassical polyhydride tautomers $[ReH_4(CO)L_3]^+$and $[ReH_2(\eta^2\text{-}H_2)(CO)L_3]^+$(L = PMe_2Ph). Equilibrium isotope effects and an intermediate trihydrogen complex in intramolecular site exchange of dihydrogen and hydride ligands[J]. J Am Chem Soc, 1990, 112: 6912-6918.

[31] Chen H, Schelecht S, Semple T C, et al. Thermal, catalytic, regiospecific functionalization of alkanes[J]. Science, 2000, 287: 1995-1997.

[32] Leatherman M D, Svedja S A, Johnson L K, et al. Mechanistic studies of nickel(Ⅱ) alkyl agostic cations and alkyl ethylene complexes: Investigations of chain propagation and isomerization in (α-diimine)Ni(Ⅱ)-catalyzed ethylene polymerization[J]. J Am Chem Soc, 2003, 125: 3068-3081.

[33] Deboef B, Pastine S J, Sames D. Cross-coupling of sp^3C—H bonds and alkenes: Catalytic cyclization of alkene-amide substrates[J]. J Am Chem Soc, 2004, 126: 6556-6557.

[34] Castro M, Cruz J, López-Sandoval H, et al. On the CH···Cu agostic interaction: Chiral copper(Ⅱ) compounds with ephedrine and pseudoephedrine derivatives[J]. Chem Commun, 2005(30): 3779-3781.

[35] 周公度, 段连运. 结构化学基础[M]. 北京: 北京大学出版社, 2004.

[36] Brookhart M, Green M L H. Carbon hydrogen-transition metal bonds[J]. J Organomet Chem, 1983, 250: 395-408.

[37] Scherer W, McGrady G S. Agostic interactions in d^0 metal alkyl complexes[J]. Angew Chem Int Ed, 2004, 43: 1782-1806.

[38] Popelier P L A, Logothetis G. Characterization of an agostic bond on the basis of the electron density[J]. J Organomet Chem, 1998, 555(1): 101-111.

[39] Cotton F A, LaCour T, Stanislowski A G. Interaction of an aliphatic carbon-hydrogen bond with a metal atom. Structure of (diethyldi-1-pyrazolylborato)(trihapto-2-phenylallyl) (dicarbonyl)molybdenum[J]. J Am Chem Soc, 1974, 96: 754-760.

[40] Hartwig J F, Cook K S, Hapke M, et al. Rhodium boryl complexes in the catalytic, terminal functionalization of alkanes[J]. J Am Chem Soc, 2005, 127: 2538-2552.

[41] Reed A E, Curtiss L A, Weinhold F. Intermolecular interactions from a natural bond orbital, donor-acceptor viewpoint[J]. Chem Rev, 1988, 88(6): 899-926.

[42] Bader R F W. Atoms in molecules: A quantum theory[M]. New York: Clarendon Press, 1990.

[43] Glendening E D, Badenhoop J K, Reed A E, et al. Natural bond orbital program. Version 5.0. Madison, WI: Theoretical Chemistry Institute, University of Wisconsin, 2001.

[44] Biegler-Koning F J, Derdau R, Bayles D. AIM 2000, Version 1. Canada: McMaster University, 2000.

[45] Frisch M J, Trucks G W, Schlegel H B, et al. Gaussian 03 E. 01. Pittsburgh PA: Gaussian Inc, 2004.

[46] Bader R F W. A quantum theory of molecular structure and its applications[J]. Chem Rev, 1991, 91(5): 893-928.

[47] Takeuchi T, Minato Y J, Takase M, et al. Molecularly imprinted polymers with halogen bonding-based molecular recognition sites[J]. Tetrahedron Lett, 2005, 46(52): 9025-9027.

[48] Mu Z C, Shu L J, Fuchs H, et al. Two dimensional chiral networks emerging from the aryl−F···H hydrogen-bond-driven self-assembly of partially fluorinated rigid molecular structures[J]. J Am Chem Soc, 2008, 130(33): 10840-10841.

[49] Wang L Y, Wang Z Q, Zhang X, et al. A new approach for the fabrication of an alternating multilayer film of poly(4-vinylpyridine) and poly(acrylic acid) based on hydrogen bonding[J]. Macromol Rapid Commun, 1997, 18(6): 509-514.

[50] Stockton W B, Rubner M F. Molecular-level processing of conjugated polymers. 4. Layer-by-layer manipulation of polyaniline via hydrogen-bonding interactions[J]. Macromolecules, 1997, 30(9): 2717-2725.

[51] 吕凤珍, 彭增辉, 张伶莉, 等. 一种新型的氢键自组装液晶光控取向膜[J]. 物理化学学报，2009, 25(2): 273-277.

[52] Keerl M, Smirnovas V, Winter R, et al. Copolymer microgels from mono- and disubstituted acrylamides: Phase behavior and hydrogen bonds[J]. Macromolecules, 2008, 41 (18): 6830-6836.

[53] Rozas I, Alkorta I, Elguero J. Inverse hydrogen-bonded complexes[J]. J Phys Chem A, 1997, 101 (23): 4236-4244.

[54] Vila A, Mosquera R A. Are the hydrogen bonds involving sulfur bases inverse or anomalous? [J]. Int J Quantum Chem, 2006, 106: 928-934.

[55] Blanco F, Solimannejad M, Alkorta I, et al. Inverse hydrogen bonds between XeH_2 and hydride and fluoride derivatives of Li, Be, Na and Mg[J]. Theor Chem Acc, 2008, 121: 181-186.

[56] Song S Y, Zhou J F, Qu M N, et al. Preparation and tribological behaviors of an amide-containing stratified self-assembled monolayers on silicon surface[J]. Langmuir, 2008, 24(1): 105-109.

[57] Song S Y, Chu R Q, Zhou J F, et al. Formation and tribolgy study of amide-containing stratified self-assembled monolayers: Influences of the underlayer structure[J]. J Phys Chem C, 2008, 112(10): 3805-3810.

[58] 于威, 张立, 王保柱, 等. 氢化纳米硅薄膜中氢的键合特征及其能带结构分析[J]. 物理学报，2006, 55(4): 1936-1941.

[59] Rappe A K, Bernstein E R. Ab initio calculation of nonbonded interactions: Are we there yet? [J]. J Phys Chem A, 2000,104 (26): 6117-6128.

[60] Hobza P, Sponer J. Structure, energetics, and dynamics of the nucleic acid base pairs: Nonempirical Ab initio calculations[J]. J Chem Rev, 1999, 99(11): 3247-3276.

[61] Krisyán S, Pulay P. Can (semi) local density functional theory account for the London dispersion forces? [J]. Chem Phys Lett, 1994, 229(3): 175-180.

[62] Boys S F, Bernardi F. Calculation of small molecular interactions by differences of separate total energies. Some procedures with reduced errors[J]. Mol Phy, 1970, 19(4): 553-556.

[63] King B F, Weinhold F. Structure and spectroscopy of $(HCN)_n$ clusters: Cooperative and electronic delocalization effects in C—H···N hydrogen bonding[J]. J Chem Phys, 1995, 103(1): 333-347.

[64] Rozas I, Aikorta I, Elguero J. Unusual hydrogen: H···π Interactions[J]. J Phys Chem A, 1997, 101(49): 9457-9463.

[65] Aikorta I, Rozas I, Elguero J. Charge-transfer complexes between dihalogen compounds and electron donors[J]. J Phys Chem A, 1998, 102(46): 9278-9285.

[66] Hermansson K J. Blue-shifting hydrogen bonds[J]. J Phys Chem A, 2002, 106(18): 4695-4702.

[67] Wöhler F. Ueber künstliche bildung des harnstoffs[J]. Ann Phys, 1828, 12: 253.

[68] Kilah N L, Wise M D, Serpell C J, et al. Enhancement of anion recognition exhibited by a halogen-bonding rotaxane host

system[J]. J Am Chem Soc, 2010, 132: 11893-11895.

[69] Gale P A. Anion receptor chemistry: Highlights from 2008 and 2009[J]. Chem Soc Rev, 2010, 39: 3746-3771.

[70] Nguyen T N, Wernsdorfer W, Abboud K A, Christou G. A supramolecular aggregate of four exchange-biased single-molecule magnets[J]. J Am Chem Soc, 2011, 133 (51): 20688-20691.

[71] 刘艳芝，袁焜，吕玲玲，等. 1,3-双(1-苯基-1*H*-四唑-5-巯基)-乙酰苯腙钳形受体对卤素阴离子的识别机理[J]. 原子与分子物理学报，2011, 28(5): 809-815.

[72] Chudzinski M G, McClary C A, Taylor M S. Anion receptors composed of hydrogen- and halogen-bond donor groups: Modulating selectivity with combinations of distinct noncovalent Interactions[J]. J Am Chem Soc, 2011, 133: 10559-10567.

[73] Frisch M J, Trucks G W, Schlegel H B, et al. Gaussian 09, Revision D.01, Gaussian, Inc, Wallingford CT, 2013.

[74] Bak K M, Patrick S C, Li X, et al. Engineered binding microenvironments in halogen bonding polymers for enhanced anion sensing[J]. Angew Chem Int Ed, 2023, 62: e202300867.

[75] Giese M, Albrecht M, Valkonenb A, Rissanen K. The pentafluorophenyl group as π-acceptor for anions: A Case Study[J]. Chem Sci, 2015, 6: 354-359.

[76] Hwang I, Huang S Y, Smith S, et al. Direct extraction of sodium hydroxide by calix[4]pyrrole-based ion-pair receptors[J]. J Am Chem Soc, 2023, 145: 14387-14394.

[77] Lu T, Wheeler S E. Quantifying the role of anion-π interactions in anion-π catalysis[J]. Org Lett, 2014, 16, 3268-3271.

[78] Zhao Y, Beuchat C, Domoto Y, et al. Anion-π catalysis[J]. J Am Chem Soc, 2014, 136: 2101-2111.

[79] Giese M, Albrecht M, Rissanen K. Anion-π interactions with fluoroarenes[J]. Chem Rev, 2015, 115: 8867-8895.

[80] Yuan K, Yao Q, Liu Y. Mutual synergistic regulation of chloride anion and cesium cation binding using a new designed macrocyclic multi-functional sites receptor: A case of DFT computational prediction[J]. J Chem Phys, 2024, 161(3): 034305.

[81] Goerigk L, Grimme S. A thorough benchmark of density functional methods for general main group thermochemistry, kinetics, and noncovalent interactions[J]. Phys Chem Chem Phys, 2011, 13: 6670-6688.

[82] Zhao Y, Truhlar D G. Size-selective supramolecular chemistry in a hydrocarbon nanoring[J]. J Am Chem Soc, 2007, 129: 8440-8442.

[83] Simeon T M, Ratner M A, Schatz G C. Nature of noncovalent interactions in catenane supramolecular complexes: Calibrating the MM3 force field with ab initio, DFT, and SAPT methods[J]. J Phys Chem A, 2013, 117: 7918-7927.

[84] Easton R E, Giesen D J, Welch A, et al. The MIDI! basis set for quantum mechanical calculations of molecular geometries and partial charges[J]. Theor Chim Acta, 1996, 93: 281-301.

[85] Su P, Li H. Energy decomposition analysis of covalent bonds and intermolecular interactions[J]. J Chem Phys, 2009, 131(1): 014102-014105.

[86] Schmidt M W, Baldridge K K, Boatz J A, et al. General atomic and molecular electronic structure system[J]. J Comput Chem, 1993, 14: 1347-1363.

[87] Johnson E R, Keinan S, Mori-Sanchez P, et al. Revealing noncovalent interactions[J]. J Am Chem Soc, 2010, 132: 6498-6506.

[88] Lu T, Chen F. Multiwfn: A multifunctional wavefunction analyzer[J]. J Comp Chem, 2012, 33: 580-592.

[89] Lu T, Chen F. Quantitative analysis of molecular surface based on improved marching tetrahedra algorithm[J]. J Mol Graph Model, 2012, 38: 314-323.

[90] Frisch M J, Trucks G W, Schlegel H B, et al. Gaussian 16, Revision C.01, Gaussian, Inc, Wallingford CT, 2019.

[91] McNaughton D A, Ryder W G, Gilchrist A M, et al. New insight and discoveries in anion receptor chemistry[J]. Chem, 2023, 9(11): 3045-3112.

[92] Hua Y, Flood A H. Click chemistry generates privileged CH hydrogen-bonding triazoles: The latest addition to anion supramolecular chemistry[J]. Chem Soc Rev, 2010, 39: 1262-1271.

[93] Gale P. A, Perez-Tomas R, Quesada R. Anion transporters and biological systems[J]. Acc Chem Res, 2013, 46: 2801-2813.

[94] Sakai R, Okade S, Barasa E B, et al. Efficient colorimetric anion detection based on positive allosteric system of urea-functionalized poly(phenylacetylene) receptor[J]. Macromolecules, 2010, 43, 7406-7411.

[95] Kubik S. Anion recognition in water[J]. Chem Soc Rev, 2010, 39: 3648-3663.

[96] Gale P A, Busschaert N, Haynes C J E, et al. Anion receptor chemistry: Highlights from 2011 and 2012[J]. Chem Soc Rev, 2014, 43: 205-241.

[97] Pang J, Jiang F, Yuan D, et al. SO_4^{2-} anion directed hexagonal-prismatic cages via cooperative C—H⋯O hydrogen bonds[J]. Chem Sci, 2014, 5: 4163-4166.

[98] Gale P A, Caltagirone C. Anion sensing by small molecules and molecular ensembles[J]. Chem Soc Rev, 2015, 44: 4212-4227.

[99] Gilday L C, Robinson S W, Barendt T A, et al. Halogen bonding in supramolecular chemistry[J]. Chem Rev, 2015, 115: 7118-7195.

[100] Robinson S W, Mustoe C L, White N G, et al. Evidence for halogen bond covalency in acyclic and interlocked halogen-bonding receptor anion recognition[J]. J Am Chem Soc, 2015, 137: 499-507.

[101] Wade C R, Broomsgrove A E J, Aldridge S, et al. Fluoride ion complexation and sensing using organoboron compounds[J]. Chem Rev, 2010, 110: 3958-3984.

[102] Schottel B L, Chifotides H T, Dunbar K R. Anion-π interactions[J]. Chem Soc Rev, 2008, 37: 68-83.

[103] Watt M M, Zakharov L N, Haley M M, et al. Selective nitrate binding in competitive hydrogen bonding solvents: Do anion-π interactions facilitate nitrate selectivity? [J]. Angew Chem Int Ed, 2013, 52: 10275-10280.

[104] Hiraoka K, Mizuse S, Yamabe S. High-symmetric structure of the gas-phase cluster ions $X^-\cdots C_6F_6$ (X = Cl, Br, and I) [J]. J Phys Chem, 1987, 91: 5294-5297.

[105] Wheeler S E, Bloom J W G. Anion-π interactions and positive electrostatic potentials of N-heterocycles arise from the positions of the nuclei, not changes in the π-electron distribution[J]. Chem Commun, 2014, 50: 11118-11121.

[106] Quinonero D, Garau C, Rotger C, et al. Anion-π interactions: Do they exist? [J]. Angew Chem Int Ed, 2002, 41: 3389-3392.

[107] Garau C, Frontera A, Quinonero D, et al. A topological analysis of the electron density in anion-π interactions[J]. Chem Phys Chem, 2003, 4: 1344-1348.

[108] Notash B, Safari N, Khavasi H R. Anion-controlled structural motif in one-dimensional coordination networks via cooperative weak noncovalent interactions[J]. Cryst Eng Comm, 2012, 14: 6788-6796.

[109] Saha S, Narahari Sastry G. Cooperative or anticooperative: How noncovalent interactions influence each other[J]. J Phys Chem B, 2015, 119 (34): 11121-11135.

[110] Liu Y Z, Yuan K, Lv L L, et al. Designation and exploration of halide-anion recognition based on cooperative noncovalent interactions including hydrogen bonds and anion-π[J]. J Phys Chem A, 2015, 119: 5842-5852.

[111] Estarellas C, Bauza A, Frontera A, et al. On the directionality of anion-π interactions[J]. Phys Chem Chem Phys, 2011, 13: 5696-5702.

[112] Wang X W, Li L, Wang C S. A scheme for rapid simulation of anion-π interactions involving halide anions and substituted benzenes[J]. Acta Phys -Chim Sin, 2017, 33: 755-762.

[113] 黄春辉，李富友，黄岩谊. 光电功能超薄膜[M]. 北京：北京大学出版社, 2001.

[114] Li H X, Tang H A, Yang S, et al. Properties at the ground state and excited state of 3-(3′-pyridyl)-6-aryl-1,2,4-triazolo[3,4-*b*]-1,3,4-thiadiazole derivatives[J]. Acta Phys -Chim Sin, 2007, 23(11): 1781-1786.

[115] 孙继奎，张 峰，李亚卓，等. 2-取代-4,5-双(*α*-呋喃基)噁唑的合成及发光性能的研究[J]. 有机化学，2008, 28(9): 1611-1615.

[116] Tang C W, van Slyke S A. Organic electroluminescent diodes[J]. Appl Phys Lett, 1987, 51: 913-915.

[117] Bansal A K, Holzer W, Penzkofer A, et al. Absorption and emission spectroscopic characterization of platinum-octaethyl-porphyrin (PtOEP)[J]. Chem Phys, 2006, 330: 118-129.

[118] 陈沁闻，王兰英，翟高红，等. 苯乙烯基-*β*-萘噻唑染料电子光谱的含时密度泛函研究[J]. 化学学报, 2005, 63: 39-43.

[119] 范建训，任爱民，封继康，等. 7-氮杂吲哚衍生物分子基态和激发态性质的理论研究[J]. 高等学校化学学报, 2006, 27: 1091-1095.

[120] Linda S S, Flocerfida E B, Richard S S, et al. Electroluminescent zinc(Ⅱ) bis(8-hydroxyquinoline): Structural effects on electronic states and device performance[J]. J Am Chem Soc, 2002, 124(21): 6119-6125.

[121] 叶振兴，夏雪伟，路建美. 二苯乙烯类侧链的苯乙烯衍生物单体的合成及其荧光性能研究[J]. 光谱学与光谱分析,

2008, 28: 2144-2147.

[122] 徐洪耀，吴蕾，胡蕾. 二苯乙烯衍生物的制备及结构-光学性能关系的研究[J]. 光谱学与光谱分析，2008，28：2356-2359.

[123] Lapouyade R, Czeschka W, Majenz W, et al. Photophysics of donor-acceptor substituted stilbenes. A time-resolved fluorescence study using selectively bridged dimethylamino cyano model compounds[J]. J Phys Chem, 1992, 96: 9643-9650.

[124] Wang P F, Wu S K. Spectroscopy and photophysics of bridged enone derivatives: Effect of molecular structure and solvent[J]. J Photochem Photobiol A: Chem, 1995, 86:109-113.

[125] Popelier P L A. Characterization of a dihydrogen bond on the basis of the electron density[J]. J Phys Chem A, 1998, 102(10): 1873-1878.

[126] 姜月顺，李铁津. 光化学[M]. 北京：化学工业出版社, 2005.

[127] 王溢磊，吴国是. 香豆素衍生物的荧光发射能计算及 XC 泛函的合理选择[J]. 化学学报, 2007, 23(12): 831-1838.

[128] Hohne M, Schatzle S, Jochens H. Rational assignment of key motifs for function guides in silico enzyme identification[J]. Nat Chem Biol, 2010, 6: 807-813.

[129] Cassimjee K E, Branneby C, Abedi V, et al. Transaminations with isopropyl amine: Equilibrium displacement with yeast alcohol dehydrogenase coupled to in situcofactorregeneration[J]. Chem Commun, 2010, 46: 5569-5571.

[130] Khanvilkar A N, Samanta S G, Bedekar A V. Applications of chiral naphthyloxycyclohexanols in deracemization of α-substituted carboxylic acids by dynamic thermodynamic resolution[J]. Org Biomol Chem, 2019, 17: 2670-2683.

[131] Thalen L K, Zhao D, Sortais J B, et al. A chemoenzymatic approach to enantiomerically pure amines using dynamic kinetic resolution: Application to the synthesis of norsertraline[J]. Chem-Eur J, 2009, 15: 3403-3410.

[132] Kim M J, Kim W H, Han K, et al. Dynamic kinetic resolution of primary amines with a recyclable Pd nanocatalyst for racemization[J]. Org Lett, 2007, 9: 1157-1159.

[133] Shin G, Mathew S, Shon M, et al. One-pot one-step deracemization of amines using ω-transaminases[J]. Chem Commun, 2013, 49: 8629-8631.

[134] Han S W, Jang Y, Shin J S. In vitro and in vivo one-pot deracemization of chiral amines by reaction pathway control of enantiocomplementary ω-transaminases[J]. ACS Catal, 2019, 9(8): 6945-6954.

[135] Turner N J. Enantioselective oxidation of C—O and C—N bonds using oxidases[J]. Chem Rev, 2011, 111: 4073-4087.

[136] Kroutil W, Fischereder E M, Fuchs C S, et al. Asymmetric preparation of prim-, sec-, and tert-amines employing selected biocatalysts[J]. Org Process Res Dev, 2013, 17: 751-759.

[137] Suwannasang K, Flood A E, Rougeot C, et al. Using programmed heating-cooling cycles with racemization in solution for complete symmetry breaking of a conglomerate forming system[J]. Cryst Growth Des, 2013, 13: 3498-3504.

[138] Breveglieri F, Maggioni G M, Mazzotti M. Deracemization of NMPA via temperature cycles[J]. Cryst Growth Des, 2018, 18: 1873-1881.

[139] Cameli F, Xiouras C, Stefanidis G D. Intensified deracemization via rapid microwave-assisted temperature cycling[J]. Cryst Eng Comm, 2018, 20: 2897-2901.

[140] Inoue Y, Yokoyama T, Yamasaki N, et al. An optical yield that increases with temperature in a photochemically induced enantiomeric isomerization[J]. Nature, 1989, 341: 225-226.

[141] Maeda R, Wada T, Mori T, et al. Planar-to-planar chirality transfer in the excited state: Enantiodifferentiating photoisomerization of cyclooctenes sensitized by planar-chiral paracyclophane[J]. J Am Chem Soc, 2011, 133: 10379-10381.

[142] Dexter D L. A theory of sensitized luminescence in solids[J]. J Chem Phys, 1953, 21: 836-850.

[143] Strieth-Kalthoff F, James M J, Teders M, et al. Energy transfer catalysis mediated by visible light: Principles, applications directions[J]. Chem Soc Rev, 2018, 47: 7190-7202.

[144] Hammond G S, Cole R S. Asymmetric induction during energy transfer[J]. J Am Chem Soc, 1965, 87: 3256-3257.

[145] Ouannes C, Beugelmans R, Roussi G. Asymmetric induction during transfer of triplet energy[J]. J Am Chem Soc, 1973, 95: 8472-8474.

[146] Troster A, Bauer A, Jandl C, Bach T. Enantioselective visible-light-mediated formation of 3-cyclopropylquinolones by

triplet-sensitized deracemization[J]. Angew Chem, 2019, 131: 1-5.
[147] Hölzl-Hobmeier A, Bauer A, Silva A V, et al. Catalytic deracemization of chiral allenes by sensitized excitation with visible light[J]. Nature, 2018, 564: 240-243.
[148] Bucher G, Mahajan A A, Schmittel M. The photochemical C2—C6 cyclization of enyne-allenes: Interception of the fulvene diradical with a radical clock ring opening[J]. J Org Chem, 2009, 74: 5850-5860.
[149] Fukui K. A formulation of the reaction coordinate[J]. J Phys Chem, 1970, 74: 4161-4163.
[150] Gonzalez C, Schlegel H B. An improved algorithm for reaction path following[J]. J Chem Phys, 1989, 90: 2154-2161.
[151] Gonzalez C, Schlegel H B. Reaction path following in mass-weighted internal coordinates[J]. J Phys Chem, 1990, 94: 5523-5527.
[152] Koseki S, Schmidt M W, Gordon M S. MCSCF/6-31G(d,p) calculations of one-electron spin-orbit coupling constants in diatomic molecules[J]. J Phys Chem, 1992, 96:10768-10772.
[153] Koseki S, Gordon M S, Schmidt M W, Matsunaga N. Main group effective nuclear charges for spin-orbit calculations[J]. J Phys Chem, 1995, 99: 12764-12772.
[154] Chiodo S G, Russo N. One electron spin-orbit contribution by effective nuclear charges[J]. J Comput Chem, 2009, 30: 832-839.
[155] Chiodo S G, Leopoldini M. MolSOC: A spin-orbit coupling code[J]. Comput Phys Commun, 2014, 185: 676-683.
[156] Gao X, Bai S, Fazzi D, et al. Evaluation of spin-orbit couplings with linear-response time-dependent density functional methods[J]. J Chem Theor Comput, 2017, 13: 515-524.
[157] Marcus R A. On the theory of oxidation-reduction reactions involving electron transfer Ⅴ. Comparison and properties of electrochemical and chemical rate constants[J]. J Phys Chem, 1963, 67: 853-857.
[158] Nitzan A. Chemical dynamics in condensed phases[M]. Oxford: Oxford University Press, 2006.
[159] Subotnik J E, Vura-Weis J, Sodt A J, Ratner M A. Predicting accurate electronic excitation transfer rates via Marcus theory with Boys or Edmiston-Ruedenberg localized diabatization[J]. J Phys Chem A, 2010, 114: 8665-8675.
[160] Niu Y, Li W, Peng Q, et al. Molecular Materials Property Prediction Package (MOMAP) 1.0: A software package for predicting the luminescent properties and mobility of organic functional materials[J]. Mol Phys, 2018, 116: 1078-1090.
[161] Peng Q, Yi Y, Shuai Z, Shao J. Toward quantitative prediction of molecular fluorescence quantum efficiency: Role of Duschinsky rotation[J]. J Am Chem Soc, 2007, 129: 9333-9339.
[162] Shuai Z, Geng H, Xu W, et al. From charge transport parameters to charge mobility in organic semiconductors through multiscale simulation[J]. Chem Soc Rev, 2014, 43: 2662-2679.
[163] Burg F, Bach T. Lactam hydrogen bonds as control elements in enantioselective transition-metal-catalyzed and photochemical reactions[J]. J Org Chem, 2019, 84(14): 8815-8836.
[164] Förster T. Zwischenmolekulare energiewanderung und fluoreszenz[J]. Ann Phys, 1948, 437: 55-75.
[165] Scholes G D. Long-range resonance energy transfer in molecular systems[J]. Ann Rev Phys Chem, 2003, 54: 57-87.
[166] Franck J. Elementary processes of photochemical reactions[J]. Trans Faraday Soc, 1926, 21: 536-542.
[167] Sheppard T D. Metal-catalysed halogen exchange reactions of aryl halides[J]. Org Biomol Chem, 2009, 7: 1043-1052.
[168] Si C D, Zhang J B, Pan F F, et al. Zn/Cu complexes constructed through selective in situ Br-Cl exchange: Synthesis, structures, properties, and DFT insights into the Cu-catalyzed mechanism[J]. Cryst Eng Comm, 2022, 24: 3026-3034.
[169] Si C D, Zhang J B, Pan F F, et al. Tuning dimensions of complexes through selective in situ reaction, mechanistic insights into Ni(Ⅱ)-Catalyzed Br-OH exchange, magnetic properties, and density functional theory studies[J]. Inorg Chem, 2022, 61: 20159-20168.
[170] Houk K N, Cheong P H Y. Computational prediction of small-molecule catalysts[J]. Nature, 2008, 455: 309-313.
[171] Yan Y, Wang X, Chen J I L. Photoisomerization quantum yield of azobenzene-modified DNA depends on local sequence[J]. J Am Chem Soc, 2013, 135: 8382-8387.
[172] Commins P, Garcia-Garibay M A. Photochromic molecular gyroscope with solid state rotational states determined by an azobenzene bridge[J]. J Org Chem, 2014, 79, 1611-1619.

[173] Zhang X, Zhao H, Tian D, et al. A photoresponsive wettability switch based on a dimethylamino calix[4]arene[J]. Chem Eur J, 2014, 20: 9367-9371.

[174] Yu G, Han C, Zhang Z. Pillar[6]arene-based photoresponsive host-guest complexation[J]. J Am Chem Soc, 2012, 134: 8711-8717.

[175] Ogoshi T, Kida K, Yamagishi T. Photoreversible switching of the lower critical solution temperature in a photoresponsive host-guest system of pillar[6]arene with triethylene oxide substituents and an azobenzene derivative[J]. J Am Chem Soc, 2012, 134: 20146-20150.

[176] Tamaoki N, Ogata K, Koseki K, Yamaoka T. [2.2](4,4′-)Azobenzenophane: Synthesis, structure, and *cis-trans* isomerization[J]. Tetrahedron, 1990, 46: 5931-5942.

[177] Shen Y T, Deng K, Zhang X M. Switchable ternary nanoporous supramolecular network on photo-regulation[J]. Nano Lett, 2011, 11: 3245-3250.

[178] Reuter R, Wegner H A. Switchable 3D networks by light controlled π-stacking of azobenzene macrocycles[J]. Chem Commun, 2013, 49: 146-148.

[179] Tanaka K, Fukuoka S, Miyanishi H. Novel chiral Schiff base macrocycles containing azobenzene chromophore: Gelation and guest inclusion[J]. Tetrahedron Lett, 2010, 51: 2693-2696.

[180] Zoppi L, Siegel J S, Baldridge K K. Electron transport and optical properties of curved aromatics[J]. WIREs Comput Mol Sci, 2013, 3: 1-12.

[181] Haddon R C, Scott L T. π-Orbital conjugation and rehybridization in bridged annulenes and deformed molecules in general: π-Orbital axis vector analysis[J]. Pure Appl Chem, 1986, 58: 137-142.

[182] Haddon R C. π Electrons in three dimensions[J]. Acc Chem Res, 1988, 21: 243-249.

[183] Dang J S, Wang W W, Nagase S. Regiochemistry of nonclassical C_{62} fullerene: Role of tetragonal carbocyclic ring in cycloadditions and thermal/photoinduced interconversions of fulleroid derivatives[J]. J Phys Chem C, 2013, 117: 12882-12889.

[184] Khlobystov A N, Scipioni R, Nguyen-Manh D. Controlled orientation of ellipsoidal fullerene C_{70} in carbon nanotubes[J]. Appl Phys Lett, 2004, 84: 792-794.

[185] Song J, Aratani N, Shinokubo H. A porphyrin nanobarrel that encapsulates C_{60}[J]. J Am Chem Soc, 2010, 132: 16356-16357.

[186] Kienzler M A, Reiner A, Trautman E. A red-shifted, fast-relaxing azobenzene photoswitch for visible light control of an ionotropic glutamate receptor[J]. J Am Chem Soc, 2013, 135: 17683-17686.

[187] Siewertsen R, Neumann H, Buchheim-Stehn B. Highly efficient reversible *Z-E* photoisomerization of a bridged azobenzene with visible light through resolved $S_1(n\pi^*)$ absorption bands[J]. J Am Chem Soc, 2009, 131: 15594-15595.

[188] Brand M C, Trowell H G, Pegg J T, et al. Photoresponsive organic cages-computationally inspired discovery of azobenzene-derived organic cages[J]. J Am Chem Soc, 2024, 146, 44: 30332-30339.

[189] Bayer H, Batzl C, Hartman R W, Mannschreck A. New aromatase inhibitors. Synthesis and biological activity of pyridyl-substituted tetralone derivatives[J]. J Med Chem, 1991, 34: 2685.

[190] Daly J W, Garraffo H M, Spande T F, Pelletier W W. In alkaloids: Chemical and biological perspectives[M]. New York: Elsevier, 1999.

[191] Bull J A, Mousseau J J, Pelletier G, Charette A B. Synthesis of pyridine and dihydropyridine derivatives by regio- and stereoselective addition to N-activated pyridines[J]. Chem Rev, 2012, 112: 2642-2713.

[192] Andou T, Saga Y, Komai H, et al. Cobalt-catalyzed C_4-selective direct alkylation of pyridines[J]. Angew Chem Int Ed, 2013, 52: 3213-3216.

[193] Llaveria J, Leonori D, Aggarwal V K. Stereospecific coupling of boronic esters with N-heteroaromatic compounds[J]. J Am Chem Soc, 2015, 137: 10958-10961.

[194] Fang W H. Computation-driven synthetic chemistry: A metal-free approach for synthesis of 4-substituted pyridines[J]. Acta Phys -Chim Sin, 2017, 33: 645-646.

[195] Wang G, Zhang H, Zhao J, et al. Homolytic cleavage of a B—B bond by the cooperative catalysis of two Lewis bases:

Computational design and experimental verification[J]. Angew Chem Int Ed, 2016, 55: 5985-5989.

[196] Wang G, Cao J, Gao L, et al. Metal-free synthesis of C-4 substituted pyridine derivatives using pyridine-boryl radicals via a radical addition/coupling mechanism: A combined computational and experimental study[J]. J Am Chem Soc, 2017, 139(10): 3904-3910.

[197] Umeyama T, Imahori H. Electron transfer and exciplex chemistry of functionalized nanocarbons: Effects of electronic coupling and donor dimerization[J]. Nanoscale Horiz, 2018, 3: 352-366.

[198] Casu M B. Nanoscale studies of organic radicals: Surface, interface, and spinterface[J]. Acc Chem Res, 2018, 51: 753-760.

[199] Niklas J, Poluektov O G. Charge transfer processes in OPV materials as revealed by EPR spectroscopy[J]. Adv Energy Mater, 2017, 7: 1602226.

[200] Strauss V, Roth A, Sekita M. Efficient energy-conversion materials for the future: Understanding and tailoring charge-transfer processes in carbon nanostructures[J]. Chem, 2016, 1: 531-556.

[201] Wu Q, Yang L, Wang X. From carbon-based nanotubes to nanocages for advanced energy conversion and storage[J]. Acc Chem Res, 2017, 50: 435-444.

[202] Nonell S, Arbogast J W, Foote C S. Production of fullerene (C_{60}) radical cation by photosensitized electron transfer[J]. J Phys Chem, 1992, 96: 4169-4170.

[203] Wabra I, Holzwarth J, Hauke F. Exohedral addition chemistry of the fullerenide anions C_{60}^{2-} and $C_{60}^{-}\bullet$ [J]. Chem Eur J, 2019, 25: 5186-5201.

[204] Takabayashi Y, Ganin A Y, Jeglic P. The disorder-free non-BCS superconductor Cs_3C_{60} emerges from an antiferromagnetic insulator parent state[J]. Science, 2009, 323: 1585.

[205] Rotas G, Tagmatarchis N. Azafullerene $C_{59}N$ in donor-acceptor dyads: synthetic approaches and properties[J]. Chem Eur J, 2016, 22: 1206-1214.

[206] Hummelen J C, Knight B, Pavlovich J. Isolation of the heterofullerene $C_{59}N$ as its dimer $(C_{59}N)_2$[J]. Science, 1995, 269: 1554.

[207] Neubauer R, Heinemann F W, Hampel F. Pentaarylazafullerenes and their triaryldihydro and tetraarylmonohydro precursors[J]. Angew Chem Int Ed, 2012, 51: 11722-11726.

[208] Simon F, Kuzmany H, Nafradi B. Magnetic fullerenes inside single-wall carbon nanotubes[J]. Phys Rev Lett, 2006, 97: 136801.

[209] Takeda M, Hiroto S, Yokoi H, et al. Azabuckybowl-based molecular tweezers as C_{60} and C_{70} receptors[J]. J Am Chem Soc, 2018, 140: 6336-6342.

[210] Juanes M, Saragi R T, Jin Y. Rotational spectrum and intramolecular hydrogen bonding in 1,2-butanedithiol[J]. J Mol Struct, 2020, 1211: 128080.

[211] Witte J, Goldey J, Neaton J. Beyond energies: Geometries of nonbonded molecular complexes as metrics for assessing electronic structure approaches[J]. J Chem Theor Comput, 2015, 11: 1481-1492.

[212] Wang C, Mo Y, Wagner J P. The self-association of graphane Is driven by london dispersion and enhanced orbital interactions[J]. J Chem Theor Comput, 2015, 11: 1621-1630.

[213] Danovich D, Shaik S, Neese F. Understanding the nature of the CH···HC interactions in alkanes[J]. J Chem Theor Comput, 2013, 9: 1977-1991.

[214] Alonso M, Woller T, Martin-Martinez F J. Understanding the fundamental role of π/π, σ/σ, and σ/π dispersion interactions in shaping carbon-based materials[J]. Chem Eur J, 2014, 20: 4931-4941.

[215] Wagner J P, Schreiner P R. London dispersion in molecular chemistry-reconsidering steric effects[J]. Angew Chem Int Ed, 2015, 54: 12274-12296.

[216] Sahin H, Leenaerts O, Singh S K. Graphane[J]. WIREs Comput Mol Sci, 2015, 5: 255-272.

[217] Wen X D, Yang T, Hoffmann R. Graphane nanotubes[J]. ACS Nano, 2012, 6: 7142-7150.

[218] Sofo J O, Chaudhari A S, Barber G D. Graphane: A two-dimensional hydrocarbon[J]. Phys Rev B, 2007, 75: 153401.

[219] Grimme S. Do special noncovalent π-π stacking interactions really exist?[J]. Angew Chem Int Ed, 2008, 47: 3430-3434.

[220] Fokin A A, Gerbig D, Schreiner P R. σ/σ- and π/π-interactions are equally important: Multilayered graphanes[J]. J Am Chem Soc, 2011, 133: 20036-20039.

[221] Yuan K, Zhao R S, Zheng J J, et al. van der Waals heterogeneous layer-layer carbon nanostructures involving π⋯H—C—C—H⋯π⋯H—C—C—H stacking based on graphene and graphane sheets[J]. J Comput Chem, 2017, 38: 370-379.

[222] Shi J, Xia T, Wang C, et al. Ultra-low friction mechanism of highly sp^3-hybrid amorphous carbon controlled by interfacial molecules adsorptions[J]. Phys Chem Chem Phys, 2018, 20: 22445-22455.

第3章 物理有机化学前沿与思维方法新动态

从 1828 年第一个人工合成的有机物尿素制备以来，有机化学学科的发展不断深入，相关的理论和知识架构也不断完善，并早已写入了有机化学教科书中。这些基础有机化学的内容被视为经典，为化学及相关专业人员传承和学习。然而，随着研究的深入和研究范围的不断拓展，基础有机化学中一些重要的新理论、新发现、新反应、新方法等不断地被发现和研究。同时，一些经典的有机化学理论与观点受到了挑战，有机化学教科书中的传统内容和体系需要补充完善，甚至改写。这些新的教科书式成果的取得，与精准定量思维和强大理论计算方法的应用不可分割。本章将讨论一些与有机化学经典知识物理思维与方法等内容密切相关的最新研究成果或颠覆性、革命性新动态，意在抛砖引玉，为今后有机化学新教科书的编写和教学内容的补充更新提供参考。

3.1 有机物新结构的经典精准预测

近年来，随着大规模超级计算机和大体系密度泛函理论与计算化学的迅速发展，计算模拟的适用范围从解释化学反应机理以及对化合物成键、光谱性质进行分析，到设计预测药物小分子和复杂生物蛋白分子的结合位点等不断扩展。目前，计算生物学已可以模拟细胞内非常复杂的物质代谢过程。当然，这些成果的取得离不开众多物理化学科学家的不懈努力。其中，曾任计算化学领域重要学术期刊 *J. Comput. Chem.*的主编，德国马尔堡菲利普大学的 G. Frenking 教授就在计算化学领域做出了杰出的贡献。Frenking 教授虽然已于 2014 年退休，但退休之后仍在西班牙圣塞瓦斯蒂安国际物理中心继续从事科学研究工作。近十年，他对主族元素化学有三大神奇预测，他所研究的这些理论预测成果，均在发表后的几年内被实验化学家一一成功验证。

3.1.1 弯曲连烯的预测

2007 年，Frenking 教授就曾对连烯烃 **1** 的结构进行了预测（图 3-1）[1]。普通的连烯烃由于中心碳原子以 sp 的杂化形式和相连的碳原子成键，具有化合物 **2** 的直线型构型，∠CCC 为 180°。但是在化合物 **1** 中，由于氮原子是较强的 π 电子供体，与氮相连的卡宾碳原子的 π 电子接受能力减弱，也就是说它不易形成 C═C 双键，所以 Frenking 教授预测这种连烯烃具有弯曲的立体结构，且当 R=H 时，∠CCC 为 125.8°，并且指出中心碳原子上会同时具有两对孤对电子（图 3-2），可以看作是两个卡宾配体稳定的零价碳原子，是很强的路易斯碱。

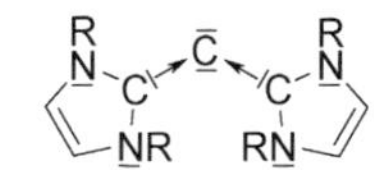

1

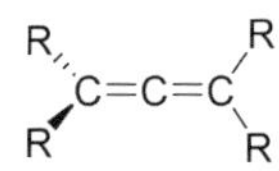

2

图 3-1 连烯烃 **1** 和 **2** 的化学结构

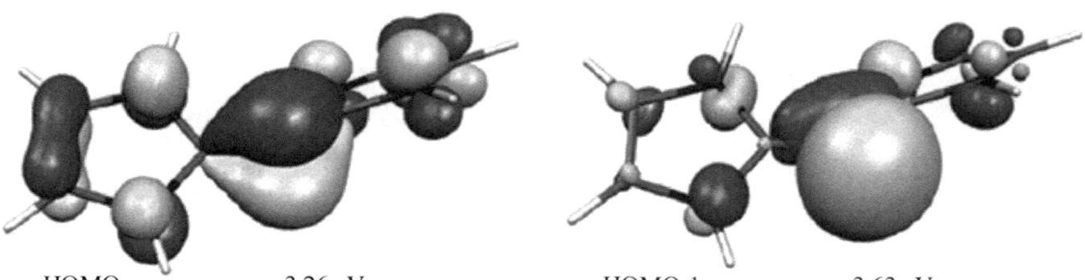

HOMO $\varepsilon=-3.26$ eV HOMO-1 $\varepsilon=-3.63$ eV

图 3-2 化合物 **1** 的前线分子轨道

这一结构预测一经发表，就受到了很多研究主族元素化学家的关注。2008 年，著名卡宾化学家、加州大学圣地亚哥分校的 G. Bertrand 教授成功合成了 Frenking 教授预测的这种“弯曲的连烯烃”化合物 **3**（图 3-3，**3′**为其两性离子态结构）[2]。在连烯烃 **3** 中，CCC 的键角为

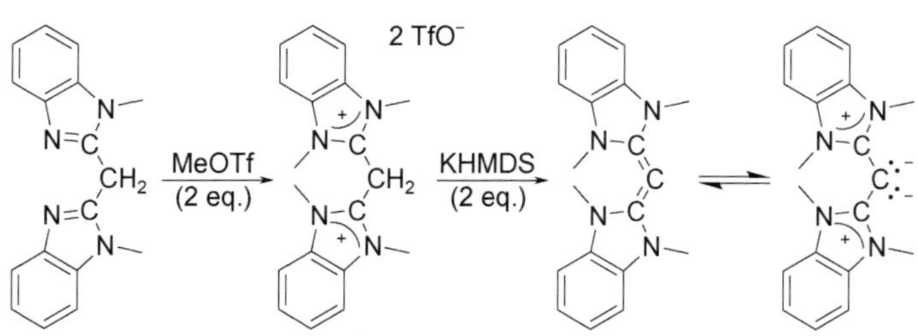

3 **3′**

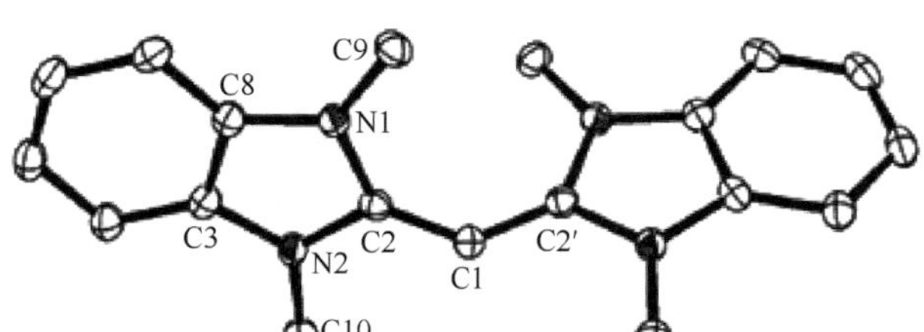

图 3-3 连烯烃 **3** 的合成以及其晶体结构

134.8°，非常接近于 Frenking 教授的预测结果。并且正如 Frenking 指出的一样，连烯烃 **3** 显示出很强的路易斯碱性，可以和过渡金属进行配位。

3.1.2　B_2类化合物的预测

2011 年，Frenking 又在《欧洲化学》上发表论文预测了由双 NHC 卡宾稳定的双核主族元素物质会有不同的立体结构（图 3-4）[3]，并明确指出双 NHC 稳定的 B_2 化合物具有直线型结构，硼原子和硼原子以 B≡B 三键的形式结合。然而该族的其他元素则以双键的形式成键，显示出弯曲的立体几何结构。

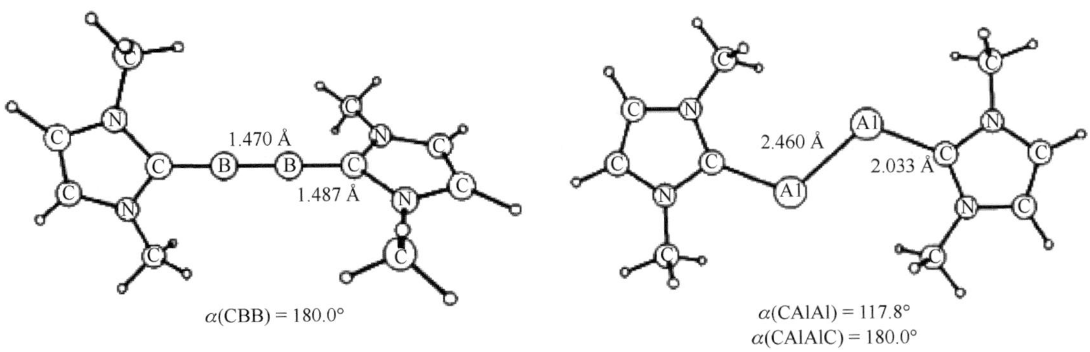

图 3-4　NHC_2B_2 和 NHC_2Al_2 的不同立体结构

2012 年，著名硼化学家、德国维尔茨堡大学的 H. Braunschweig 教授成功分离表征了首例双 NHC 稳定的 B_2 化合物（图 3-5）[4]。其中三键型化合物中 BBC 键角约为 173.0°，接近于直线型立体几何构型，B≡B 三键的键长为 1.449 Å。这种三键是除了 N≡N 三键、C≡C 三键以及 2004 年日本化学家 Sekiguchi 等报道的 Si≡Si 三键之外[5]，另一例双核同原子主族元素间形成的三重键。为此，Frenking 还应邀为此重大突破在 *Science* 上发表了一篇评论文章，专门予以分析阐述。

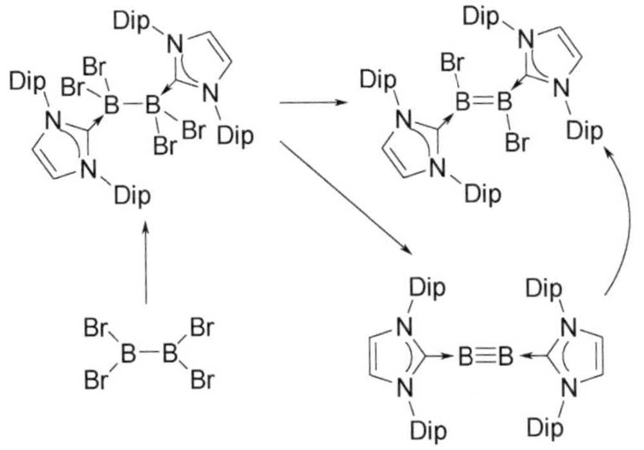

图 3-5　双 NHC 稳定的 B_2 化合物的合成

3.1.3　双羰基 BH 化合物的预测

早在 2012 年，Frenking 等通过严密的理论计算，又预测了单配位的硼宾化合物具有接受两个路易斯碱的能力，极有可能会像过渡金属元素一样，生成稳定性良好的双羰基类化合物（图 3-6）[6-7]。

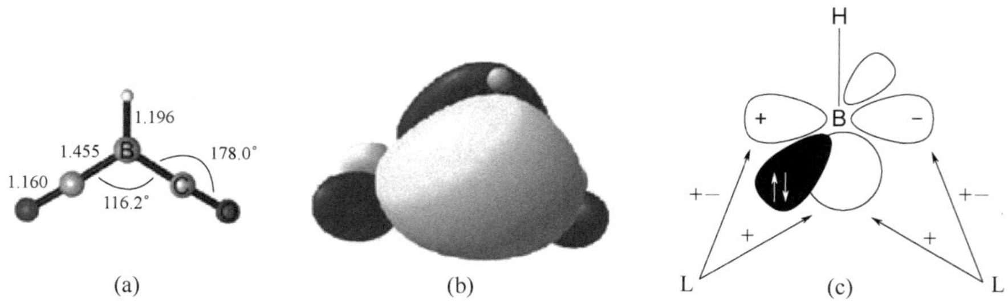

图 3-6 双羰基 BH 化合物的预测结构（a）、HOMO 轨道（b）及配体和 B—H 之间的相互作用（c）

2015 年，H. Braunschweig 等就成功分离并表征了首例双羰基硼宾化合物二羰基亚硼（图 3-7）[8]，其成键模式和立体几何结构与 Frenking 教授的预测结果基本吻合。Frenking 教授还应邀为此重大突破在国际著名学术期刊*Nature*上发表了一篇评论性文章进行了专门的评述和展望[9]。

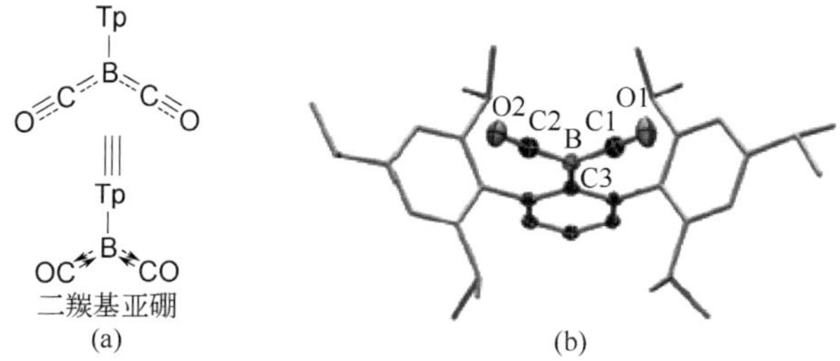

图 3-7 双羰基硼宾化合物的化学结构（a）与晶体结构（b）

近年来，在物理有机化学家与合成化学家的相关实验研究中，Frenking 教授的部分工作已经被成功验证，相信还会有更多令人激动的分子结构被相继成功制备并获突破。事实上，Frenking 教授提出的很多理论也曾经引起其他化学家的争议，例如发表在 *Angew. Chem. Int. Ed* 上的两篇论文 “Dative Bonds in Main-Group Compounds: A Case for Fewer Arrows!” [10]和 “Dative Bonds in Main-Group Compounds: A Case for More Arrows!” [11]就曾经引起了学术界不小的争议，但是科学就是从对争议的探讨中慢慢发展和不断进步的。就像爱因斯坦对后人的“神预测”一样，他说：“A theory is something nobody believes, except the person who made it. An experiment is something everybody believes, except the person who made it”。理论计算已经成为推动化学学科和材料学科发展的强大力量，相信未来还会有更重要的理论预测和实验验证，二者不断相互作用，促进学术进步和科学发展。

3.2 锕系金属取代亚联苯化合物及 Craig 物种的芳香性/反芳香性

由休克尔规则所定义的芳香性和反芳香性是有机化学中的重要概念。亚联苯分子同时具有芳香环和反芳香环的非常少见的独特性质[12]。亚联苯分子［图 3-8（a)］包含两个苯环，而这两个苯环通过一个碳四元环相连。亚联苯的类似物，也就是一个苯环被不同的 $4n+2$ π 电子体系所取代的化合物，至今只存在于有机化合物中。此外，化学家曾尝试制备锆取代的亚联苯化合物，但并未成功，只得到了含有双取代炔基的二茂锆类化合物。

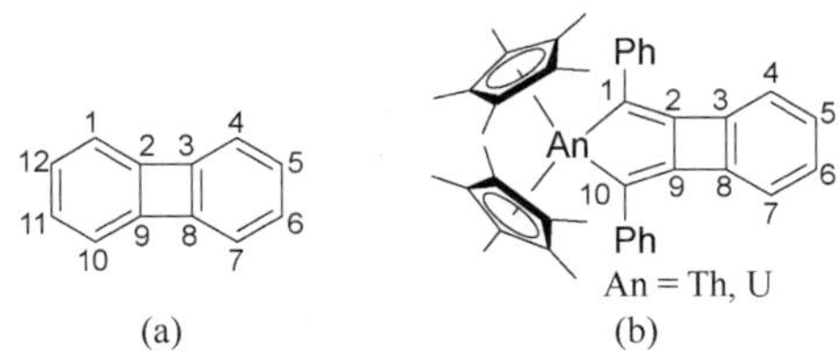

图 3-8　亚联苯分子（a）及锕系金属取代亚联苯（b）的化学结构

3.2.1　锕系金属取代亚联苯化合物

锕系元素具有高度离域的 5f 电子，可能有助于形成金属取代的亚联苯化合物。根据这一设想，第一例由锕系金属钍、铀取代的亚联苯化合物［图 3-8（b）］在实验室被成功合成（图 3-9）[12-13]。在 1,2-二(苯乙炔基)苯存在的条件下，用 KC_8 还原$(C_5Me_5)_2AnCl$（An = Th, U），可以得到亮黄色含钍的和棕红色含铀的 2-金属取代亚联苯化合物（产率分别可以达到 58%和 62%）。化合物 2-金属取代亚联苯化合物也是首例由金属支撑的此类反芳香性化合物，值得注意的是金属并不直接参与反芳香性环。此外，该化合物具有近似平面的三个环形结构。锕系元素的 5f 轨道促使 C—C 键偶合，构成一个五元环结构，形成的亚联苯类似物中具有一个反芳香性的环丁二烯环状结构，尽管锕系元素没有直接参与反芳香性四元环，但这也为锕系元素的特性赋予了新的研究方向。光谱实验及理论计算均显示，该化合物的六元环具有芳香性，四元环具有反芳香性。该结构中，锕系金属铀参与的五元环里，由于 5f 电子离域，U—C 键显示出一定程度的共价键特性。含有钍、铀的金属取代亚联苯化合物的合成表明，锕系金属可以稳定芳香性/反芳香性结构。如果以过渡金属为取代基，则不能形成类似的结构，说明过渡金属不能稳定芳香性/反芳香性结构。

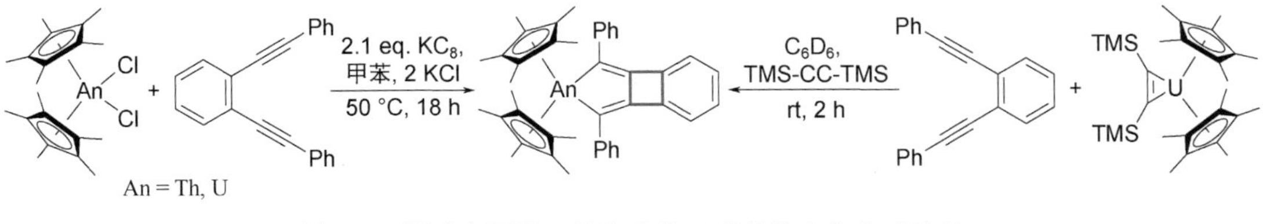

图 3-9　锕系金属钍、铀取代的亚联苯化合物合成途径

X 射线衍射分析显示，锕系金属钍、铀取代亚联苯化合物都具有平面金属并三环结构。如图 3-10 所示，两种化合物中环丁二烯的键角明显偏离亚联苯中的 90°。此外，C—M—C 键角在这两种化合物中分别为 94.0°和 93.3°，而在金属环戊二烯化合物$(C_5Me_5)_2Th(\eta^2\text{-}C_4Ph_4)$和$(C_5Me_5)_2U(\eta^2\text{-}C_4Ph_4)$中，该键角分别为 74.1°和 77.3°。金属取代亚联苯化合物的环丁二烯中，C2—C3、C8—C9 和 C3—C8（原子编号如图 3-8 所示）的键长和亚联苯中的键长接近，如果和键长近乎一致的侧链芳香环相比，环丁二烯的键长交替作用就更明显了。

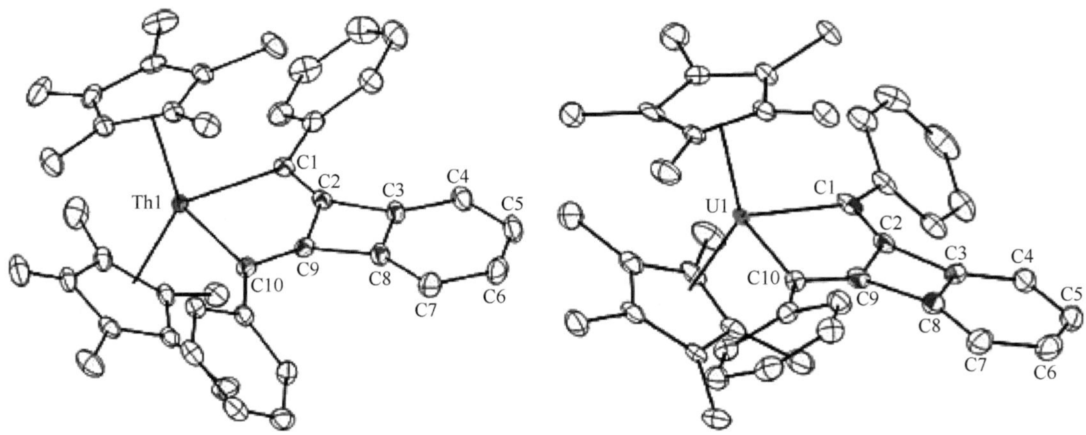

图 3-10　钍、铀取代亚联苯的 X 射线衍射晶体结构

由于环丁二烯的环张力和位阻排斥作用，钍、铀取代的亚联苯化合物中伸长的 C2—C9 键是已知金属取代环戊二烯化合物中最长的。有趣的是，Th—C1/10 与 U—C1/10 键长的差距（平均约为 0.06 Å）大于 Th(Ⅳ)离子与 U(Ⅳ)离子半径的差距 0.05 Å。在铀取代的亚联苯中，U—C 键长比经典的 U—C σ 键要短［$(C_5Me_5)_2UMe_2$：U—C 键长为 2.422 Å，2.415 Å］，而和铀代卡宾化合物的 U—C 键长在一个范围［U═C 键长为 2.383(3)～2.408(3) Å］，铀代卡宾化合物具有 U—C 多键特征。但是，在钍取代的亚联苯中，Th—C 键和经典 Th—C σ 键间［$(C_5Me_5)_2ThMe_2$：Th—C 键长为 2.471 Å，2.478 Å］似乎并不存在类似的情况。

关于碳环的芳香性，可以通过核独立位移（NICS）和磁指数（B_z^{ind}，感应磁场的 z 分量）扫描的方法进行评价。负的（磁屏蔽特征）NICS（0，分子平面中心）和 NICS（1，分子平面上方 0.1 nm）值表示芳香性，正值表示反芳香性。同样地，$B_z^{ind}(0)$和 $B_z^{ind}(1)$值也可以很好地表征芳香化合物与反芳香化合物的磁响应。图 3-11 中为钍、铀取代亚联苯的 NICS 和 B_z^{ind}。对于化合物钍取代的亚联苯，四元环有正的 NICS(0)和 $B_z^{ind}(0)$值，表明四元环具有反芳香性；而六元环，NICS(1)为−9，$B_z^{ind}(1)$为−20，表明其具有芳香性。和钍取代亚联苯一样，铀取代亚联苯的四元环和六元环分别表现出反芳香性和芳香性。基于 NICS 和 B_z^{ind}，并根据钍、铀取代亚联苯的结构参数以及反磁性钍取代亚联苯中观察到的 ^{1}H NMR 屏蔽共振，证明两种化合物中的四元环具有明显的反芳香性环特征。

密度泛函 PBE0 理论计算结果证明，铀取代的亚联苯三重态比基态自由能低 36.5 kcal/mol（15.17 kJ/mol），多组态自洽场方法中的完全活性空间理论方法（CASSCF）计算结果也表明三重态是基态。完全活性空间分子轨道与自然成键轨道（NBO）方法对锕系元素与碳的成键特征分析显示（图 3-12），五元杂环包含两个 An—C σ 键，两个 C═C π 键，以及一个 C—C σ 键。U—C σ 键（24.2% U）比 Th—C σ 键（17.2% Th）具有更大的共价性。5f 轨道在含铀化合物中比在含钍化合物中起到了更重要的作用，这与 f 轨道能级在锕系元素中降低是一致的，同时 6d 轨道在含铀化合物中比在含钍化合物中贡献要小。总之，NBO 分析表明五元杂环中的 U—C 键和 Th—C 键具有共价性，二者均包含了 6d 和 5f 轨道的明显贡献。

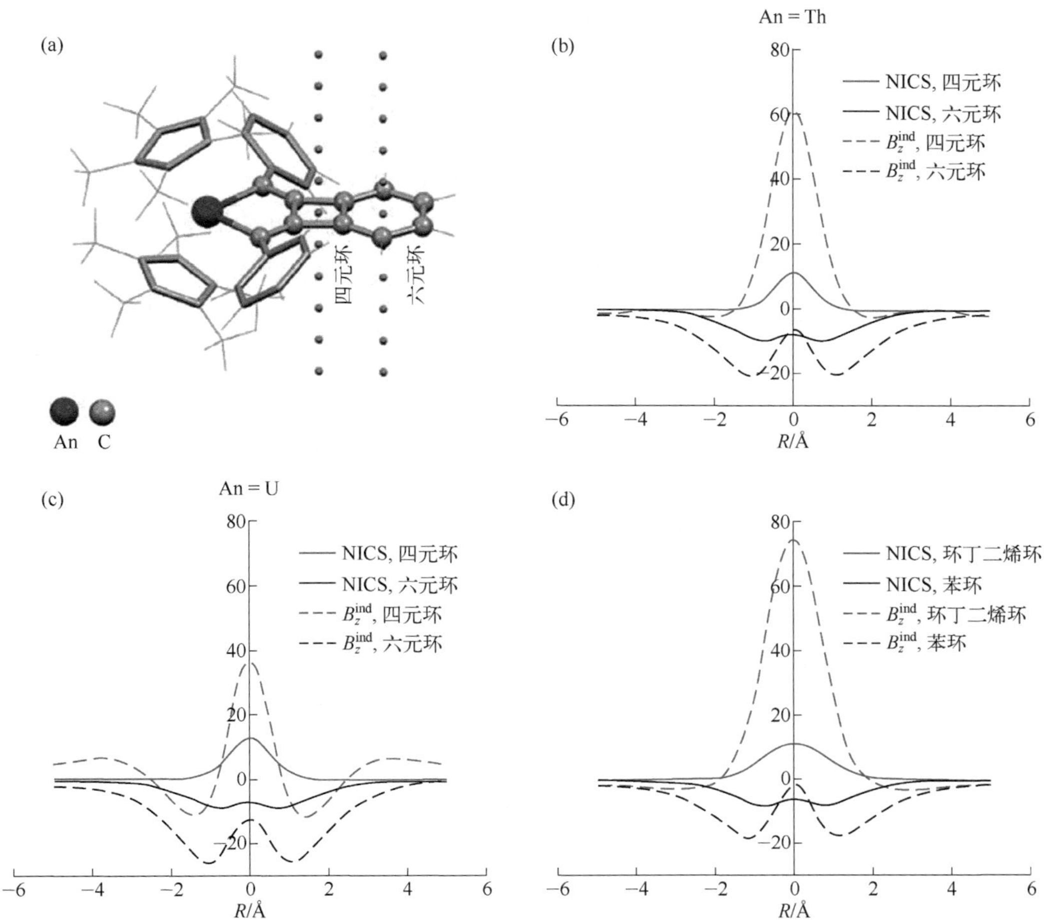

图 3-11　钍、铀取代亚联苯的核独立位移（NICS）和磁指数（B_z^{ind}）

R—从环状单元中心到核独立位移（NICS）和磁指数（B_z^{ind}）计算点的径向距离

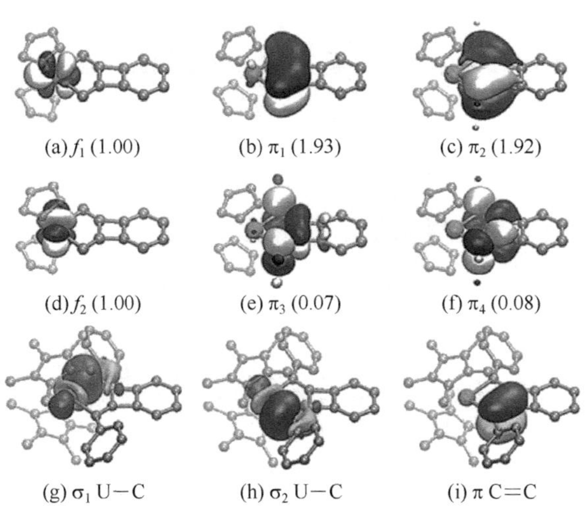

图 3-12　铀取代的亚联苯活性空间分子轨道和自然成键轨道

（a）～（f）三重态 CAS(6,6)活性空间轨道；（g）～（i）三重态自然成键轨道；括号中为电子布居数

3.2.2 Craig 物种的芳香性/反芳香性

关于芳香性，杰出的理论化学家 D. P. Craig 很早以前就曾理论预测到若 d 轨道参与 π 共轭，轨道相位将翻转并出现反休克尔芳香性，而其分子骨架仍可保持平面性[14]。但该理论一直未被实验证实。我国化学家南方科技大学夏海平教授于 2013 年报道的 M + 7C（图 3-13）正是实验上成功捕获的 Craig 模型物种，从而证实了 Craig 半个多世纪前的理论预测。随后，他们发现了一系列稳定的由碳链螯合过渡金属的 Craig 物种或聚合物（图 3-13），建立了富有特色的“碳龙化学（carbolong chemistry）”。“long”取自“龙”的汉语拼音，“carbolong”也可以解读为“长碳链”。碳龙配合物和聚碳龙因金属直接嵌在全共轭稠环骨架的桥头位置，金属的 d 轨道参与共轭，其性能与传统有机共轭体系、高分子共轭体系有很大的差异，它具有宽、强的吸收光谱，吸光后除了有光、电、热三种能量释放方式外，一定条件下还会发射超声波。碳龙配合物和聚碳龙在太阳能利用、小分子活化、催化、锂-氧电池、高分子材料修复、生物医学等领域具有良好的潜在应用前景。

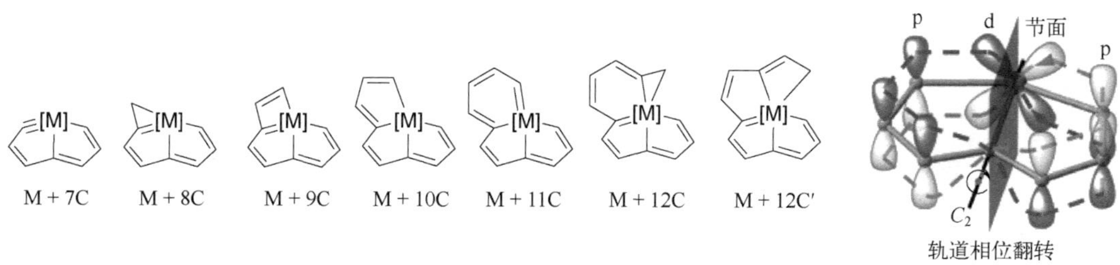

图 3-13 Craig 物种分子结构基元及其独特芳香性

2023 年，“碳龙化学”再次取得重要进展[15]，首例 Craig 反芳香物种及其制备被报道，并结合理论计算系统分析了其反芳香性的本质及驱动力，从而在首例芳香物种（萘）发现两个世纪后，完善了 π 芳香体系拼图（图 3-14）。新分子的发现是新物质创造的源泉，且往往会派生出新材料、新理论，甚至全新学科。芳香性作为最基本的化学概念之一，起初用来描述 π 共轭环状物种因电子离域导致的异常稳定性；与之相反，因反芳香性带来的热力学不稳定性往往导致反芳香物种的制备及分离面临巨大挑战。因此，Craig 反芳香分子的制备便成为 π 芳香体系拼图的最后一环。

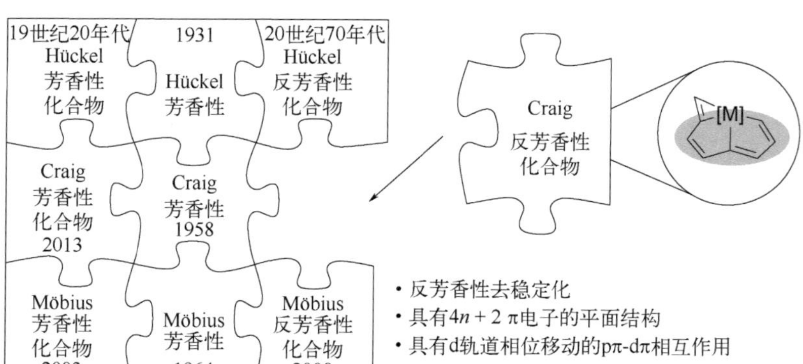

图 3-14 π 芳香体系拼图

基于巧妙的脱质子诱导还原过程，成功制备出了 8 例反芳香性化合物（图 3-15），密度泛函理论计算也充分证明这些化合物的芳香性本质是 Craig 反芳香性，高放热的酸碱中和反应过程正是 Craig 反芳香物种成功制备的主要驱动力。这一成果不但填补了 π 芳香体系的研究空缺，完成了 π 芳香体系的拼图，也为未来化学家研究合成与分离反芳香化合物提供了新的思路[16]。

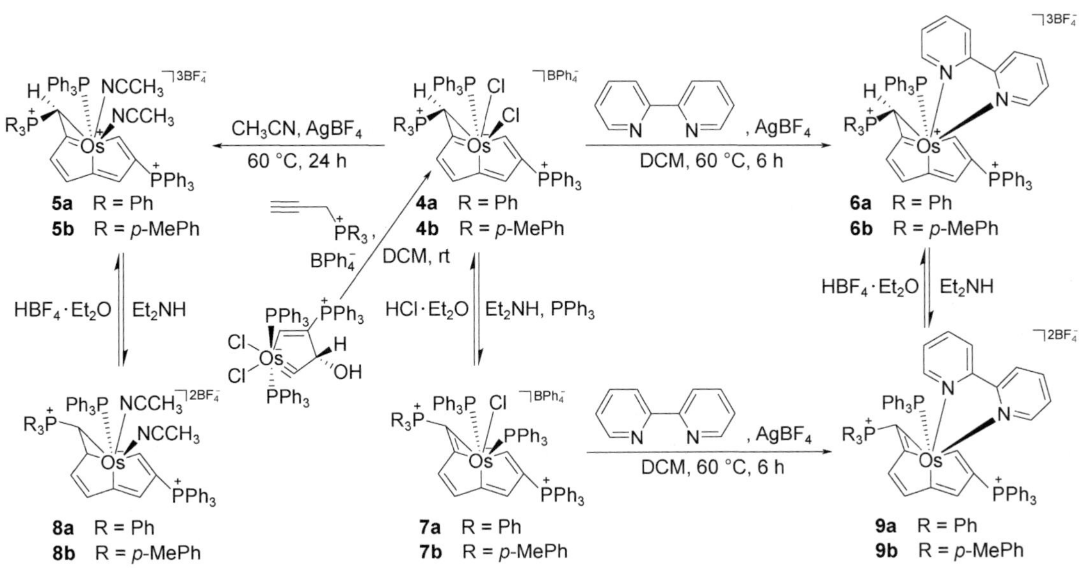

图 3-15　几种反芳香性化合物结构及其合成

目前，首例高环张力且反芳香碳龙化合物——金属桥头茚已被成功合成。高环张力和反芳香性是不利于环稳定存在的两种重要因素，如何实现同时包含这两种不稳定因素环系的合成对科学家们提出了更高的挑战。此外，受限于高环张力和反芳香化合物的稳定性，这类反常规化合物的转化化学，如骨架重排和芳香性转变仍有许多未解之谜需要研究揭示。

夏海平等采用多齿碳链配体与锇配合物通过一锅法得到了首例含有金属亚乙烯基元的金属桥头茚化合物（图 3-16）[17]，该化合物具有六元环内最小金属亚乙烯键角（147.4°）。密度泛函理论计算表明，弯曲型金属亚乙烯基元具有高张力，金属桥头茚环具有反芳香性，该化合物成功实现了高张力和反芳香性两种不稳定因素同时存在于单一金属杂环中（图 3-16）。高张力和反芳香性致使金属桥头茚化合物具有丰富的反应性，可与亲核试剂反应实现反芳香环的骨架重排（图 3-16 左），还可与亲电试剂反应得到首例金属桥头茚炔化合物，并实现芳香性和光物理性质的开关调控（图 3-16 右）。金属桥头茚—茚炔的转化可进行多次循环，为这类反芳香性化合物的应用奠定了基础。

锕系金属取代亚联苯化合物的芳香性/反芳香性及 Craig 芳香性/反芳香性碳龙物种的研究不仅为锕系金属取代有机化学和碳龙化学打开了一扇新的窗，而且为反芳香化学发展提供了全新的思路，使得近年来有机化学知识的边界得到极大的扩展。

化学家发现和创造新物质的能力和好奇心似乎超出了我们的想象。最近，德国卡尔斯鲁厄理工学院（KIT）的研究人员成功合成并稳定了一种平面 Bi_5 环[18]，并通过密度泛函理论计

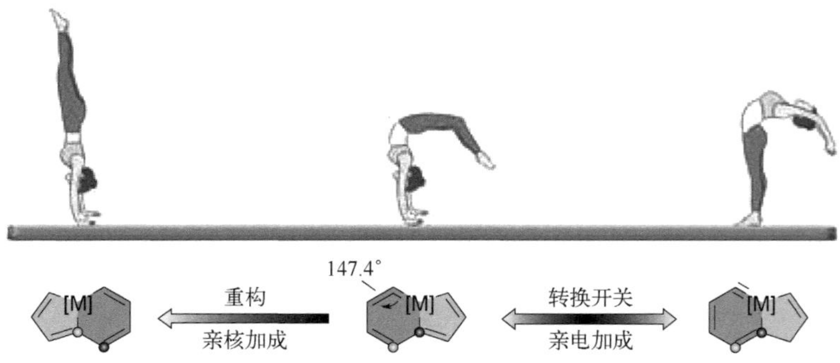

图 3-16 含有金属亚乙烯基元的金属桥头苷化合物结构与性质

算验证了其具有 D_{5h} 对称性的平面五元环结构和 π 芳香性。这是一种由五个铋原子组成的金属分子，完全属于无机物。作为类环戊二烯基阴离子（$C_5H_5^-$）类似物，这种 Bi_5 环的合成扩展了全金属芳香性化合物家族，并为研究重元素芳香性提供了新平台，再次刷新了芳香性的内涵和外延，将为催化、电子和磁学铋基功能分子材料的可持续技术奠定基础。未来，这种分子将推动主族-过渡金属协同化学的发展，并在新材料和化学工艺的开发中发挥重要作用。

此外，芳香性的概念还涉及立体芳香性，也称为三维芳香性，即三维空间上的芳香性。传统休克尔规则适用于平面芳香性，但是自 C_{60} 分子被发现以来，芳香性的界限已经被拓宽到三维空间。近年来随着莫比乌斯体系化合物合成技术的不断进步，立体空间中的芳香性被逐步地深入研究，并取得了令人欣喜的进展[19]。虽然自然界还暂未发现有莫比乌斯型分子，但是合成化学家一直试图去制备这类神奇的分子结构，当然这充满了挑战。如果要获得莫比乌斯环状芳香性物种，需要分子具备构象柔性好、翻转能力强、氧化还原活性高等特征。2022 年日本化学家 Itami 和 Segawa 等人报道了扭曲莫比乌斯纳米带的合成[20]，2025 年，香港大学和香港中文大学的 Jun Yang 和 Qian Miao 等人报道了一种基于[7]螺旋烯的莫比乌斯纳米环带结构[21]。这些有关芳香性的最新研究成果和重要理解，足以改写和补充教科书中的相关内容，进而成为基础有机化学和物理有机化学新知识体系的重要组成部分。

3.3 芳基正离子与芳环上的亲电取代反应机理新观点

在有机合成和有机功能材料研究中，芳环上的亲电取代反应是芳香族化合物的特征反应，也是一类非常重要的有机化学反应，一直是有机化学家持续性从理论和实验上研究的热点反应[22]。在有机化学教科书、专著等工具性文献中[23-24]，芳环上的亲电取代反应被描述为两步反应的 S_EAr 机理（图 3-17）。自从 1928 年芳环上的溴化反应机理被研究以来，芳基正离子，即 σ-络合物中间体的概念就被提出，后来芳基正离子中间体的概念被广泛接受，并被认为是芳环上亲电取代反应中必不可少的中间体，也被用于解释芳环上发生亲电取代反应时的定位基效应[25-32]。近百年来，这一概念无人质疑，然而，近年来的研究结果似乎要打破这一经典概念与机理。

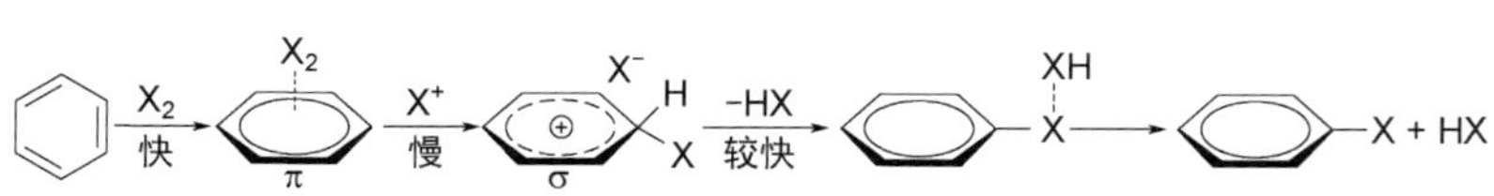

图 3-17 芳环上亲电取代反应的 S_EAr 机理

希腊佐治亚大学的 Galabov 等以四氯化碳为溶剂，Cl_2 为氯源，通过对茴香醚（甲氧基苯）氯代反应的研究，并结合理论计算发现，图 3-17 所示的传统机理也可用于解释该反应。他们发现 Cl_2 对茴香醚分子中苯环的加成反应的活化能很低，随后一分子 HCl 从加成产物上消除，得到的主产物是邻氯甲氧基苯和对氯甲氧基苯，但是这种加成-消除机理所预测的取代基位置取向与 S_EAr 机理是一致的。不同于经典的 S_EAr 机理，茴香醚的氯化反应是直接协同与加成-消除过程的一对竞争反应，并不涉及芳基正离子，即 σ-络合物中间体，这也与早期的一些理论计算研究结论一致。此外，理论研究已报道了不涉及芳基正离子中间体而直接协同取代的硝基化反应，但是这些研究并未考虑反应介质和反离子的影响[33]。

3.3.1　非极性溶剂中 HCl 催化的协同机理和加成-消除机理

在非极性溶剂中，Cl_2 分子首先与芳环形成具有立体优势的对位 π 复合物反应前驱体，在 HCl 催化下形成协同过渡态 **TS3**（图 3-18），然后消除 2 分子 HCl，最终产生对位产物，这就是协同机理。如果对位 π 复合物反应前驱体与 HCl 在间位进一步加成，则会形成 3,4-顺式 Cl_2 加成过渡态 **TS5**，进而转变为 3,4-顺式加成中间体 **P5**，该中间体又发生异构化经过渡态 **TS7** 转变为 3,4-反式加成中间体 **P7**，**P7** 再次通过氢键作用形成六元环状结构的过渡态 **TS9**，最后消除 2 分子 HCl，得到与加成-消除机理相关的反应产物 **P3**（图 3-18）。

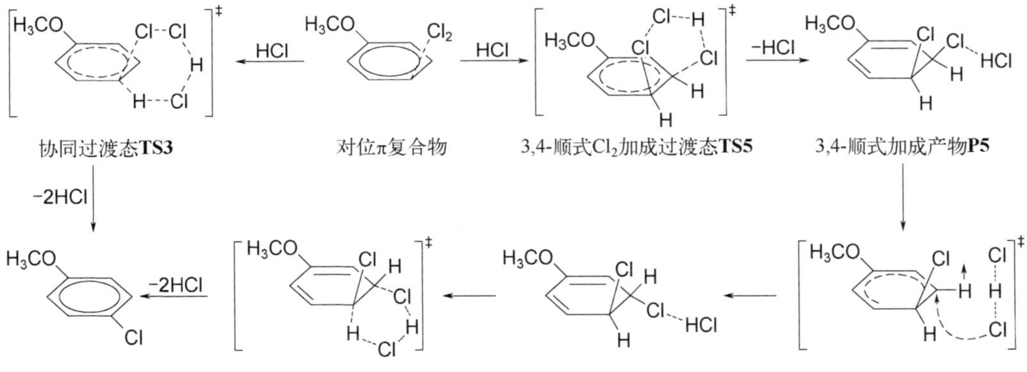

图 3-18　非极性溶剂中 HCl 催化的协同机理和加成-消除机理

3.3.2　加成-消除机理与协同取代机理的对比

研究表明，上述加成-消除机理优于协同取代机理，最显著的区别在于主反应产物 *p*-Cl-茴香醚的产生过程，其加成-消除机理的反应能垒比协同机理要低 3.6 kcal/mol（15.05 kJ/mol）；对 *o*-Cl-茴香醚产物而言，尽管能垒的优势只有 1.6 cal/mol（6.69 J/mol），但加成-消除机理仍占优势。总之，对茴香醚的氯代反应而言，加成-消除反应路径具有压倒性优势。更为重要且颠覆传统观点的是，该类亲电取代反应的整个路径中，并不存在芳基正离子中间体。NMR 实验研究和理论计算均显示反应过程中各个加成或消除中间体或产物的存在，且能相互印证[34]。盐酸在反应中起到了显著降低反应能垒的作用，充当了催化剂的角色。可见，有机化学教科书阐述的 S_EAr 机理并非适用于所有的亲电取代反应，芳基正离子也并非芳香族化合物亲电取代反应路径中的必有物种，教科书中相关的内容应该予以增补或者修改。可以说物理有机化学思维和方法是有机化学的灵魂，也是有机化学发展的强劲驱动力，有机化学新理论的发展离不开物理思维和方法的作用。

3.4 亲核取代反应 S_N1 机理下产物的手性控制

饱和碳原子的亲核取代反应是有机化学中最基础的内容，也是最经典的反应之一，通常是指连接在饱和碳原子上的某一原子或基团被亲核试剂的另一原子或基团取代的反应。早期的研究发现，有些亲核取代反应的速率取决于卤代烷烃（RX）与亲核试剂（Nu）的浓度，动力学上属于二级反应；而有些亲核取代反应的速率仅与 RX 的浓度有关，在动力学上为一级反应。为了解释这一现象，物理有机化学家提出了两种反应机理，即双分子亲核取代（S_N2）机理和单分子亲核取代（S_N1）机理。S_N2 机理是同步过程，Nu 从反应物离去基团（LG）的背面进攻与其相连的碳原子，经过决定反应速率的形式上的五价碳过渡态，随后旧键的断裂与新键的形成同时发生，得到构型完全翻转的取代产物［图 3-19（a）］。

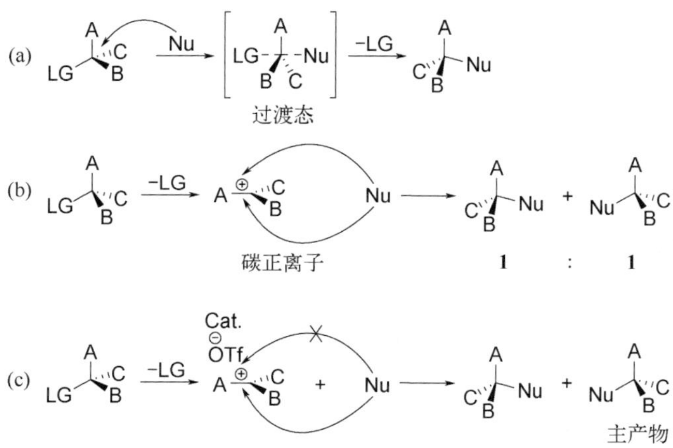

图 3-19　饱和碳原子亲核取代反应的 S_N2 机理与 S_N1 机理

S_N1 机理是分步过程，底物首先解离为碳正离子和带负电荷的离去基团，是反应的控速步，随后碳正离子再接受 Nu 进攻，由于碳正离子中间体具有平面构型，Nu 可以均等的概率从平面两侧与其结合，因而理论上会生成“构型保持”与“构型翻转”的等量产物，即外消旋产物［图 3-19（b）］。通常情况下，中心碳原子取代基多、位阻大的反应物容易发生 S_N1 亲核取代反应，从而构建空间上高度拥挤的碳中心。但是由于碳正离子中间体固有的不稳定性、高反应活性及平面结构，历经 S_N1 过程的反应往往很难控制产物的分布和立体选择性，特别是手性季碳中心立体选择性的调控，一直是悬而未决的难题。

几年前，哈佛大学 Eric Jacobsen 团队终于找到了解决该问题的方法[35-36]，在手性氢键给体催化剂与路易斯酸促进剂的协同作用和低温条件下，捕获了外消旋底物通过 S_N1 反应机理生成的高度活泼的叔碳正离子中间体，有效避免了碳正离子中间体的重排、消除等副反应和相应副产物的生成，成功实现了对反应对映选择性的高水平调控［图 3-19（c）］，并合成了一系列具有季碳中心的手性化合物。

事实上，大多数 S_N1 亲核取代反应生成的并不是完全消旋化的产物，例如(−)-2-溴辛烷在水-乙醇的混合溶液中水解时，“构型保持”与“构型翻转”产物的比例为 2∶1。对此，科学家提出了离子对机理用以解释这一现象，如图 3-20 所示，底物按紧密离子对—溶剂分离子—自由离子的可逆过程进行解离，亲核试剂可以在该过程中的任意阶段与底物发生亲核取代反应。由于 R^+与 X^-结合十分紧密，亲核试剂从 X^-的背面进攻可得到“构型翻转”的产物，而亲核试剂进攻溶剂分离子和自由离子时则得到部分或完全消旋化的产物[37-43]。毫无疑问，如果在图 3-20 中的反应平衡的某一阶段加入一种既能识别碳正离子，又能优先生成紧密离子对的手性负离子，那么 S_N1 反应中的立体选择性控制难题将迎刃而解。

$$R-X \rightleftharpoons [R^+X^-] \rightleftharpoons [R^+]\,[X^-] \rightleftharpoons [R^+] + [X^-]$$

图 3-20 离子对机理解释 S_N1 反应中的立体化学特征

3.4.1 方酰胺促进的不对称反应

Eric Jacobsen 团队使用手性氢键供体与路易斯酸促进剂相结合的高路易斯酸性复合物作为催化剂，在低温下实现了惰性亲电试剂参与的不对称反应[36]。在该反应中，手性方酰胺催化剂通过氢键作用攫取三氟甲磺酸硅酯中的三氟甲磺酸根负离子（OTf^-），从而提高三氟甲磺酸硅酯的路易斯酸性，促进缩醛生成活性较高的氧代碳鎓正离子中间体。该正离子中间体与 OTf^--方酰胺络合物形成离子对，并在手性基团的控制下实现亲核试剂对正离子中间体的对映选择性进攻（图 3-21）。那么，这一策略是否也能成功促进三级碳正离子生成，并将其捕获形成具有手性环境的紧密离子对，进而通过不对称 S_N1 反应构建全取代的手性碳中心呢？

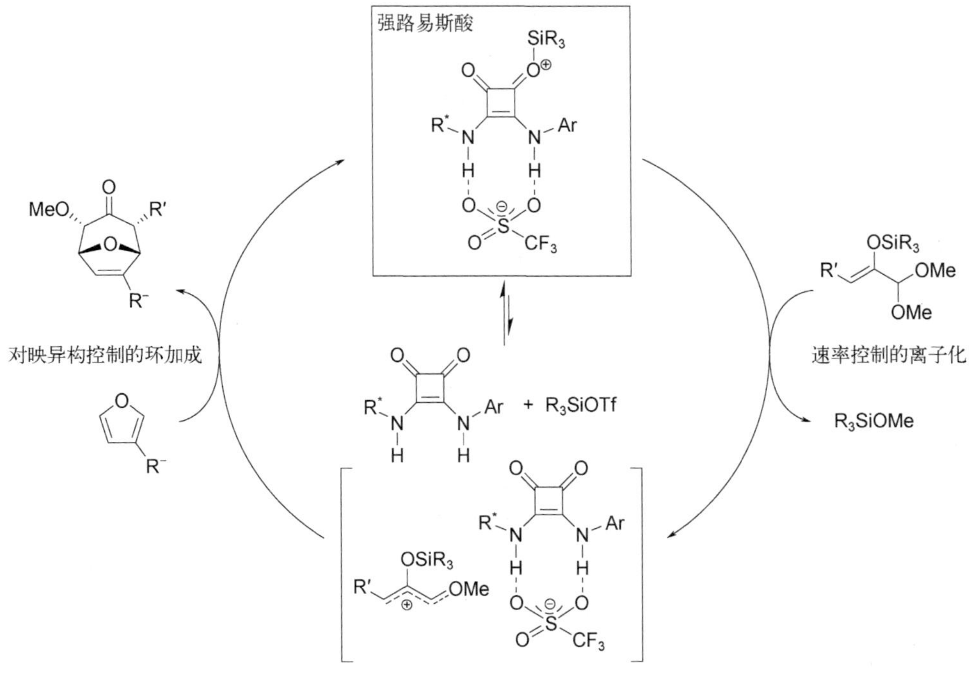

图 3-21 方酰胺结合三氟甲磺酸硅酯促进惰性亲电试剂参与的不对称反应

经过底物考察（图 3-22），以炔丙基乙酸酯 **11a** 为四级碳亲电试剂，烯丙基三甲基硅烷为亲核试剂，三氟甲磺酸硅酯（TMSOTf）为路易斯酸促进剂，在乙醚溶液中−78 ℃下对手性氢键供体催化剂进行了筛选。结果表明，在手性方酰胺 **10a** 的作用下，反应不仅能以 91% 的 *e.e.*值生成亲核取代的产物 **12a**，消除产物 **13a** 的产率也可以控制在 5%以下（图 3-22）。

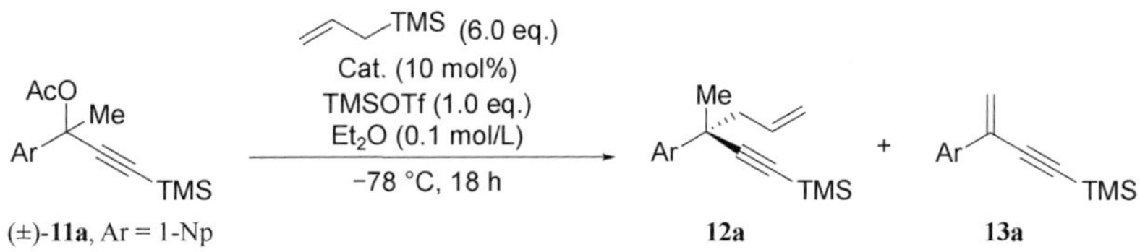

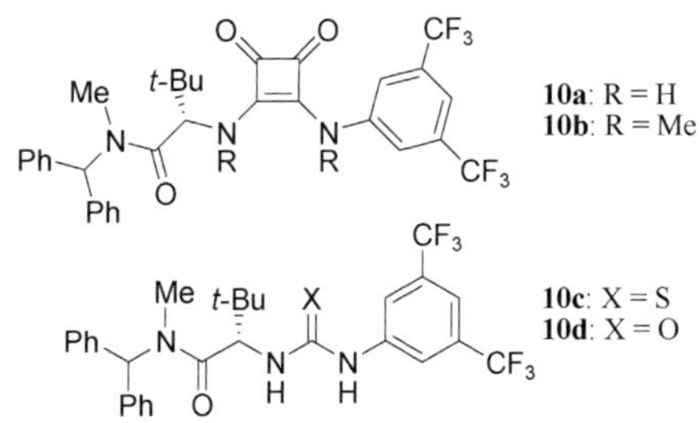

催化剂	12a : 13a	*e.e.* 12a/%
	1 : 1	0
10a	40 : 1	91
10b	3.4 : 1	1
10c	2.9 : 1	20
10d	3.3 : 1	−3

图 3-22　手性氢键供体催化剂反应条件的筛选

在最佳的反应条件下，对炔丙基乙酸酯与烯丙基三甲基硅烷发生亲核取代反应的底物适用范围进行研究后发现，萘环上的取代基无论是吸电子基团还是给电子基团，反应皆具有良好的对映选择性和化学选择性，且萘环上对位取代基的 Hammett 常数（σ^+）与反应速率（$\lg v_x/v_H$）呈负线性相关，反应常数 ρ 为−5.48，表明决速步中反应中心的正电荷密度升高，与 S_N1 反应的机理一致。芳香环的稠合度及取代位点对反应的对映选择性有较大的影响，芳香环的极化值与对映选择性（lg*e.r.*）呈正线性相关，表明底物与方酰胺中芳香环间的 π-π 堆积相互作用有利于提升反应的对映选择性。当炔丙基乙酸酯底物季碳中心附近的立体位阻增大时，反应的对映选择性往往较高。此外，不同杂原子取代的芳香环也能以优异的对映选择性和化学选择性生成目标产物。

3.4.2　S_N1 反应的手性控制机理

采用动力学分析和原位红外光谱实验对底物不同浓度下的反应速率进行实时跟踪显示，该不对称反应对炔丙基乙酸酯、烯丙基三甲基硅烷、TMSOTf 和方酰胺分别呈一级、零级、次一级和一级动力学特征，表明手性方酰胺与 TMSOTf 首先快速反应生成休眠态（resting-state）复合物 **10a**-TMSOTf，随后与炔丙基乙酸酯反应生成离子对中间体则是整个过程的决速步骤，反应的催化循环如图 3-23 所示。

亲核取代反应中对映选择性的控制机制到底是怎么样的呢？通过炔丙基乙酸酯 **11f** 和消除产物 **13a** 的交叉实验，可以排除亲核试剂对烯烃副产物发生不对称加成的反应历程[图 3-24(a)]。炔丙基乙酸酯 **11f** 的左旋体与烯丙基三甲基硅烷在两种不同构型 **10a** 催化剂的作用下反应 1 小时后，可以分别生成两种相反构型的亲核取代产物，同时未反应完全的原料(−)-**11f** 仅有微弱程度的消旋化，表明反应中的手性诱导过程经历了非手性碳正离子中间体的对映选择性取代反应（enantioselective substitution reaction），而非炔丙基乙酸酯发生动态动力学拆分引发立体专一性的取代反应（stereospecific substitution reaction）[图 3-24（b）]。$^{12}C/^{13}C$ 同位素动力学实验及同位素平衡实验表明，决定手性的关键步骤是不可逆的碳-碳单键形成过程，而不是可逆的碳-碳双键形成过程［图 3-24（c）]。

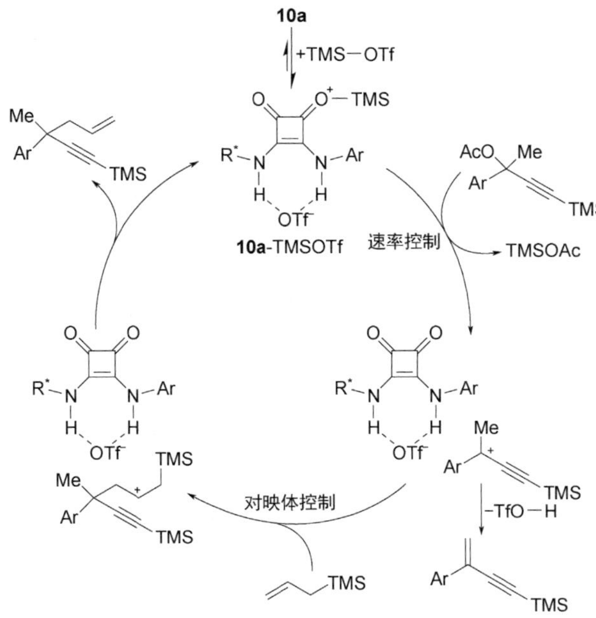

图 3-23 手性方酰胺与 TMSOTf 反应的催化循环

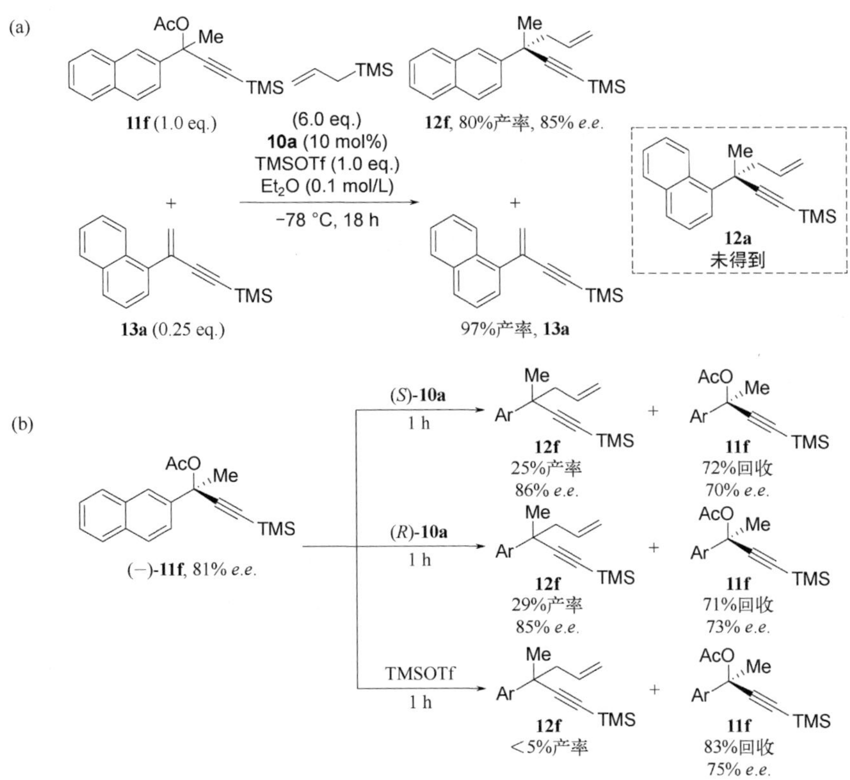

图 3-24

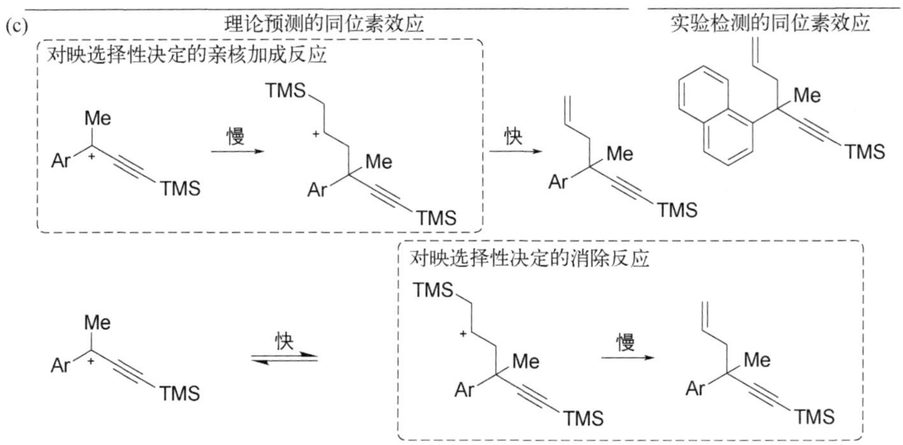

图 3-24　S_N1 反应的手性控制机理

Eric Jacobsen 团队通过手性方酰胺氢供体催化剂与路易斯酸结合，成功实现了不对称的 S_N1 亲核取代反应，解决了一百多年来制约 S_N1 亲核取代反应发展的世纪难题，并证明了 S_N1 反应中的离子对机理，为全取代碳立体中心的对映选择性构建带来了新的思路和方向。学术界对此给予了高度的评价，认为这是一项值得载入有机化学教科书的颠覆性研究成果。美国特拉华大学的有机合成化学家 Mary Watson 教授也曾评价道："这是一项卓越的研究工作，他们的催化剂不仅能实现高对映选择性的 S_N1 反应，而且还能抑制消除竞争反应发生，注定是化学合成领域的一大进步"。伊利诺伊大学 Christina White 教授对该工作也赞赏不已，称 Eric Jacobsen 团队的工作为不对称催化研究开辟了新的领域。

3.5　非经典碳正离子的手性转化

碳正离子是基础有机化学的重点内容之一，通常将碳正离子主要分为经典碳正离子和非经典碳正离子两类。自 20 世纪碳正离子被化学家发现以来，学术界对"非经典碳正离子"这一概念就一直存在争论。这一争论的焦点主要围绕 2-降冰片烯碳正离子的结构展开，有的学者认为 2-降冰片烯碳正离子以非经典的 σ-桥环结构而存在（图 3-25，**14**）；有的则认为并不存在桥环结构的非经典碳正离子，2-降冰片烯碳正离子是两个经典碳正离子的平衡共存体（图 3-25，**15a**、**15b**）。经典碳正离子是三价的平面型结构，其中含有 6 个价电子；而非经典碳正离子为三中心两电子（3c-2e⁻）结构，被认为含有 8 个价电子（图 3-26）。

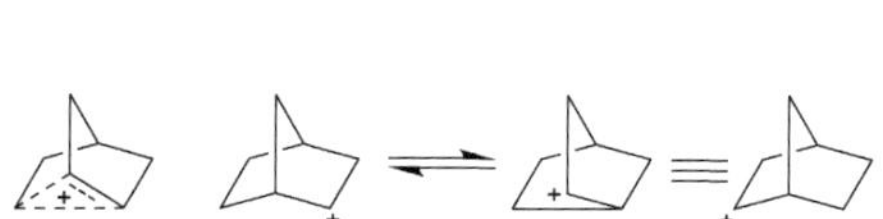

14　**15a**　**15b**

(σ-桥环离子)　(Wagner-Meerwein离子)

图 3-25　2-降冰片烯碳正离子结构

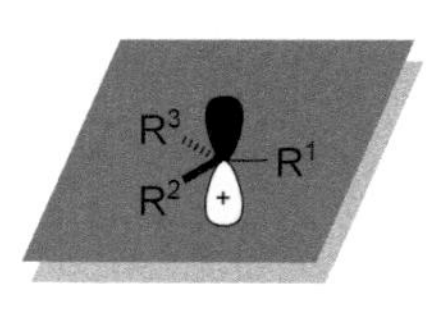

6个价电子，2c-2e⁻
sp^2杂化C
(a) 经典碳正离子

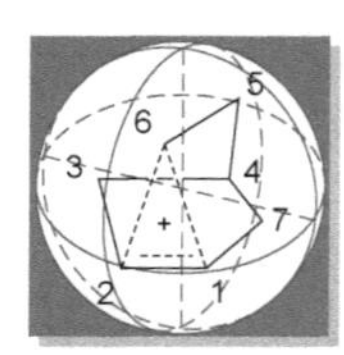

8个价电子，3c-2e⁻
多中心5配位C
(b) 非经典碳正离子

图 3-26　经典碳正离子和非经典碳正离子的结构

事实上，科学家通过大量的研究已经证明，2-降冰片烯碳正离子是以非经典的 σ-桥环结构存在的。然而，由于碳正离子的理想平面结构或近平面结构，其立体选择性反应难以实现，主要的挑战在于碳正离子平面两侧的化学与物理环境几乎没有区别，亲核试剂在进攻碳正离子时，从平面两侧进攻的概率相同，也就是说无法区分碳正离子平面结构的两个面。尽管极具挑战性，但近年来有关碳正离子，特别是以经典碳正离子为中间体的不对称催化还是取得了突破性进展[35,44]。然而，对于脂肪族碳正离子，即非经典 2-降冰片烯碳正离子而言，其反应活性高，而且没有产生立体选择性的结构优势，化学家也尚未构建出游离的非经典碳正离子中间体，有关非经典碳正离子的不对称催化似乎还暂时难以实现。

3.5.1 非经典碳正离子的立体选择性反应

早在 1949 年，绍尔・温施泰因及其研究团队在 2-*exo*-降冰片烯磺酸盐和 2-*endo*-降冰片烯磺酸盐的酸性溶剂化过程中，就观察到反应之后体系的光学活性完全或部分丧失，产物为 *exo*-型外消旋体（图 3-27）[45]。最近，德国马克斯・普朗克煤炭研究所本杰明・李斯特课题组设想，使用手性布朗斯特（Brønsted）酸，在合适的亲核试剂存在下，能否对外消旋底物进行立体选择性反应，从而得到光学纯的产物。令人鼓舞的是，李斯特课题组通过手性阴离子催化，成功地实现了非经典 2-降冰片烯碳正离子的立体选择性反应（图 3-28）[46]。

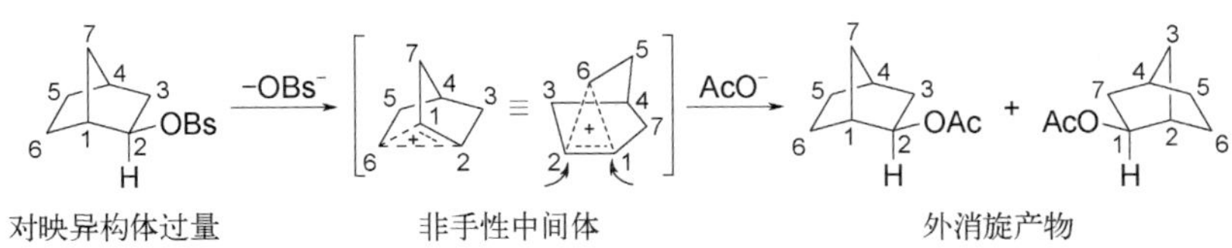

图 3-27 2-*exo*-降冰片烯磺酸盐和 2-*endo*-降冰片烯磺酸盐的外消旋过程

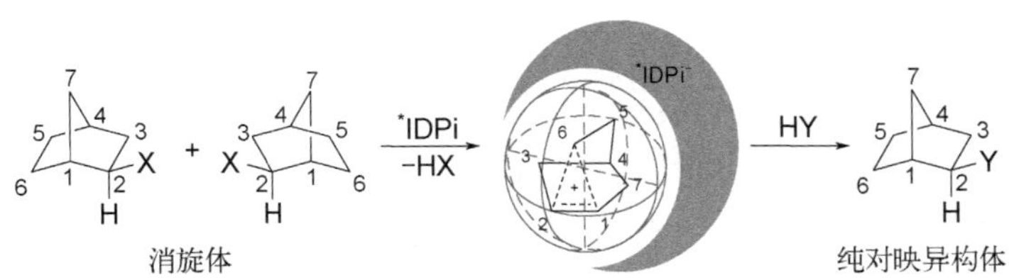

图 3-28 非经典 2-降冰片烯碳正离子的立体选择性反应

离去基团对该反应至关重要，通过对一系列离去基团的筛选，最终发现三氯乙酰亚胺酸酯基的离去效果最好。在尝试了诸如手性磷酸、手性二磺酰亚胺（DSI）、手性二磷酸亚胺（IDP）等多种手性催化剂后，发现这些催化剂在该反应中更倾向于与中间体 2-降冰片烯碳正离子不可逆地形成路易斯酸碱复合物，这就使得催化剂再生被抑制，反应难以持续进行。因此，李斯特教授又尝试了他们之前研究过的手性布朗斯特酸 IDPi 催化剂[47]。手性布朗斯特酸 IDPi 具有复杂的电子效应和空间效应，能够高选择性地催化简单的脂肪族底物，其中手性布朗斯特酸 IDPi（**16**，图 3-29）表现出了优异的催化效果。

在低温（−40 ℃）条件下，即使催化剂的负载量仅为 3 mol%，*exo*-外消旋底物 *rac*-**17** 也能与亲核试剂 1,3,5-三甲氧基苯 **18** 发生反应，产物 **19**（图 3-30）的产率可达 86%，且其对映体比例（*e.r.*）高达 97∶3。

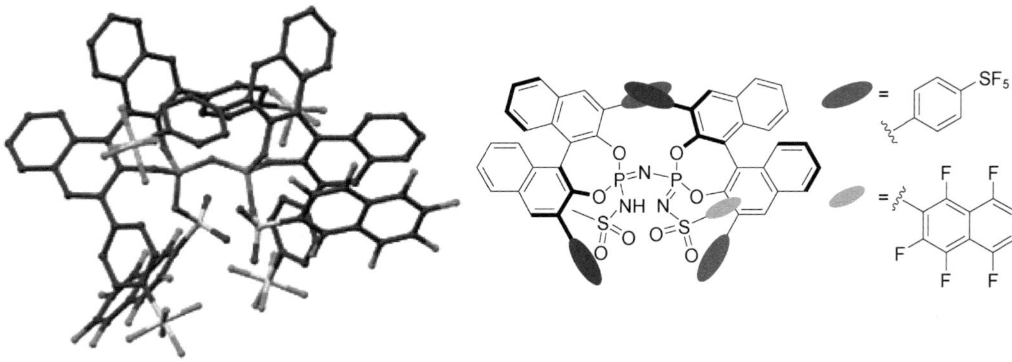

图 3-29　手性布朗斯特酸 IDPi **16** 的结构

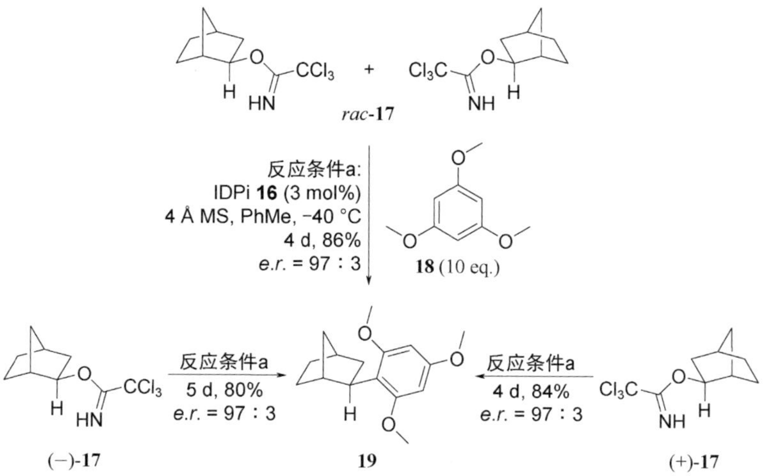

图 3-30　*exo*-外消旋底物 *rac*-**17** 与亲核试剂 1,3,5-三甲氧基苯的反应

如果将两种对映异构体［(−)-**17** 和(+)-**17**］分别置于相同的条件下进行上述反应，结果发现，(−)-**17** 和(+)-**17** 均能与亲核试剂 1,3,5-三甲氧基苯反应，对应的产率分别为 80%和 84%，但对映体比例相同，仍然为 97∶3（图 3-30）。但是，动力学研究表明，这两种对映异构体的反应速率存在差异。不同底物的反应差别较为明显，如果以 *rac*-**20** 这种 *endo*-外消旋体为底物，反应条件就较为苛刻（图 3-31），需要以乙酸乙酯为溶剂，在室温下反应 2 h，产物 **19** 的产率为 69%，*e.r.*值为 88∶12。而在同样的条件下，*exo*-外消旋底物 *rac*-**17** 仅需数分钟便可生成产率为 70%、*e.r.*值为 88∶12 的产物 **19**。

此外，降冰片烯在强布朗斯特酸的作用下，可以发生不对称 Friedel-Crafts 烷基化反应得到产物 **19**（产率 81%，*e.r.* = 92∶8）。如果以活化的碳氢化合物 **22**（图 3-31）为底物，其可以以更高的产率（92%）转化为 **19**，且对映选择性（*e.r.* = 92∶8）与降冰片烯底物相当。含氟底物 *rac*-**23** 在硅基路易斯酸（烯丙基三甲基硅烷）的存在下也能够获得较为理想的反应效果（产率 89%，*e.r.* = 92∶8），烯丙基三甲基硅烷路易斯酸不仅能使 C—F 键断裂，更重要的是它在亲核试剂进攻碳正离子的立体选择性反应中起到了主导作用。而含环戊烯基的环状化合物 **25**（图 3-31）在酸性条件下则会经历一种分子内碳正离子-π 电子环化（cation-π cyclization）过程，同样可以成功地实现强立体选择性的反应（产率 77%，*e.r.* = 87∶13）。

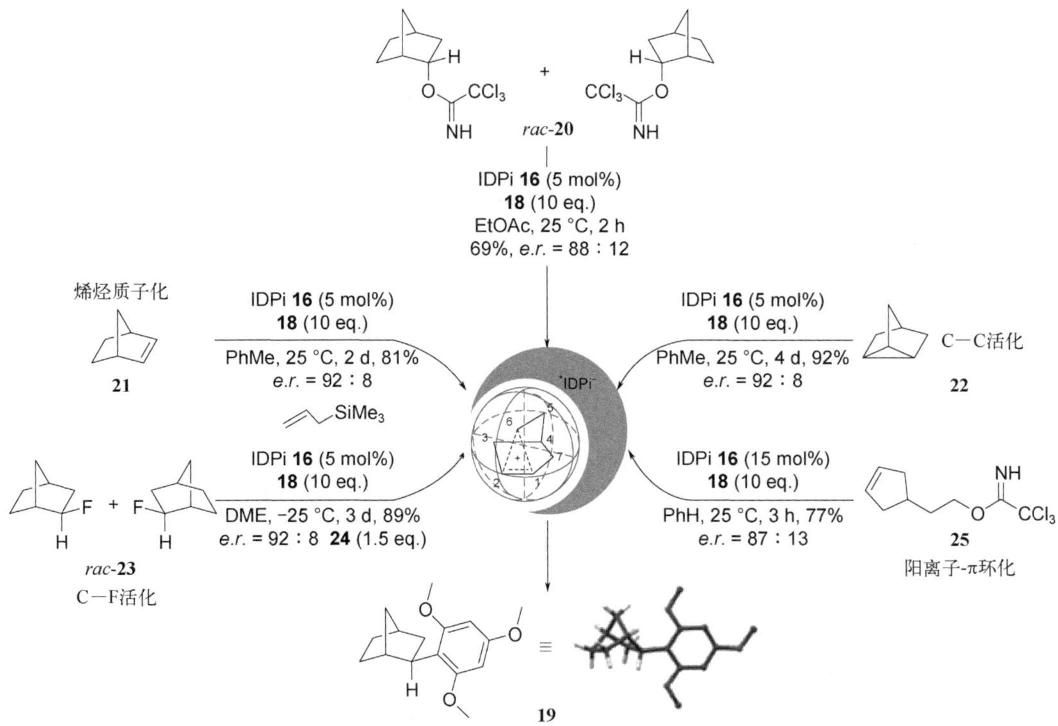

图 3-31　底物拓展对反应结果的影响

3.5.2　非经典碳正离子中间体的氢迁移动力学特征

前文所述的几个反应有一个共同特点，它们都经历了三中心两电子的非经典 2-降冰片烯碳正离子中间体，相应的手性阴离子为 IDPi⁻。那么这个反应究竟是如何进行的呢？通常情况下，反应体系中的高反应活性、短寿命中间体难以直接捕捉到或直接检测到，这里的 2-降冰片烯碳正离子中间体同样难以检测到。为了获得更多的信息，可以将底物 *exo*-**17** 和 *endo*-**20** 的 C2 位（离去基团所在取代位）进行氘代，并将底物置于标准条件下进行反应。令人没有想到的是，NMR 检测结果表明 *exo*-**17** 在室温下反应得到的产物 **19** 中，在各个位置上都发现有氘原子存在，特别是在 C1、C2 和 C6 位（图 3-32）更为集中。这一结果表明，在非经典 2-降冰片烯碳正离子中间体中，6,1-氢迁移和 6,2-氢迁移速率要显著大于 3,2-氢迁移速率（图 3-33）。同时也间接地为碳正离子是以游离的形式参与反应，而不是和阴离子形成共价键这一结论提供了证据。

非经典 2-降冰片烯碳正离子与手性阴离子 IDPi⁻之间相互作用而形成的关键离子对结构的确定，对反应机理的进一步理解非常重要，为此研究中可以运用密度泛函理论（DFT）计算对最低能量的离子对进行 NMR 探测，以获得关键离子对的结构。在该结构中（图 3-34），可以发现多种多样的 C—H···O、C—H···F 和 C—H···N 等非共价作用共同决定了离子对构造，并且发现 C1—C6 键（1.755 Å）与 C2—C6 键（1.782 Å）的键长并不相等。这些结果表明，非经典 2-降冰片烯碳正离子并非完全暴露在反应体系中，而是通过弱相互作用嵌入阴离子催化剂 IDPi⁻中，这种嵌入结构使得亲核试剂只能从特定的方向进攻，从而决定了该反应的立体选择性，成功实现了碳正离子反应机理下的不对称取代。

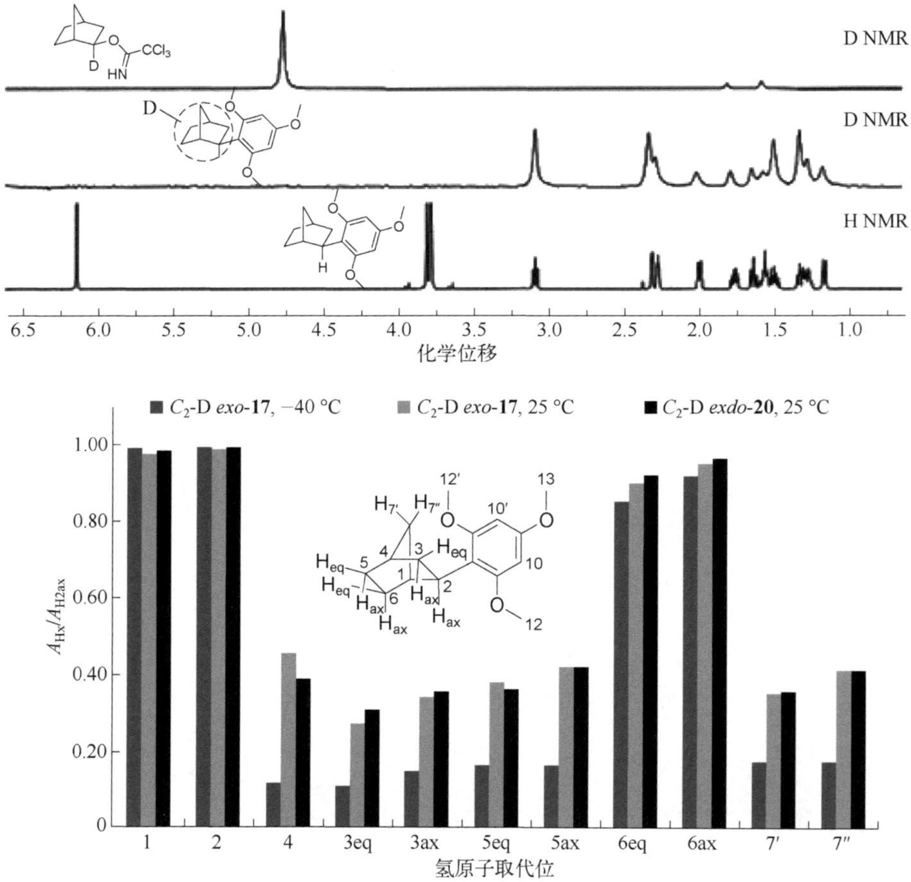

图 3-32　底物与产物的 ^{1}H NMR 谱图及产物中氘原子分布的取代位

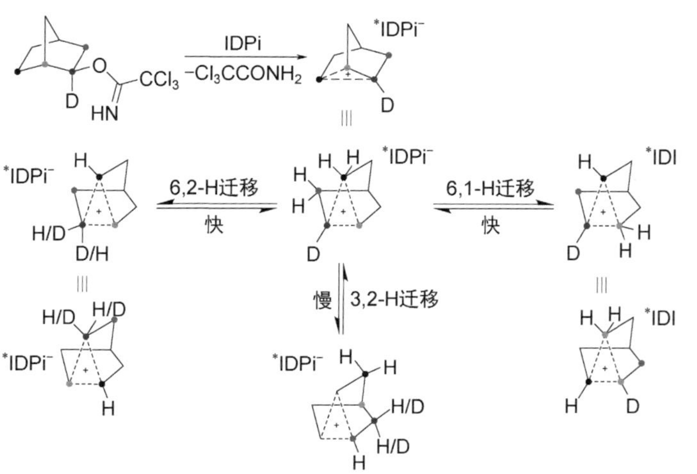

图 3-33　非经典 2-降冰片烯碳正离子中间体的氢迁移反应及其速率特征

可见，德国化学家本杰明·李斯特发展的三中心两电子 2-降冰片烯碳正离子中间体的立体选择性反应方法效果良好，该反应的关键在于手性阴离子催化剂 IDPi⁻的结构设计，这种近乎完美的手性阴离子催化剂的特殊结构对该反应的立体选择性起到了控制作用。同时手性阴离子 IDPi⁻催化剂对高反应活性的非官能团化碳正离子的有关反应，和复杂天然产物生物合成领域具有非常重要的作用[48]。显然，这一突破性进展也充分体现了碳正离子研究领域在基础有机化学教学和科普上都很有价值。但是我们也应该看到，碳正离子的不对称转化这一研究方向才刚刚起步，目前所涉及的底物非常有限，复杂化学环境下有关的区域选择性与立体选择性问题和相关有机合成领域的应用研究都有待持续深入。

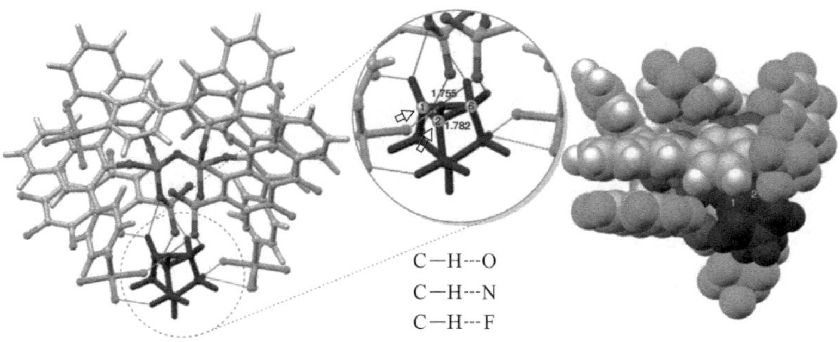

图 3-34　非经典 2-降冰片烯碳正离子与手性阴离子 IDPi⁻之间相互作用形成的关键离子对结构

3.6　经典 S_N2 反应机理新剖析

S_N2 亲核取代反应是每一本有机化学教科书必须写入的经典范例反应。然而，最近美国明尼苏达大学的 Jing Xie 和得克萨斯技术大学的 W. L. Hase 发表的文章中[49]，根据最近该领域一些新的研究成果，对这一概念提出了新的见解，对这一经典机理有了更全面深入的理解。

目前关于 S_N2 反应的机理是基于 Hughes 和 Ingold 的研究，他们提出反应中先是亲核基团靠近带有离去基团的碳原子，导致碳原子和离去基团之间的键被拉长进而断裂，在旧键断裂和新键形成的过程中，碳原子的构型随之发生反转（图 3-35）。

3.6.1　S_N2 亲核取代反应的双势井特征

通过对气相反应速率的分析研究，物理有机化学家们提出了一种机理，即在整个反应中，体系的势能面具有两个势阱的势能表面（PES）由中间过渡态的势垒分隔的特征（图 3-36）。基于量子化学方法的电子结构计算也证实了，一些 S_N2 反应的确遵循这一反应机理，但同时最近的一些实验和理论计算研究表明，实际的反应动力学可能远比图 3-36 所示的这种机制复杂[50]。

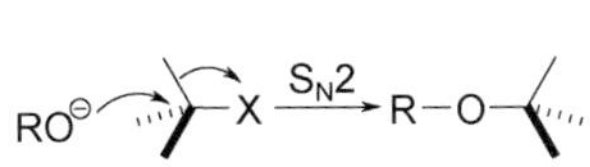

图 3-35　S_N2 反应的经典机理

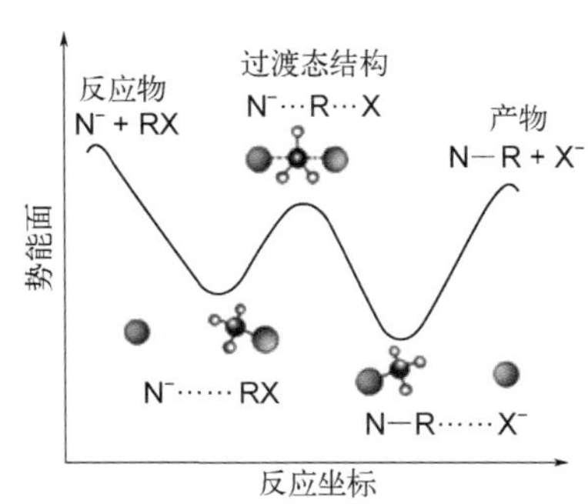

图 3-36　S_N2 反应的通用势能面特征

为了进一步研究 S_N2 反应的详细机理，很多物理有机化学研究人员曾经深入考察了气相中 $X^- + CH_3Y \longrightarrow XCH_3 + Y^-$反应的许多实验和计算研究。在这些反应的传统模型中，假定反应体系被暂时定格在反应前和反应后的离子偶极络合物的势能阱中，根据反应路径上络合物快速且完整的分子内振动能量统计分布，可用 RRKM（Rice-Ramsperger-Kassel-Marcus）理论进行 S_N2 反应动力学建模和 S_N2 速率常数计算。

近期的研究工作已经证明[51]，在某些情况下间接的双阱机理可能会发生，但对于一些涉及络合物的反应，RRKM 模型可能是无效的，因此，S_N2 反应动力学可能并不适合用 RRKM 理论来阐释。但是，S_N2 反应也存在直接机制，如所谓的反应剥离、反弹和正面进击，或者如迂回等这样的间接机制。当然，间接和直接机制的相对重要性因具体的 S_N2 反应和碰撞能量的不同而有所不同。对于间接的双势阱机理，中央势垒的返回效应也可能是非常重要的，但这与过渡态理论的基本假设不完全一致。对于反应 $OH^- + CH_3I$ 而言，S_N2 亲核取代反应和 $OH^- + CH_3I \longrightarrow H_2O + CH_2I^-$质子转移反应这两种反应都有可能发生，并且这两个反应互相耦合，使得 S_N2 反应动力学更加复杂。

3.6.2 溶剂化在 S_N2 反应中的作用

为了研究溶剂化在 S_N2 反应中的作用，有机化学家利用交叉分子束实验技术，在一定碰撞能量范围的条件下研究了微溶剂化的 $OH^-(H_2O)_n + CH_3I$ 的反应（$n = 1$，2）[52]。结果发现，$OH^-(H_2O)$的反应动力学与未溶剂化的 OH^-有很大的不同。他们发现，对于非溶剂反应，间接机制是次要的；而对于溶剂化的 $OH^-(H_2O)$，间接机制在低碰撞能量时是重要的，但是当碰撞能量高于 1 eV 后，反弹机制则会占据整个反应的主导地位。在 OH^-上考虑第二个溶剂分子后，如对 $OH^-(H_2O)_2 + CH_3I$ 的反应而言，会导致各向同性分布的产物，这种情况下无法证明它是一个直接的 S_N2 反应。

化学家们推测，以上不同的动力学现象可能是因为这些溶剂化和非溶剂化的 OH^-反应物在反应前性质上有差异[52-53]。非溶剂化反应可能是沿着非传统氢键 $OH^-\cdots HCH_2I$ 的预反应络合物方式进行的，而溶剂化的 $OH^-(H_2O)$反应前的复合物类似于传统的离子偶极结构，其中 OH^-几乎与 C—I 共轴，这种几何结构更倾向于直接从背面攻击，从而驱动了所谓的反弹机制。此外，分子束实验还表明，在 $OH^-(H_2O)_2 + CH_3I$ 反应中的各向同性散射，预示了长寿命预反应络合物的形成。

此外，有关 $X^- + CH_3Y$ 反应的原子尺度动力学研究表明，在 S_N2 反应中，构型保持被假定为只在前侧进攻机制中出现[54]。但化学家们已经在精确的总体 PES 上，对 $F^- + CH_3Cl$ 的化学动力学进行了模拟，观察到了所谓的双反转机制，且这种机制对总的 S_N2 反应速率的贡献率仅为 1%～2%。然而，这条途径的发现具有非常重要的寓意，因为双反转机制来自质子转移和 S_N2 途径之间的反应偶合。但是双反转机制的通路和 $F^- + CH_3Cl$ 反应 PES 的最小值和过渡态之间的关系仍然不是十分清楚[54]。

在交叉分子束、离子成像实验和化学动力学模拟的对 $F^- + CH_3Cl$ 和 $F^- + CH_3I$ 综合研究中，化学家考察了离去基团对 S_N2 反应动力学的影响，发现这两种反应具有相似的热力学和 PES 特征，反应中都涉及氢键和传统的背侧预反应络合物结构，其能量也非常接近，并且都由一个低势垒的过渡态所连接。PES 的预反应区由传统的$[F—CH_3—X]^-$过渡状态连接到 S_N2

产物，且该反应为无势垒的高度放热过程。

尽管以上两种反应有不少的相似性，但它们在反应动力学上还是具有很大不同。事实上，反弹机制对于 Cl 的反应很重要，但对 I 的反应却不那么重要。直接剥离是涉碘反应的主要机制，但在涉氯反应中居于次要作用。反弹机制在涉氯反应中，F^-对 CH_3Cl 具有比对 CH_3I 更有效的定向作用。这是因为 CH_3Cl 相比 CH_3I 具有较大的偶极矩，因而在涉及 CH_3Cl 的反应中，背侧攻击和回弹机制的特征显著。另外，涉碘反应的前侧络合物具有 22 kcal/mol 的最低势能，而对于涉氯反应而言，这一数值仅为 3 kcal/mol。$F\cdots ICH_3$ 复合物的这种前侧深势阱特性可能抑制了背面攻击和反弹机制的发生概率。化学家的研究成果虽然已可以解释 $F^- + CH_3Cl$ 和 $F^- + CH_3I$ 反应动力学的显著差异，但仍然需要更深入的研究来进一步揭示其本源和实质。

总之，这些最近的研究和以往的工作表明，传统的 S_N2 反应机理的确不具有完备性，其中的动力学与络合物的形成密切相关。传统 S_N2 机制确实能够解释一些实验事实，特别是在低碰撞能量条件下，但同时其他的反应机制，如间接迂回、直接反弹和剥离也很重要。$F^- + CH_3Cl$ 和 $F^- + CH_3I$ 反应中截然不同的动力学特征表明，反应物分子的偶极和前侧势阱的深度等这类微小的特性，可能会显著地影响 S_N2 反应的动力学。因此，需要化学家进行更深入的研究工作，以探究证实 $F^- + CH_3Cl$ 反应双反转机制的普遍性。而且，溶剂化进一步增加了这种复杂性，比如 $OH^-(H_2O) + CH_3I$ 反应就有多达 28 个不同的间接反应机制。可见，化学家们还需要建立精准的理论模型，以捕捉 S_N2 反应动力学所有原子、分子层次机理的细节。

3.7 季碳原子立体中心上的亲核取代

亲核取代反应是有机化学中最基本的反应类型之一，主要有两种机理，即单分子亲核取代反应（S_N1）和双分子亲核取代反应（S_N2）[图 3-37（a)]。S_N1 通过碳正离子中间体进行反应；而 S_N2 则是亲核试剂从离去基团的背面进攻，亲核试剂的加成和离去基团的取代同时发生。这两种转化在有机合成、生物活性分子和天然产物的合成中具有广泛而重要的应用[55-56]。

3.7.1 几种新型亲核取代反应

当使用双键作为亲核取代的中间体时，相关的机理也得到了广泛的研究。由于环丙烷的反应性与 C═C 双键很相似，因此酸催化的环丙基甲醇的高烯丙基重排与乙烯基亲核取代反应具有相似性［图 3-37（b)]。有机化学家曾利用取代的环丙基甲硅烷基甲醇研究了烯丙基重排的选择性。此外，两亲性有机铝烷亲核试剂也可以通过非对映选择性 1,6-加成反应，促进烯基环丙基甲醇衍生物的选择性环断裂［图 3-37（c)］[57]。

然而，尽管可以在非环状分子骨架中构建立体中心，但通过环丙基甲醇衍生物的直接分子间亲核取代来构建非环状分子骨架却未得到充分利用［图 3-37（d)]。这可能是由于难以控制碳-碳键取代的反应性和选择性。**26** 与亲核试剂应在 C3 位反应形成 **28**，而在酸性和布朗斯特酸条件下会形成碳正离子中间体，除了生成可能的加成产物 **27** 外，还可能促进副反应（如 S_N1 产物、消除产物、异构化产物)。即使形成产物 **27**，碳正离子中间体的存在也可能会导致四取代立体中心发生完全差向异构化［图 3-37（d）］。环丙基硅基甲醇的分子内傅克烷基化反应［图 3-37（e）］，即在烷基化程度最高的碳中心进行选择性断键并得到构型保持的产物已经实现。鉴于在四取代立体中心迁移的过程中未观察到差向异构化，故可将亲核试剂加成到底物 **26** 上并在三元环上进行选择性亲核取代，而四取代立体中心的构型完全翻转。最近，有机化学家又实现了环丙基甲醇衍生物季碳立体中心的区域选择性和立体选择性亲核取代，并且得到构型完全翻转的产物［图 3-37（f）］[58]。

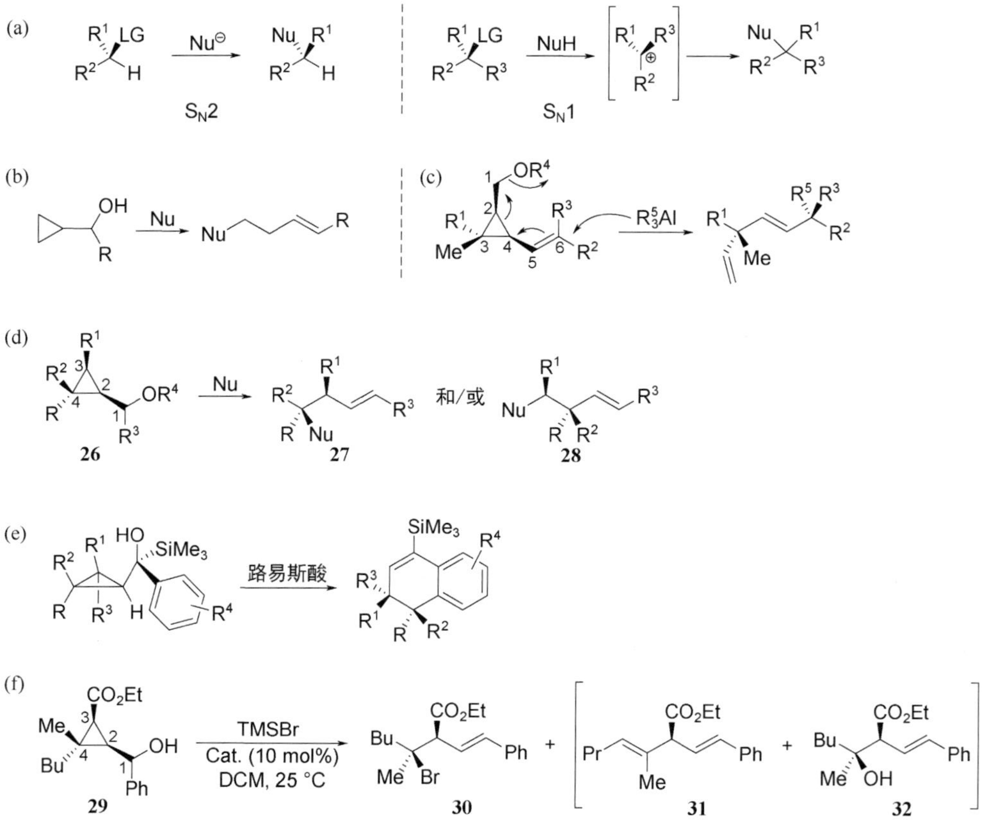

图 3-37　几种传统亲核取代与新型亲核取代反应

3.7.2　季碳立体中心的区域选择性和立体选择性

为了解释该反应的选择性，即为什么在取代基最多的碳中心发生亲核取代，通过如图 3-38（a）所示反应予以阐释[58]。研究发现该反应与环丙基甲醇中心的立体化学无关，这表明该反应是通过形成环丙基碳正离子 **33** 进行的［图 3-38（b）］，也可以杂化形式 **34** 表示。由于过渡态的正电荷遍布于整个分子，因此亲核试剂从 **34** 中正电荷最稳定的位点（即取代基最多的碳中心）进攻，从而得到四取代立体中心构型翻转的高烯丙基产物。另外，碳正离子中间体稳定性的细微变化不会影响反应的区域选择性，但会产生两种非对映异构体。例如，图 3-38（c）中底物 **35** 发生反应时会在 C2 位形成苄基碳正离子中间体，得到单一的区域异构体 **36**，但是两个等量的非对映异构体。

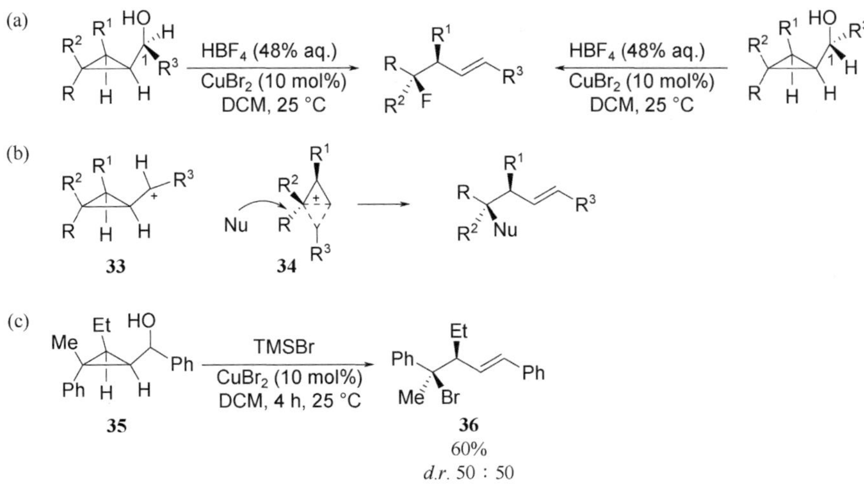

图 3-38　季碳立体中心的区域选择性和立体选择性亲核取代反应

3.8　醇分子的直接亲核取代

亲核取代反应作为有机化学中重点学习的一类反应，在构建碳-杂原子键和碳-碳键中扮演着至关重要的角色。醇是亲核取代反应中最常见的亲电试剂之一，因为它们廉价且易于获得。在理想情况下，对于醇的亲核取代反应，如图 3-39（a）所示，副产物只有水。然而，由于羟基并不是一个好的离去基团，事实上这类反应中往往还需要额外的试剂进行活化。其中，比较典型的有 Mitsunobu 反应[59-62]，该反应由日本科学家 Mitsunobu 与其合作者于 1967 年首次报道。在经典的 Mitsunobu 反应中，通常需要加入等当量或稍过量的三苯基膦与偶氮二甲酸酯，二者分别作为还原剂和氧化剂，各自吸收掉反应副产物水分子的氧和氢，从而驱

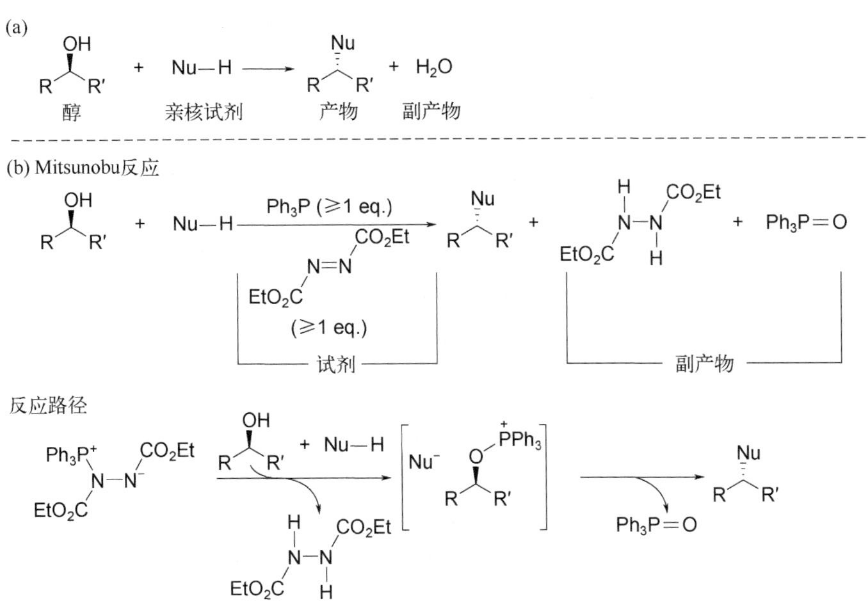

图 3-39　醇分子的亲核取代反应和 Mitsunobu 反应

动反应顺利向右进行［图 3-39（b）］。尽管 Mitsunobu 反应与原子经济性原则相悖，但该反应因在醇的立体专一性转变方面的优势而被广泛应用。此外，催化反应在有机化学理论及有机合成中具有重要作用，直接催化取代反应方法学将不断发展，未来将会取代那些效率不占优势的方法。

3.8.1 Mitsunobu 反应副产物肼衍生物的再生

Mitsunobu 反应转化率较高，是一个理想的有机反应，并且在反应过程中手性底物醇表现出构象翻转。但该反应的缺点在于它不能满足绿色化学的原子经济性要求，因为额外加入的两个等当量的活化剂分子严重拉低了反应的原子经济性，而且产生的肼衍生物具有较大毒性。在过去的半个多世纪中，科学家们一直努力在改善这一弱点，进而实现醇的直接亲核取代反应，但并未取得显著的成功。化学家曾在该反应体系中添加额外的二乙酰基碘化苯作为氧化剂，使得 Mitsunobu 反应中的毒性副产物肼衍生物再生为还原剂偶氮二甲酸酯（图 3-40），从而将偶氮二甲酸酯的用量降低到催化量而不是等当量，但同时反应需要 2 倍量（摩尔比）的三苯基氧化膦。化学家曾以铁酞菁为共催化剂，用修饰的芳基偶氮甲酸酯可以巧妙地通过氧气氧化再生，这一再循环方案具有更高的效率，而且成功地使 Mitsunobu 反应对氧化剂实现了催化循环，但还是需要等当量的膦。但是，这些努力仍然无法突破原子经济性的水平上限。

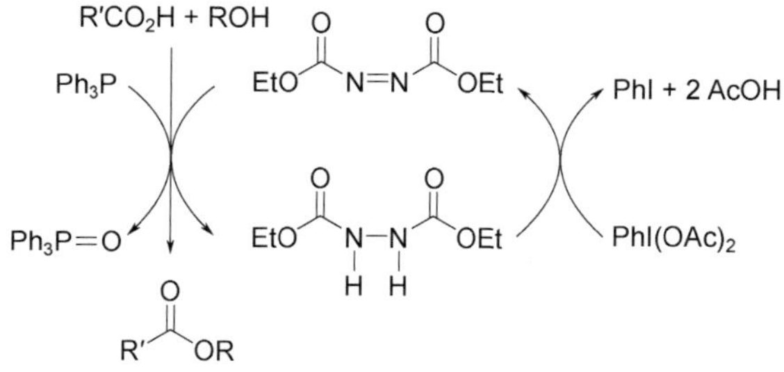

图 3-40 Mitsunobu 反应有毒副产物肼衍生物的再生策略

3.8.2 有机氧化膦催化醇直接亲核取代

英国诺丁汉大学的 Beddoe 和 Denton 等设计合成了一个有机催化剂氧化膦化合物 **37**（图 3-41）[63]，它能以催化剂的方式参与醇的亲核取代反应，其结果是整个反应产生的副产物只有水分子。根据催化的 Mitsunobu 反应，需要可实现非常规转化的催化剂，使得能够从五价膦催化物种生成 Mitsunobu 活性膦物种，整个过程中催化剂中的 P 价态没有发生改变。在基于氧化膦催化剂 **37** 的催化循环中，该催化剂在酸性条件下将亲核试剂活化，发生环化、脱水，得到氧鏻盐物种 **38**。尽管断裂磷氧双键的转化非常具有挑战性，但文献中也确实报道了含有两个芳基的氧化膦在 200 ℃下实现了热脱水反应，生成可稳定分离的五价膦烷物种的研究结果。但是，作为一种经典的 Mitsunobu 反应，氧鏻盐 **38** 的抗衡阴离子可能会参与不涉及产物形成、可逆的键形成和交换，并最终醇开环转化为传统的中间体，即烷氧基膦-亲核试剂离子对 **39**，接着发生亲核取代，释放反离子而再生催化剂氧化膦 **37**。因为没有氧化还原价态的改变，因此只有水一个副产物，该策略的确是有机化学家一直追求的醇直接发生亲核取代反应的理想方法[64-65]。

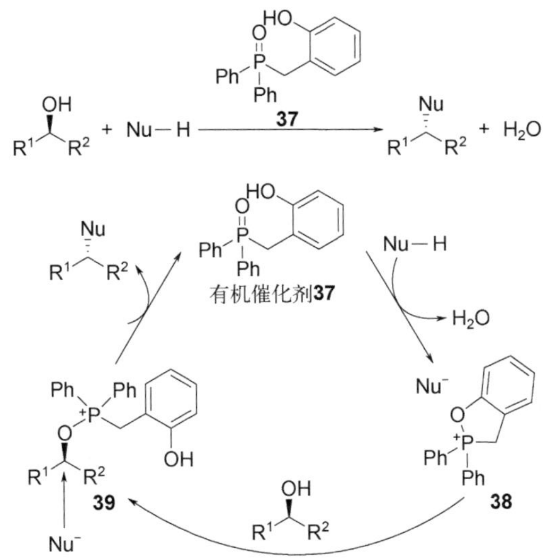

图 3-41　有机氧化膦催化下醇的直接亲核取代反应

除了手性反转的证据外，同位素标记实验也可以证实图 3-41 所示的反应过程。用 ^{18}O 对醇上的氧原子进行标记，发现反应结束后的酯基产物分子是高度被 ^{18}O 标记的，而回收的催化剂上则有 74%被 ^{18}O 标记，这些结果加上二级醇底物的优良对映选择性，支持了氧从醇转移到催化剂上的设想。原有分子中能形成环状中间体的特殊结构对于催化过程至关重要，也间接证明了中间体 **38** 的存在。反应中脱水形成中间体鏻盐为决速步，并严重依赖于几何空间上有利的酚羟基官能团，单纯的氢键作用不足以提供反应所需的活性，而同位素标记实验及立体构型翻转实验则与经典的 Mitsunobu 反应机理一致。

3.9　光物理与光化学驱动的去外消旋化

光物理与光化学过程驱动的去外消旋化（deracemization）是近年来手性科学和光化学领域的重要研究方向。光驱动去外消旋化代表了手性科学与光化学的前沿交叉领域，不仅为手性分子的精准合成提供了新范式，更在绿色化学、功能材料和生命科学中展现出广阔的应用前景，其发展将推动化学、物理和生物学的深度融合，为未来分子科学与技术提供创新动力。

3.9.1　去外消旋化的方法

去外消旋化广泛应用于药物分子、农用化学品以及精细化学品的生产过程。传统的去外消旋化方法有两种：①通过手性配体或者手性催化剂将消旋的起始原料转化为手性产物；②通过动力学拆分将外消旋体拆分为单一异构体［图 3-42（a)]。然而，这两种方法仍存在两个问题。首先在热力学上，将外消旋混合物转化为单一对映体是不利的，需要提供额外的能量来推动反应的进行。其次是动力学上也面临巨大的挑战，这与自然界的微观可逆性原理有关，由于对映体的能量相同，沿着单个势能面将（*S*）转换为（*R*）的同时会伴随着从（*R*）到（*S*）的转换。因此，有效的去外消旋化既需要额外的能量来赋予反应的方向性，又需要不同的机制来建立和破坏立体化学的基本步骤[66-68]。

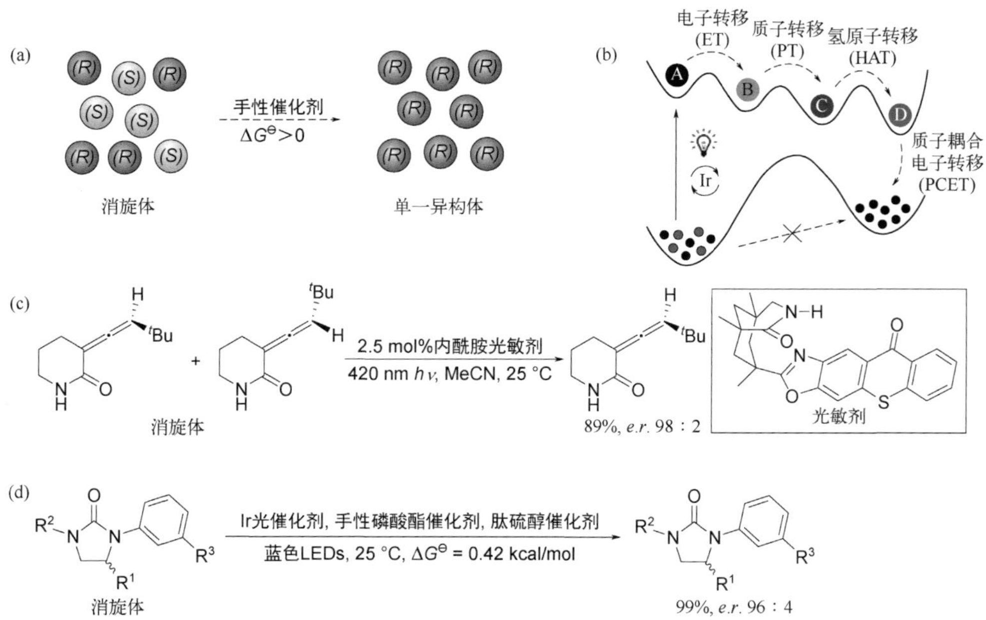

图 3-42　去外消旋化的不同方法

有关研究表明，可以通过化学相容（或相分离）氧化剂和还原剂实现去外消旋化，其中氧化反应和还原反应是独立且平行进行的，然而这些方法仍存在一定的局限性和较大不足。2018 年，Bach 等人报道了在光催化下，使用手性光敏剂硫杂蒽酮｛2-[(1*R*,5*R*,7*S*)-1,5,7-三甲基-2-氧代-3-氮杂双环[3.3.1]菲-7-基]-10*H*-[1]苯并硫杂蒽酮[3,2-*f*]苯并噁唑-10-酮｝实现了联烯类环丙基喹诺酮的去外消旋化。该手性光敏剂对两个底物的对映异构体表现出不同的能量转移效率，从而得到较高对映选择性的单一异构体［图 3-42（c）］[69]。

3.9.2　光激发态氧化还原反应去外消旋化

近日，普林斯顿大学的 R. R. Knowles 教授课题组和耶鲁大学的 S. J. Miller 教授课题组在 Bach 等工作的基础上，通过光驱动的激发态氧化还原反应过程实现了去外消旋化［图 3-42（b）］[70]。在该体系中，由 Ir(Ⅲ)-光氧化还原催化剂、1,1′-联萘酚（BINOL）衍生的手性磷酸酯以及含半胱氨酸肽硫醇氢原子供体组成的三元催化剂体系，在可见光的辐照下，可促使环脲化合物自发地得到高对映选择性的单一异构体［图 3-42（d）］。该过程中，激发态的铱发色团引发了反应，通过一系列利好的电子、质子以及氢原子转移等步骤，有效实现 C—H 键的断裂和重建；其中对映选择性由两个独立的立体选择性步骤共同所决定。

光驱动的激发态氧化还原反应过程实现去外消旋化的机理如图 3-43 所示。稳态 Stern-Volmer 猝灭研究和时间相关的单光子计数实验表明，脲底物与激发态 Ir 之间的电子转移在动力学上是快速的，随后的质子转移、氢原子转移和质子耦合电子转移步骤在热力学上也是有利的。这证实了由于从*Ir 开始的所有基本步骤都是放热的，因此观测到的产物分布是由动力学控制的。稳定态对映体比平衡仅需 1.5 h 就可实现，延长反应时间后，产率和对映体比值均未降低，表明该体系建立了稳定的非平衡状态。此外，在优化条件下，催化剂控制的光学纯（*S*）到（*R*）的立体翻转具有优异的对映体比值和收率。

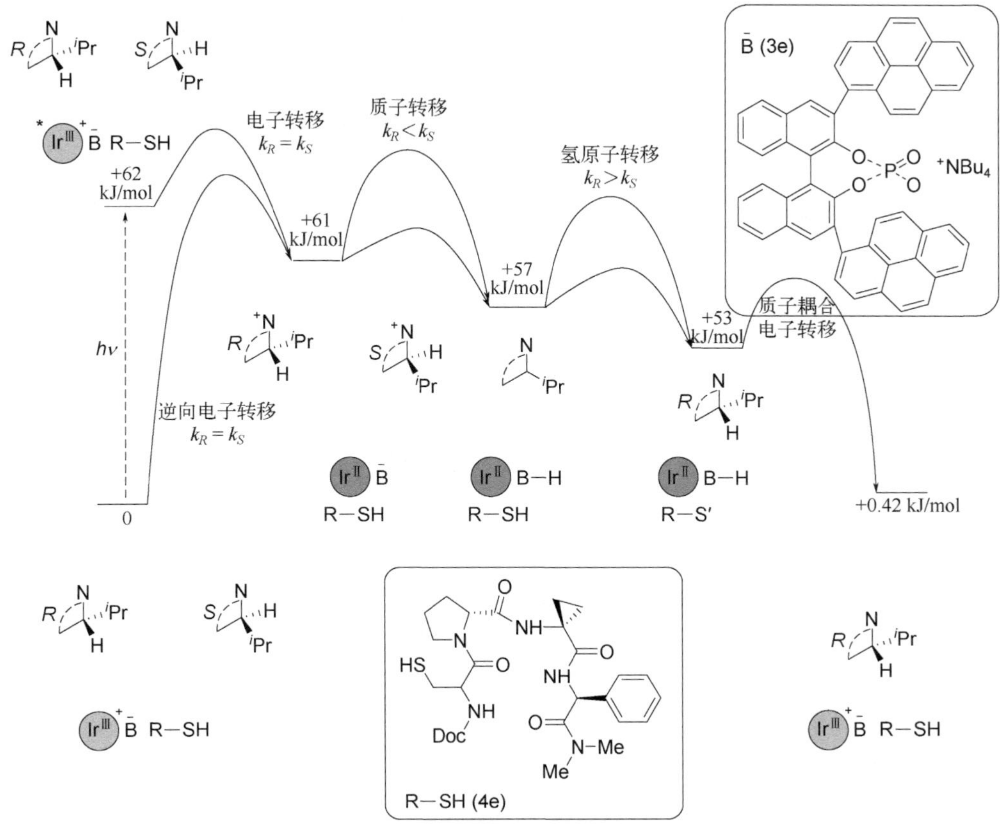

图 3-43 光驱动的激发态氧化还原反应去外消旋化机理

通过光驱动的激发态氧化还原过程实现环脲类底物去外消旋化的策略的底物适用性广，产物的对映选择性好。该反应也可以适用于其他光驱动的转化，以催化剂控制的方式实现去外消旋化[71]。麻省理工学院的化学家 A. E. Wendlandt 教授曾在 *Science* 期刊点评道[72]，“虽然这类转化的反应底物仅限于概念验证，但这样的情况无疑会变得更加普遍，特别是，目前的底物与重要的手性配体以及酶催化去外消旋化和立体翻转途径中的中间体结构相似，预示着这一方法有可能将扩展到氨基酸和其他重要手性分子的去外消旋化研究中”。

3.10 碳元素的同核双原子分子 C_2 及纯碳环的合成

碳是一种神奇而又充满未知的元素，它也是一种令人敬畏的化学元素，自然界没有其他任何一种元素能像碳元素一样启发人类的思维与智慧。碳可谓自然界中最“多才多艺”的元素之一，有多种用途、结构、功能和形式的碳，最经典的形式包括钻石、石墨、石墨烯、巴基球、碳纳米管等。碳原子有四个价电子，与其他原子成键时，会发生轨道杂化而产生“四只手”。对于一维情形，碳可以形成 sp 杂化的卡宾链，如同利用了两只手，碳原子之间手拉手排成一条线；对于二维情形，碳可以形成 sp^2 杂化，如同利用了三只手，碳原子之间手拉手形成了一个蜂窝状的石墨烯平面结构；对于三维情形，碳可以形成 sp^3 杂化，就像同时伸出了四只手，这四只手呈四面体的金刚石结构，相互形成一个三维的致密结构，也使金刚石成为地球上硬度最大的物质。除此之外，碳还可以以 sp-sp^2 杂化（有的碳原子伸出两只手，有的伸出三只手）的石墨炔、sp-sp^3 杂化（有的碳原子伸出两只手，有的伸出四只手）的金刚石炔等形态存在。一种元素竟然有如此多不同结构与性质的呈现形式，这在人类已经发现的 118 种化学元素中也绝无仅有。

3.10.1 C_2的实验室人工制备

证据推理与模型认知这一物理思维方法要求我们能通过搜集与创设科学证据，对物质的性质与变化提出可能的假设，然后基于证据分析与推理证实或证伪假设，建立化学信息与研究模型的精准对应、结论与科学证据之间的内在联系，进而给出解决复杂化学问题的思维框架与可行路径。最近，化学家关于 C_2 的研究过程[73-74]就很好地诠释了这一核心思想。

C_2 是一种存在于碳蒸气、彗星大气、恒星大气和星际物质中的同核双原子分子，被视为宇宙中的一种“神秘分子”[75-76]。早在 1857 年，物理化学家就通过烃类化合物燃烧产生火焰的棱镜光谱证实了 C_2 分子的存在，但因为 C_2 分子仅在高于 3500 ℃的温度下存在，后续尝试对其结构和电子态进行进一步表征时，却遇到了较大障碍，并未取得进展。后来随着实验手段和方法的不断改进，科学家在极端物理化学反应条件下终于制备出了 C_2 分子。例如，在高真空下用电弧激发石墨，可以原位形成 C_2 气体分子（图 3-44）[77]。然后，研究人员在低温条件下，采用有机小分子（如丙酮、环辛四烯、苯乙烯等）化学捕获手段（图 3-44），间接地探究了其电子结构，发现 C_2 分子的化学属性为单重态双卡宾或三重态双自由基结构。但相关的理论计算化学却支持 C_2 分子具有碳碳四重键，基态为单重态双自由基的结论。也就是说，实验化学家与理论化学家的观点完全相反。实验化学家与理论化学家研究结果之间出现巨大差异，可能是因为实验条件（高能态）与理论条件（基态）不同。

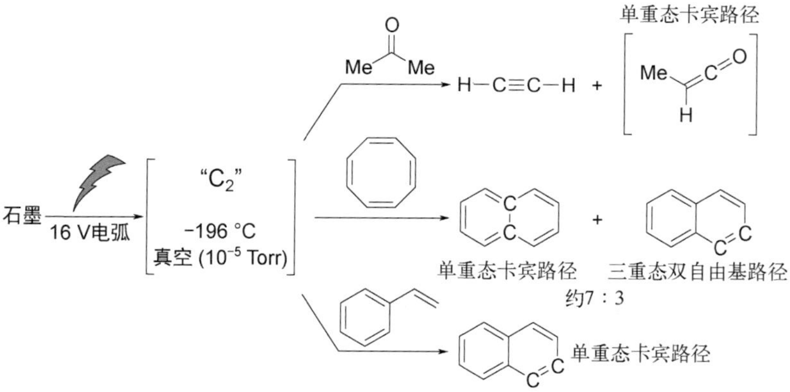

图 3-44 C_2 分子的电弧激发石墨法制备及其低温捕获方法

除了对石墨的电弧激发处理，另一种原位生成 C_2 分子的方法是采用红外或紫外多光子激发含 2 个碳原子的有机小分子，例如乙炔和乙烯等。然而，由于在光激发等极端物理化学环境的制备条件下[78]，对基态 C_2 分子的表征和物理化学性质研究的不确定因素太多，C_2 分子常常会显示出多种不同的电子结构。当然，科学家一直在探索稳定 C_2 分子的方法，发现路易斯碱的配位作用可以稳定该神秘分子。例如，单氨基卡宾或三苯基膦可以稳定 C_2 分子（图 3-45）[79]。然而，路易斯碱的配位会打破孤立状态时 C_2 分子的成键模式，更为不利的是，通常无法在温和条件下与配体解离而释放 C_2 分子[80]。

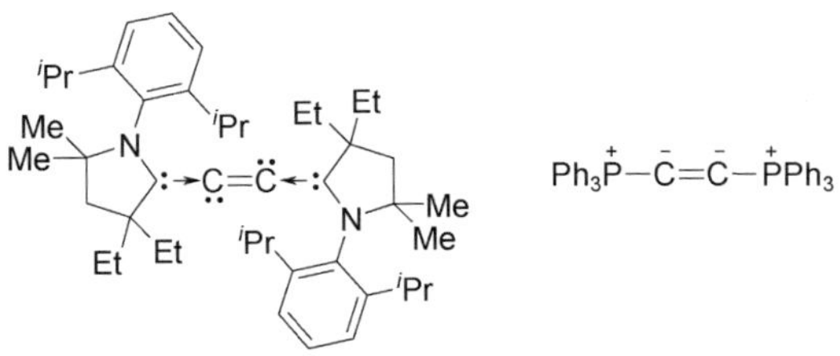

图 3-45　单氨基卡宾和三苯基膦稳定的 C_2 分子

最近，日本东京大学的 K. Miyamoto 和 M. Uchiyama 团队采用有机合成的方法（图 3-46）[73]，首先合成了前驱体分子，即一个含有三甲基硅乙炔基团的高价碘化合物，然后在氟离子存在的条件下，该含有三甲基硅乙炔基团的高价碘化合物可以在室温下释放 C_2 分子。如果没有捕获试剂的存在，反应中释放的 C_2 分子可以发生聚合重组，“自下而上”形成石墨、碳纳米管或 C_{60} 等碳的同素异形体分子。

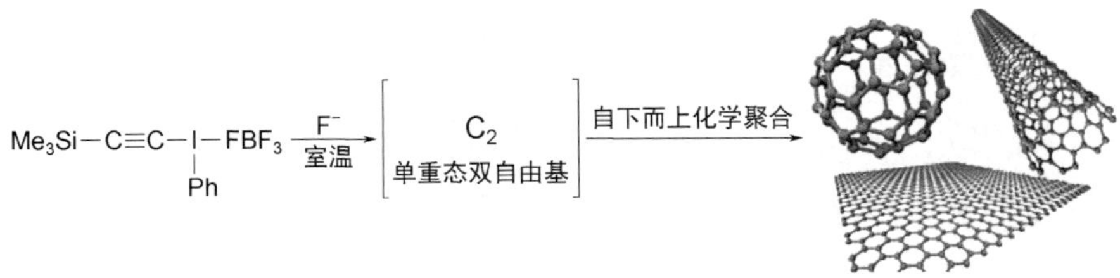

图 3-46　室温下 C_2 分子的有机合成及自下而上的化学聚合

在 C_2 分子的有机合成过程中，氟离子与反应物三甲基硅乙炔基团的高价碘化合物（**40**）发生化学反应，首先脱去 Me_3SiF，形成阴离子 **42**，随后消除 PhI 和 BF_4^-，进而产生 C_2 分子［图 3-47（a）］。为了验证三甲基硅乙炔基团的高价碘化合物可以作为 C_2 的前驱体分子，可以以二氯甲烷为溶剂，将前驱体分子和 Bu_4NF 混合，并将反应体系保持在−30 ℃，前驱体缓慢分解为乙炔（乙炔分子中的氢原子来源于溶剂二氯甲烷）和碘苯。之后，在 9,10-二氢蒽的存在下，原位生成的 C_2 分子会脱去 9,10-二氢蒽中的两个氢原子，形成蒽和乙炔［图 3-47（a）］。在二氯甲烷溶液中，原位形成的 C_2 分子也可以和自由基捕获试剂 **43**（Gal ·）反应，生成捕获产物 **44** 和乙炔［图 3-47（b）］，这意味着低温或室温下，C_2 分子具有自由基的电子结构属性。

为了进一步验证 C_2 气体的原位生成，可以通过更有说服力的实验设计予以证明。如图 3-48（a）所示，两个反应烧瓶由玻璃滤器连接，左边容器 A 装有前驱体分子三甲基硅乙炔基团的高价碘化合物 **40** 和 CsF，右边的容器 B 为自由基捕获试剂 **43**。经过 72 小时剧烈的搅拌，生成的 C_2 气体由 A 容器扩散到 B 容器，同时和自由基捕获试剂 **43** 发生反应生成产物 **44** 和 **45**。

如图 3-48（b）所示，同位素标记实验发现，在不同黏度（η）的溶剂中，^{13}C 标记的产物选择性随着体系黏度的增大而增大。而在无溶剂存在的时候，^{13}C 标记的产物比例为 52∶48，即接近 1∶1。这说明 C_2 分子的生成必然要先于 O—C 共价键的形成，并且也可以排除先加成而后消除的反应机理。

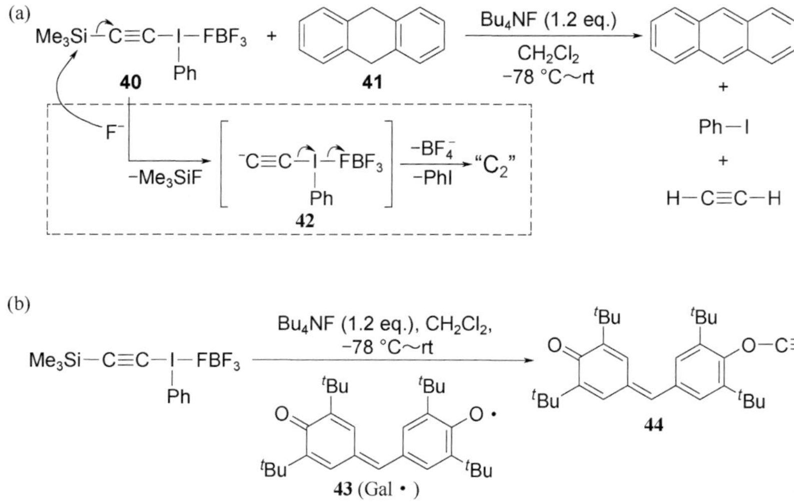

图 3-47　C_2 分子的原位捕获

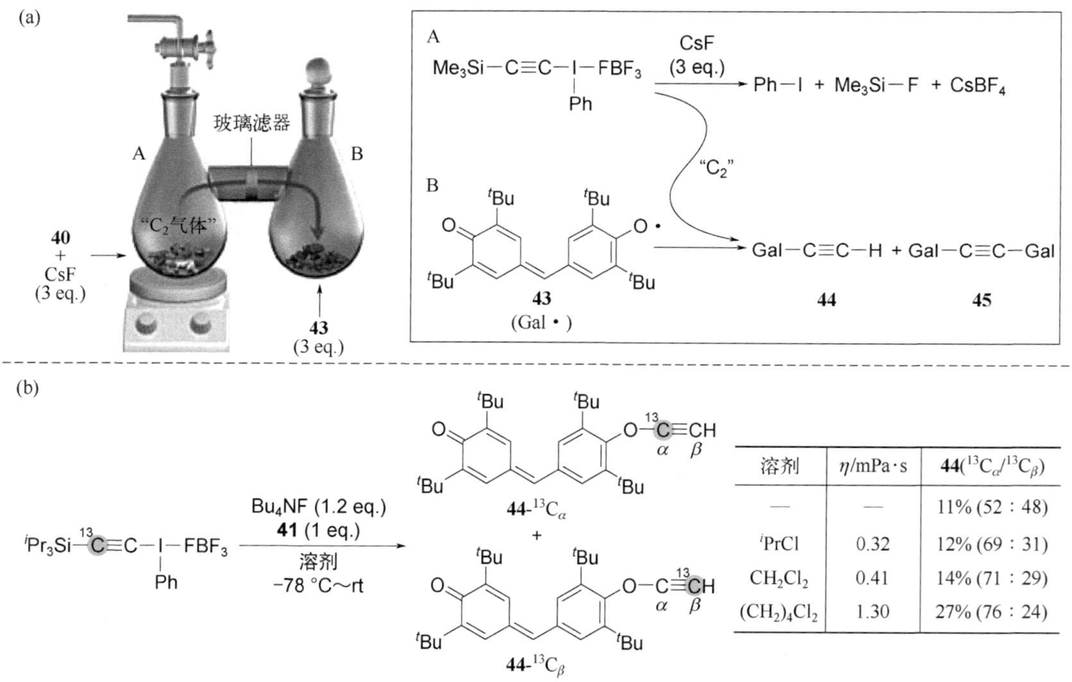

溶剂	η/mPa·s	**44**($^{13}C_\alpha$/$^{13}C_\beta$)
—	—	11% (52 : 48)
^{i}PrCl	0.32	12% (69 : 31)
CH_2Cl_2	0.41	14% (71 : 29)
$(CH_2)_4Cl_2$	1.30	27% (76 : 24)

图 3-48　C_2 气体的原位生成实验设计与验证

对于在常温常压下生成的 C_2 的性质，首次通过实验证明了其单重态双自由基和包括电荷转移键在内的四重键性质。这个结果完美证实了理论化学家的预测，从而结束了理论化学家与实验化学家之间长期持续的争论。虽然有机化学家对于 C_2 分子的室温合成取得了突破性进展，但其中的一些学术与科学问题还没有彻底解决[81-83]。正如英国帝国理工学院的计算化学家 Rzepa 教授所言，由前驱体分子含三甲基硅乙炔基团的高价碘化合物生成 C_2 是一个强吸热步骤[74]。根据其在 CCSD(T)/Def2-TZVPPD/SCRF 水平上对该反应的简化模型反应 MeI—C≡C ⟶ Me—I + C_2 的计算，发现其自由能增多达+47.1 kcal/mol（+196.88 kJ/mol）。这显然与实验之间存在一定的矛盾，为此，Rzepa 教授给出了三种需要进一步研究的疑问和科学问题：①该反应可能经历了其他尚未认识到的机理；②采用的量子化学从头计算方法对该反应存在相对大的、不可接受的误差；③实验中 C_2 分子并没有生成，而是生成了一些含碳的物质而已。相信随着对 C_2 化学与物理的进一步深入研究，这些疑问和科学问题一定会逐步被揭示和阐释。学术探究无止境，要接近该化学问题的本质与真相，需要完美而深刻的模型认知和缜密的证据推理。

3.10.2　环型碳 C_{10} 和 C_{14} 的表面合成

当每个碳原子只和周围两个原子成键时，就可能形成环型纯碳分子（即环型碳，C_n）。由于这种类型的碳结构具有很高的活性，极不稳定，在自然界中并不存在，而人工合成又极具难度和挑战性。此外，在学术界，碳环中每个碳原子和周围两个原子的成键方式一直还存在不同的观点，即碳环中键长均等的累积烯烃型（连续的双键结构），还是不等的聚炔型（单键和三键交替结构）。因此，它们扑朔迷离的结构和稳定性这些最基本的问题吸引了实验学家和理论学家极大的兴趣。笔者曾经参与研究并从理论上预测了 C_{10} 和 C_{14} 的结构和作为潜在分子半导体器件的性能（图 3-49）[84]。理论计算研究显示，C_{10} 和 C_{14} 比 C_{18} 环具有更好的热力学和动力学稳定性。C_{10} 是环型（$n \geqslant 10$）和线型（$n < 10$）的分界点，同时也是最大的芳香性累积烯烃型或微弱的难以分辨的单键和三键交替型碳环。C_{14} 则被预测是从累积烯烃型 C_{10} 到聚炔型 C_{18} 的 Peierls 相变过渡态。当然，不同的团队和不同的理论计算方法给出的结论似乎不完全一致，相关的研究还有待持续的深入开展。因此，研究 C_{10} 和 C_{14} 的结构和稳定性具有极其重要的意义。

图 3-49　C_{10} 和 C_{14} 的结构与性能的理论预测

实验方面，许多团队尝试合成环型碳，但并未获得成功，一些气相实验虽然显示存在环型碳的迹象，但是难以分离提纯并进一步表征它们的结构。最近令人鼓舞的是，一些新的碳同素异形体——纯碳环被成功制备。我国同济大学的科学家通过全卤化萘（$C_{10}Cl_8$）和全卤化蒽（$C_{14}Cl_{10}$）两种前驱体分子实施“麻醉”和“手术”，首次成功合成了分别由 10 个或 14 个碳原子组成的环型纯碳分子材料。2023 年 11 月，他们在国际顶级学术期刊《自然》（*Nature*）在线发表了题为“On-surface synthesis of aromatic cyclo[10]carbon and cyclo[14]carbon”的这一最新科研成果[85]。这项研究首次成功精准合成了两种全新的碳分子材料（碳同素异形体），即芳香性环型碳 C_{10} 和 C_{14}，并精细表征了它们的化学结构（图 3-50）。这两种合成的新颖碳结构有望应用于未来的分子电子学器件中，这也从实验上证明了之前的理论计算给出的预测。早在 2019 年，IBM 实验室与牛津大学研究团队就利用对分子中原子的独立操作的物理方法，制备出单个的环型碳 C_{18}，并首次从实验上验证了 C_{18} 为单键和三键交替的聚炔型结构，这一研究也可以说是开启了纯碳环状结构研究的先河。学术界普遍认为，以上研究工作极大推动了环型碳领域的发展，提出的表面合成与原子操控策略有望成为一种制备系列环型碳的普适性方法。同时，合成的环型碳有望发展成为新型半导体材料，并在分子电子器件中有着广阔的应用前景。

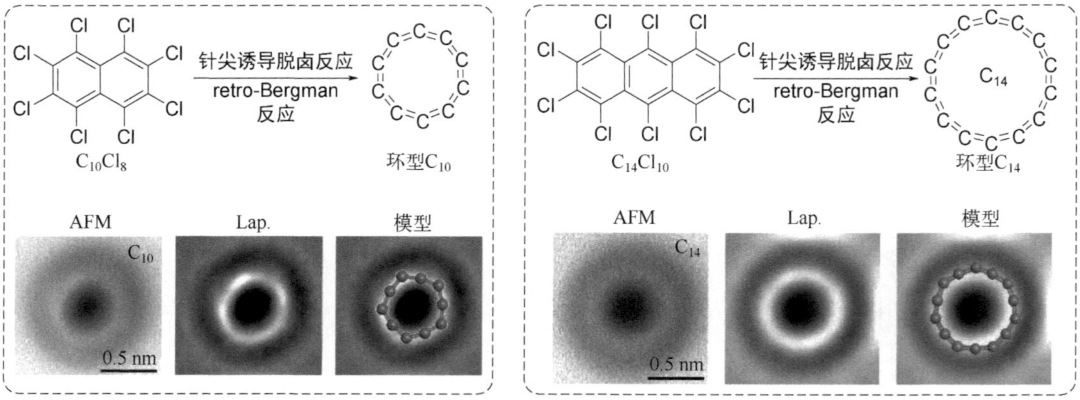

(a) 表面制备单个累积烯烃型环型碳(C_{10})　(b) 表面制备单个累积烯烃型环型碳(C_{14})

图 3-50　环型碳 C_{10} 和 C_{14} 的表面合成策略与化学结构表征

总之，碳元素具有多种成键方式和形态各异的同素异形体。碳元素及由其所构成的材料可以作为物理有机思维方法感悟的理想知识载体，本节正是以碳族元素同核双原子 C_2 分子和纯碳环结构的发现与制备及其本身所包含的科学知识为例，阐述如何通过碳元素相关科学知识的发现过程及其细节来体现证据推理与模型认知及相关物理有机化学学科思维。此外，相信随着对碳元素化学与物理科学的深入研究，还会不断有新的碳同素异形体被发现和合成，其性质和结构也会被人们不断地认识和理解，从而最终将之应用，造福人类社会。

3.11　简单分子实现复杂功能：阴离子转运分子泵

自然界本身是简单和复杂、必然和偶然的统一体。然而“大道至简”，化学家可以通过简单分子实现复杂功能。人工系统如果需要模拟或实现类似生命系统的复杂功能，离不开“以简驭繁，化繁为简”这种典型的物理思维方法。最近，美国达特茅斯学院的科学家 Ivan Aprahamian 教授在 *Science* 发表的关于阴离子转运分子泵的研究成果就是这一思想的最好例证。阴离子转运分子泵就像是一种能够逆浓度梯度跨膜运输离子的生物机器，有望在维持生物体功能方面起到至关重要的作用[86-87]。例如，Na-K-Cl 多离子共转运体广泛分布于人体的各种组织和各种类型的细胞中，在调节电解质平衡、肾小管重吸收、血压、细胞体积和早期神经发育等方面具有关键作用与功能[88-89]。人工模仿和构建这些生物转运体，一直以来都是分子机器领域研究的重点。不同于离子通道，离子泵的生物结构往往比较复杂，同时其运作需要消耗 ATP，从而实现离子的主动运输。基于酰胺、方酰胺、硫脲、杯吡咯、三氮唑、脲，以及卤素和硫族键等有机分子的人工阴离子受体，在过去几十年里得到了长足的发展，科学家已经实现了基于人工阴离子受体的不同阴离子的被动跨膜运输，即人工离子通道的构建。然而，如何设计人工阴离子泵并在宏观尺度下实现离子的主动运输，目前仍然是分子机器领域的一大挑战[90-91]。

然而，要构建阴离子泵，仅有阴离子受体是不够的，还需要赋予这些受体可主动调控的阴离子结合能力，这样才能在消耗能量的同时逆浓度梯度运输阴离子，实现离子泵的功能并完成离子的主动运输[87]。一种可行的策略是将光控分子开关，诸如经典的光活性分子偶氮苯和苯乙烯类有机结构与阴离子受体结合，通过光致顺反异构动态调节受体对阴离子的结合能力，从而可控地实现阴离子的结合和释放。然而，这一分子设计目前仅限于光控的离子被动运输，即仅允许阴离子沿浓度梯度单向扩散。

3.11.1 基于腙衍生物的分子开关与阴离子受体

Ivan Aprahamian 教授课题组一直致力于开发基于腙结构的分子开关（hydrazone switches），这类分子开关具有优秀的光致异构性能和极长的热力学半衰期。其结构的独特之处在于一个基于分子内氢键的六元环结构，该氢键结构伴随着光致顺反异构可以进入“开启”或“关闭”状态，进而“暴露”或“屏蔽”高度极化的腙 N—H 键［图 3-51（a）］。受此启发，Aprahamian 等于 2024 年 8 月设计并开发了一个三聚体形式的腙开关，他们利用这个分子实

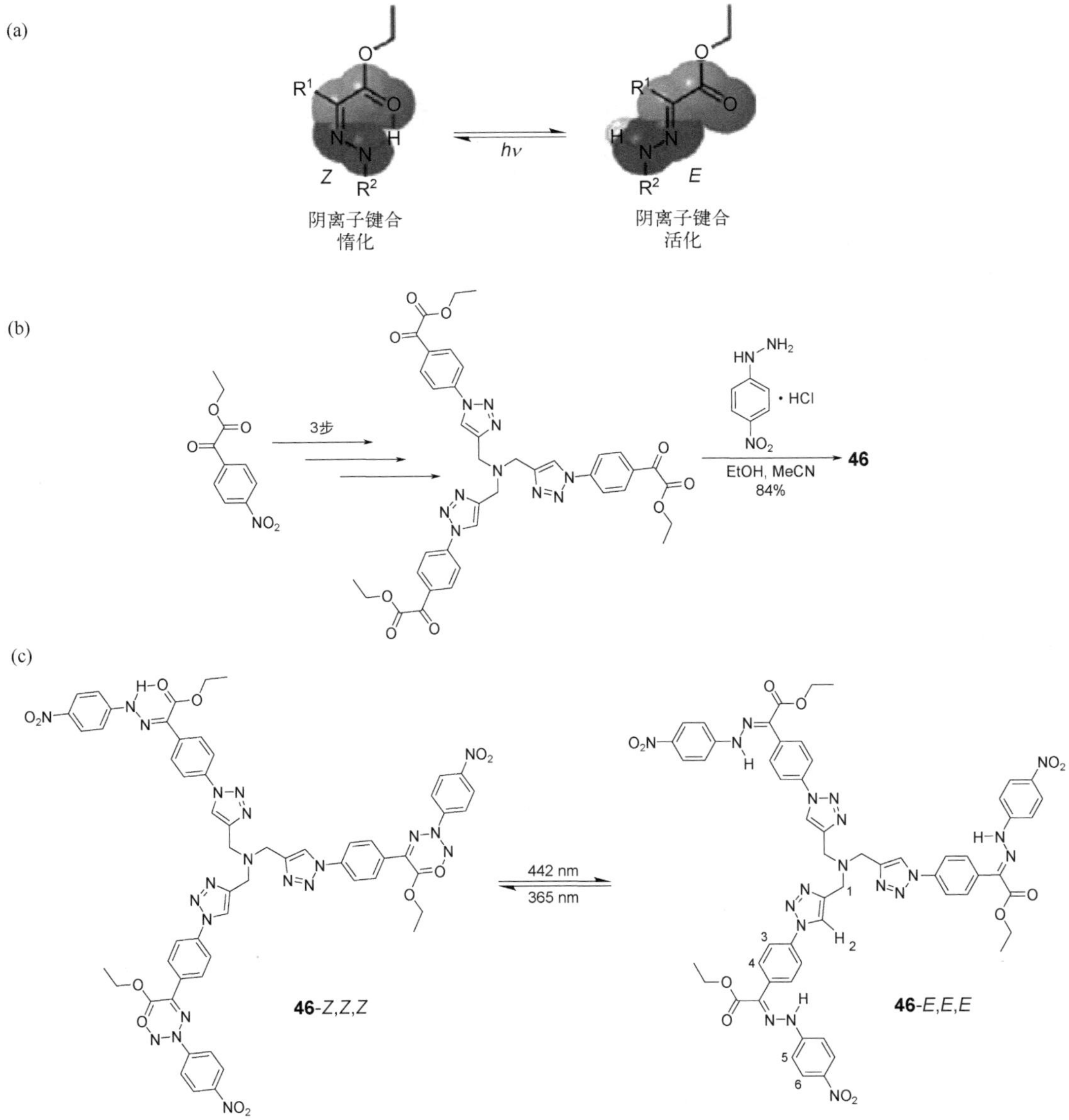

图 3-51 腙离子受体的设计理念和腙三聚体的合成方法

现了 6 个数量级的光控阴离子结合和释放效率，成为截至目前最高效率的阴离子结合和释放人工体系，并在此基础上通过 U 形管实验完成了在厘米尺度上的阴离子逆浓度梯度转运[92]。

Aprahamian 教授通过四步有机合成过程高效地制备了腙三聚体 **46**［图 3-51（b）］，并系统地表征了其光异构化性质［图 3-52（a）～（c）］。该腙开关的正向和反向光异构化效率均达到了 93%以上，光异构量子产率达到了 4.8%，同时具有超长的热力学半衰期。随后，表征了腙开关的顺式（*Z*）构型和反式（*E*）构型对于不同阴离子的结合能力［图 3-52（c），H 原子序号标记于图 3-51（c）中］。对于处于“开启”状态的反式（*E*）构型而言，腙开关对半径较小的卤素离子表现出较高的结合能力（结合常数高达 10^6），而对半径较大的 BF_4^-和 PF_6^-的结合能力则大大减弱。相反，顺式（*Z*）构型即 N—H 键氢键供体被“屏蔽”的“关闭”状态下，腙开关对离子的结合能力大大降低，结合常数低至个位数。就光控阴离子结合和释放效率而言，该腙开关凭借其高达 6 个数量级的效率，是目前为止该研究领域最为理想的阴离子输运人工体系。

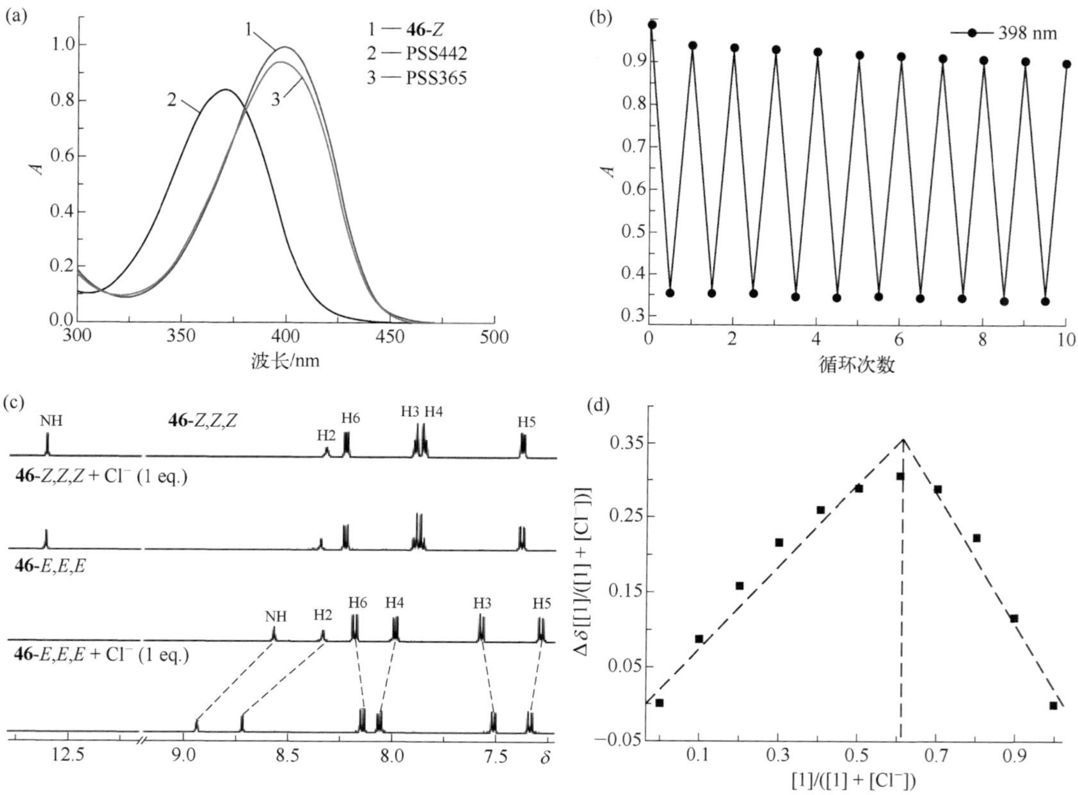

图 3-52 腙开关的顺反异构化表征和不同构型结合氯离子的表征

在对阴离子结合模式的表征过程中，首先在 Job's plot 实验中［图 3-52（d）］发现腙开关的反式（*E*）构型结合卤素离子的键合化学计量比为 2∶1，即 2 个腙分子结合 1 个卤素离子，而其结合大半径的 BF_4^-和 PF_6^-的键合化学计量比则为 1∶1。DOSY 核磁实验同样证明了 2∶1（对于卤素离子）和 1∶1（对于 BF_4^-和 PF_6^-）的键合化学计量比。同时，浓度依赖的 DOSY 核磁实验进一步揭示了 2∶1 的结合模式主要发生在离子浓度较低的状态；伴随着离子浓度的增加，1∶1的结合模式则会主导。2∶1和1∶1的腙开关与氯离子的键合结构在高分辨质谱上也得到了进一步的证明。但美中不足的是，实验上还未能成功获得键合结构的单晶结构。

3.11.2 U形管的泵送实验设计

Aprahamian等[92]利用U形管构建了一个三相（水/二氯甲烷/水）溶液体系［图3-53（a）、（b）］，并通过腙开关在二氯甲烷液体膜中的扩散运输和光异构化实现氯离子的捕获和释放，完成了逆浓度梯度运输氯化钾（KCl），且12小时的泵送效率高达8.8%［图3-53（c）］，相当于建立了4.2 mV的电势。在该泵送体系中，18-冠-6-醚作为相转移试剂，通过结合钾离子帮助氯化钾（KCl）溶解到二氯甲烷中。如图3-53（a）所示，泵的工作原理大致分为以下几个步骤：（Ⅰ）18-冠-6-醚结合的氯化钾（KCl）扩散进入二氯甲烷相（IN）；（Ⅱ）反式（*E*）构型腙开关结合氯离子；（Ⅲ）腙开关/氯离子复合物扩散至液体膜另一侧（OUT）；（Ⅳ）365 nm光照引发*E*-*Z*异构；（Ⅴ）18-冠-6-醚结合的氯化钾（KCl）被释放；（Ⅵ）18-冠-6-醚结合的氯化钾（KCl）扩散进入水相（OUT）；（Ⅶ）顺式（*Z*）构型腙开关扩散回液体膜另一侧（IN）；（Ⅷ）442 nm光照引发*Z*-*E*异构。步骤（Ⅰ）～（Ⅷ）的循环最终在宏观尺度下（3.5 cm运输距离）实现了氯化钾（KCl）通过二氯甲烷液体膜从IN相到OUT相的主动运输。如果进行类比，就氯离子的尺寸而言，这一运输过程相当于将足球踢过了6.5万个足球场的长度。

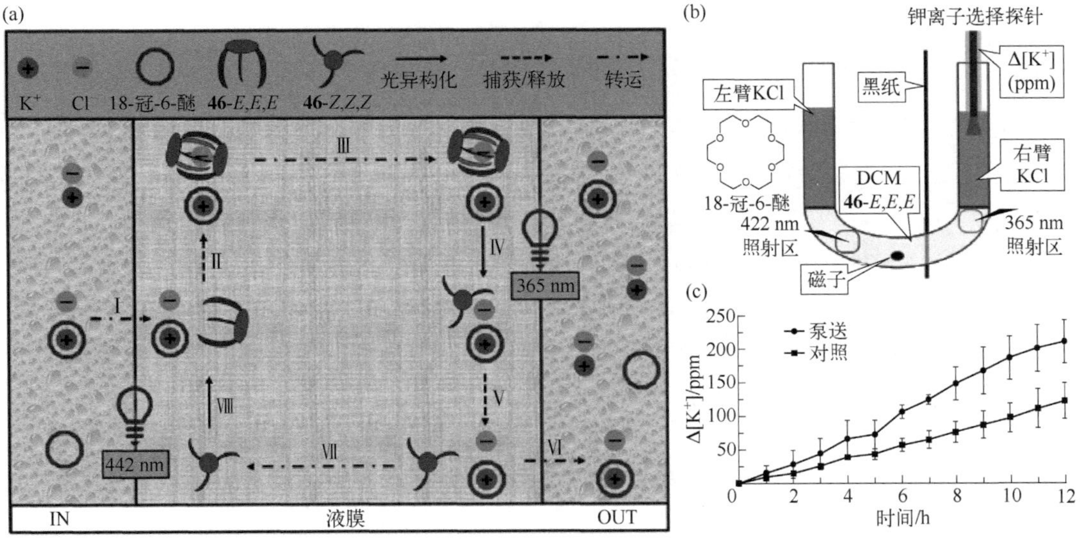

图3-53 U形管泵送体系的工作原理和泵送效率

总之，令人鼓舞的是，实验中成功开发了一种基于腙的光控阴离子受体，并将其应用于宏观尺度下的逆浓度梯度阴离子运输。该开关的反式（*E*）构型对卤化物离子表现出优异的结合亲和力，而对较大阴离子（如BF_4^-和PF_6^-）的结合亲和力则较弱。尽管结构中存在三个缺电子的三唑环，切换到分子内氢键的顺式（*Z*）构型仍显著降低了受体的结合能力，最终使光控结合和释放的效率达到了6个数量级。腙结构既作为阴离子结合体，又作为光调节器，因此可提供双重功能，为未来光控离子受体的发展提供了一种更为简单的策略[93]。

基于如此简洁的功能有机分子和 U 形管的泵送实验设计，为开发宏观尺度下的分子机器提供了全新的思路。这一成果的发表，立即吸引了国际同行的极大兴趣和关注。时值笔者在英国布里斯托大学化学学院 Anthony P. Davis 教授实验室访学，Anthony P. Davis 教授是国际知名的超分子化学家，在糖类分子识别基础研究领域和生物医药相关应用研究域做出了重要贡献，他专门针对该研究报道，组织课题组所有成员及时学习了解和讨论，并给予了高度的评价，特别是利用如此简单的有机分子，实现了极具挑战度的生物学功能，也指出了其在人工阴离子跨膜转运相关的生物化学和生物物理领域的重要潜在应用价值，充分体现了“以简驭繁，化繁为简”的物理思想和科学魅力。

3.12 先进合成策略与 AI 机器合成化学的“互联网+”

化学是自然科学的中心学科，而合成，特别是有机合成则是化学的中心。化学学科之所以具有强大的活力，就在于它能够合成新物质，创造新材料，造福人类社会，为其他学科的科学研究和相关的技术创新提供物质支撑，这是化学的魅力，也是合成的魅力。因此，先进的有机合成化学策略、合成方法论和方法学在化学研究，甚至众多自然科学领域的研究中尤为重要，特别是在人工智能（AI）、机器化学家与物联网、互联网迅猛发展的今天，一些先进物理技术方法和物理思维对精准化学合成将具有变革性的积极影响和作用。

3.12.1 线性合成和循环合成策略

常见的多步有机化学合成策略大体可分两大类，即循环合成策略和线性合成策略（图 3-54）。对于低聚糖、寡聚核苷酸和多肽等生物大分子而言，一般都能通过活化、偶联、脱保护的迭代循环来予以合成。对于小分子有机化合物来说，其中少部分的也可以通过迭代循环来合成，比如可以使用 Suzuki-Miyaura 偶联反应来连接预先已功能化的合成砌块[94-95]，但相当部分的小分子有机化合物通常需要使用多步合成的线性策略来合成。令人鼓舞的是，无论是循环合成策略，还是线性合成策略，目前都已经有了自动化的合成方案。而且，多肽或 DNA 链的循环自动合成早已经商品化，而新兴的基于连续流动化学的小分子线性合成策略也表现出了良好的反应重现性及可控性。然而，连续的多步线性合成工艺研究开发起来相当复杂，投入的人力、物力和时间也是相对巨大的，而且在操作上也存在较大的技术挑战，因为合成的每

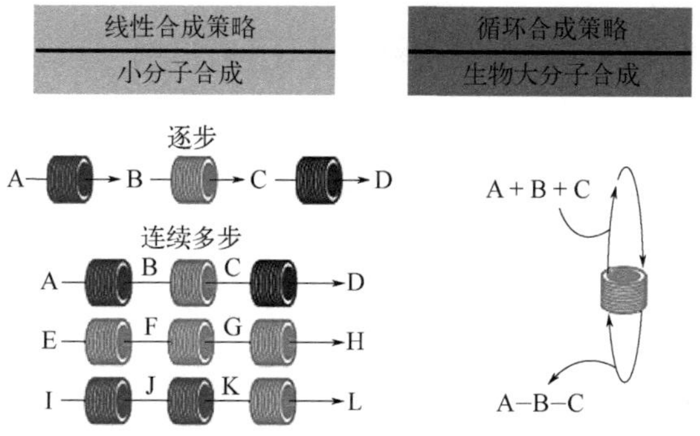

图 3-54 两种常见的有机化学合成策略：线性合成策略和循环合成策略

一步都需要使用各种专用设备，包括物料泵、反应器、加热器、冷却器和混合器等。由于所有步骤都同时进行，因此在多步连续的合成过程中，无法避免设备冗余。也就是说，多步线性合成策略尽管可以实现高通量合成，但工艺开发也相应地会变得十分复杂而失去可操作性和经济性。

3.12.2 径向合成策略与设备开发

如果把循环合成和线性合成策略相互结合，能否扬长避短，将优势集合在一起呢？2020 年 3 月，德国马克思-普朗克研究所的 Kerry Gilmore 博士等获得了开创性的成果并给出了肯定的答复[96]。他们开发出了一种新型的自动化径向合成设备（radial synthesis），集循环合成和线性合成的优势于一身，可用于有机小分子自动化合成。该设备的核心是被称为“中转站（central switching station，CSS）”的单元，在 CSS 周围呈放射状排列与其相连的一系列连续流动装置。这种先进的全自动设备能够进行线性合成和汇聚合成，且不需要在不同工艺之间进行费时费力的手动调整，便能有效地合成各种类型和结构的有机小分子，比如一种抗惊厥的药物卢非酰胺及其衍生物等复杂有机小分子就在此设备上成功合成。图 3-55 给出了这种先进循环合成和线性合成策略相互结合的新策略。

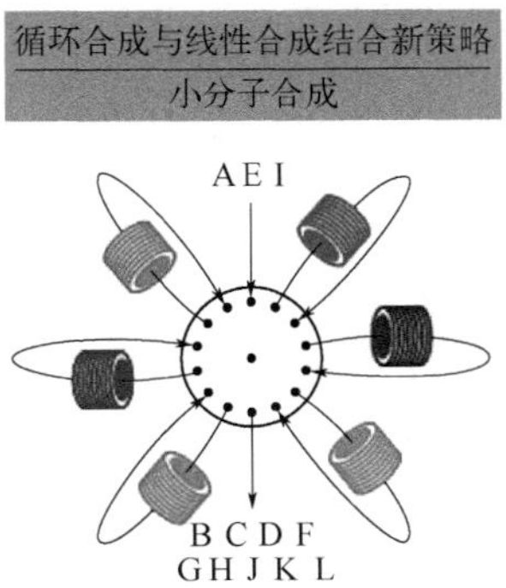

图 3-55 循环合成与线性合成相互结合的新策略

如图 3-56 所示，这种径向合成设备由四个部分组成，包括溶剂和试剂输送系统（RDS）、中转站（CSS）、备用模块（SM）和收集容器（CV）。其中，中转站又包括一系列相互独立的反应器和在线检测仪器。在径向合成过程中，并不是同时进行多个单步转换或多步反应的多个步骤，而是相互相对独立、顺序地连续发生，从而反应器就可以在不同条件下重复使用，并且反应的停留时间可按需控制，而与任何先前步骤的关系并不明显，甚至无关于先前步骤。显然，这不仅可以大大减少所需设备的数量，也巧妙地避免了在不同合成工艺之间切换时系统的重构过程。

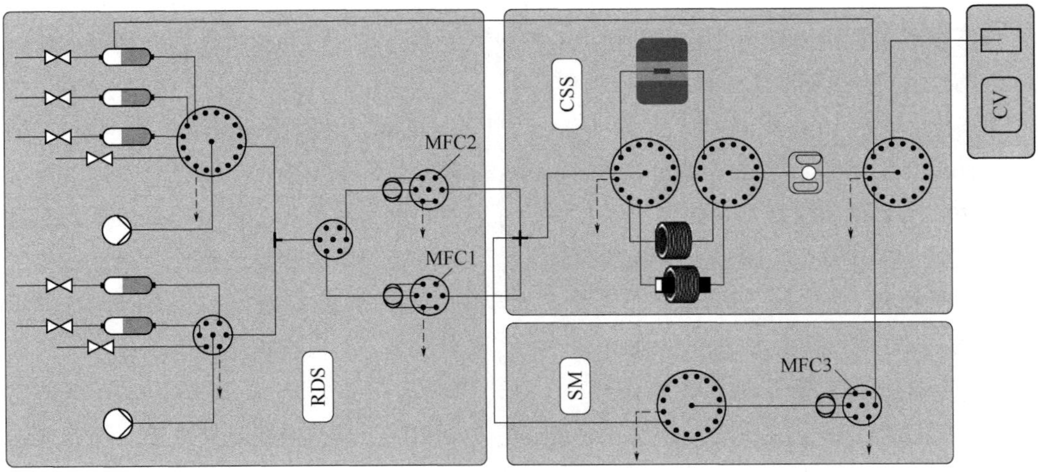

图 3-56 径向合成设备的主要组成部分

这种径向合成设备的工作流程并不复杂，首先，溶剂和试剂输送系统 RDS 分别泵入所需的反应物和溶剂，然后通过四通接头将其混合并传递到中转站 CSS，中转站 CSS 将混合物转移到合适模块——反应器或在线检测仪器，反应或检测按设定时间完成之后，溶液离开该模块并回到中转站 CSS，经过在线红外光谱检测装置之后，按照需求的不同在预设程序的控制下分别进入收集容器 CV（若为单步反应产物，无需后续步骤）、溶剂和试剂输送系统 RDS 中的储液管（比如汇聚合成中得到的中间体，备用）和 SM 中的样品环（比如线性合成中得到的中间体，准备作为下一步反应的反应物使用）。由于反应相互独立，因此这种径向合成设备在切换不同的合成工艺时，并不需要进行系统重构，也就是说同一反应器可在一个连续的过程中在不同的温度下使用。在不更换设备的情况下，能以任意顺序，按需要来组合更长或更短的停留时间。此外，溶剂和试剂输送系统 RDS 中可预存多种溶剂，反应物的溶液在进入样品环之前还可以按需进行稀释。可见，这种基于循环合成和线性合成相结合的先进合成策略的先进径向合成设备，可以大大加速反应条件的筛选和优化。

采用该径向合成设备，实验中使用线性合成和汇聚合成对抗惊厥药卢非酰胺进行了合成（图 3-57）。对于汇聚合成，在优化最终的铜催化环加成反应前，需要对叠氮化物 **48** 和酰胺 **50** 的合成分别进行两次独立的优化。使用 R—C 路径优化了 C1 和 C2 步骤，通过红外光谱仪在线检测转化率，并通过离线检测收集的样品确定产率。为了优化 C3 步骤，在环加成之前，分别合成叠氮化物 **48** 和酰胺 **50**，且将其存储在 RDS 和 SM 中。完成优化后，再按照 R—R、R—S、S—C 路径执行了三步汇聚径向合成。在不加压的容器中收集溶液，卢非酰胺在反应开始后的五分钟内结晶，过滤和洗涤后以 70%的收率得到纯的药物分子卢非酰胺。

3.12.3 合成化学的“互联网+”与 AI 平台

径向自动合成仪既可以进行线性合成和汇聚合成，也可以在线稀释进行浓度和溶剂筛选，并按需实现单步或多步合成，无需手动重构仪器。另外，反应器可以在不同的温度和流速下重复使用，而中间体可以存储起来用于汇聚合成和多步优化。在 AI 的加持下，不久的将来我们完全可以建立一个化学服务器，提供数百个这样的自动化平台，科学家可以从世界任何地方登录进行实验，坐在电脑前动动手指就可以遥控互联网另一端的设备做实验拿数据，或许很快就可以实现，而这一化学服务器也必将成为先端化学合成和学术创新的利器，成就合成化学的“互联网+”[97-99]。

事实上，早在 20 世纪 60 年代，有机合成大师 E. J. Corey 教授就开发了一款名为 LHASA（Logic and Heuristics Applied to Synthetic Analysis）的软件，可以根据当时已有的化学反应和录入的 300 个有机反应规则帮助使用者对目标分子的合成路线进行分析。但是由于缺乏足够有效的反应数据和规则，再加之计算机存储容量、数据处理能力和算法都无法满足需要，并未得到大规模推广使用。然而，前不久上海大学的 Mark Waller 教授和德国明斯特大学的 Marwin Segler 博士等在 *Nature* 上报道了一款可以通过自主学习有机反应来设计分子合成路线的人工智能（AI）新工具[100]。这虽然并不是化学与 AI 的“第一次亲密接触”，但依然在有机合成领域带来了巨大反响。原因很直接，这款 AI 新工具不需要化学家输入任何规则，只是基于已经报道的单步化学反应，机器系统即可自行学习相关的化学转化规则，并进行快速、高效的逆合成分析。

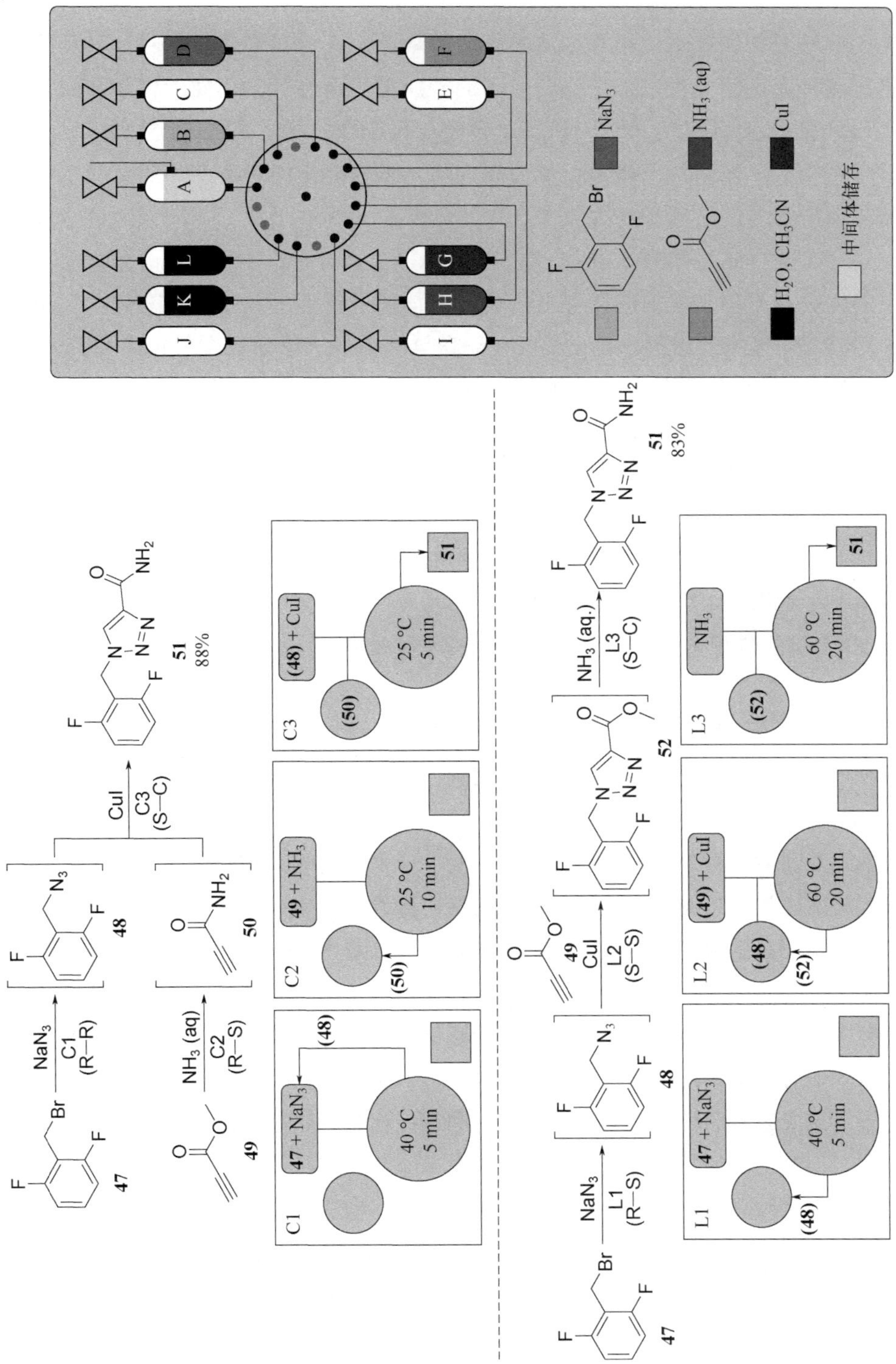

图 3-57　汇聚合成和线性合成卢非酰胺的途径

当该 AI 工具被化学家要求为特定目标分子设计一条合成路线时，它会像人类一样进行选择和判断，根据它学到的设计规则选出最有前景的前体分子，然后再进行合成可行性的评估，直到找到最佳的合成路线。这意味着，自主学习完规则的这款 AI 工具，可以完全不依靠人类已有的经验和策略，自行创造出新的策略，并去寻找优化合成目标分子的最佳路线。可见，这种人工智能可以抓住化学方面的专业知识而进行创造性的化学合成。当然，这种 AI 工具的出现并不是为了证明机器化学家比传统合成化学家强，因为 AI 设计的路线有时也不总是奏效，但它们可以尽可能快地为化学家们提供成功概率高的合成路线，这就让化学家能够把更多的时间和精力集中在对更深层次问题的思考上，比如“该合成什么样的分子，为什么要合成这样的分子”，而不是“怎样合成分子”。AI 工具的强大功能和在学科交叉中的优势从诺贝尔奖的颁发可见一斑，也体现了物理思维和方法在化学学科发展中的巨大作用。2024 年度的诺贝尔化学奖授予了美国华盛顿大学西雅图分校的大卫·贝克“计算蛋白质设计”，及英国伦敦 Google 旗下人工智能公司 DeepMind 的德米斯·哈萨比斯和约翰·江珀“蛋白质结构预测”。瑞典皇家科学院发布的新闻公报说，诺贝尔化学奖是关于蛋白质的，蛋白质是生命中巧妙的化学工具。大卫·贝克成功地完成了构建全新蛋白质种类这一几乎不可能的壮举。德米斯·哈萨比斯和约翰·江珀开发了一个 AI 模型来解决 50 年前的一个问题：预测蛋白质的复杂结构。这些发现具有巨大的潜力。诺贝尔化学奖委员会主席海纳·林克指出，“今年获得认可的发现之一与神奇蛋白质的构造有关。另一项发现则与实现 50 年前的梦想有关：根据氨基酸序列预测蛋白质结构。这两项发现都开辟了广阔的可能性”。

此外，特别令人鼓舞和赞叹的是，中国科学技术大学化学物理系罗毅和江俊团队成功开发了全球首个集阅读文献、自主设计实验与材料开发全流程于一体的人工智能机器化学家平台（图 3-58），该平台能够从数以亿计的可能组合中找到最优解来加快材料研发[101]。化学家将实验数据经处理后，输入平台独有的计算大脑中，产生理论与实验交融的人工智能模型，帮助科研人员优化实验方案。最近，该团队与深空探测实验室研究团队合作，通过人工智能驱动机器人实验，利用火星陨石成功创制出了实用的产氧电催化剂，为未来火星探测和地外文明探索提供了新的技术手段。机器化学家平台通过理论模拟与精准实验双循环的机器自动化过程，集成了从原料准备、样品合成、性能测试到配方优化步骤，这种智能研究范式极大地加速了新分子与新材料发现过程，在两个月内就完成了普通人类化学家需要做 2000 年的复杂优化工作。该成果中的机器人系统、工作站和智能化学大脑都是最先进和前沿的研究成果和研究工具，将对化学科学产生巨大影响。业内专家认为，机器化学家的研究工作脱离了传统试错式研究范式的限制，展现出了“最强化学大脑”指导的智能新范式的巨大优势，引领化学研究朝着知识理解数字化、操作指令化、创制模板化的未来趋势前进[102]。江俊教授本人就在接受采访中曾表示，机器化学家平台有望成百上千倍地扩大规模，多地联动，实现多种不同形态的智能机器人协同操作多种功能的智能化学工作站，日均完成万次以上化学实验操作，应对日益复杂和深入的科学问题，满足航空航天、医疗卫生、材料科学、化工原料、生物医药等领域的研发需求。

图 3-58　中国科学技术大学人工智能机器化学家平台

参考文献

[1] Tonner R, Frenking G. $C(NHC)_2$: Divalent carbon(0) compounds with N-heterocyclic carbene ligands—Theoretical evidence for a class of molecules with promising chemical properties[J]. Angew Chem Int Ed, 2007, 46: 8695-8698.

[2] Dyker C A, Lavallo V, Donnadieu B, Bertrand G. Synthesis of an extremely bent acyclic allene[J]. Angew Chem Int Ed, 2008, 47: 3206-3209.

[3] Holzmann N, Stasch A, Jones C, Frenking G. Structures and stabilities of group 13 adducts $[(NHC)(EX_3)]$ and $[(NHC)_2(E_2X_n)]$ (E = B to In; X = H, Cl; n = 4, 2, 0; NHC=N-heterocyclic carbene) and the search for hydrogen storage systems: A theoretical study[J]. Chem Eur J, 2011, 17: 13517-13525.

[4] Braunschweig H, Dewhurst R D, Hammond K, et al. Ambient-temperature isolation of a compound with a boron-boron triple bond[J]. Science, 2012, 336: 1420-1422.

[5] Sekiguchi A, Kinjo R, Ichinohe M. A stable compound containing a silicon-silicon triple bond[J]. Science, 2004, 305: 1755-1757.

[6] Frenking G, Holzmann N. A boron-boron triple bond[J]. Science, 2012, 336: 1394-1395.

[7] Celik M A, Sure R, Klein S, et al. Borylene complexes $(BH)L_2$ and nitrogen cation complexes $(N^+)L_2$: Isoelectronic homologues of carbones CL_2[J]. Chem Eur J, 2012, 18: 5676-5692.

[8] Braunschweig H, Dewhurst R D, Hupp F, et al. Multiple complexation of CO and related ligands to a main-group element[J]. Nature, 2015, 522: 327-330.

[9] Frenking G. Peculiar boron startles again[J]. Nature, 2015, 522: 297-298.

[10] Himmel D, Krossing I, Schnepf A. Dative bonds in main-group compounds: A case for fewer arrows![J]. Angew Chem Int Ed, 2014, 53: 370-374.

[11] Frenking G. Dative bonds in main-group compounds: A case for more arrows![J]. Angew Chem Int Ed, 2014, 53: 6040-6046.

[12] Pagano J K, Xie J, Erickson K A, et al. Actinide 2-metallabiphenylenes that satisfy Hückel's rule[J]. Nature, 2020, 578: 563-567.

[13] Konings R J M, Morss L R, Fuger J, Thermodynamic properties of actinides and actinide compounds[M]. Dordrecht: Springer, 2010: 2113-2224.

[14] Craig D P, Paddock N L. A novel type of aromaticity[J]. Nature, 1958, 181: 1052-1053.

[15] Chen L, Lin L, Nath A R, et al. Synthesis and characterization of craig-type antiaromatic species with [$4n+2$] π electrons[J]. Natl Acad Sci U S A, 2023, 12(6): e2215900120.

[16] Tang C, Zhao Y, Wu J, et al. Releasing antiaromaticity in metal-bridgehead naphthalene[J]. J Am Chem Soc, 2021, 143: 15587-15592.

[17] Li Q, Hua Y, Tang C, et al. Solation, reactivity, and tunable properties of a strained antiaromatic osmacycle[J]. J Am Chem Soc, 2023, 145(13): 7580-7591.

[18] Rienmüller J, Peerless B, Paul S, et al. Isolation of a planar π-aromatic Bi_5-ring in a cobalt-based inverse-sandwich-type complex[J]. Nat Chem, 2025, 17(4): 547-555.

[19] 黄宝磊，孙昊，李欣烨，等. 芳香性概念的最新进展[J]. 大学化学, 2021, 36(8): 28-36.

[20] Segawa Y, Watanabe T, Yamanoue K, et al. Nat Synth, 2022, 1: 535-541.

[21] Ye L P, Hu C Y, Yang D Y, et al. A writhed möbius nanobelt derived from [7]helicene[J]. J Am Chem Soc, 2025, 147: 17795-17803.

[22] (a) Allemann O, Duttwyler S, Romanato P, et al. Proton-catalyzed silane-fueled Friedel-Crafts coupling of fluoroarenes[J]. Science, 2011, 332(6029): 574-577. (b) Phipps R J, Gaunt M J. A meta-selective copper-catalyzed C—H bond arylation[J]. Science, 2009, 323(5921): 1593-1597. (c) Sakic D, Vrcek V. Prereactive complexes in chlorination of benzene, triazine and tetrazine: A quantum chemical study[J]. J Phys Chem A, 2012, 116: 1298-1306.

[23] Jang K S, Shin H Y, Chi D Y. Electrophilic aromatic addition reaction (Ad_EAr) to anthracene[J]. Tetrahedron, 2008, 64: 5666-5671.

[24] Smith M B, March J. March's advanced organic chemistry reactions, mechanisms and structure[M]. New York: Wiley, 2013.

[25] Bachrach S M. Computational organic chemistry[M]. New York: Wiley, 2014.

[26] Rosokha S V, Kochi J K. The preorganization step in organic reaction mechanisms charge-transfer complexes as precursors to electrophilic aromatic substitutions[J]. J Org Chem, 2002, 67: 1727-1737.

[27] Volkov A N, Timoshkin A Y, Suvorov A V. Pathways of electrophilic aromatic substitution reactions catalyzed by group 13 trihalides: An ab initio study[J]. Int J Quantum Chem, 2005, 104: 256-260.

[28] Ben-Daniel R, de Visser S P, Shaik S, Neumann R. Electrophilic aromatic chlorination and haloperoxidation of chloride catalyzed by polyfluorinated alcohols: A new manifestation of template catalysis[J]. J Am Chem Soc, 2003, 125: 12116-12117.

[29] Filimonov V D, Poleshchuk O K, Krasnokutskaya E A, Frenking G. DFT investigation of the thermodynamics and mechanism of electrophilic chlorination and iodination of arenes[J]. J Mol Model, 2011, 17: 2759-2771.

[30] Zhang M, Lund C R F. An experimental and computational study of solvent effects in toluene chlorination[J]. J Phys Chem A, 2002, 106(43):10294-10301.

[31] Vasiliev A V, Lindeman S V, Kochi J K. Molecular structures of the metastable charge-transfer complexes of benzene (and toluene) with bromine as the pre-reactive intermediates in electrophilic aromatic bromination[J]. New J Chem, 2002, 26: 582-592.

[32] Koleva G, Galabov B, Wu J, et al. Electrophile affinity: A reactivity measure for aromatic substitution[J]. J Am Chem Soc, 2009, 131(41): 14722-14727.

[33] Tomasi J, Mennucci B, Cammi R. Quantum mechanical continuum solvation models[J]. Chem Rev, 2005, 105: 2999-3094.

[34] Galabov B, Koleva G, Simova S, et al. Arenium ions are not obligatory intermediates in electrophilic aromatic substitution[J]. Proc Natl Acad Sci U S A, 2014, 111(28): 10067-10072.

[35] Wendlandt A E, Vangal P, Jacobsen E N. Quaternary stereocentres via an enantioconvergent catalytic S_N1 reaction[J]. Nature, 2018, 556: 447-451.

[36] Banik S M, Levina A, Hyde A M, Jacobsen E N. Lewis acid enhancement by hydrogen-bond donors for asymmetric catalysis[J]. Science, 2017, 358: 761-764.

[37] Quasdorf K W, Overman L E. Catalytic enantioselective synthesis of quaternary carbon stereocentres[J]. Nature, 2014, 516: 181-191.

[38] Das J P, Marek I. Enantioselective synthesis of all-carbon quaternary stereogenic centers in acyclic systems[J]. Chem Commun, 2011, 47: 4593-4623.

[39] Feng J, Holmes M, Krische M J. Acyclic quaternary carbon stereocenters via enantioselective transition metal catalysis[J]. Chem Rev, 2017, 117: 12564-12580.

[40] Behenna D C, Stoltz B M. The enantioselective tsuji allylation[J]. J Am Chem Soc, 2004, 126: 15044-15045.

[41] Bhat V, Welin E R, Guo X, Stoltz B M. Advances in stereoconvergent catalysis from 2005 to 2015: Transition-metal-mediated stereoablative reactions, dynamic kinetic resolutions, and dynamic kinetic asymmetric transformations[J]. Chem Rev, 2017, 117: 4528-4561.

[42] Brak K, Jacobsen E N. Asymmetric ion-pairing catalysis[J]. Angew Chem Int Ed, 2013, 52: 534-561.

[43] Neel A J, Hilton M J, Sigman M S, Toste F D. Exploiting non-covalent π interactions for catalyst design[J]. Nature, 2017, 543: 637-646.

[44] Tsuji N, Kennemur J L, Buyck T, et al. Activation of olefins via asymmetric Brønsted acid catalysis[J]. Science, 2018, 359: 1501-1505.

[45] Winstein S, Trifan D S. Catalytic enantiocontrol over a non-classical carbocation[J]. J Am Chem Soc, 1949, 71: 2953-2953.

[46] Properzi R, Kaib P S J, Leutzsch M, et al. Catalytic enantiocontrol over a non-classical carbocation[J]. Nat Chem, 2020, 12(12): 1-6.

[47] Kaib P S J, Schreyer L, Lee S, et al. Extremely active organocatalysts enable a highly enantioselective addition of allyltrimethylsilane to aldehydes[J]. Angew Chem Int Ed, 2016, 55: 13200-13203.

[48] Tantillo D. J. The carbocation continuum in terpene biosynthesis—Where are the secondary cations? [J]. Chem Soc Rev, 2010, 39: 2847-2854.

[49] Xie J, Hase W. Rethinking the S_N2 reaction[J]. Science, 2016, 352(6281): 32-33.

[50] Xie J, Otto R, Wester R, Hase W. Chemical dynamics simulations of the monohydrated $OH^-(H_2O) + CH_3I$ reaction[J]. J Chem Phys, 2015, 142: 244308.

[51] Laerdahl J K, Uggerud E. Review Gas phase nucleophilic substitution[J]. Int J Mass Spectrom, 2002, 214: 277.

[52] Otto R, Brax J, Tripple S, et al. Single solvent molecules can affect the dynamics of substitution reactions[J]. Nat Chem, 2012, 4: 534-538.

[53] Stei M, Carrascosa E, Kainz M A, et al. Influence of the leaving group on the dynamics of a gas-phase S_N2 reaction[J]. Nat Chem, 2016, 8: 151-156.

[54] Xie J, Otto R, Mkosch J, et al. Identification of atomic-level mechanisms for gas-phase $X^- + CH_3Y$ S_N2 reactions by combined experiments and simulations[J]. Acc Chem Res, 2014, 47: 2960-2969.

[55] Honda M, Yamamoto Y, Tsuchida H, et al. Stereoselective acid-catalyzed homoallylic rearrangement of cyclopropylsilylmethanols[J]. Tetrahedron Lett, 2005, 46: 6465-6468.

[56] Honda M, Mita T, Nishizawa T, et al. Acid-catalyzed reaction behavior of 1-silylcyclopropylmethanols[J]. Tetrahedron Lett, 2006, 47: 5751-5754.

[57] Lanke V, Zhang F G, Kaushansky A, Marek I. Diastereoselective ring opening of fully-substituted cyclopropanes via intramolecular Friedel-Crafts alkylation[J]. Chem Sci, 2019, 10: 9548-9554.

[58] Lanke V, Marek I. Nucleophilic substitution at quaternary carbon stereocenters[J]. J Am Chem Soc, 2020, 142: 5543-5548.

[59] Sze But T Y, Toy P H. Organocatalytic Mitsunobu reactions[J]. J Am Chem Soc, 2006, 128: 9636-9637.

[60] Mitsunobu O. The use of diethyl azodicarboxylate and triphenylphosphine in synthesis and transformation of natural products[J]. Synthesis, 1981: 1-28.

[61] Hughes D L. Replacement of alcoholic hydroxy groups by halogens and other nucleophiles via oxyphosphonium intermediates[J]. Org React, 1983, 29: 1-162.

[62] Hughes D L. Progress in the mitsunobu reaction: A review[J]. Org Prepar Proced Int, 1996, 28: 127-164.

[63] Beddoe R H, Andrews K G, Magne V, et al. Redox-neutral organocatalytic Mitsunobu reactions[J]. Science, 2019, 365(6456): 910-914.

[64] Hirose D, Gazvoda M, Kosmrlj J, Taniguchi T. Systematic evaluation of 2-arylazocarboxylates and 2-arylazocarboxamides as Mitsunobu reagents[J]. J Org Chem, 2018, 83: 4712-4729.

[65] Longwitz L, Werner T, The Mitsunobu reaction, reimagined[J]. Science, 2019, 365(6456): 866-867.

[66] Alexeeva M, Enright A, Dawson M. J, et al. Deracemization of alpha-methylbenzylamine using an enzyme obtained by in vitro evolution[J]. Angew Chem Int Ed, 2002, 41: 3177-3180.

[67] Lackner A D, Samant A V, Toste F D. Single-operation deracemization of 3*H*-indolines and tetrahydroquinolines enabled by phase separation[J]. J Am Chem Soc, 2013, 135: 14090-14093.

[68] Ji Y, Shi L, Chen M W, et al. Concise redox deracemization of secondary and tertiary amines with tetrahydroisoquinoline core via nonenzymatic process[J]. J Am Chem Soc, 2015, 137: 10496-10499.

[69] Hölzl-Hobmeier A, Bauer A, Silva A V, et al. Catalytic deracemization of chiral allenes by sensitized excitation with visible light[J]. Nature, 2018, 564: 240-243.

[70] Shin N Y, Ryss J M, Zhang X, et al. Light-driven deracemization enabled by excited-state electron transfer[J]. Science, 2019, 366: 364-369.

[71] Huang M, Pan T, Jiang X, Luo S, Catalytic deracemization reactions[J]. J Am Chem Soc, 2023, 145: 10917-10929.

[72] Wendlandt A E, Photocatalytic deracemization fixes the mix[J]. Science, 2019, 366(6463): 304-305.

[73] Miyamoto K, Narita S, Masumoto Y, et al. Room-temperature chemical synthesis of C_2[J]. Nat Commun, 2020, 11: 2134.

[74] Rzepa H S. A thermodynamic assessment of the reported room-temperature chemical synthesis of C_2[J]. Nat Commun, 2021, 12: 1241.

[75] Wu D, Li Y, Gangulyb R, Kinjo R. Synthesis and structural characterization of a C_4 cumulene including 4-pyridylidene units, and its reactivity towards ammonia-borane[J]. Chem Commun, 2014, 50: 12378-12381.

[76] Shaik S, Danovich D, Braida B, Hiberty P C. The quadruple bonding in C_2 reproduces the properties of the molecule[J]. Chem Eur J, 2016, 22: 4116-4128.

[77] Li P, Li Z, Yang J. Dominant kinetic pathways of graphene growth in chemical vapor deposition: The role of hydrogen[J]. J Phys Chem C, 2017, 121: 25949-25955.

[78] Shoyama K, Würthner F. Synthesis of a carbon nanocone by cascade annulation[J]. J Am Chem Soc, 2019, 141: 13008-13012.

[79] Back O, Donnadieu B, Parameswaran P, et al. Isolation of crystalline carbene-stabilized P_2-radical cations and P_2-dications[J]. Nat Chem, 2010, 2: 369-373

[80] Li Y, Mondal K C, Samuel P P, et al. C_4 cumulene and the corresponding air-stable radical cation and dication[J]. Angew Chem Int Ed, 2014, 53: 4168-4172.

[81] Jin L, Melaimi M, Liu L, et al. Singlet carbenes as mimics for transition metals: Synthesis of an air stable organic mixed valence compound $[M_2(C_2)^+$; M = cyclic(alkyl)(amino)carbene][J]. Org Chem Front, 2014, 1: 351-354.

[82] Kretschmer R, Ruiz D A, Moore C E, et al. One-, two-, and three-electron reduction of a cyclic alkyl(amino)carbene-$SbCl_3$ adduct[J]. Angew Chem Int Ed, 2014, 53: 8176-8179.

[83] Wang Y, Xie Y, Wei P, et al. Carbene-stabilized diphosphorus[J]. J Am Chem Soc, 2008, 130: 14970-14971.

[84] Li M, Gao Z, Han Y, et al. Potential molecular semiconductor devices: cyclo-C_n (n = 10 and 14) with higher stabilities and aromaticities than acknowledged cyclo-C_{18}[J]. Phys Chem Chem Phys, 2020, 22: 4823-4831.

[85] Sun L, Zhang W, Gao W, et al. On-surface synthesis of aromatic cyclo[10]carbon and cyclo[14]carbon[J]. Nature, 2023, 623: 972-976.

[86] Gadsby D C. Ion channels versus ion pumps: The principal difference in principle[J]. Nat Rev Mol Cell Biol, 2009, 10: 344-352.

[87] Feng L, Qiu Y, Guo Q H, et al. Active mechanisorption driven by pumping cassettes[J]. Science, 2021, 374: 1215-1221.

[88] Russell J M. Sodium-potassium-chloride cotransport[J]. Physiol Rev, 2000, 80: 211-276.

[89] Jiang G, Akar F, Cobbs S L, et al. Blood pressure regulates the activity and function of the Na-K-2Cl cotransporter in vascular smooth muscle[J]. Am J Physiol Heart Circ Physiol, 2004, 286: H1552-H1557.

[90] Amano S, Fielden S D P, Leigh D A. A catalysis-driven artificial molecular pump[J]. Nature, 2021, 594: 529-534.

[91] Qiu Y, Feng Y, Guo Q H, et al. Pumps through the ages[J]. Chem, 2020, 6: 1952-1977.

[92] Shao B, Fu H, Aprahamian I. A molecular anion pump[J]. Science, 2024, 385: 544-549.

[93] Corra S, Bakić M T, Groppi J, et al. Kinetic and energetic insights into the dissipative non-equilibrium operation of an autonomous light-powered supramolecular pump[J]. Nat Nanotechnol, 2022 17: 746-751.

[94] Li J, Ballmer S G, Gillis E P, et al. Synthesis of many different types of organic small molecules using one automated process[J]. Science, 2015, 347: 1221-1226.

[95] Adamo A, Beingessner R L, Behnam M, et al. On-demand continuous-flow production of pharmaceuticals in a compact, reconfigurable system[J]. Science, 2016, 352: 61-67.

[96] Chatterjee S, Guidi M, Seeberger P H, Gilmore K. Automated radial synthesis of organic molecules[J]. Nature, 2020, 579: 379-384.

[97] Connor W C, Dale A T, Justin A M L, et al. A robotic platform for flow synthesis of organic compounds informed by AI planning[J]. Science, 2019, 365: eaax1566.

[98] Ha T, Lee D, Kwon Y, et al. AI-driven robotic chemist for autonomous synthesis of organic molecules[J]. Sci Adv, 2023, 9(44): eadj0461.

[99] Strieth-Kalthoff F, Szymkuc S, Molga K, et al. Artificial intelligence for retrosynthetic planning needs both data and expert knowledge[J]. J Am Chem Soc, 2024, 146: 11005-11017.

[100] Segler M H S, Preuss M, Waller M P, Planning chemical syntheses with deep neural networks and symbolic AI[J]. Nature, 2018, 555: 604-610.

[101] Zhu Q, Huang Y, Zhou D, et al. Automated synthesis of oxygen-producing catalysts from martian meteorites by a robotic AI chemist[J]. Nat Synth, 2024, 3: 319-328.

[102] Zhao H, Chen W, Huang H, et al. A robotic platform for the synthesis of colloidal nanocrystals[J]. Nat Synth, 2023, 2: 505-514.